高等学校信息工程类"十三五"规划教材

通信系统原理教程

（第二版）

王兴亮　主编

西安电子科技大学出版社

内 容 简 介

全书共分为 11 章，包括绪论，信号、信道及噪声，模拟信号的调制与解调，数字信号的基带传输，数字信号的频带传输，数字信号的最佳接收，模拟信号的数字传输，多路复用与数字复接，同步原理，差错控制编码，伪随机序列及应用。

本书语言简练、通俗易懂，叙述深入浅出、层次分明，适用面宽，突出通信工程、计算机通信等专业的特点，系统性强，内容编排连贯；注重基本概念、基本原理的阐述，对系统基本性能的物理意义解释明确；强调通信新技术在实际通信系统中的应用；注意知识的归纳、总结，并附有适量的思考与练习题。

本书既可作为高等院校通信工程、计算机通信、信息技术和其他相近专业的本科(或大专)教材，也可供相关专业的科技人员阅读和参考。

图书在版编目(CIP)数据

通信系统原理教程/王兴亮主编 . —2 版．

—西安：西安电子科技大学出版社，2011.11(2018.11 重印)
高等学校信息工程类"十三五"规划教材
ISBN 978 - 7 - 5606 - 2665 - 9

Ⅰ. ① 通… Ⅱ. ① 王… Ⅲ. ① 通信系统—高等学校—教材 Ⅳ. ① TN914

中国版本图书馆 CIP 数据核字(2011)第 176085 号

策　　划　马乐惠
责任编辑　马乐惠　曹　锦
出版发行　西安电子科技大学出版社(西安市太白南路 2 号)
电　　话　(029)88242885　88201467　　　邮　编　710071
网　　址　www.xduph.com　　电子邮箱　xdupfxb001@163.com
经　　销　新华书店
印刷单位　陕西天意印务有限责任公司
版　　次　2011 年 11 月第 2 版　2018 年 11 月第 7 次印刷
开　　本　787 毫米×1092 毫米　1/16　印张 22.5
字　　数　529 千字
印　　数　27 001～30 000 册
定　　价　45.00 元

ISBN 978 - 7 - 5606 - 2665 - 9/TN

XDUP 2957002 - 7

序

第三次全国教育工作会议以来，我国高等教育得到空前规模的发展。经过高校布局和结构的调整，各个学校的新专业均有所增加，招生规模也迅速扩大。为了适应社会对"大专业、宽口径"人才的需求，各学校对专业进行了调整和合并，拓宽专业面，相应的教学计划、大纲也都有了较大的变化。特别是进入 21 世纪以来，信息产业发展迅速，技术更新加快。面对这样的发展形势，原有的计算机、信息工程两个专业的传统教材已很难适应高等教育的需要，作为教学改革的重要组成部分，教材的更新和建设迫在眉睫。为此，西安电子科技大学出版社聘请南京邮电大学、西安邮电学院、重庆邮电大学、吉林大学、杭州电子科技大学、桂林电子科技大学、北京信息科技大学、深圳大学、解放军电子工程学院等 10 余所国内电子信息类专业知名院校长期在教学科研第一线工作的专家教授，组成了高等学校计算机、信息工程类专业系列教材编审专家委员会，并且面向全国进行系列教材编写招标。该委员会依据教育部有关文件及规定对这两大类专业的教学计划和课程大纲，对目前本科教育的发展变化和相应系列教材应具有的特色和定位以及如何适应各类院校的教学需求等进行了反复研究、充分讨论，并对投标教材进行了认真评审，筛选并确定了高等学校计算机、信息工程类专业系列教材的作者及审稿人。

审定并组织出版这套教材的基本指导思想是力求精品、力求创新、好中选优、以质取胜。教材内容要反映 21 世纪信息科学技术的发展，体现专业课内容更新快的要求；编写上要具有一定的弹性和可调性，以适合多数学校使用；体系上要有所创新，突出工程技术型人才培养的特点，面向国民经济对工程技术人才的需求，强调培养学生较系统地掌握本学科专业必需的基础知识和基本理论，有较强的本专业的基本技能、方法和相关知识，培养学生具有从事实际工程的研发能力。在作者的遴选上，强调作者应在教学、科研第一线长期工作，有较高的学术水平和丰富的教材编写经验；教材在体系和篇幅上符合各学校的教学计划要求。

相信这套精心策划、精心编审、精心出版的系列教材会成为精品教材，得到各院校的认可，对于新世纪高等学校教学改革和教材建设起到积极的推动作用。

系列教材编委会

高等学校计算机、信息工程类专业

规划教材编审专家委员会

主　任：杨　震（南京邮电大学校长、教授）

副主任：张德民（重庆邮电大学通信与信息工程学院院长、教授）

　　　　韩俊刚（西安邮电学院计算机系主任、教授）

计算机组

组　　长：韩俊刚（兼）

成　　员：（按姓氏笔画排列）

　　　　王小民（深圳大学信息工程学院计算机系主任、副教授）

　　　　王小华（杭州电子科技大学计算机学院教授）

　　　　孙力娟（南京邮电大学计算机学院副院长、教授）

　　　　李秉智（重庆邮电大学计算机学院教授）

　　　　孟庆昌（北京信息科技大学教授）

　　　　周　娅（桂林电子科技大学计算机学院副教授）

　　　　张长海（吉林大学计算机科学与技术学院副院长、教授）

信息工程组

组　　长：张德民（兼）

成　　员：（按姓氏笔画排列）

　　　　方　强（西安邮电学院电信系主任、教授）

　　　　王　晖（深圳大学信息工程学院电子工程系主任、教授）

　　　　胡建萍（杭州电子科技大学信息工程学院院长、教授）

　　　　徐　祎（解放军电子工程学院电子技术教研室主任、副教授）

　　　　唐　宁（桂林电子科技大学通信与信息工程学院副教授）

　　　　章坚武（杭州电子科技大学通信学院副院长、教授）

　　　　康　健（吉林大学通信工程学院副院长、教授）

　　　　蒋国平（南京邮电大学自动化学院院长、教授）

总　策　划：梁家新

策　　划：马乐惠　云立实　马武装　马晓娟

电子教案：马武装

前　言

　　本版书是在广泛征求各有关院校专家、广大任课教师及学生的意见后，在原版书的基础上修订的。本书的编写宗旨仍然追求通信技术的新颖性、知识的系统性，同时兼顾教材的完整性、实用性和可读性。

　　修订后的教材仍然突出通信系统主线，以数字通信原理与技术为重点，全面系统地阐述了通信系统的组成、性能指标、工作原理及性能分析等内容，同时增加且完善了部分内容，讨论了新的通信理论和通信技术，保持了基本理论的相对稳定性，使得本教材更加系统、更加紧凑、更加实用。

　　全书共 11 章。

　　第 1、2 章主要讲述了通信系统的基本概念、基本模型、基本性能指标（有效性和可靠性），以及通信系统的信号、信道与噪声的基本理论。

　　第 3 章简述了模拟信号的调幅、调频和调相的基本理论，这些是数字通信的基础。

　　第 4 章介绍了数字基带传输系统。数字信号的基带传输是数字通信的基本部分，基带传输系统涉及一系列技术问题，如信号类型（传输码型）、码间串扰，实现无串扰传输的理想条件及克服和减少码间串扰的具体措施等，还有基带数字信号的再生中继传输、时域均衡原理和部分响应系统。

　　第 5 章介绍了数字调制与解调。调制与解调是数字通信系统的核心，是最基本的也是最重要的技术之一。调制的作用是将输入的数字信号（基带数字信号）变换为适合于信道传输的频带信号。常见的基本数字调制方式有振幅键控（ASK）、频移键控（FSK）、相移键控（PSK）、相对相移键控（DPSK）等。

　　第 6 章叙述了数字信号的最佳接收问题，主要介绍了数字信号接收的统计描述、最小平均风险准则（贝叶斯准则）、错误概率最小准则、最大输出信噪比准则及数字基带系统的最佳化。

　　第 7 章讨论了模拟信号的数字传输问题，其任务是将模拟信号转换成数字信号（即模拟信号数字化），进而实现数据压缩。从实现方法上看，模拟信号数字化主要有两种基本形式：脉冲编码调制（PCM），增量调制（ΔM）。本章不仅要讨论其编码/译码的基本组成及实现方法，而且要介绍一些其他改进型增量调制的实现方法。

　　第 8 章讨论了多路复用与数字复接问题，论述了时分多路复用（TDM）原理和准同步数字体系（PDH）原理等，增加了准同步数字体系（PDH）等实际应用内容。

　　第 9 章介绍了同步原理。同步的主要内容有载波同步、位同步、帧同步以及网同步。同步是数字通信系统的基本组成部分，数字通信离不开同步，同步系统性能的好坏直接影响着通信系统性能的优劣。

　　第 10 章讨论了差错控制编码/译码的问题。差错控制编码/译码又称纠错编码/译码，属信道编码之范畴。信道编码技术主要研究检错、纠错码概念及基本实现方法。编码器是根据输入的信息码元产生相应的监督码元来实现对差错的控制的，而译码器主要是进行检错与纠错的。本章的具体内容主要有纠错码的基本概念、分组码的组成以及循环码与卷积码的基本概念，重点介绍其基本技术方法和基本概念。

第 11 章专门讨论了伪随机序列，并介绍了伪随机序列在保密和扩展频谱通信中的应用。

本书具有如下特点：

（1）内容更新快，反映了当前最新的通信技术和应用情况；

（2）内容系统、全面，章节编排讲究，材料充实丰富；

（3）语言简练、通俗易懂、条理清楚，便于自学；

（4）突出概念的描述，避免烦琐的公式推导，重点讲述各种通信技术的性能和物理意义，并列举大量的例子加以说明；

（5）图文并茂，实用性强；

（6）每章的开始有教学要点，结束有本章小结，并附有适量的思考与练习题。

本书可作为高等院校通信工程、计算机通信、信息技术和其他相近专业的本科（或大专）教材，教学参考学时为 60～80 学时。书中带 * 部分的内容为选学内容。

本书由王兴亮主编，参加编写的人员有寇媛媛、李伟、达新宇、林家薇、王瑜、田秀劳、李成斌、田宠、张亮、武文斌、张德纯、任啸天、刘敏、侯灿靖、牟京燕、刘莎、周一帆、储楠等。王兴亮教授统稿全书。

限于编著者水平，书中缺点在所难免，欢迎各界读者批评斧正。

E-mail：wxl20060910@yahoo.com.cn；8185wxl@21cn.com

编著者

2011 年 5 月于西安

第 一 版 前 言

本书是根据高等院校电子信息类规划教材的具体要求、教学改革的实践及通信技术的最新发展编写而成的，重点突出了技术的新颖性、知识的系统性，同时兼顾教材的完整性、实用性和可读性。

本次修订是在《数字通信原理与技术》（第二版）的基础上，广泛征求了各有关院校专家、广大任课教师及学生的意见后，对其中的部分内容做了调整，并更名为《通信系统原理教程》。

修订、更名后的教材在突出以通信系统为主线、数字通信原理与技术为重点的同时，既全面系统地阐述了通信系统的组成、性能指标、工作原理及性能分析等内容，突出了基础性内容，又讨论了新的通信理论和通信技术，从而保持了基本理论的相对稳定性，使得本书更加系统、紧凑、实用。

全书共 12 章。

第 1、2 章主要讲述了通信系统的基本概念、基本模型、基本性能指标（有效性和可靠性）以及信号、信道与噪声的基本理论。

第 3 章讲述了模拟信号的调制与解调，它是数字通信的基础。

第 4 章介绍了数字信号的基带传输。数字信号的基带传输是数字通信的基本内容。本章涉及的内容有信号类型（传输码型）、码间串扰、实现无码间串扰传输的理想条件、具体克服和减少码间串扰的措施、基带数字信号的再生中继传输、时域均衡原理和部分响应系统等。

第 5 章介绍了数字信号的频带传输，即数字信号的调制与解调。调制与解调是数字通信系统的核心，是最基本的也是最重要的技术之一。调制的作用是将输入的数字信号（基带数字信号）变换为适合于信道传输的频带信号。常见的基本数字调制方式有振幅键控（ASK）、频移键控（FSK）、绝对相移键控（PSK）、相对（差分）相移键控（DPSK）等。

第 6 章叙述了数字信号的最佳接收问题，主要介绍了数字信号接收的统计表述、最小平均风险准则（贝叶斯判决准则）、错误概率最小准则、最大输出信噪比准则及数字基带系统的最佳化。

第 7 章讨论了模拟信号的数字传输问题。模拟信号数字传输的任务是将模拟信号转换成数字信号（即模拟信号数字化），进而实现数据压缩（数据压缩已超出大纲范围）。从实现方法上看，模拟信号数字化主要有两种基本形式：脉冲编码调制（PCM），增量调制（ΔM）。本章不仅要讨论其编码/译码的基本组成及实现方法，而且要介绍一些其他改进型增量调制的实现方法。

第 8 章讨论了多路复用与数字复接问题，介绍了频分多路复用（FDM）原理、时分多路复用（TDM）原理、准同步数字体系（PDH）和同步数字体系（SDH）等。

第 9 章介绍了同步系统。同步的主要内容有载波同步、位同步、群同步。同步是数字通信系统的基本组成部分，数字通信离不开同步，同步系统性能的好坏直接影响着通信系统性能的优劣。

第 10 章讨论了差错控制编码的问题。差错控制编码又称纠错编码，属信道编码之范畴。信道编码技术主要研究检错、纠错码概念及基本实现方法。编码器是根据输入的信息码元产生相应的监督码元来实现对差错的控制的，而译码器主要是进行检错与纠错的。本章的具体内容主要有纠错码的基本概念、分组码的组成以及循环码与卷积码的基本概念，重点介绍差错控制编码的基本概念和实现差错控制编码的基本方法。

第 11 章专门讨论了伪随机序列及其编码，同时还介绍了伪随机序列在保密和扩展频谱通信中的应用。

第 12 章讨论了数字调制新技术。这些调制技术包括正交振幅调制(QAM)、交错正交相移键控(OQPSK)、最小频移键控(MSK)、正弦频移键控(SFSK)、平滑调频(TFM)、高斯滤波的最小频移键控(GMSK)、无码间串扰和相位抖动的正交相移键控(IJF-OQPSK)等。

本书的特点是系统性强，内容编排连贯，突出基本概念、基本原理；注重通信技术在实际通信系统中的应用；注重吸收新技术和新的通信理论；注重知识的归纳与总结，每章有引子和小结，并附有适量的思考与练习题；语言简练、通俗易懂，叙述深入浅出、层次分明，适应对象广泛。

本书由王兴亮教授主编，参加编写的人员有田秀劳、李成斌、达新宇、林家薇、王瑜、任啸天、侯灿靖、刘敏、刘莎、牟京燕等。

由于编者水平所限，书中难免存在疏漏，恳切希望广大读者提出宝贵的意见和建议。

编著者

2006 年 9 月于西安

目　　录

第 1 章　绪　　论

【教学要点】

了解：通信的发展；信息论基础。

熟悉：通信的概念；通信系统的组成及分类。

掌握：信息量的计算；通信系统的主要性能指标。

重点、难点：平均信息量的计算；主要性能指标的理解与计算。

　　进入了 21 世纪，我们就生活在信息和网络时代，通信在现代社会中发挥着极其重要的作用，人们难以想象离开了通信世界将会是什么样。信息社会的主要特征是，信息已经成为一种重要的社会资源，成为人类生存及社会进步的重要推动力，信息的开发和利用已成为社会生产力发展的重要标志。

　　本章主要介绍通信的基本概念，通信的定义、分类和工作方式，通信系统的定义、组成及分类，重点讲述衡量通信系统的主要质量指标。

1.1　通　信　的　发　展

1.1.1　通信发展简史

　　远古时代的人类用表情和动作进行信息交流，这是最原始的通信方式；后来，人类在漫长的生活中创造了语言和文字，进一步实现了语言和文字的信息交流。除此之外，人类还创造了许多信息传递方式，如古代的烽火台、金鼓、旌旗和航行用的信号灯等，这些都是实现远距离信息传递的方式。

　　进入 19 世纪后，人们开始试图用电信号进行通信。表 1－1 中列出了一些与通信相关的历史事件，使读者能够清晰地掌握通信发展的概貌。

表 1－1　与通信相关的历史事件

年　　代	经历时间	相　关　事　件
1826～1897	71 年	欧姆定律、有线电报、电磁辐射方程、电话、麦克斯韦理论、无线电报等
1904～1940	36 年	二极管、空中辐射传输声音信号、放大器、有线电话传输、超外差无线接收机、抽样定律、电传机、频率调制、调频无线电广播、脉冲编码调制(PCM)、电视广播

年 代	经历时间	相 关 事 件
1940～1960	20 年	雷达和微波系统、晶体三极管、香农"通信的数学理论"、通信统计理论、时分多路通信、越洋电话电缆
1960～1970	10 年	激光、第一颗通信卫星、PCM 实验、激光通信、集成电路(IC)、数字信号处理(DSP)、探月电视实况转播、高速数字计算机
1970～1980	10 年	商用接力卫星通信(音频和数字)、Gb 信号传输速率、大规模集成电路(LSIC)、通信集成电路、陆地间的计算机通信网络、低损耗光纤、光通信系统、分组交换数字数据系统、星际间大型漫游发射、微处理器、计算机断层成像、超级计算机
1980～1990	10 年	卫星"空间接线总机"、移动/蜂窝电话系统、多功能数字显示、每秒 20 亿次取样数字示波、桌面印刷系统、可编程数字信号处理器、具有自动扫描功能的数字调音接收机、芯片加密技术、单片数字编码器和解码器、红外数据/控制链、音频播放压缩盘、200 000 字光存储媒体、以太网、远距贝尔系统、数字信号处理器等
1990 至今	20 多年	全球定位系统(GPS)、高分辨率电视(HDTV)、甚小天线口径(VSAT)卫星、全球蜂窝卫星系统、综合业务数字网(ISDN)、蜂窝移动电话、商用因特网等

通过以上事件我们可以清楚地发现，通信发展的速度是如此迅猛，发展的加速度是如此之大，特别是最近 10 多年，通信网络和信息化基础建设得到了极大的发展，这给公众带来了丰厚的实惠，使得人们的生活发生了翻天覆地的变化。

1.1.2 通信技术的发展与展望

通信技术的发展主要体现在电缆通信、微波中继通信、光纤通信、卫星通信、移动通信等几个方面，下面通过分析现代通信技术的现状来展望未来通信的发展趋势。

电缆通信是最早发展起来的通信技术，它用于长途通信已有 60 多年的历史，在通信中占有突出地位。在光纤通信和移动通信发展之前，电话、传真、电报等各用户终端与交换机的连接全靠市话电缆。电缆还曾是长途通信和国际通信的主要手段，大西洋、太平洋均有大容量的越洋电缆。据 1982 年的统计，我国公用网长途线路总长为 18 万余千米，其中 90% 为明线。目前，同轴电缆所占的比例已上升到三分之一左右。电缆通信中主要采用模拟单边带调制和频分多路复用（SSB/FDM）方式。国际上同轴电缆每芯最高容量可达 13 200 路（或 6 路广播电视），我国沪—杭、京—汉—广同轴电缆干线可通 1800 路载波电话。自从数字电话问世以来，各国大力发展脉冲编码调制时分多路信号在同轴电缆中的基带传输技术，数字电话容量可达 4032 路。近年来，由于光纤通信技术的发展，同轴电缆逐渐被光纤电缆所取代。

　　微波中继通信始于 20 世纪 60 年代，它弥补了电缆通信的缺点，较一般电缆通信具有易架设、建设周期短等优点。它是目前通信的主要手段之一，主要用来传输长途电话和电视节目。目前模拟电话微波通信容量每频道可达 6000 路，其调制主要采用 SSB/FM/FDM 等方式。

　　随着数字通信的发展，数字微波已成为微波中继通信的主要发展方向。早期的数字微波大都采用双相相移键控(BPSK)和四相相移键控(QPSK)调制，为了提高频谱利用率，增加容量，现已向多电平调制技术发展，采用了 16QAM 和 64QAM 调制，并已出现 256QAM、1024QAM 等超多电平调制的数字微波。采用多电平调制，在 40 MHz 的标准频道间隔内可传送 1920～7680 路脉冲编码调制数字电话，这已赶上并超过了模拟微波通信的容量。尽管微波通信面临光纤通信的严重挑战，但它仍将是长途通信的一个重要传输手段。

　　光纤通信是以光导纤维(简称光纤)作为传输媒质，以光波为运载工具(载波)的通信方式。光纤通信具有容量大、频带宽、传输损耗小、抗电磁干扰能力强、通信质量高等优点，且成本低，与同轴电缆相比可以大量节约有色金属资源和能源。自从 1977 年世界上第一个光纤通信系统投入运营以来，光纤通信发展迅速，它已成为各种通信干线的主要传输手段。

　　光传送网是通信网未来的发展方向，它可以处理高速率的光信号，摆脱电信号传输速率受限的瓶颈，实现灵活、动态的光层联网，透明地支持各种格式的信号以及实现快速网络恢复。因此，世界上许多国家纷纷进行研究、试验，验证由波分复用、光交叉连接设备及色散位移光纤组成的高容量通信网的可行性。光纤通信的主要发展方向是单模长波长光纤通信、大容量数字传输技术和相干光通信。

　　卫星通信的特点是通信距离远、覆盖面积大、不受地形条件限制、传播容量大、建设周期短、可靠性高，许多发达国家和发展中国家拥有国内卫星通信系统。我国自 20 世纪 70 年代起，开始将卫星通信用于国际通信，从 1985 年起开始发展国内卫星通信。我国已与 182 个国家和地区开通了国际通信业务，并初步组织了国内公用卫星通信网及若干专用网。

　　卫星通信的发展方向是数字调制、时分多路和时分多址。卫星通信正向更高频段发展，采用多波束卫星和星上处理等新技术，地面系统的主要发展趋势是小型化。近年来发展的 VSAT(甚小天线口径终端)小站技术集中反映了调制/解调、纠错编码/译码、数字信号处理、通信专用超大规模集成电路、固态功放和低噪声接收、小口径低旁瓣天线等多项新技术的进步。

　　数字蜂窝移动通信系统将通信范围分为若干相距一定距离的小区，移动电话用户可以从一个小区运动到另一个小区，依靠终端对基站的跟踪，使通信不中断；移动电话用户还可以从一个城市漫游到另一个城市，甚至到另一个国家与原注册地的终端用户通话。数字蜂窝移动通信系统主要由三部分组成：控制交换中心、若干基地台、诸多移动终端。通过控制交换中心进入公用有线电话网，实现移动电话与固定电话、移动电话与移动电话之间的通信。

第二代移动通信系统实现了区域内制式的统一，覆盖了大中小城市，为人们的信息交流提供了极大的便利。随着移动通信终端的普及，移动用户数量成倍地增长，第二代移动通信系统的缺陷也逐渐显现，如全球漫游问题、系统容量问题、频谱资源问题、支持宽带业务问题等。为此，从 20 世纪 90 年代中期开始，世界各国和国际组织又开展了对第三代移动通信系统的研究，它包括地面系统和卫星系统，移动终端既可以连接到地面的网络，也可以连接到卫星的网络。第三代移动通信系统工作在 2000 MHz 频段，在 2002 年已投入商用，为此，国际电信联盟正式将其命名为 IMT - 2000。IMT - 2000 的目标和要求是：统一频段，统一标准，达到全球无缝隙覆盖，提供多媒体业务，传输速率最高应达到 2 Mb/s（其中车载为 144 kb/s，步行为 384 kb/s，室内为 2 Mb/s），频谱利用率高，服务质量高，保密性能好；易于第二代系统的过渡和演进；终端价格低。目前第三代移动通信系统有多个标准，我国所提出的 TD - SCDMA 标准也是其中之一。这充分体现了我国在移动通信领域的研究已达到国际领先水平。

第三代移动通信系统（简称 3G）有三种方案比较成熟，即日本提出的 WCDMA 系统，美国提出的 CDMA2000 系统，中国提出的 TD - CDMA 系统。第三代移动通信系统涉及很多新的关键技术，主要有：① 自适应智能化无线传输技术；② 智能接收技术；③ 智能业务接入；④ 同步 CDMA 的同步方式、跟踪、范围、特点以及多媒体同步技术，尤其是不同媒体之间的同步（同步模型）研究，及在移动信道下传输所带来的影响和解决方法的研究；⑤ 新的高效信源编码和信道编译码技术的研究；⑥ 越区切换技术研究（软切换、硬切换以及 W - CDMA 中激励切换技术），与地面各类网、卫星网互联及信令变换的研究；⑦ 信道传播特性的研究（包括更高工作频段 30～60 GHz）；⑧ 用于移动业务的多媒体终端；⑨ 更高速率、更高频段多媒体移动通信集成系统（第四代）方案的研究；⑩ 跟踪 IMT - 2000 无线传输技术，卫星移动通信系统接入技术和相关技术研究。

目前，我国的电话网的规模和技术层次均有质的变化，初步建成了以光缆为主，微波、卫星综合利用，固定电话、移动通信、多媒体通信多网并存，覆盖全国城乡，通达世界各地，大容量、高速率、安全可靠的电信网。光缆干线形成八纵八横网状格局，覆盖全国省会以上城市和 70 个地市，新的长途传输网全部采用 SDH 技术，这在世界通信领域中，实现了第一个真正的统一标准。目前传输速率 10 Gb/s 的 SDH（STM - 64）系统已经投入商用。为了充分利用光纤容量，各种光复用技术也得到发展，有波分复用（WDM）、光时分复用、光码分复用等。其中，波分复用已进入实用化阶段，波分复用的使用更极大地提高了光纤的传输容量，在同一光纤中可传送 16 个波长，每波长速率为 2.5 Gb/s 的波分复用系统的容量达 40 Gb/s，内含 40 个波长的容量达 100 Gb/s 的波分复用系统已经有了商品化产品。光交换和全光网通信技术正趋向实用化。

近年来 Internet 的技术和应用层出不穷，对社会发展和人民生活以及现有电信业务产生了巨大的影响，发展趋势受到全世界普遍关注。未来 Internet 技术发展将具有以下三大趋向：网络走向宽带化、协议不断改进、应用与电信业务走结合发展道路。

电信技术发展经历了漫长的模拟网年代（1876～1972 年），高速发展的数字化年代（1973～1980 年）和业务综合年代（1981～1996 年），即 ISDN 和 B - ISDN 时代。

　　20 世纪 90 年代以来，电信技术的巨大进步和管制环境的急剧变化，从外部和内部强烈冲击着电信、有线电视和计算机这三大信息行业。随着电信市场的开放以及用户对多种业务需求的与日俱增，国际上出现了所谓"三网融合"的潮流，即原先独立设计运营的传统的电信网、计算机网和有线电视网正在趋向于相互渗透和相互融合。相应地，三类不同的业务、市场和产业也正在相互渗透和相互融合，电信与信息产业正在进行结构重组，电信与信息管理体制和政策法规也正在发生与之相适应的重要变革。以三大业务来分割三大市场和行业的时代已告结束，三网融合已成为未来信息业发展的重大趋势。

　　三网融合的技术基础，主要是得到了以下几个主要领域的技术进步的支持，即数字技术、光通信技术、软件技术、TCP/IP 协议等。尽管三网融合已成为不可避免的趋势，从技术上已无重要障碍可言，但目前阻碍这一进程的因素还不少，主要有：不同部门之间的利益冲突；通信界、计算机界和有线电视界观念上的巨大区别；各种标准之间和各种结构之间不兼容，甚至缺乏共同的技术语言；各种技术之间的透明度和网络互连、互通不理想；尚未找到价廉物美的接入技术，因而接入网部分的融合最困难。展望未来，通信技术正在向数字化、智能化、综合化、宽带化、个人化方向发展，各种新的电信业务也应运而生，并且正沿着多种信息服务领域广泛延伸。

　　预计到 21 世纪中期，人类将进入通信的理想境界——个人通信(PCN)时代。个人通信是指任何人(Whoever)能在任何时间(Whenever)、任何地点(Wherever)，以任何方式(Whatever)与任何他人(Whomever)进行所谓的"5W"通信的理想方式。

　　纵观通信技术的发展历程可以看出，通信技术先经历了点到点的通信，再到多点之间的信息传输和交换，最后进入网络时代的发展过程。

1.2　通信的概念

1.2.1　通信的定义

　　通信(Communication)就是信息的传递，是指由一地向另一地进行信息的传输与交换，其目的是传输消息。

　　随着社会生产力的发展，人们对传递消息的要求也越来越高。在各种各样的通信方式中，利用"电"来传递消息的通信方法称为电信(Telecommunication)，这种通信具有迅速、准确、可靠等特点，且几乎不受时间、地点、空间、距离的限制，因而得到了飞速发展和广泛应用。如今，在自然科学中，"通信"一般指"电信"，即利用有线电、无线电、光和其他电磁系统，对消息、情报、指令、文字、图像、声音或任何性质的信息进行传输。目前，通信业务可分为电报、电话、传真、数据传输及可视电话等，如果从广义的角度看，则广播、电视、雷达、导航、遥测、遥控等也可列入通信的范畴。

　　人们通过听觉、视觉、嗅觉、触觉等感官，感知现实世界而获取信息，并通过通信来传递信息。过去的通信由于受技术与需求所限，仅限于语音。随着信息社会的到来，人们对信息的需求将日益丰富与多样化，而现代通信的发展又为此提供了条件。现代通信意义上所指的信息已不再局限于电话、电报、传真等单一媒体信息，而是将声音、图像、文字、数据等合为一体的多媒体信息。总之人的各种感官或通过仪器、仪表对现实世界的感觉，以及古往今来的各种书籍、档案、新闻、旧有记录等都含有信息，信息通过通信来进行传递，换句话说是通信使人们的感官得到了延伸。

从本质上讲通信就是实现信息传递功能的一门科学技术，它要将大量有用的信息快速、准确、广泛、无失真、高效率、安全地进行传输，同时还要在传输过程中对无用信息和有害信息进行抑制。当今的通信，不仅要能有效地传递信息，而且还要有存储、处理、采集及显示等功能，已成为信息科学技术的一个重要组成部分。

1.2.2 通信的分类

通信的目的是传递消息。通信按照不同的分法，可分成许多类，因此将会引出诸多名词、术语。下面我们介绍几种较常用的分类方法。

1. 按传输媒质分类

按消息由一地向另一地传递时传输媒质的不同，通信可分为两大类：一类称为有线通信，另一类称为无线通信。所谓有线通信，是指传输媒质为导线、电缆、光缆、波导、纳米材料等形式的通信，其特点是媒质能看得见，摸得着。所谓无线通信，是指传输媒质看不见、摸不着（如电磁波）的一种通信形式。

通常，有线通信亦可进一步再分类，如明线通信、电缆通信、光缆通信等。无线通信形式较多，常见的有微波通信、短波通信、移动通信、卫星通信、散射通信等。

2. 按信道中传输的信号分类

信道是个抽象的概念，这里我们可把它理解成传输信号的通路，在第 2 章里将详细介绍。通常信道中传送的信号可分为数字信号和模拟信号，由此，通信亦可分为数字通信和模拟通信，相对应的则是数字通信系统和模拟通信系统。

凡信号的某一参量（如连续波的振幅、频率、相位，脉冲波的振幅、宽度、位置等）可以取无限多个数值，且直接与消息相对应的，称为模拟信号。模拟信号有时也称连续信号，这个连续是指信号的某一参量可以连续变化（即可以取无限多个值），而不一定在时间上也连续，例如第 7 章介绍的脉冲振幅调制（PAM）信号，经过调制后已调信号脉冲的某一参量是可以连续变化的，但在时间上是不连续的。这里指的某一参量是指我们关心的并作为研究对象的那一参量，绝不是仅指时间参量。当然，对于参量连续变化、时间上也连续变化的信号，毫无疑问是模拟信号，如强弱连续变化的语言信号、亮度连续变化的电视图像信号等都是模拟信号。

凡信号的某一参量只能取有限个数值，并且常常不直接与消息相对应的，称为数字信号。数字信号有时也称离散信号，这个离散是指信号的某参量是离散（不连续）变化的，而不一定在时间上也离散，如第 5 章中介绍的 PSK、FSK 信号均是在时间上连续的数字信号。

3. 按工作频段分类

根据通信设备的工作频率不同，通信通常可分为长波通信、中波通信、短波通信、微波通信等。为了比较全面地对通信中所使用的频段有所了解，下面把通信使用的频段及主要用途列入表 1-2 中，仅作为参考。

表 1-2 通信使用的频段及主要用途

频率范围(f)	波长(λ)	名称	常用传输媒介	用 途
3 Hz～30 kHz	$10^8 \sim 10^4$ m	甚低频 (VLF)	有线线对 长波无线电	音频、电话、数据终端、长距离导航、时标
30～300 kHz	$10^4 \sim 10^3$ m	低频 (LF)	有线线对 长波无线电	导航、信标、电力线通信
300 kHz～3 MHz	$10^3 \sim 10^2$ m	中频 (MF)	同轴电缆 中波无线电	调幅广播、移动陆地通信、业余无线电
3～30 MHz	$10^2 \sim 10$ m	高频 (HF)	同轴电缆 短波无线电	移动无线电话、短波广播、定点军用通信、业余无线电
30～300 MHz	10～1 m	甚高频 (VHF)	同轴电缆 米波无线电	电视、调频广播、空中管制、车辆通信、导航、集群通信、无线寻呼
300 MHz～3 GHz	100～10 cm	特高频 (UHF)	波导 分米波无线电	电视、空间遥测、雷达导航、点对点通信、移动通信
3～30 GHz	10～1 cm	超高频 (SHF)	波导 厘米波无线电	微波接力、卫星和空间通信、雷达
30～300 GHz	10～1 mm	极高频 (EHF)	波导 毫米波无线电	雷达、微波接力、射电天文学
$10^5 \sim 10^7$ GHz	$3\times10^{-4} \sim 3\times 10^{-6}$ cm	紫外、可见光、红外	光纤 激光空间传播	光通信

通信中的工作频率和工作波长可互换，公式为

$$\lambda = \frac{C}{f} \tag{1-1}$$

其中，λ 为工作波长；f 为工作频率；C 为电波在自由空间中的传播速度，通常认为 $C = 3\times10^8$ m/s。

4. 按调制方式分类

根据消息在送到信道之前是否采用调制，通信可分为基带传输和频带传输。所谓基带传输，是指信号没有经过调制而直接送到信道中去传输的通信方式；而频带传输是指信号经过调制后再送到信道中传输，接收端有相应解调措施的通信方式。基带传输和频带传输的详细内容，将分别在第 4 章和第 5 章中论述。表 1-3 列出了一些常用的调制方式，供读者参考。

表 1 – 3 常用的调制方式

调 制 方 式			用　　途
连续波调制	线性调制	常规双边带调制（AM）	广播
		抑制载波双边带调制（DSB-SC）	立体声广播
		单边带调制（SSB）	载波通信、无线电台、数据传输
		残留边带调制（VSB）	电视广播、数据传输、传真
	非线性调制	频率调制（FM）	微波中继、卫星通信、广播
		相位调制（PM）	中间调制方式
	数字调制	数字振幅键控（ASK）	数据传输
		数字频移键控（FSK）	数据传输
		数字相移键控（PSK、DPSK、QPSK 等）	数据传输、数字微波、空间通信
		其他高效数字调制（QAM、MSK 等）	数字微波、空间通信
脉冲调制	脉冲模拟调制	脉冲幅度调制（PAM）	中间调制方式、遥测
		脉冲宽度调制（PDM（PWM））	中间调制方式
		脉冲位置调制（PPM）	遥测、光纤传输
	脉冲数字调制	脉冲编码调制（PCM）	市话通信、卫星通信、空间通信
		增量调制（ΔM）	军用电话、民用电话
		差分脉冲编码调制（DPCM）	电视电话、图像编码
		其他脉冲数字调制（ADPCM、APC、LPC）	中低速数字电话

按信息的特征不同以及对信息传递的需求不同，通信还可以分为单媒体通信，如电话、传真等；多媒体通信，如电视、可视电话、会议电视、远程教学等；实时通信，如电话、电视等；非实时通信，如电报、传真、数据通信等；单向传输，如广播、电视等；交互传输，如电话、点播电视（VOD）等；窄带通信，如电话、电报、低速数据等；宽带通信，如点播电视、会议电视、远程教学、远程医疗、高速数据等。

1.2.3　通信的方式

通信的工作方式通常有以下几种。

1. 按消息传送的方向与时间分类

通常，如果通信仅在点对点之间进行，或一点对多点之间进行，那么，按消息传送的方向与时间不同，通信的工作方式可分为单工通信、半双工通信及全双工通信，如图 1 – 1 所示。

单工通信是指消息只能单方向进行传输的一种通信方式，如图 1 – 1(a)所示。单工通信的例子很多，如广播、遥控、无线寻呼等。这里，信号（消息）只能从广播发射台、遥控器和无线寻呼中心分别传到收音机、遥控对象和寻呼机上。

半双工通信是指通信双方都能收发消息，但不能同时进行收和发的通信方式，如图 1 – 1(b)所示。例如使用同一频段的对讲机、收发报机等都采用这种通信方式。

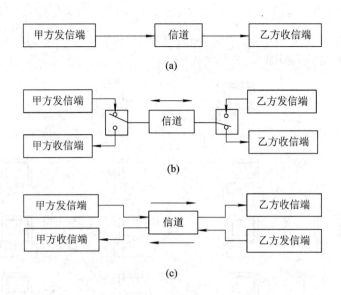

图 1-1 按消息传送的方向和时间划分的通信方式
(a) 单工方式；(b) 半双工方式；(c) 全双工方式

全双工通信是指通信双方可同时进行双向传输消息的通信方式，如图 1-1(c)所示。在这种方式中，通信双方都可以同时进行消息的收发，很明显，全双工通信的信道必须是双向信道。生活中全双工通信的例子非常多，如普通电话、各种手机等。

2. 按数字信号排序分类

在数字通信中，按照数字信号排列的顺序不同，可将通信方式分为串序传输和并序传输。所谓串序传输，是指将代表信息的数字信号序列按时间顺序一个接一个地在信道中传输的通信方式，如图 1-2(a)所示；如果将代表信息的数字信号序列分割成两路或两路以上的数字信号序列同时在信道上传输，则称为并序传输，如图 1-2(b)所示。

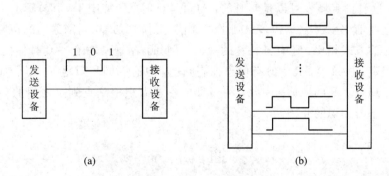

图 1-2 按数字信号排序划分的通信方式
(a) 串序传输方式；(b) 并序传输方式

一般的数字通信方式大都采用串序传输，这种方式的优点是只需占用一条通路，缺点是占用时间相对较长。并序传输方式在通信中有时也用到，其缺点是需要占用多条通路，优点是传输时间较短。

3. 按通信网络形式分类

通信的网络形式通常可分为三种：点到点通信方式、点到多点通信（分支）方式和多点到多点通信（交换）方式，如图 1-3 所示。

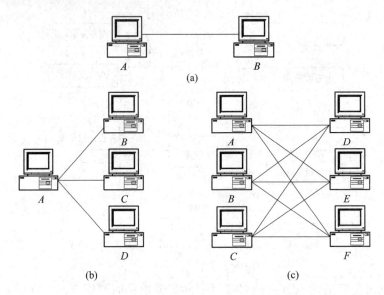

图 1-3 按通信网络形式划分的通信方式

(a) 点到点通信方式；(b) 点到多点通信（分支）方式；(c) 多点到多点通信（交换）方式

点到点通信方式是通信网络中最为简单的一种形式，终端 A 与终端 B 之间的线路是专用的，如图 1-3(a) 所示。在点到多点通信（分支）方式中，它的每一个终端经过同一信道与转接站相互连接，此时，终端之间不能直通信息，而必须经过转接站转接，此种方式只在数字通信中出现，如图 1-3(b) 所示。多点到多点通信（交换）是终端之间通过交换设备灵活地进行线路交换的一种方式，即把要求通信的两终端之间的线路接通（自动接通），或者通过程序控制实现消息交换，即通过交换设备先把发送方来的消息存储起来，然后再转发至接收方，这种消息转发可以是实时的，也可是延时的，如图 1-3(c) 所示。

点到多点通信（分支）方式和多点到多点通信（交换）方式均属网通信的范畴。无疑，它们和点到点通信方式相比，还有其特殊的一面。例如，网通信中有一套具体的线路交换与消息交换的规定、协议等，其中既有信息控制问题，也有网同步问题等。尽管如此，网通信的基础仍是点到点之间的通信。因此，本书只把注意力集中到点到点之间的通信上，而对网通信只限于基础知识的介绍。

1.3 通 信 系 统

1.3.1 通信系统的模型

通信的任务是完成消息的传递和交换。以点对点通信为例，可以看出要实现消息从一地向另一地的传递，必须有三个部分：一是发送端，二是接收端，三是收发端之间的信道，如图 1-4 所示。

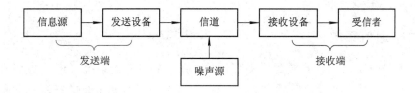

图 1-4 通信系统的模型

这里，信息源（简称信源）的作用是把待传输的消息转换成原始电信号，如电话系统中的电话机可看成是信源，信源输出的信号称为基带信号。所谓基带信号，是指没有经过调制（频率搬移）的原始信号，其特点是频率较低。基带信号可分为数字基带信号和模拟基带信号。为了使原始信号（基带信号）适合在信道中传输，由发送设备（发送设备是一个总体概念，它可能包括许多具体电路与系统）对基带信号进行某种变换或处理，使之适应信道的传输特性要求。信道是信号传输的通路，在信道中不可避免地会叠加上噪声。在接收端，从收到的信号中恢复出相应的原始信号。受信者（也称信宿或收终端）将复原的原始信号转换成相应的消息，如电话机将对方传来的电信号还原成了声音。在图 1-4 中，噪声源是信道中的所有噪声以及分散在通信系统中其他各处噪声的集合，这种表示并非指通信中一定要有一个噪声源，而是为了在分析和讨论问题时便于理解而人为设置的。

按照信道中传输信号的形式不同，通信系统可以分为模拟通信系统和数字通信系统，为了进一步了解它们的组成，下面分别加以论述。

1.3.2 模拟通信系统

我们把信道中传输模拟信号的系统称为模拟通信系统。模拟通信系统的组成（通常也称为模型）可由一般通信系统的模型略加改变而成，如图 1-5 所示。

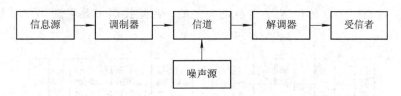

图 1-5 模拟通信系统模型

对于模拟通信系统，它主要包含两种重要变换。一种是把连续消息变换成电信号（发端信息源完成）和把电信号恢复成最初的连续消息（收端受信者完成）。由信源输出的电信号（基带信号）具有频率较低的频谱分量，一般不能直接作为传输信号而送到信道中去。因此，模拟通信系统里常有第二种变换，即将基带信号转换（调制）成适合信道传输的信号，这一变换由调制器完成；在接收端同样需经相反的变换（解调），它由解调器完成。经过调制后的信号通常称为已调信号。已调信号有三个基本特性：一是携带有消息，二是适合在信道中传输，三是具有较高频率成分。

必须指出，从消息的发送到恢复，事实上并非仅有以上两种变换，通常在一个通信系统里可能还有滤波、放大、天线辐射与接收、控制等过程。对信号传输而言，由于上面两种变换对信号起着决定性作用，因而它是通信过程中的重要方面。而信号在其他过程中并没有发生质的变化，只不过是对信号进行了放大和信号特性的改善，因此，我们认为这些过程都是理想的，而不去讨论它。

1.3.3 数字通信系统

信道中传输数字信号的系统称为数字通信系统。数字通信系统可进一步细分为数字频带传输通信系统、数字基带传输通信系统、模拟信号数字化传输通信系统。下面分别加以说明。

1. 数字频带传输通信系统

数字通信的基本特征是，它的消息或信号具有"离散"或"数字"的特性，从而使数字通信具有许多特殊的问题。例如，前面提到的第二种变换，在模拟通信中强调变换的线性特性，即强调已调参量与代表消息的模拟信号之间的比例特性，而在数字通信中则强调已调参量与代表消息的数字信号之间的一一对应关系。

另外，数字通信中还存在以下突出问题。第一，数字信号传输时，信道噪声或干扰所造成的差错，原则上是可以控制的。这是通过所谓的差错控制编码来实现的。于是，就需要在发送端增加一个编码器，而在接收端相应地需要一个解码器。第二，当需要实现保密通信时，可对数字基带信号进行"扰乱"（加密），此时在接收端就必须进行解密。第三，由于数字通信传输的是一个接一个按一定节拍传送的数字信号，因而接收端必须有一个与发送端相同的节拍，否则就会因收发步调不一致而造成混乱。另外，为了表述消息内容，基带信号都是按消息特征编组形成的码组，于是，在收发之间一组组的编码的规律也必须一致，否则接收时消息的真正内容将无法恢复。

在数字通信中，称节拍一致为"位同步"或"码元同步"，而称码组一致为"群同步"或"帧同步"，故数字通信中还必须有"同步"这个重要环节。

综上所述，点对点的数字频带传输通信系统模型一般如图1-6所示。图中，同步环节没有示意出，这是因为它的位置往往不是固定的，在此我们主要强调信号流程所经过的部分。

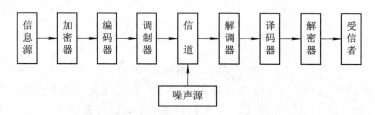

图1-6 点对点的数字频带传输通信系统模型

需要说明的是，图1-6中的调制器/解调器、加密器/解密器、编码器/译码器等环节在具体通信系统中是否全部采用，取决于具体设计的条件和要求。但在一个系统中，如果发送端有调制器/加密器/编码器，则接收端必须有解调器/解密器/译码器。通常，把带有调制器/解调器的数字通信系统称为数字频带传输通信系统。

2. 数字基带传输通信系统

与频带传输系统相对应，我们把没有调制器/解调器的数字通信系统称为数字基带传输通信系统，其模型如图1-7所示。

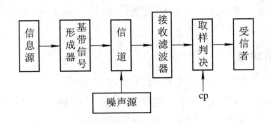

图 1-7 数字基带传输通信系统模型

在图 1-7 中，基带信号形成器可能包括编码器、加密器以及波形变换设备等，接收滤波器也可能包括译码器、解密器等。

3. 模拟信号数字化传输通信系统

上面论述的数字通信系统中，信源输出的信号均为数字基带信号。实际上，在日常生活中，大部分信号（如语音信号）为连续变化的模拟信号，要实现模拟信号在数字系统中的传输，则必须在发送端将模拟信号数字化，即进行 A/D 转换；在接收端需进行相反的转换，即 D/A 转换。实现模拟信号数字化传输的通信系统模型如图 1-8 所示。

图 1-8 模拟信号数字化传输通信系统模型

1.3.4 数字通信的主要优缺点

数字通信的主要优缺点都是相对于模拟通信而言的。

1. 数字通信的主要优点

（1）抗干扰、抗噪声性能好。在数字通信系统中，传输的是数字信号。以二进制为例，信号的取值只有两个，这样发送端传输的以及接收端需要接收和判决的电平也只有两个值：为"1"码时取值为 A，为"0"码时取值为 0。传输过程中由于信道噪声的影响，必然会使波形失真。在接收端恢复信号时，首先对其进行抽样判决，再确定是"1"码还是"0"码，并再生"1"、"0"码的波形。因此，只要不影响判决的正确性，即使波形有失真也不会影响再生后的信号波形。而在模拟通信中，如果模拟信号叠加上噪声，即使噪声很小，也很难消除。

数字通信的抗噪声性能好还表现在微波中继（接力）通信时，它可以消除噪声积累。这是因为数字信号在每次再生后，只要不发生错码，它仍然像信源中发出的信号一样，没有噪声叠加在上面。因此，中继站再多，数字通信仍具有良好的通信质量。而模拟通信中继时，只能增加信号能量（对信号放大），不能消除噪声。

（2）差错可控。数字信号在传输过程中出现的错误（差错），可通过纠错编码技术来控制。

（3）易加密。数字信号与模拟信号相比，它容易加密和解密。因此，数字通信的保密性好。

（4）易于与现代技术相结合。由于计算机、数字存储、数字交换以及数字处理等现代技术飞速发展，许多设备、终端接口均采用数字信号，因此极易与数字通信系统相连接。正因为如此，数字通信才得以高速发展。

2. 数字通信的主要缺点

数字通信相对于模拟通信来说，主要有以下两个缺点：

（1）频带利用率不高。数字通信中，数字信号占用的频带较宽。以电话为例，一路数字电话一般要占据约 20～60 kHz 的带宽，而一路模拟电话仅占用约 4 kHz 的带宽。如果系统传输带宽一定的话，模拟电话的频带利用率要高出数字电话 5～15 倍。

（2）需要严格的同步系统。数字通信中，要准确地恢复信号，必须要求接收端和发送端保持严格同步。因此，数字通信系统及设备一般都比较复杂，体积较大。

随着数字集成技术的发展，各种中、大规模集成器件的体积不断减小，加上数字压缩技术的不断完善，数字通信设备的体积将会越来越小。随着科学技术的不断发展，数字通信的两个缺点也越来越显得不重要了。实践表明，数字通信是现代通信的发展方向。

1.4 信 息 论 基 础

1.4.1 信息的度量

"信息"(information)一词在概念上与消息(message)的意义相似，但它的含义却更具普遍性、抽象性。信息可被理解为消息中包含的有意义的内容；消息可以有各种各样的形式，但消息的内容可统一用信息来表述。传输信息的多少可直观地使用"信息量"进行衡量。

传递的消息都有其量值的概念。在一切有意义的通信中，虽然消息的传递意味着信息的传递，但对接收者而言，某些消息比另外一些消息的传递具有更多的信息。例如，甲方告诉乙方一件非常可能发生的事情，"明天中午 12 时正常开饭"，那么比起告诉乙方一件极不可能发生的事情，"明天中午 12 时有地震"来说，前一消息包含的信息显然要比后者少些。因为对乙方（接收者）来说，前一事情很可能（必然）发生，不足为奇，而后一事情却极难发生，听后会使人惊奇。这表明消息确实有量值的意义，而且，对接收者来说，事件愈不可能发生，愈会使人感到意外和惊奇，则信息量就愈大。正如已经指出的，消息是多种多样的，因此，量度消息中所含的信息量值，必须能够用来估计任何消息的信息量，且与消息种类无关。另外，消息中所含信息的多少也应和消息的重要程度无关。

由概率论可知，事件的不确定程度可用事件出现的概率来描述，事件出现（发生）的可能性愈小，概率愈小；反之，概率愈大。基于这种认识，我们得到：消息中的信息量与消息发生的概率紧密相关，消息出现的概率愈小，消息中包含的信息量就愈大，且概率为零时（不可能发生事件）信息量为无穷大，概率为 1 时（必然事件）信息量为 0。

综上所述，可以得出消息中所含信息量与消息出现的概率之间的关系应反映如下规律：

（1）消息中所含信息量 I 是消息出现的概率 $P(x)$ 的函数，即

$$I = I[P(x)] \tag{1-2}$$

（2）消息出现的概率愈小，它所含信息量愈大，反之信息量愈小，即

$$\begin{cases} P = 1 \text{时}, & I = 0 \\ P = 0 \text{时}, & I = \infty \end{cases}$$

(3) 若干个互相独立事件构成的消息, 其所含信息量等于各独立事件信息量的和, 即

$$I[P_1(x)P_2(x)\cdots] = I[P_1(x)] + I[P_2(x)] + \cdots$$

可以看出, I 与 $P(x)$ 间若满足以上三点, 则它们有如下关系式:

$$I = \log_a \frac{1}{P(x)} = -\log_a P(x) \tag{1-3}$$

其中, 信息量 I 的单位与对数的底数 a 有关:

① 当 $a = 2$ 时, 信息量 I 的单位为比特(bit 或 b)。

② 当 $a = e$ 时, 信息量 I 的单位为奈特(nat 或 n)。

③ 当 $a = 10$ 时, 信息量 I 的单位为笛特(Det)或称为十进制单位。

④ 当 $a = r$ 时, 信息量 I 的单位称为 r 进制单位。

通常信息量使用的单位为比特。

下面我们举例说明简单信息量的计算。

【例 1.1】 试计算二进制符号等概率和多进制(M 进制)等概率时每个符号的信息量。

解 二进制等概率时, $P(1) = P(0) = 1/2$, 则

$$I(1) = I(0) = -\mathrm{lb} \frac{1}{2} = 1 \text{ (bit)}$$

M 进制等概率时, 有

$$P(1) = P(2) = \cdots = P(M) = \frac{1}{M}$$

$$I(1) = I(2) = \cdots = I(M) = -\log_M \frac{1}{M} = 1 \text{ (M 进制单位)}$$

$$= \mathrm{lb} M \text{ (bit)}$$

【例 1.2】 试计算二进制符号不等概率时的信息量(设 $P(1) = P$)。

解 $P(1) = P$, 故 $P(0) = 1 - P$, 则

$$I(1) = -\mathrm{lb} P(1) = -\mathrm{lb} P \text{ (bit)}$$

$$I(0) = -\mathrm{lb} P(0) = -\mathrm{lb}(1 - P) \text{ (bit)}$$

可见, 不等概率时, 每个符号的信息量不同。

1.4.2 平均信息量

平均信息量 $\bar{I}$ 等于各个符号的信息量乘以各自出现的概率之和。

二进制时:

$$\bar{I} = -P(1)\,\mathrm{lb} P(1) - P(0)\,\mathrm{lb} P(0) \tag{1-4}$$

把 $P(1) = P$ 代入, 则

$$\bar{I} = -P\,\mathrm{lb} P - (1 - P)\,\mathrm{lb}(1 - P) = -P\,\mathrm{lb} P + (P - 1)\,\mathrm{lb}(1 - P) \quad \text{(bit/ 符号)}$$

下面计算多个信息符号的平均信息量。设各符号出现的概率为

$$\begin{bmatrix} x_1 & x_2 & \cdots & x_N \\ P(x_1) & P(x_2) & \cdots & P(x_N) \end{bmatrix}, \quad \text{且} \quad \sum_{i=1}^{N} P(x_i) = 1$$

则每个符号所含信息的平均值(平均信息量)为

$$\bar{I} = P(x_1)[-\mathrm{lb}P(x_1)] + P(x_2)[-\mathrm{lb}P(x_2)] + \cdots + P(x_N)[-\mathrm{lb}P(x_N)]$$

$$= \sum_{i=1}^{N} P(x_i)[-\mathrm{lb}P(x_i)] \tag{1-5}$$

由于平均信息量同热力学中的熵形式相似，故通常又称它为信息源的熵。平均信息量 $\bar{I}$ 的单位为 bit/符号（比特/符号）。

当离散信息源中每个符号等概率出现，而且各符号的出现为统计独立时，该信息源的信息量最大。此时最大熵（平均信息量）为

$$\bar{I}_{\max} = \sum_{i=1}^{N} P(x_i)[-\mathrm{lb}P(x_i)] = \sum_{i=1}^{N} \frac{1}{N}\left[-\mathrm{lb}\frac{1}{N}\right] = \mathrm{lb}N \tag{1-6}$$

【例 1.3】 设由 5 个符号组成的信息源，其相应概率为

$$\begin{bmatrix} A & B & C & D & E \\ \dfrac{1}{2} & \dfrac{1}{4} & \dfrac{1}{8} & \dfrac{1}{16} & \dfrac{1}{16} \end{bmatrix}$$

试求信源的平均信息量 $\bar{I}$。

解
$$\bar{I} = \frac{1}{2}\,\mathrm{lb}2 + \frac{1}{4}\,\mathrm{lb}4 + \frac{1}{8}\,\mathrm{lb}8 + \frac{1}{16}\,\mathrm{lb}16 + \frac{1}{16}\,\mathrm{lb}16$$

$$= \frac{1}{2} + \frac{1}{2} + \frac{3}{8} + \frac{4}{16} + \frac{4}{16}$$

$$= 1.875\ (\mathrm{bit}/符号)$$

5 个符号等概率出现时

$$\bar{I}_{\max} = \mathrm{lb}N = \mathrm{lb}5 = 2.322\ (\mathrm{bit}/符号)$$

【例 1.4】 一信息源由 4 个符号 A、B、C、D 组成，它们出现的概率分别为 3/8、1/4、1/4、1/8，且每个符号的出现都是独立的。试求信息源输出为 $CABACABDACBDAABD$-$CACBABAADCBABAACDBACAACABADBCADCBAABCACBA$ 的信息量。

解 信源输出的信息序列中，A 出现 23 次，B 出现 14 次，C 出现 13 次，D 出现 7 次，共有 57 个。则出现 A 的信息量为

$$23 \cdot \mathrm{lb}\left(\frac{57}{23}\right) \approx 30.11\ (\mathrm{bit})$$

出现 B 的信息量为

$$14 \cdot \mathrm{lb}\left(\frac{57}{14}\right) \approx 28.35\ (\mathrm{bit})$$

出现 C 的信息量为

$$13 \cdot \mathrm{lb}\left(\frac{57}{13}\right) \approx 27.72\ (\mathrm{bit})$$

出现 D 的信息量为

$$7 \cdot \mathrm{lb}\left(\frac{57}{7}\right) \approx 21.18\ (\mathrm{bit})$$

该信息源总的信息量为

$$I = 30.11 + 28.35 + 27.72 + 21.18 = 107.36\ (\mathrm{bit})$$

每一个符号的平均信息量为

$$\bar{I} = \frac{I}{符号总数} = \frac{107.36}{57} \approx 1.88\ (\mathrm{bit}/符号)$$

上面计算中，我们没有利用每个符号出现的概率来计算，而是用每个符号在 57 个符号中出现的次数（频度）来计算的。

实际上，用平均信息量公式（1 - 5）直接计算可得

$$\bar{I} = \frac{3}{8}\,\text{lb}\,\frac{8}{3} + \frac{1}{4} \times 2 \times \text{lb}4 + \frac{1}{8}\,\text{lb}8 \approx 1.90\,(\text{bit}/\,\text{符号})$$

总的信息量为

$$I = 57 \times 1.90 = 108.30\,(\text{bit})$$

可以看出，本例中两种方法的计算结果是有差异的，原因就是前一种方法中把频度视为概率来计算。当信源中符号出现的数目 $m \to \infty$ 时，以上两种计算方法结果相同。

当 57 个符号等概率出现时

$$\bar{I}_{\text{max}} = \text{lb}N = \text{lb}57 \approx 5.833\,(\text{bit}/\,\text{符号})$$

1.5 通信系统的主要性能指标

衡量、比较和评价一个通信系统的好坏时，必然要涉及系统的主要性能指标。通信系统的主要性能指标也称主要质量指标，它们是从整个系统出发来综合提出或规定的。单独的或者网络环境中构成的通信系统，其通信质量即业务质量（QoS，Quality of Services）是一个指标体系。

1.5.1 一般通信系统的性能指标

通信系统的性能指标有有效性、可靠性、适应性、保密性、标准性、维修性、工艺性等。从信息传输的角度来看，通信的有效性和可靠性是系统最主要的两个性能指标，通信技术和理论的研究，从一开始就是围绕着解决这两个基本问题而展开的。

有效性是指要求通信系统高效率地传输消息，即以最合理、最经济的方法传输最大数量的消息。

可靠性是指要求通信系统可靠地传输消息。由于存在干扰，因此系统收到的与发出的消息并不完全相同。可靠性是一种量度，用来表示收到消息与发出消息的符合程度。因此，可靠性决定于系统抵抗干扰的能力，就是说，决定于通信系统的抗干扰性。

一般情况下，要增加系统的有效性，就得降低可靠性，反之亦然。在实际中，常常依据实际系统要求采取相对统一的办法，即在满足一定可靠性的指标下，尽量提高消息的传输速率，即有效性；或者在维持一定有效性的条件下，尽可能提高系统的可靠性。

1.5.2 通信系统的有效性指标

模拟通信系统中，每一路模拟信号需占用一定信道带宽，如何在信道具有一定带宽时充分利用它的传输能力，可有几个方面的措施。其中主要的有两个方面，一方面是多路信号通过频率分割复用，即频分复用（FDM），以复用路数的多少来体现其有效性。如同轴电缆最多可容纳 10 800 路 4 kHz 模拟语音信号。目前使用的无线频段为 $10^5 \sim 10^{12}$ Hz 范围的自由空间，更是利用多种频分复用方式来实现各种无线通信的。另一方面，提高模拟通信有效性可根据业务性质减少信号带宽。如语音信号的调幅单边带（SSB）为 4 kHz，就比

调频信号带宽小数倍，即有效性好，但其可靠性较差。

数字通信的有效性主要体现在一个信道通过的信息速率的大小。对于基带数字信号，可以采用时分复用(TDM)以充分利用信道带宽。数字信号频带传输可采用多元调制以提高有效性。

数字通信系统的有效性可用传输速率来衡量，传输速率越高，系统的有效性就越好。通常可从以下三个不同的角度来定义传输速率。

1. 码元传输速率 R_B

码元传输速率通常又可称为码元速率、数码率、传码率、码率、信号速率或波形速率，用符号 R_B 来表示。码元速率是指单位时间(每秒钟)内传输码元的数目，单位为波特(Baud)。例如，某系统在 2 s 内共传送了 4800 个码元，则系统的传码率为 2400 Baud。

数字信号一般有二进制与多进制之分，但码元速率 R_B 与信号的进制数无关，只与码元宽度 T_b 有关。

$$R_B = \frac{1}{T_b} \tag{1-7}$$

通常在给出系统码元速率时，有必要说明码元的进制，多进制(M)码元速率 R_{BM} 与二进制码元速率 R_{B2}，在保证系统信息速率不变的情况下可相互转换，转换关系式为

$$R_{B2} = R_{BM} \cdot lbM \text{ (Baud)} \tag{1-8}$$

其中，$M = 2^k$，$k = 2, 3, 4, \cdots$

2. 信息传输速率 R_b

信息传输速率简称信息速率，又可称为传信率、比特率等。信息传输速率用符号 R_b 表示。R_b 是指单位时间(每秒钟)内传送的信息量，单位为比特/秒(b/s)。例如，若某信源在 1 秒钟内传送了 1200 个符号，且每一个符号的平均信息量为 1 bit，则该信源的 $R_b = 1200$ b/s。

因为信息量与信号进制数 M 有关，因此，R_b 也与 M 有关。

3. R_b 与 R_B 之间的互换

在二进制中，码元速率 R_{B2} 同信息速率 R_{b2} 在数值上相等，但单位不同。

在多进制中，R_{BM} 与 R_{bM} 之间数值不同，单位亦不同。它们之间在数值上有如下关系式：

$$R_{bM} = R_{BM} \cdot lbM \tag{1-9}$$

在码元速率保持不变的条件下，二进制信息速率 R_{b2} 与多进制信息速率 R_{bM} 之间的关系为

$$R_{b2} = \frac{R_{bM}}{lbM} \tag{1-10}$$

为了加深理解码元速率、信息速率以及它们之间的相互转换，下面举例说明。

【例 1.5】 已知二进制数字信号在 2 分钟内共传送了 72 000 个码元，(1)问其码元速率和信息速率各为多少？(2)如果码元宽度不变(即码元速率不变)，但改为八进制数字信号，则其码元速率为多少？信息速率又为多少？

解 (1) 因为在 2×60 s 内传送了 72 000 个码元，所以

$$R_B = \frac{72\ 000}{2 \times 60} = 600 \text{ (Baud)}$$

$$R_{b2} = R_{B2} = 600 \ (\text{b/s})$$

(2) 若改为八进制，则

$$R_{B8} = \frac{72\ 000}{2 \times 60} = 600 \ (\text{Baud})$$

$$R_{b8} = R_{B8} \cdot \text{lb}8 = 1800 \ (\text{b/s})$$

4. 频带利用率 [7]

频带利用率指的是传输效率，也就是说，我们不仅关心通信系统的传输速率，还要看在这样的传输速率下所占用的信道频带宽度是多少。如果频带利用率高，则说明通信系统的传输效率高，否则相反。

频带利用率的定义是单位频带内码元传输速率的大小，即

$$\eta = \frac{R_B}{B} \ (\text{Baud/Hz}) \tag{1-11}$$

频带宽度 B 的大小取决于码元速率 R_B，而码元速率 R_B 与信息速率有确定的关系。因此，频带利用率还可用信息速率 R_b 的形式来定义，以便比较不同系统的传输效率，即

$$\eta = \frac{R_b}{B} \ ((\text{b/s})/\text{Hz}) \tag{1-12}$$

1.5.3 通信系统的可靠性指标

对于模拟通信系统，可靠性通常以整个系统的输出信噪比来衡量。信噪比是信号的平均功率与噪声的平均功率之比。信噪比越高，说明噪声对信号的影响越小，信号的质量越好。一般来说，公共电话（商用）的信噪比以 40 dB 为优良质量，电视节目信噪比至少应为 50 dB，优质电视接收应在 60 dB 以上，公务通信可以降低质量要求，但也需 20 dB 以上。当然，衡量信号质量还可以用均方误差，它是衡量发送的模拟信号与接收端恢复的模拟信号之间误差程度的质量指标。均方误差越小，说明恢复的信号越逼真。

提高模拟信号传输的输出信噪比，固然可以提高信号功率或减少噪声功率，但提高发送电平往往受到限制。对于一般通信系统，提高信号电平会干扰相邻信道的信号。抑制噪声可从广义信道的电子设备入手，如采用性能良好的电子器件并设计精良的电路。一旦构成系统后，再要降低噪声干扰就不容易了。

在实际中，常用折中的办法来改善可靠性，即以带宽（有效性）为代价换取可靠性，可提高输出信噪比，这就涉及到了信号的调制方式。例如，宽带调频（FM）比调幅（AM）多占几倍或更大的带宽，解调输出信噪比改善量与带宽增加倍数的平方成正比。如民用调幅广播，每台节目 10 kHz 带宽，而调频台节目带宽为 180 kHz，但信噪比增大了十几倍，因此音质极好。另外，对于同一种调制方式，不同解调方式的可靠性也不同。

衡量数字通信系统可靠性的指标，具体可用信号在传输过程中出错的概率来表述，即用差错率来衡量。差错率越大，表明系统可靠性越差。差错率通常有两种表示方法。

1. 码元差错率 P_e

码元差错率 P_e 简称误码率，它是指接收的错误码元数在传输的总码元数中所占的比例。更确切地说，误码率就是码元在传输系统中被传错的概率，用表达式可表示成

$$P_e = \frac{单位时间内接收的错误码元数}{单位时间内系统传输的总码元数} \tag{1-13}$$

2. 信息差错率 P_b

信息差错率 P_b 简称误信率，或误比特率，它是指接收的错误信息量在传输的信息总量中所占的比例，或者说，它是码元的信息量在传输系统中被丢失的概率，用表达式可表示成

$$P_b = \frac{单位时间内接收到的错误比特数（信息量）}{单位时间内系统传输的总比特数（总信息量）} \tag{1-14}$$

3. P_e 和 P_b 之间的关系

对于二进制而言，误码率和误信率显然相等。而 M 进制信号的每个码元含有 $n = \mathrm{lb}M$ 比特，并且一个特定的错误码元可以有 $M-1$ 种不同的错误样式。

当 M 值较大时，误比特率

$$P_b \approx \frac{1}{2}P_e \tag{1-15}$$

在某些通信系统中，例如在采用格雷（Gray）码的多相制系统中，错误码元中仅发生 1 比特错误的概率最大。这时，近似地有

$$P_b \approx \frac{P_e}{\mathrm{lb}M} \tag{1-16}$$

4. 误字率 P_w

误字率 P_w 指接收的错误字数在传输的总字数中所占的比例。若一个字由 k 比特组成，每比特用一码元传输，则误字率等于

$$P_w = 1 - (1 - P_e)^k \tag{1-17}$$

【例 1.6】 已知某八进制数字通信系统的信息速率为 12 000 b/s，在接收端半小时内共测得错误码元有 216 个，试求系统的误码率。

解 已知 $R_{b8} = 12\ 000$ b/s，

$$R_{B8} = \frac{R_{b8}}{\mathrm{lb}8} = 4000\ (\text{Baud})$$

则系统误码率

$$P_e = \frac{216}{4000 \times 30 \times 60} = 3 \times 10^{-5}$$

这里需要注意的问题是，一定要把码元速率 R_B 和信息速率 R_b 的条件搞清楚，如果不细心，则此题容易误算出 $P_e = 10^{-5}$ 的结果。另外还需要强调的是，如果已知条件给出码元速率和收端出现错误的信息量，则同样需要注意速率转换问题。

本 章 小 结

本章主要介绍了通信系统的一些基本概念、信息论初步和通信系统性能指标。

广义地说，通信是指从一地向另一地进行消息的有效传递。通信按传输媒质分有：有线通信、无线通信；按所传信号分有：数字通信、模拟通信；按工作频段分有：长波通信、

短波通信、微波通信；按是否调制分有：基带传输、频带传输等。

通信系统的组成有模拟通信系统，数字频带传输通信系统，数字基带传输通信系统和模拟信号数字化传输通信系统。

数字通信的优点是抗干扰能力强，差错可控，易加密，易与现代技术相结合；缺点是占用频带宽，要求有严格的同步系统。

克服缺点的办法：通信频段向更高频段方向发展，采用数字集成技术和数据压缩技术使设备小型化。

消息中所含信息量 I 是消息出现的概率 $P(x)$ 的函数，即 $I = I[P(x)]$，计算公式为

$$I = \log_a \frac{1}{P(x)} = -\log_a P(x)$$

对于多个信息符号的平均信息量的计算，设各符号出现的概率为

$$\begin{bmatrix} x_1 & x_2 & \cdots & x_n \\ P(x_1) & P(x_2) & \cdots & P(x_n) \end{bmatrix}, \quad 且 \quad \sum_{i=1}^{n} P(x_i) = 1$$

则每个符号所含信息的平均值（平均信息量）

$$\bar{I} = P(x_1)[-\mathrm{lb}P(x_1)] + P(x_2)[-\mathrm{lb}P(x_2)] + \cdots + P(x_n)[-\mathrm{lb}P(x_n)]$$

$$= \sum_{i=1}^{n} P(x_i)[-\mathrm{lb}P(x_i)]$$

由于平均信息量同热力学中的熵形式相似，故通常又称它为信息源的熵。平均信息量 $\bar{I}$ 的单位为 bit/符号（比特/符号）。

通信系统的有效性是码元传输速率 R_B、信息传输速率 R_b、频带利用率 η；可靠性是误码率 P_e、误信率 P_b。

思考与练习 1

1-1 什么是通信？通信中常见的通信方式有哪些？

1-2 模拟信号和数字信号的区别是什么？

1-3 何谓数字通信？数字通信的优、缺点各有哪些？

1-4 试画出数字通信系统的模型，并简要说明各部分的作用。

1-5 衡量通信系统的主要性能指标是什么？数字通信具体用什么指标来表述？

1-6 设英文字母 E 出现的概率 $P(E) = 0.105$，X 出现的概率为 $P(X) = 0.002$，试求 E 和 X 的信息量各为多少。

1-7 某信源的符号集由 A、B、C、D、E、F 组成，设每个符号独立出现，其概率分别为 1/4、1/4、1/16、1/8、1/16、1/4，试求该信息源输出符号的平均信息量。

1-8 已知某四进制信源 $\{0, 1, 2, 3\}$，每个符号独立出现，对应的概率 P_0、P_1、P_2、P_3，且 $P_0 + P_1 + P_2 + P_3 = 1$。

（1）试计算该信源的平均信息量。

（2）每个符号的概率为多少时，平均信息量最大？

1-9 设一数字传输系统传送二进制信号，码元速率 $R_{B2} = 2400$ Baud，试求该系统的信息速率 R_{b2}。若该系统改为十六进制信号，码元速率不变，则此时的系统信息速率为多少？

1-10　一个系统传输四电平脉冲码组，每个脉冲宽度为 1 ms，高度分别为 0 V、1 V、2 V、3 V，且等概率出现。每四个脉冲之后紧跟一个宽度为 −1 V 的同步脉冲将各组脉冲分开。计算该系统传输信息的平均速率。

1-11　某数字通信系统用正弦载波的四个相互独立的相位 0、$\pi/2$、π、$3\pi/2$ 来传输信息。

（1）每秒内 0、$\pi/2$、π、$3\pi/2$ 出现的次数为 500、125、125、250，求此通信系统的码元速率和信息速率。

（2）每秒内四个相位出现的次数均为 250，求此通信系统的码元速率和信息速率。

1-12　已知某数字传输系统传送八进制信号，信息速率为 3600 b/s，试问码元速率应为多少？

1-13　已知二进制信号的传输速率为 4800 b/s，试问变换成四进制和八进制数字信号时的传输速率各为多少（码元速率不变）？

1-14　已知某四进制数字信号传输系统的信息速率为 2400 b/s，接收端在半个小时内共收到 216 个错误码元，试计算该系统的误码率 P_e。

1-15　在强干扰环境下，某电台在 5 分钟内共接收到正确信息量为 355 Mb，系统的信息速率为 1200 kb/s。

（1）试求系统的误信率 P_b。

（2）若具体指出系统所传数字信号为四进制信号，P_b 值是否改变，为什么？

（3）若假定信号为四进制信号，系统传输速率为 1200 kBaud，则 P_b 为多少？

1-16　某系统经长期测定，它的误码率 $P_e = 10^{-5}$，系统码元速率为 1200 Baud，问在多长时间内可能收到 360 个错误码元？

1-17　二进制数字信号以速率 200 b/s 传输，经过 2 小时的连续误码检测，结果发现 15 bit 的差错，问该系统的误码率为多少？如果要求误码率在 1×10^{-7} 以下，应采取什么措施？

第 2 章　信号、信道及噪声

【教学要点】

了解：确知信号和随机信号的基本特性；信道的概念；恒参、随参信道特性。

熟悉：信道中的噪声。

掌握：信道容量的概念。

重点、难点：信道容量的计算。

本章将从信号的角度入手，首先讨论确知信号和随机信号的基本特性，随后讨论信道的基本特性，主要有恒参信道和变参信道，接着论述信道内的噪声问题，最后介绍一下信道容量的概念。

2.1　确知信号的分析

实际信号，不论是模拟的还是数字的，通常都是随机的，加之通信系统中普遍存在的噪声也几乎都是随机的，这就确定了随机信号分析的重要性。但随机信号有时也可以当作确知信号加以分析；另外随机信号的分析方法与确知信号的分析方法有很多相同的地方，确知信号的分析方法是信号分析的基础。

2.1.1　信号的分类

信号可以从不同的角度进行分类，但是从数学分析的角度来说，通常采用下面几种分类方法。

1. 周期信号和非周期信号

如果信号 $x(t)$ 满足 $x(t)=x(t+T_0)$，则称 $x(t)$ 为周期信号，T_0 称为周期；反之，不能满足此关系的称为非周期信号。

周期信号用傅里叶级数展开有三种表示式。

1) 基本表示式

任意一个周期为 T_0 的周期信号 $x(t)$，只要满足狄里赫利条件，则可以展开为傅里叶级数，即

$$x(t) = A_0 + \sum_{n=1}^{\infty} (A_n \cos n\omega_0 t + B_n \sin n\omega_0 t), \quad n = 1, 2, 3, \cdots \quad (2-1)$$

其中，$\omega_0 = 2\pi/T_0$ 为基波角频率；$f_0 = 1/T_0$ 为基波频率。

$$A_0 = \frac{1}{T_0} \int_{-T_0/2}^{T_0/2} x(t) \, \mathrm{d}t \tag{2-2}$$

$$A_n = \frac{2}{T_0} \int_{-T_0/2}^{T_0/2} x(t) \cos n\omega_0 t \, \mathrm{d}t \tag{2-3}$$

$$B_n = \frac{2}{T_0} \int_{-T_0/2}^{T_0/2} x(t) \sin n\omega_0 t \, \mathrm{d}t \tag{2-4}$$

2) 余弦函数表示式

假若，令

$$\begin{cases} C_n = \sqrt{A_n^2 + B_n^2} \\ \varphi_n = \arctan \dfrac{B_n}{A_n} \end{cases}$$

那么

$$A_n \cos n\omega_0 t + B_n \sin n\omega_0 t = C_n \cos(n\omega_0 t - \varphi_n)$$

由此得 $x(t)$ 的另一种表示式为

$$x(t) = C_0 + \sum_{n=1}^{\infty} C_n \cos(n\omega_0 t - \varphi_n) \tag{2-5}$$

其中，$C_0 = A_0$。

3) 指数函数表示式

根据欧拉公式

$$\cos x = \frac{\mathrm{e}^{\mathrm{j}x} + \mathrm{e}^{-\mathrm{j}x}}{2}$$

可得

$$x(t) = \sum_{n=-\infty}^{\infty} V_n \mathrm{e}^{\mathrm{j}n\omega_0 t} \tag{2-6}$$

其中

$$V_n = \frac{1}{T_0} \int_{-T_0/2}^{T_0/2} x(t) \mathrm{e}^{-\mathrm{j}\omega_0 t} \, \mathrm{d}t \tag{2-7}$$

2. 确知信号和随机信号

可以用明确的数学式子表示的信号称为确知信号。有些信号没有确定的数学表示式，当给定一个时间值时，信号的数值并不确定，通常只知道它取某一数值的概率，我们称这种信号为随机信号或不规则信号。

3. 功率信号和能量信号

如果一个信号 $x(t)$（电流或电压）作用在 $1\ \Omega$ 的电阻上，则瞬时功率为 $|x(t)|^2$，在 $(-T/2, T/2)$ 时间内消耗的能量为

$$E = \int_{-T/2}^{T/2} |x(t)|^2 \, \mathrm{d}t \tag{2-8}$$

而平均功率

$$P = \frac{1}{T} \int_{-T/2}^{T/2} |x(t)|^2 \, \mathrm{d}t \tag{2-9}$$

当 $T \to \infty$ 时，如果 E 存在，则 $x(t)$ 称为能量信号，此时平均功率 $P=0$；反之，如果 $T \to \infty$

时 E 不存在(无穷大)，而 P 存在，则 $x(t)$ 称为功率信号。

周期信号一定是功率信号；而非周期信号可以是功率信号，也可以是能量信号。

2.1.2　非周期信号的频谱分析

对于非周期信号，可用其傅里叶变换求其频谱函数，即

$$x(t) = \frac{1}{2\pi} \int_{-\infty}^{\infty} X(\omega) \mathrm{e}^{\mathrm{j}\omega t} \, \mathrm{d}\omega \qquad (2-10)$$

其中

$$X(\omega) = \int_{-\infty}^{\infty} x(t) \mathrm{e}^{-\mathrm{j}\omega t} \, \mathrm{d}t \qquad (2-11)$$

称为频谱函数，通常用 $X(\omega) = F[x(t)]$ 表示，$x(t)$ 与 $X(\omega)$ 的关系记为 $x(t) \leftrightarrow X(\omega)$，表示为一对傅里叶变换。

在傅里叶级数展开式中，$|V_n| = C_n/2$，$|V_n|$ 与 C_n 均为绝对振幅，它可以直接表示该频率成分幅度的大小。

由

$$V_n = \frac{1}{T} \int_{-T_0/2}^{T_0/2} x(t) \mathrm{e}^{-\mathrm{j}\omega_0 t} \, \mathrm{d}t$$

当 $T_0 \rightarrow \infty$ 时

$$V_n = \frac{1}{T_0} \int_{-\infty/2}^{\infty/2} x(t) \mathrm{e}^{-\mathrm{j}\omega_0 t} \, \mathrm{d}t = \frac{X(\omega)}{T_0} \qquad (2-12)$$

所以

$$|X(\omega)| = T_0 |V_n| \qquad (2-13)$$

其中，$|X(\omega)|$ 是谱密度，即单位频率占有的振幅值，它是振幅对频率的相对值，而不代表振幅的绝对大小。

傅里叶变换提供了信号的时域表示与频域表示之间的变换工具。在通信系统中为了统一描述周期信号和非周期信号，对周期信号也同样采用频谱密度函数来表示。

2.1.3　周期信号的频谱分析

周期信号 $x(t)$ 的频谱密度函数 $X(\omega)$，可通过式(2-6)和式(2-11)求得

$$X(\omega) = F[x(t)] = \int_{-\infty}^{\infty} \sum_{n=-\infty}^{\infty} V_n \mathrm{e}^{\mathrm{j}n\omega_0 t} \mathrm{e}^{-\mathrm{j}\omega t} \, \mathrm{d}t$$

$$= \sum_{n=-\infty}^{\infty} V_n \int_{-\infty}^{\infty} \mathrm{e}^{-\mathrm{j}(\omega - n\omega_0)t} \, \mathrm{d}t$$

$$= 2\pi \sum_{n=-\infty}^{\infty} V_n \delta(\omega - n\omega_0) \qquad (2-14)$$

由上式可以看出，周期信号的频谱密度函数是由一系列的冲激离散频谱构成的，这些冲激位于信号基频 ω_0 的各次谐波处。

为了方便计算周期信号 $x(t)$ 的频谱密度函数 $X(\omega)$，也可将 $x(t)$ 在一个周期内截断，得到信号 $x_T(t)$，先求出 $x_T(t)$ 的傅里叶变换 $X_T(\omega)$，再对得到的 $X_T(\omega)$ 周期延拓从而求得 $X(\omega)$。

设 $x_T(t)$ 为 $x(t)$ 在一个周期内的截断信号，即

$$x_T(t) = \begin{cases} x(t), & -T/2 \leqslant t \leqslant T/2 \\ 0, & \text{其他} \end{cases} \tag{2-15}$$

那么

$$X_T(\omega) = F[x_T(t)] = \int_{-\infty}^{\infty} x_T(t) \mathrm{e}^{-\mathrm{j}\omega t}\,\mathrm{d}t$$

从而推出

$$X(\omega) = \frac{2\pi}{T} X_T(\omega) \sum_{n=-\infty}^{\infty} \delta(\omega - n\omega_0)$$

$$= \omega_0 \sum_{n=-\infty}^{\infty} X_T(n\omega_0)\delta(\omega - n\omega_0) \tag{2-16}$$

比较式(2-14)与式(2-16)可得

$$V_n = \frac{1}{T} X_T(n\omega_0) \tag{2-17}$$

由此可见，由于引入了冲激函数，因此周期信号和非周期信号都可统一用信号的傅里叶变换，即频谱密度函数来表示。

2.1.4 信号的能量谱密度和功率谱密度

为了全面地分析确知信号，就必须研究信号的能量谱密度和功率谱密度函数。

1. 能量信号的能量谱密度函数(帕塞瓦尔定理)

能量信号 $x(t)$ 是指在时域内有始有终，能量有限的非周期信号。能量信号 $x(t)$ 可用其频谱密度函数 $X(\omega)$ 及信号的能量谱密度函数 $G(\omega)$ 来描述。

设能量信号 $x(t)$ 频谱密度函数为 $X(\omega)$，信号的能量为

$$E = \int_{-\infty}^{\infty} x^2(t)\mathrm{d}t = \int_{-\infty}^{\infty} x(t) \cdot \frac{1}{2\pi} \int_{-\infty}^{\infty} X(\omega)\mathrm{e}^{\mathrm{j}\omega t}\,\mathrm{d}\omega\,\mathrm{d}t$$

$$= \frac{1}{2\pi} \int_{-\infty}^{\infty} X(\omega)x(t)\mathrm{e}^{-\mathrm{j}(-\omega t)}\,\mathrm{d}t\,\mathrm{d}\omega$$

$$= \frac{1}{2\pi} \int_{-\infty}^{\infty} X(\omega)X(-\omega)\mathrm{d}\omega$$

$$= \frac{1}{2\pi} \int_{-\infty}^{\infty} |X(\omega)|^2\,\mathrm{d}\omega$$

$$= \frac{1}{\pi} \int_{0}^{\infty} |X(\omega)|^2\,\mathrm{d}\omega$$

$$= \frac{1}{\pi} \int_{0}^{\infty} G(\omega)\mathrm{d}\omega \tag{2-18}$$

其中

$$G(\omega) = |X(\omega)|^2 \tag{2-19}$$

为能量信号的能量谱密度函数，它表示单位频带上的信号能量，表明信号的能量在频率轴上的分布情况。

由式(2-19)可以看出，能量信号 $x(t)$ 的能量谱密度函数 $G(\omega)$ 等于它的频谱密度函数 $X(\omega)$ 的模的平方。所以，式(2-18)可重写为

$$E = \int_{-\infty}^{\infty} G(\omega)\mathrm{d}f = \frac{1}{2\pi}\int_{-\infty}^{\infty} G(\omega)\mathrm{d}\omega \tag{2-20}$$

式(2-20)称为能量信号的帕塞瓦尔定理，它表明，信号 $x(t)$ 的能量为能量谱在频域内的积分值。

2. 功率信号的功率谱密度函数

功率信号 $x(t)$ 是指信号在时域内无始无终，信号的能量无限，但平均功率有限的信号。

对于非周期功率信号 $x(t)$，其平均功率可用截断信号 $x_T(t)$ 在区间 $(-T/2，T/2)$ 内的平均功率求极限的方法得到。其平均功率表示为

$$P = \lim_{T\to\infty}\frac{1}{T}\int_{-\infty}^{\infty} x^2(t)\mathrm{d}t = \lim_{T\to\infty}\frac{1}{T}\int_{-T/2}^{T/2} x_T^2(t)\mathrm{d}t \tag{2-21}$$

其中，$x_T(t)$ 是 $x(t)$ 在区间 $(-T/2，T/2)$ 内的截断信号，是能量信号。

而周期信号是无始无终的，它在整个时域内的能量无限，而功率有限，因此周期信号是典型的功率信号。设周期信号的周期为 T_0，则其平均功率表示为

$$P = \lim_{T\to\infty}\frac{1}{T_0}\int_{-T_0/2}^{T_0/2} x^2(t)\mathrm{d}t = \lim_{T\to\infty}\frac{1}{nT_0}\int_{-nT_0/2}^{nT_0/2} x^2(t)\mathrm{d}t = \frac{1}{T_0}\int_{-T_0/2}^{T_0/2} x^2(t)\mathrm{d}t \tag{2-22}$$

式(2-22)说明周期信号的平均功率可在信号的一个周期内求平均得到。

在实际中常用信号的功率谱来描述功率信号。

功率信号 $x(t)$ 的截断信号 $x_T(t)$ 的频谱密度函数为 $X_T(\omega)$。根据能量信号的帕塞瓦尔定理得

$$\int_{-\infty}^{\infty} x_T^2(t)\mathrm{d}t = \frac{1}{2\pi}\int_{-\infty}^{\infty} |X_T(\omega)|^2 \mathrm{d}\omega \tag{2-23}$$

将式(2-23)代入式(2-21)，得到功率信号 $x(t)$ 的平均功率为

$$P = \lim_{T\to\infty}\frac{1}{T}\int_{-\infty}^{\infty} x_T^2(t)\mathrm{d}t = \frac{1}{2\pi}\int_{-\infty}^{\infty} \lim_{T\to\infty}\frac{|X_T(\omega)|^2}{T} \mathrm{d}\omega$$

$$= \frac{1}{2\pi}\int_{-\infty}^{\infty} P(\omega)\mathrm{d}\omega \tag{2-24}$$

其中

$$P(\omega) = \lim_{T\to\infty}\frac{|X_T(\omega)|^2}{T} \tag{2-25}$$

为功率信号 $x(t)$ 的功率谱密度函数，它表示单位频带上的信号功率，表明信号功率在频率轴上的分布情况。信号 $x(t)$ 的功率为功率谱在频域内的积分值。

对于周期信号，由前面的帕塞瓦尔定理得

$$P = \frac{1}{T_0}\int_{-T_0/2}^{T_0/2} x^2(t)\mathrm{d}t = \sum_{n=-\infty}^{\infty} |V_n|^2$$

再根据

$$P = \frac{1}{2\pi}\int_{-\infty}^{\infty} P(\omega)\mathrm{d}\omega$$

得

$$\sum_{n=-\infty}^{\infty} |V_n|^2 = \frac{1}{2\pi}\int_{-\infty}^{\infty} P(\omega)\mathrm{d}\omega \tag{2-26}$$

由函数式

$$\int_{-\infty}^{\infty} f(t)\delta(t-t_0)\,\mathrm{d}t = f(t_0)\int_{-\infty}^{\infty} \delta(t-t_0)\,\mathrm{d}t = f(t_0)$$

可得

$$\int_{-\infty}^{\infty} |V_n|^2 \delta(\omega - n\omega_0)\,\mathrm{d}\omega = |V_n|^2$$

所以

$$\sum_{n=-\infty}^{\infty} |V_n|^2 = \int_{-\infty}^{\infty} \sum_{n=-\infty}^{\infty} |V_n|^2 \delta(\omega - n\omega_0)\,\mathrm{d}\omega \qquad (2-27)$$

综上所述，得

$$\frac{1}{2\pi}\int_{-\infty}^{\infty} P(\omega)\,\mathrm{d}\omega = \int_{-\infty}^{\infty} \sum_{n=-\infty}^{\infty} |V_n|^2 \delta(\omega - n\omega_0)\,\mathrm{d}\omega$$

$$P(\omega) = 2\pi \sum_{n=-\infty}^{\infty} |V_n|^2 \delta(\omega - n\omega_0) \qquad (2-28)$$

周期信号的功率谱密度是离散的，而且都是冲激函数。V_n 不为零的 $n\omega_0$ 成分具有一定的功率，这与非周期信号是不同的。

可见 $G(\omega)$ 和 $P(\omega)$ 都只与振幅频谱有关，而与相位频谱无关。因此，从 $G(\omega)$ 和 $P(\omega)$ 中只能获得信号振幅的信息，而得不到信号相位的信息。

2.1.5 信号的卷积和相关

1. 互相关函数

设 $x_1(t)$ 和 $x_2(t)$ 为两个周期功率信号，则它们之间的互相关程度可用互相关函数 $R_{12}(\tau)$ 表示，且被定义为

$$R_{12}(\tau) \xlongequal{\text{def}} \frac{1}{T_0}\int_{-T_0/2}^{T_0/2} x_1(t)x_2(t+\tau)\,\mathrm{d}t \qquad (2-29)$$

对于一般功率信号，设 $x_1(t)$ 和 $x_2(t)$ 为非周期功率信号，则

$$R_{12}(\tau) = \lim_{T \to \infty} \frac{1}{T}\int_{-T/2}^{T/2} x_1(t)x_2(t+\tau)\,\mathrm{d}t \qquad (2-30)$$

设 $x_1(t)$ 和 $x_2(t)$ 为能量信号，则

$$R_{12}(\tau) = \int_{-\infty}^{\infty} x_1(t)x_2(t+\tau)\,\mathrm{d}t \qquad (2-31)$$

当 $x_1(t) = x_2(t)$ 时，互相关函数就变为自相关函数，因此，仿照互相关函数的定义即得自相关函数的定义。

对于非周期功率信号，设信号为 $x(t)$，自相关函数为 $R(\tau)$，则

$$R(\tau) = \lim_{T \to \infty} \frac{1}{T}\int_{-T/2}^{T/2} x(t)x(t+\tau)\,\mathrm{d}t \qquad (2-32)$$

如果 $x(t)$ 是周期功率信号，那么

$$R(\tau) = \frac{1}{T_0}\int_{-T_0/2}^{T_0/2} x(t)x(t+\tau)\,\mathrm{d}t \qquad (2-33)$$

对于能量信号 $x(t)$，则

$$R(\tau) = \int_{-\infty}^{\infty} x(t)x(t+\tau)\mathrm{d}t \qquad (2-34)$$

相关函数描述了两个函数在时间间隔 τ 的两点上取值的相关性，它与卷积过程有一定的相似性。相关函数的积分运算与卷积运算的主要区别如下：

(1) 卷积运算是无序的，即 $x_1(t) * x_2(t) = x_2(t) * x_1(t)$；而相关函数的积分运算是有序的，即 $R_{12}(\tau) \neq R_{21}(\tau)$。

(2) 对于同一个时间位移值，相关函数的积分运算与卷积运算中位移函数的移动方向是相反的。

(3) 卷积是求解信号通过线性系统输出的方法，而相关函数的积分是信号检测和提取的方法。

(4) 当信号 $x(t)$ 通过一个线性系统时，若系统的冲激响应 $h(t) = x(-t)$，则系统对 $x(t)$ 的输出响应为 $x(t) * h(t) = R(t)$，即冲激响应为输入信号 $x(t)$ 的镜像函数时，系统的输出为 $x(t)$ 的自相关函数。

2. 能量信号的相关定理

能量信号 $x(t)$ 的自相关函数具有以下性质：

(1) 自相关函数是偶函数，即 $R(\tau) = R(-\tau)$。（读者可以自行证得）

(2) 当 $\tau = 0$ 时，$R(\tau)$ 就是信号的能量，即

$$E = \int_{-\infty}^{\infty} x^2(t)\mathrm{d}t = R(0)$$

此外，当 $\tau = 0$ 时，自相关函数 $R(\tau)$ 取最大值，即 $R(0) \geqslant R(\tau)$，这时自相关性最强。

若能量信号 $x_1(t)$ 和 $x_2(t)$ 的频谱分别是 $X_1(\omega)$ 和 $X_2(\omega)$，则信号 $x_1(t)$ 和 $x_2(t)$ 的互相关函数 $R_{12}(\tau)$ 与 $X_1(\omega)$ 的共轭和 $X_2(\omega)$ 的乘积是傅里叶变换对，即

$$R_{12}(\tau) \leftrightarrow X_1^*(\omega)X_2(\omega) \qquad (2-35)$$

式(2-35)称为能量信号的相关定理。它表明两个能量信号在时域内相关，对应频域内为一个信号频谱的共轭与另一信号的频谱相乘。

若 $x_1(t) = x_2(t) = x(t)$，则有

$$F[R(\tau)] = X^*(\omega)X(\omega) = |X(\omega)|^2 = G(\omega)$$

即

$$R(\tau) \leftrightarrow |X(\omega)|^2 = G(\omega) \qquad (2-36)$$

可见，能量信号的自相关函数和能量谱密度函数是一对傅里叶变换。

3. 功率信号的相关函数

功率信号的相关函数仍然用信号截断后求极限的方法得到。同理，也可以证明，功率信号的自相关函数与功率谱密度是一对傅里叶变换，即

$$R(\tau) \leftrightarrow P(\omega) \qquad (2-37)$$

综上所述，我们既可以把确知信号 $x(t)$ 分为周期信号与非周期信号，通过傅里叶变换求得信号的频谱密度函数 $X(\omega)$，从而在频域内研究该信号；也可以把确知信号分为能量信号与功率信号，对信号的自相关函数及其傅里叶变换，即能量谱及功率谱进行分析，从而使得确知信号的分析方法进一步得到完善。

2.2 随机信号的分析

通信系统中传输的信号(如语音信号、视频信号等)本质上都具有随机性,即它们的某个参数或几个参数是不能预知,或不能完全预知的。我们把这种具有随机特性的信号称为随机信号。通信系统中遇到的各种干扰,如天电干扰和通信设备内部产生的热噪声、散弹噪声等,更是具有随机性。因此,这种干扰也称为随机噪声,简称为噪声。

2.2.1 随机变量与概率分布

1. 随机变量的定义

在概率论中,把某次试验中可能发生的和可能不发生的事件称为随机事件(简称事件)。对于随机试验,尽管在每次试验之前不能预知试验的结果,但试验的所有可能结果组成的集合是已知的。我们将随机试验 E 的所有可能结果组成的集合标为 E 的样本空间,记为 S。一般,称试验 E 的样本空间 S 的子集为 E 的随机事件。

设 E 是随机试验,它的样本空间是 $S=\{e\}$。如果对于每一个 $e \in S$,有一个实数 $X(e)$ 与之对应,这样就得到一个定义在 S 上的单值实值函数 $X=X(e)$,该函数称为随机变量。

当随机变量的取值个数是有限的或可数无穷个时,则称它为离散随机变量;否则就称它为连续随机变量,即可能的取值充满某一有限或无限区间。

2. 概率分布函数和概率密度函数

设随机变量 X 可以取 x_1、x_2、x_3、x_4 四个值,且有 $x_1 < x_2 < x_3 < x_4$,对应的概率为 $P(x_i)$ 或 $P(X=x_i)$,则有 $P(X \leqslant x_2) = P(x_1) + P(x_2)$,用 $P(X \leqslant x)$ 定义的 x 的函数称之为随机变量 x 的概率分布函数(以后简称分布函数),记做 $F(x)$,即

$$F(x) = P(X \leqslant x) \tag{2-38}$$

该定义中,x 可以是离散的也可以是连续的,显然有

$$\begin{cases} F(-\infty) = P(X \leqslant -\infty) = 0 \\ F(+\infty) = P(X \leqslant +\infty) = 1 \end{cases}$$

设 $x_1 \leqslant x_2$,则 $F(x_1) \leqslant F(x_2)$,即 $F(x)$ 是单调不减函数。

对于一连续随机变量 x,设其分布函数 $F(x)$ 对于一个非负函数 $f(x)$ 有下式成立:

$$F(x) = \int_{-\infty}^{x} f(v) \mathrm{d}v \tag{2-39}$$

则称 $f(x)$ 为 x 的概率密度函数(简称概率密度),因为式(2-39)表示随机变量 X 在 $(-\infty, \infty)$ 区间上取值的概率,故 $f(x)$ 具有概率密度的含义,所以

$$f(x) = \frac{\partial F(x)}{\partial x} \tag{2-40}$$

因此,概率密度就是分布函数的导数。

概率密度有如下的性质:

$$f(x) \geqslant 0, \quad \int_{-\infty}^{\infty} f(x) \mathrm{d}x = 1 \quad \text{且} \quad \int_{a}^{b} f(x) \mathrm{d}x = F(b) - F(a)$$

3. 多维随机变量和多维概率分布

上面讨论的只是单个随机变量及其概率分布，实际上，许多随机试验的结果只用一个随机变量来描述是不够的，而必须同时用两个或更多个随机变量来描述，我们把这种由多个随机变量所组成的一个随机变量总体称为多维随机变量，记做二维(X_1, X_2)，…，n 维 $(X_1, X_2, \cdots, X_n)$ 等等。多维随机变量不是多个随机变量的简单组合，它不但取决于组成它的每个随机变量的性质，而且还取决于这些随机变量两两之间的统计关系。

设有两个随机变量 X 和 Y，我们把两个事件 $(X \leqslant x)$ 和 $(Y \leqslant y)$ 同时出现的概率定义为二维随机变量 (X, Y) 的二维分布函数，记做 $F(x, y)$。

$$F(x, y) = P(X \leqslant x, Y \leqslant y) \tag{2-41}$$

如果 $F(x, y)$ 可表示成

$$F(x, y) = \int_{-\infty}^{x} \int_{-\infty}^{y} f(x, y) \mathrm{d}x \mathrm{d}y \tag{2-42}$$

则称 $f(x, y)$ 为二维概率密度，即

$$f(x, y) = \frac{\partial^2 F(x, y)}{\partial x \partial y} \tag{2-43}$$

同理，二维联合概率分布的性质有：

(1) $f(x, y) \geqslant 0$，$\int_{-\infty}^{\infty} \int_{-\infty}^{\infty} f(x, y) \mathrm{d}x \mathrm{d}y = 1$ 且 $F(-\infty, y) = F(x, -\infty) = 0$

(2) $f(x) = \int_{-\infty}^{\infty} f(x, y) \mathrm{d}y$，同理 $f(y) = \int_{-\infty}^{\infty} f(x, y) \mathrm{d}x$

(3) 当满足

$$f(x, y) = f(x) f(y) \tag{2-44}$$

时，且也只有满足此条件时，随机变量 x 和 y 也才是统计独立的。

当随机变量 X、Y 统计独立时，可以由一维概率分布确定二维联合分布。但在一般情况下，知道一维的概率分布，并不一定能求出二维的联合分布，这时就需要引进条件概率分布的概念。

给定随机变量 X 后，变量 Y 的条件概率密度定义为

$$f(y \mid x) \overset{\text{def}}{=\!=\!=} \frac{f(x, y)}{f(x)} \tag{2-45}$$

当 $f(x) \neq 0$ 时，由式 (2-44) 和式 (2-45) 不难得出，当 $f(y|x) = f(y)$ 时，X 和 Y 统计独立。

2.2.2　随机变量的函数与数字特征

1. 随机变量的函数

一维或多维随机变量经过确知函数变换后，可得到一个新的随机变量，称其为随机变量的函数，可以表示为以下几种情况：

(1) $Y = g(X)$，其中，X、Y 均为一维随机变量。

(2) $Y = g(X_1, X_2, \cdots, X_n)$，其中，$X$ 是 n 维随机变量；函数 Y 则是一维的。

$$(3) \begin{cases} Y_1 = g_1(X_1, X_2, \cdots, X_n) \\ Y_2 = g_2(X_1, X_2, \cdots, X_n) \\ \quad\quad \vdots \\ Y_m = g_m(X_1, X_2, \cdots, X_n) \end{cases}$$

其中，X 是 n 维随机变量；函数 $(Y_1, Y_2, \cdots, Y_m)$ 则是 m 维的。

若要完整地表述一个随机变量的统计特性，就必须求得它的分布函数或概率密度函数。然而，在许多实际问题中，往往并不关心随机变量的概率分布，而只想知道它的某些特征。这些表述随机变量"某些特征"的数，就称之为随机变量的数字特征。

2. 随机变量的数字特征

1) 数学期望

随机变量的数学期望，或简称均值，反映了随机变量取值的集中位置。

设 $P(x_i)(i=1, 2, \cdots, n)$ 是离散随机变量 X 的取值 x_i 的概率，则其数学期望

$$E(X) = \sum_{i=1}^{n} x_i P(x_i) \tag{2-46}$$

实际上就是对随机变量的加权求和，而加权值就是各个可能值出现的概率。

连续随机变量的数学期望可用积分计算。设 $f(x)$ 为连续随机变量 X 的概率密度函数，则 X 的数学期望定义为

$$E(X) \xlongequal{\text{def}} \int_{-\infty}^{\infty} x f(x) \mathrm{d}x = \int_{-\infty}^{\infty} x \, \mathrm{d}F(x) \tag{2-47}$$

这一定义也可推广到对 X 的函数 $Y = g(x)$ 的集合平均，根据式 $(2-46)$ 有

$$E(Y) = \sum_{i=1}^{m} y_i P(x_i) = \sum_{i=1}^{m} g(x_i) P(x_i) \tag{2-48}$$

其中，x_i、y_i 是相互对应的取值。

对于连续随机变量的函数而言，如果下面的积分存在，则 X 的函数 $g(x)$ 的数学期望为

$$E(g(X)) = \int_{-\infty}^{\infty} g(x) f(x) \mathrm{d}x \tag{2-49}$$

2) 方差

随机变量的方差反映了随机变量取值的集中程度。

设 X 是一个随机变量，若 $E\{[X - E(X)]^2\}$ 存在，则称 $E\{[X - E(X)]^2\}$ 为 X 的方差，记为 $D(X)$ 或 $\mathrm{Var}(X)$，即

$$D(X) = \mathrm{Var}(x) = E\{[X - E(X)]^2\} \tag{2-50}$$

方差经常又用 σ^2 来表示，方差的平方根 σ 又称为"标准偏差"。

X^n 的期望称为 X 的 n 阶（原点）矩，此 n 阶矩为

$$E(X^n) = \int_{-\infty}^{\infty} x^n f(x) \mathrm{d}x \tag{2-51}$$

除了原点矩外，还有相对于均值 $E(X)$ 的 n 阶矩，即 $E\{[X - E(X)]^n\}$，也称之为 n 阶中心矩

$$E\{[X - E(X)]^n\} = \int_{-\infty}^{\infty} [x - E(X)]^n f(x) \mathrm{d}x \tag{2-52}$$

可见在 n 阶矩中，方差是最重要的，它是二阶中心矩。

矩的概念可以推广到两个随机变量上，称之为混合矩，随机变量 X、Y 的 $(m+n)$ 阶混合原点矩定义为

$$E(X^m, Y^n) \stackrel{\text{def}}{=\!=} \int_{-\infty}^{\infty} \int_{-\infty}^{\infty} x^m y^n f(x, y) \mathrm{d}x \mathrm{d}y \tag{2-53}$$

其相应的混合中心矩 u_{mn} 则定义为

$$u_{mn} \stackrel{\text{def}}{=\!=} E\{[X - E(X)]^m [Y - E(Y)]^n\} \tag{2-54}$$

在混合中心矩 u_{mn} 中，最重要的是 $m=1$、$n=1$ 时的混合中心矩 $E\{[X-E(X)][Y-E(Y)]\}$，记做 u_{11}，称之为相关矩或协方差。

X、Y 的归一相关矩又称为 X、Y 的相关系数，定义为

$$\rho \stackrel{\text{def}}{=\!=} \frac{E\{[X - E(X)][Y - E(Y)]\}}{\sqrt{E\{(X - m_X)^2\} \cdot E\{(Y - m_Y)^2\}}} \tag{2-55}$$

相关系数的性质如下：

(1) $|\rho| \leqslant 1$。

(2) 相关性。若 X、Y 的相关系数 $\rho=0$，则称 X、Y 是线性不相关的。

(3) 独立与相关。若两随机变量 X、Y 是统计独立的，则它们必不相关；但是若 X、Y 不相关，并不意味着它们一定是统计独立的。

2.2.3 随机过程的统计特性

1. 随机过程的定义

简单地说，随机过程是一种取值随机变化的时间函数，它不能用确切的时间函数来表示。对随机过程来说，"随机"的含意是指取值不确定，仅有取某个值的可能性；"过程"的含意是指它为时间 t 的函数。即在任意时刻考察随机过程的值是一个随机变量，随机过程可看成是随时间 t 变化的随机变量的集合。或者说，随机过程是一个由全部可能的实现（或样本函数）构成的集合，且每个实现都是不确定的。

随机过程的取值虽然随机，但取各种值的可能性的分布规律通常是能够确切地获得的，也就是说，随机过程有确切的统计规律。因此可以用严格的统计特性来描述随机过程。

数学上可以用随机实验和样本空间的概念来定义随机过程。设 E 是随机实验，$S=\{e\}$ 是它的样本空间，如果对每一个样本 $e \in S$ 来说，总可以按某一规则确定参数 t 的实值函数

$$X(e, t), \quad t \in T$$

与之对应，那么，对所有的样本 $e \in S$，就得到一簇时间函数，并称此簇时间函数为随机过程，其中每个时间函数称为该随机过程的样本函数，T 是参数 t 的变化范围，称为参数集。

随机过程的每个样本函数可以看做是一个确定的时间函数。因为一个样本函数就是过程的一次实现，既然已经实现了，那么取值就确定了，因此随机性也就消失了。而 $X(t)$ 的随机性就体现在每次出现哪个样本函数是随机的。

这个定义应理解为：与某一特定的结果 $e_i \in S$ 相对应的时间函数 $X(e_i, t)$ 是一个确定的时间函数，称之为随机过程的一个样本函数或一次实现；在某一特定时刻 $t=t_1$ 时，函数值 $X(e, t_1)$ 是一个随机变量，对不同的时间 t 得到一簇随机变量，所以随机过程是依赖于时间参数 t 的一簇随机变量。

如果在某一个固定时刻，如 $t=t_1$ 时，来观察随机过程的值 $X(t_1)$，那么它是一个随机变量；在不同的 t_1，t_2，$\cdots$，t_n 时刻考察随机过程时，将得到不同的随机变量。

由于随机过程的瞬时取值是随机变量，因此随机过程的统计特性可以借用随机变量的概率分布函数或数字特征的方法来描述。

2. 随机过程的统计特性

1) 随机过程的分布函数和概率密度函数

设随机过程为 $X(t)$，当 $t=t_1$ 时，观察随机过程的值 $X(t)$ 是一个随机变量。因此随机过程 $X(t)$ 在 $t=t_1$ 时刻的统计特性就是该时刻随机变量 $X(t_1)$ 的统计特性。随机变量 $X(t_1)$ 的统计特性可以用分布函数或概率密度函数来描述，称

$$F_1(x_1, t_1) = P\{X(t_1) \leqslant x_1\} \qquad (2-56)$$

为随机过程 $X(t)$ 的一维分布函数。如果 $F_1(x_1, t_1)$ 对 x_1 的偏导数存在，即

$$\frac{\partial F_1(x_1, t_1)}{\partial x_1} = f_1(x_1, t_1) \qquad (2-57)$$

则称 $f_1(x_1, t_1)$ 为随机过程 $X(t)$ 的一维概率密度函数。由于 t_1 时刻是任意选取的，因此可以把 t_1 写为 t，这样 $f_1(x_1, t_1)$ 可记为 $f_1(x, t)$。显然，一维分布函数或一维概率密度函数描述了随机过程在某一时刻上的统计特性。

由于随机过程的一维分布函数或一维概率密度函数仅仅描述了随机过程在孤立时刻上的统计特性，而不能反映过程内部任意两个时刻或多个时刻上的随机变量的内在联系，因此还必须引入二维分布函数及多维分布函数才能达到充分描述随机过程的目的。

随机过程 $X(t)$ 在 $t=t_1$ 及 $t=t_2$ 时得到的 $X(t_1)$ 及 $X(t_2)$ 分别是两个随机变量，它们相应取 x_1 及 x_2 值的联合概率称为 $X(t)$ 的二维分布函数，即称

$$F_2(x_1, x_2; t_1, t_2) = P\{X(t_1) \leqslant x_1; X(t_2) \leqslant x_2\} \qquad (2-58)$$

为随机过程 $X(t)$ 的二维分布函数。如果 $F_2(x_1, x_2; t_1, t_2)$ 对 x_1 及 x_2 的偏导数存在，即

$$\frac{\partial F_2(x_1, x_2; t_1, t_2)}{\partial x_1 \partial x_2} = f_2(x_1, x_2; t_1, t_2) \qquad (2-59)$$

则称 $f_2(x_1, x_2; t_1, t_2)$ 为随机过程 $X(t)$ 的二维概率密度函数。

随机过程的二维分布函数或二维概率密度函数描述了随机过程在任意两个时刻上的联合统计特性。

同理可以得到随机过程 $X(t)$ 的 n 维分布函数和 n 维概率密度函数。

显然，n 越大，用 n 维分布函数或 n 维概率密度函数去描述随机过程就越充分。不过在实践中，用高维($n>2$)分布函数或概率密度函数去描述随机过程时，往往会遇到困难，因为高维概率密度函数在不少场合经常难以获得。在对随机变量进行描述时，如果仅对随机变量的主要特征关心的话，还可以求出随机变量的数字特征。因此相应于随机变量数字特征的定义方法，也可以得到随机过程的数字特征。

2) 随机过程的数字特征

随机过程的数字特征，可以用类似于随机变量的数字特征的方法来定义。

(1) 随机过程的数学期望(均值)。当 $t=t_1$ 时，随机过程 $X(t_1)$ 是一个随机变量，其数学期望为

$$E[X(t_1)] = \int_{-\infty}^{\infty} x_1 \cdot f_1(x_1, t_1)\mathrm{d}x_1 = m(t_1) \tag{2-60}$$

其中，t_1 取任意值 t 时，得到随机过程的数学期望，记为 $E[X(t)]$ 或 $a(t)$。$E[X(t)]$ 为

$$E[X(t)] = \int_{-\infty}^{\infty} x \cdot f_1(x, t)\mathrm{d}x = a(t)$$

其中，$f_1(x, t)$ 为 $X(t)$ 在 t 时刻的一维概率密度函数。

$a(t)$ 表示了 $X(t)$ 在 t 时刻的随机变量的均值。对一般的随机过程来说，均值是时间 t 的函数，它表示了随机过程在各个孤立时刻上的随机变量的概率分布中心，而且随机过程的数学期望由其一维概率密度函数所决定。

（2）随机过程的方差。随机过程的方差为

$$D[X(t)] = E\{[X(t) - a(t)]^2\} = \int_{-\infty}^{\infty} (x - a)^2 \cdot f_1(x, t)\mathrm{d}x = \sigma^2(t) \tag{2-61}$$

$\sigma^2(t)$ 表示了 $X(t)$ 在 t 时刻的随机变量的方差。一般情况下，随机过程的方差是时间 t 的函数，它表示了随机过程在各个孤立时刻上的随机变量对均值的偏离程度。

式（2-61）还可以写为

$$\sigma^2(t) = E[X^2(t)] - E^2[X(t)] \tag{2-62}$$

随机过程 $X(t)$ 的均值和方差描述了随机过程在各个孤立时刻上的统计特性，均由随机过程的一维概率密度函数加权决定。

（3）随机过程的自相关函数。随机过程 $X(t)$ 的均值 $a(t)$ 和方差 $\sigma^2(t)$ 仅描述了随机过程在孤立时刻上的统计特性，它们不能反映出过程内部任意两个时刻之间的内在联系。这点可用图 2-1 来说明。图 2-1(a) 中的随机过程 $X(t)$ 和图 2-1(b) 中的随机过程 $Y(t)$ 具有相同的均值和方差，但 $X(t)$ 和 $Y(t)$ 的统计特性明显不同。$X(t)$ 变化快，$Y(t)$ 变化慢，即过程内部任意两个时刻之间的内在联系不同或者说过程的自相关函数不同。$X(t)$ 变化快，表明随机过程 $X(t)$ 内部任意两个时刻 t_1、t_2 之间波及小，互相依赖性弱，即自相关性弱。而 $Y(t)$ 变化慢，表明随机过程 $Y(t)$ 内部任意两个时刻 t_1、t_2 之间波及大，互相依赖性强，即自相关性强。

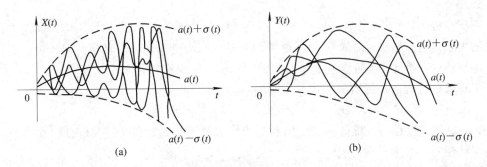

图 2-1　随机过程的自相关函数

(a) 随机过程 $X(t)$；(b) 随机过程 $Y(t)$

所谓相关，实际上是指随机过程在 t_1 时刻的取值对下一时刻 t_2 的取值的影响。影响越大，相关性越强；反之，相关性越弱。

为了定量地描述随机过程的这种内在联系的特征，即随机过程在任意两个不同时刻上

取值之间的相关程度，我们引入自相关函数 $R_X(t_1,t_2)$ 和协方差函数 $C_X(t_1,t_2)$。

随机过程 $X(t)$ 的自相关函数 $R_X(t_1,t_2)$ 定义为

$$R_X(t_1,t_2) \overset{\text{def}}{=\!=} E[X(t_1)X(t_2)] = \int_{-\infty}^{\infty}\int_{-\infty}^{\infty} x_1 \cdot x_2 \cdot f_2(x_1,x_2;t_1,t_2)\mathrm{d}x_1\mathrm{d}x_2$$

$$(2-63)$$

随机过程 $X(t)$ 的协方差函数 $C_X(t_1,t_2)$ 定义为

$$C_X(t_1,t_2) \overset{\text{def}}{=\!=} E\{[X(t_1)-m(t_1)][X(t_2)-m(t_2)]\}$$

$$= \int_{-\infty}^{\infty}\int_{-\infty}^{\infty} [x_1-m(t_1)][x_2-m(t_2)]f_2(x_1,x_2;t_1,t_2)\mathrm{d}x_1\mathrm{d}x_2$$

$$(2-64)$$

显然，$R_X(t_1,t_2)$ 和 $C_X(t_1,t_2)$ 之间有如下关系：

$$C_X(t_1,t_2) = R_X(t_1,t_2) - E[X(t_1)] \cdot E[X(t_2)] \qquad (2-65)$$

相关函数的概念可以引入到两个随机过程中，以描述它们之间的关联程度，称之为互相关函数。设有随机过程 $X(t)$ 和 $Y(t)$，那么它们的互相关函数为

$$R_{XY}(t_1,t_2) = E[X(t_1)Y(t_2)] = \int_{-\infty}^{\infty}\int_{-\infty}^{\infty} x \cdot y \cdot f_2(x,y;t_1,t_2)\mathrm{d}x\mathrm{d}y \qquad (2-66)$$

其中，$f_2(x,y;t_1,t_2)$ 为随机过程 $X(t)$ 和 $Y(t)$ 的二维联合概率密度函数。

2.2.4　平稳随机过程

平稳随机过程是一类应用广泛的随机过程。

1. 平稳随机过程的定义

平稳随机过程是指过程的任意 n 维概率密度函数 $f_n(x_1,x_2,\cdots,x_n;t_1,t_2,\cdots,t_n)$ 与时间的起点无关，即对任意的 n 值及时间间隔 τ 来说，如果随机过程 $X(t)$ 的 n 维概率密度函数满足

$$f_n(x_1,x_2,\cdots,x_n;t_1,t_2,\cdots,t_n) = f_n(x_1,x_2,\cdots,x_n;t_1+\tau,t_2+\tau,\cdots,t_n+\tau)$$

$$(2-67)$$

则称随机过程 $X(t)$ 为平稳随机过程。可见，平稳随机过程是指统计特性不随时间的变化而改变的随机过程。如果过程产生的环境条件不随时间的变化而改变的话，则该过程就可以认为是平稳的。通常，在通信系统中遇到的随机信号和噪声都是平稳随机过程。

平稳随机过程的一维概率密度函数为

$$f_1(x;t) = f_1(x;t+\tau) = f_1(x) \qquad (2-68)$$

可见，平稳随机过程的一维概率密度函数与考察时刻 t 无关，即平稳随机过程在各个孤立时刻服从相同的概率分布。

同理可得平稳随机过程的二维概率密度函数为

$$f_2(x_1,x_2;t_1,t_2) = f_2(x_1,x_2;t_1+\tau,t_2+\tau) = f_2(x_1,x_2;\tau) \qquad (2-69)$$

即平稳随机过程的二维概率密度函数与时间的起点 t_1 无关，而仅与时间间隔 τ 有关，它是 τ 的函数。

根据平稳随机过程的定义，我们可以求得平稳随机过程 $X(t)$ 的数学期望、方差和自相关函数分别为

$$
\begin{cases}
E\{X(t)\} = \displaystyle\int_{-\infty}^{\infty} x f_1(x)\,\mathrm{d}x = m \\[2mm]
E\{[X(t) - m]^2\} = \displaystyle\int_{-\infty}^{\infty} (x - m)^2 f_1(x)\,\mathrm{d}x = \sigma^2 \\[2mm]
R_X(t,\, t+\tau) = \displaystyle\int_{-\infty}^{\infty}\int_{-\infty}^{\infty} x_1 x_2 f_2(x_1,\, x_2;\, \tau)\,\mathrm{d}x_1 \mathrm{d}x_2 = R_X(\tau)
\end{cases}
\tag{2-70}
$$

由此可见，平稳随机过程的数学期望和方差都是与时间无关的常数，自相关函数只是时间间隔 τ 的函数。

我们把按照式(2-67)定义的随机过程称为严格平稳的，把按照式(2-70)定义的随机过程称为广义平稳的。

2. 平稳随机过程的性质

1) 各态历经性

设 $x(t)$ 是平稳随机过程 $X(t)$ 的任意一个实现，若 $X(t)$ 的数字特征(统计平均)可由 $x(t)$ 的时间平均来替代，即

$$
\begin{cases}
m = E\{X(t)\} = \langle x(t) \rangle = \displaystyle\lim_{T\to\infty} \frac{1}{2T}\int_{-T}^{T} x(t)\,\mathrm{d}t \\[2mm]
\sigma^2 = E\{[X(t) - E\{X(t)\}]^2\} = \langle [x(t) - \langle x(t)\rangle]^2 \rangle \\[2mm]
\qquad = \displaystyle\lim_{T\to\infty} \frac{1}{2T}\int_{-T}^{T} [x(t) - \langle x(t)\rangle]^2\,\mathrm{d}t \\[2mm]
R_X(\tau) = \langle x(t) x(t+\tau) \rangle = \displaystyle\lim_{T\to\infty} \frac{1}{2T}\int_{-T}^{T} x(t) x(t+\tau)\,\mathrm{d}t
\end{cases}
\tag{2-71}
$$

则称平稳随机过程具有各态历经性，也称为遍历性。"各态历经性"的含义是：随机过程中的任意一个实现(样本函数)都经历了随机过程的所有可能状态。由于任意一个样本都内蕴着平稳随机过程的全部统计特性的信息，因而任意一个样本的时间特征就可以充分地代表整个平稳随机过程的统计特性，从而使"统计平均"化为"时间平均"，使实际测量和计算的问题大为简化。

2) 平稳随机过程自相关函数的性质

平稳随机过程 $X(t)$ 的自相关函数有如下主要性质：

① $R_X(0) = \langle x^2(t) \rangle = P$　　($X(t)$ 的总平均功率)；

② $R_X(\tau) = R_X(-\tau)$　　($R(\tau)$ 是偶函数)；

③ $|R_X(\tau)| \leqslant R_X(0)$　　($R(\tau)$ 有上限)；

④ $R_X(\infty) = \langle x(t) \rangle^2 = m^2$　　($X(t)$ 的直流功率)；

⑤ $R_X(0) - R_X(\infty) = \sigma^2$　　(方差，$X(t)$ 的交流功率)。

由此可见，平稳随机过程自相关函数可以表述 $X(t)$ 的所有数字特征，具有明显的实用意义。

3) 平稳随机过程的功率谱密度

随机过程的频谱特性可用它的功率谱密度来表述。可以证明：平稳随机过程 $X(t)$ 的功率谱密度 $P_X(\omega)$ 与其自相关函数 $R_X(\tau)$ 是一对傅里叶变换关系，即

$$\begin{cases} P_X(\omega) = \displaystyle\int_{-\infty}^{\infty} R_X(\tau)\mathrm{e}^{-\mathrm{j}\omega\tau}\,\mathrm{d}\tau \\ R_X(\tau) = \dfrac{1}{2\pi}\displaystyle\int_{-\infty}^{\infty} P_X(\omega)\mathrm{e}^{\mathrm{j}\omega\tau}\,\mathrm{d}\omega \end{cases} \qquad (2-72)$$

当 $\tau=0$ 时，有

$$R_X(0) = \frac{1}{2\pi}\int_{-\infty}^{\infty} P_X(\omega)\,\mathrm{d}\omega$$

这就是前面 $X(t)$ 的总平均功率 P。关系式(2-72)表明了平稳随机过程的频域和时域之间的联系，它在平稳随机过程的理论和实际应用中发挥着非常重要的作用。

2.2.5 随机过程通过线性系统

随机过程加到线性系统的输入端，可以理解为随机过程的某一可能的样本函数出现在线性系统的输入端。设加到线性系统输入端的是随机过程 $X(t)$ 的某一样本 $x(t)$，系统相应的输出为 $y(t)$，则有

$$y(t) = x(t) * h(t) = \int_{-\infty}^{\infty} x(t-u)h(u)\mathrm{d}u \qquad (2-73)$$

其中，$h(t)$ 为线性系统的冲激响应函数，且有

$$H(\omega) = \int_{-\infty}^{\infty} h(t)\mathrm{e}^{-\mathrm{j}\omega t}\,\mathrm{d}t \qquad (2-74)$$

或者

$$y(t) = \frac{1}{2\pi}\int_{-\infty}^{\infty} X(\omega)H(\omega)\mathrm{e}^{\mathrm{j}\omega t}\,\mathrm{d}\omega \qquad (2-75)$$

其中，$X(\omega)$ 为 $x(t)$ 的傅里叶变换；$H(\omega)$ 为 $h(t)$ 的傅里叶变换，是线性系统的网络函数。

如果将线性系统的输入信号 $x(t)$ 看做是随机过程 $X(t)$ 的一次实现，那么线性系统的输出信号 $y(t)$ 就可视为输出随机过程 $Y(t)$ 的一次实现。因此，当线性系统的输入是随机过程 $X(t)$ 时，输出 $Y(t)$ 也是随机过程，且 $X(t)$ 和 $Y(t)$ 的关系为

$$Y(t) = \int_{-\infty}^{\infty} h(u)X(t-u)\mathrm{d}u \qquad (2-76)$$

假设输入随机过程 $X(t)$ 是平稳的，那么输出随机过程 $Y(t)$ 是否也是平稳的呢？它的数字特征又是怎样的呢？假定线性系统的输入过程 $X(t)$ 是平稳的，它的数学期望 m_x、自相关函数 $R_x(\tau)$ 和功率谱 $P_x(\omega)$ 均已知，下面讨论输出随机过程 $Y(t)$ 的数字特征。

1) 输出随机过程 $Y(t)$ 的数学期望

对式(2-76)两边取统计平均，得

$$E[Y(t)] = E\Big[\int_{-\infty}^{\infty} h(u)X(t-u)\mathrm{d}u\Big] = \int_{-\infty}^{\infty} E[X(t-u)]h(u)\mathrm{d}u \qquad (2-77)$$

因为 $E=[x(t-u)]=m_x$ 是常数，所以可以提到积分号外面来。如果再由

$$H(\omega) = \int_{-\infty}^{\infty} h(t)\mathrm{e}^{-\mathrm{j}\omega t}\,\mathrm{d}t$$

则有

$$E[Y(t)] = m_x \cdot H(0) \qquad (2-78)$$

式(2-78)表明，输出随机过程 $Y(t)$ 的数学期望等于输入随机过程 $X(t)$ 的数学期望与

$H(0)$的乘积，且与时间 t 无关。

2）输出随机过程 $Y(t)$ 的自相关函数

由自相关函数的定义，$Y(t)$ 的自相关函数 $R_Y(t, t+\tau)$ 为

$$R_Y(t, t+\tau) = E[Y(t)Y(t+\tau)] \tag{2-79}$$

将式（2-77）代入，得到

$$R_Y(t, t+\tau) = E\left[\int_{-\infty}^{\infty} h(u)X(t-u)\mathrm{d}u \cdot \int_{-\infty}^{\infty} h(v)X(t+\tau-v)\mathrm{d}v\right]$$

$$= \int_{-\infty}^{\infty}\int_{-\infty}^{\infty} h(u)h(v)E[X(t-u)X(t+\tau-v)]\,\mathrm{d}u\mathrm{d}v \tag{2-80}$$

其中，$E[X(t-u)X(t+\tau-v)] = R_X(\tau+u-v)$ 为输入平稳随机过程 $X(t)$ 的自相关函数。于是有

$$R_Y(t, t+\tau) = \int_{-\infty}^{\infty}\int_{-\infty}^{\infty} h(u)h(v)R_X(\tau+u-v)\mathrm{d}u\mathrm{d}v = R_Y(\tau) \tag{2-81}$$

式（2-81）表明，输出随机过程 $Y(t)$ 的自相关函数仅为时间间隔 τ 的函数，而与时间起点无关。因此，输出随机过程 $Y(t)$ 是平稳随机过程，至少是广义平稳的。

3）输出随机过程 $Y(t)$ 的功率谱密度

由维纳-辛钦定理，$Y(t)$ 的功率谱密度 $P_Y(\omega)$ 为

$$P_Y(\omega) = \int_{-\infty}^{\infty} R_Y(\tau)\mathrm{e}^{-\mathrm{j}\omega\tau}\,\mathrm{d}\tau \tag{2-82}$$

将式（2-81）代入，得

$$P_Y(\omega) = \int_{-\infty}^{\infty} \mathrm{e}^{-\mathrm{j}\omega\tau}\int_{-\infty}^{\infty}\int_{-\infty}^{\infty} h(u)h(v)R_X(\tau+u-v)\mathrm{d}u\mathrm{d}v\mathrm{d}\tau$$

令 $m = \tau+u-v$，得

$$P_Y(\omega) = \int_{-\infty}^{\infty} \mathrm{e}^{-\mathrm{j}\omega(m-u+v)}R_X(m)\mathrm{d}m\int_{-\infty}^{\infty} h(u)\mathrm{d}u\int_{-\infty}^{\infty} h(v)\mathrm{d}v$$

$$= \int_{-\infty}^{\infty} R_X(m)\mathrm{e}^{-\mathrm{j}\omega m}\,\mathrm{d}m\int_{-\infty}^{\infty} h(u)\mathrm{e}^{-\mathrm{j}\omega u}\,\mathrm{d}u\int_{-\infty}^{\infty} h(v)\mathrm{e}^{-\mathrm{j}\omega v}\,\mathrm{d}v$$

$$= P_X(\omega) \cdot H^*(\omega) \cdot H(\omega) = P_X(\omega) \cdot |H(\omega)|^2 \tag{2-83}$$

其中，$P_X(\omega)$ 为输入随机过程 $X(t)$ 的功率谱密度。

式（2-83）表明，输出随机过程 $Y(t)$ 的功率谱密度等于输入随机过程 $X(t)$ 的功率谱密度与网络函数模平方的乘积。

4）输出随机过程 $Y(t)$ 的概率分布

平稳高斯随机过程通过线性系统后，输出随机过程仍然是服从高斯分布的，有关证明请读者查阅相关资料。

2.3 信 道 特 性

任何一个通信系统，从大的方面均可视为由发送端、信道和接收端三大部分组成。因此，信道是通信系统必不可少的组成部分，信道特性的好坏直接影响到系统的总特性。

2.3.1 信道的定义

通俗地说，信道是指以传输媒介（质）为基础的信号通路；具体地说，信道是指由有线

或无线电线路提供的信号通路；抽象地说，信道是指定的一段频带，它让信号通过，同时又给信号以限制和损害。信道的作用是传输信号。

2.3.2 信道的分类

由信道的定义可看出，信道可大体分成两类：狭义信道和广义信道。

狭义信道通常按具体媒介的类型不同可分为有线信道和无线信道。有线信道的传输媒质为明线、对称电缆、同轴电缆、光缆及波导等一类能够看得见的媒质。有线信道是现代通信网中最常用的信道之一。如对称电缆（又称电话电缆）广泛应用于（市内）近程传输。无线信道的传输媒质比较多，它包括短波电离层、对流层散射等。虽然无线信道的传输特性没有有线信道的传输特性稳定和可靠，但是无线信道具有方便、灵活，通信者可移动等优点。

广义信道通常也可分成两种，即调制信道和编码信道。调制信道是从研究调制与解调的基本问题出发而构成的，它的范围是从调制器输出端到解调器输入端。因为，从调制和解调的角度来看，由调制器输出端到解调器输入端的所有转换器及传输媒质，不管其中间过程如何，它们不过是把已调信号进行了某种变换而已，我们只需关心变换的最终结果，而无需关心形成这个最终结果的详细过程。因此，研究调制与解调问题时，定义一个调制信道是方便和恰当的。调制信道常常用在模拟通信中。

在数字通信系统中，如果仅着眼于编码和译码问题，则可得到另一种广义信道——编码信道。这是因为，从编码和译码的角度看，编码器的输出仍是某一数字序列，而译码器输入同样也是一数字序列，它们在一般情况下是相同的数字序列。因此，从编码器输出端到译码器输入端的所有转换器及传输媒质可用一个完成数字序列变换的方框加以概括，此方框称为编码信道。调制信道和编码信道如图2-2所示。另外，根据研究对象和关心问题的不同，也可以定义其他形式的广义信道。

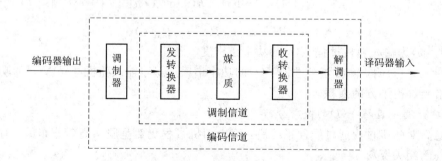

图2-2 调制信道与编码信道

2.3.3 信道的模型

通常，为了方便地表述信道的一般特性，我们引入信道的模型，即调制信道模型和编码信道模型。

1. 调制信道

在频带传输系统中，已调信号离开调制器便进入调制信道。对于调制和解调而言，通常可以不管调制信道究竟包括了什么样的转换器，也不管选用了什么样的传输媒质，以及发生了怎样的传输过程，我们仅关心已调信号通过调制信道后的最终结果。因此，把调制信道概括成一个模型是可能的。

通过对调制信道进行大量的考察之后，可发现它有如下主要特性：

(1) 有一对(或多对)输入端，则必然有一对(或多对)输出端；

(2) 绝大部分信道是线性的，即满足叠加原理；

(3) 信号通过信道需要一定的迟延时间；

(4) 信道对信号有损耗(固定损耗或时变损耗)；

(5) 即使没有信号输入，在信道的输出端仍可能有一定的功率输出(噪声)。

由此看来，可用一个二对端(或多对端)的时变线性网络去替代调制信道。这个网络就称做调制信道模型，如图 2-3 所示。

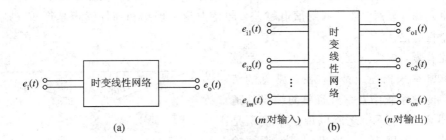

图 2-3　调制信道模型

(a) 一对输入端，一对输出端；(b) m 对输入端，n 对输出端

对于二对端的调制信道模型来说，它的输入和输出之间的关系式可表示成

$$e_o(t) = f[e_i(t)] + n(t) \tag{2-84}$$

其中，$e_i(t)$ 为输入的已调信号；$e_o(t)$ 为信道输出波形；$n(t)$ 为信道噪声(或称信道干扰)；$f[e_i(t)]$ 为信道对信号影响(变换)的某种函数关系。

由于 $f[e_i(t)]$ 形式是个高度概括的结果，为了进一步理解调制信道对信号的影响，我们把 $f[e_i(t)]$ 设想成为 $k(t) \cdot e_i(t)$ 形式。因此，式(2-84)可写成

$$e_o(t) = k(t) \cdot e_i(t) + n(t) \tag{2-85}$$

其中，$k(t)$ 称为乘性干扰，它依赖于网络的特性，对信号 $e_i(t)$ 影响较大；$n(t)$ 称为加性干扰(或噪声)。

这样，调制信道对信号的影响可归纳为两点：一是乘性干扰 $k(t)$ 的影响，二是加性干扰 $n(t)$ 的影响。如果了解了 $k(t)$ 和 $n(t)$ 的特性，则调制信道对信号的具体影响就能搞清楚了。对于不同特性的调制信道，只是反映其模型的 $k(t)$ 及 $n(t)$ 不同而已。

我们期望的理想调制信道应是 $k(t)=$ 常数，$n(t)=0$，即

$$e_o(t) = k \cdot e_i(t) \tag{2-86}$$

实际中，乘性干扰 $k(t)$ 一般是一个复杂函数，它可能包括各种线性畸变、非线性畸变、交调畸变、衰落畸变等，而且往往只能用随机过程加以表述，这是由于网络的迟延特性和损耗特性随时间随机变化的结果。但是，经大量观察表明，有些调制信道的 $k(t)$ 基本不随时间变化，或者调制信道对信号的影响是固定的或变化极为缓慢的；但有的调制信道却不然，它们的 $k(t)$ 随机变化快。因此，在分析研究乘性干扰 $k(t)$ 时，在相对的意义上可把调

制信道分为两大类：一类称为恒参信道，即可看成 $k(t)$ 不随时间变化或变化极为缓慢的一类调制信道；另一类则称为随参信道（或称变参信道），它便是非恒参信道的统称，或者说是 $k(t)$ 随时间随机变化的调制信道。一般情况下，人们认为有线信道绝大部分为恒参信道，而无线信道大部分为随参信道。

2. 编码信道

编码信道是包括调制信道及调制器、解调器在内的信道。它与调制信道模型有明显的不同，即调制信道对信号的影响是通过 $k(t)$ 和 $n(t)$ 使调制信号发生"模拟"变化；而编码信道对信号的影响则是一种数字序列的变换，即把一种数字序列变成另一种数字序列。故有时把编码信道看成是一种数字信道。

由于编码信道包含调制信道，因而它同样要受到调制信道的影响。但是，从编/译码的角度看，以上这个影响已反映在了解调器的最终结果里——使解调器输出数字序列以某种概率发生差错。显然，如果调制信道越差，即特性越不理想和加性噪声越严重，则发生错误的概率将会越大。

由此看来，编码信道的模型可用数字信号的转移概率来描述。例如，在最常见的二进制数字传输系统中，一个简单的编码信道模型如图 2-4 所示。之所以说这个模型是"简单的"，这是因为，在这里假设解调器输出的每个数字码元发生差错是相互独立的。

用编码的术语来说，这种信道是无记忆的（当前码元的差错与其前后码元的差错没

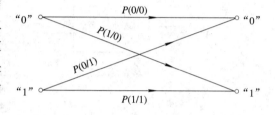

图 2-4　二进制无记忆编码信道模型

有依赖关系）。在这个模型里，把 $P(0/0)$、$P(1/0)$、$P(0/1)$、$P(1/1)$ 称为信道转移概率，具体地把 $P(0/0)$ 和 $P(1/1)$ 称为正确转移概率，而把 $P(1/0)$ 和 $P(0/1)$ 称为错误转移概率。根据概率性质可知

$$P(0/0) + P(1/0) = 1 \qquad (2-87)$$
$$P(1/1) + P(0/1) = 1 \qquad (2-88)$$

转移概率完全由编码信道的特性所决定，一个特定的编码信道就会有相应确定的转移概率。应该指出，编码信道的转移概率一般需要对实际编码信道作大量的统计分析才能得到。

编码信道可细分为无记忆编码信道和有记忆编码信道。有记忆编码信道是指信道中码元发生差错的事件不是独立的，即码元发生错误前后是有联系的。

至此，我们对信道已有了一个较全面的认识，为了方便理解，信道可分类归纳如下：

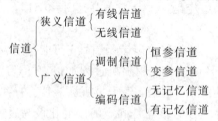

2.4　恒参信道及其对所传信号的影响

由于恒参信道对信号传输的影响是固定不变的或者是变化极为缓慢的,因而可以认为它等效于一个非时变的线性网络。因此,在原理上只要得到这个网络的传输特性,则利用信号通过线性系统的分析方法,就可求得调制信号通过恒参信道后的变化规律。

网络的传输特性通常可用幅度—频率特性和相位—频率特性来表征。

2.4.1　幅度—频率畸变

现在让我们结合有线电话的音频信道来分析信道等效网络对信号传输的影响。

幅度—频率畸变是由有线电话信道的幅度—频率特性的不理想所引起的,这种畸变又称为频率失真。在通常的电话信道中可能存在各种滤波器,尤其是带通滤波器,还可能存在混合线圈、串联电容器和分路电感等,因此电话信道的幅度—频率特性总是不理想的。

例如,图 2-5 示出了典型音频电话信道的衰耗—频率特性。图中,低频截止频率约从 300 Hz 开始,300 Hz 以下每倍频程衰耗下降 15～25 dB;在 300～1100 Hz 范围内衰耗比较平坦;在 1100～2900 Hz 内,衰耗通常是线性上升的(2600 Hz 的衰耗比 1100 Hz 时高 8 dB);在 2900 Hz 以上,衰耗增加很快,每倍频程增加 80～90 dB。

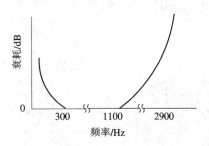

图 2-5　典型音频电话信道的衰耗—频率特性

2.4.2　相位—频率畸变(群迟延畸变)

所谓相位—频率畸变,是指信道的相位—频率特性偏离线性关系所引起的畸变。电话信道的相位—频率畸变主要来源于信道中的各种滤波器及可能有的加感线圈,尤其在信道频带的边缘,相频畸变就更严重。相频畸变对模拟话音通道影响并不显著,这是因为人耳对相频畸变不太灵敏;但对数字信号传输却不然,尤其当传输速率比较高时,相频畸变将会引起严重的码间串扰,给通信带来很大损害。

信道的相位—频率特性还经常采用群迟延—频率特性来衡量。所谓群迟延—频率特性,是指相位—频率特性的导数,即若相位—频率特性用 $\Phi(\omega)$ 表示,则群迟延—频率特性(通常称为群迟延畸变或群迟延)$T(\omega)$ 为

$$T(\omega) = \frac{\mathrm{d}\Phi(\omega)}{\mathrm{d}\omega}$$

$$(2-89)$$

我们可以看到,如果 $\Phi(\omega)$—ω 呈线性关系,则 $T(\omega)$—ω 将是一条水平直线,如图 2-6 所示。此时,信号的不同频率成分将有相同的迟延,因而信号经过传输后不发生畸

变。但实际的信道特性总是偏离如图 2-5 所示的特性的，例如一个典型的电话信道的群迟延—频率特性示于图 2-7。

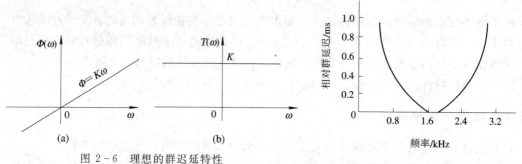

图 2-6　理想的群迟延特性
(a) $\Phi(\omega)$—ω；(b) $T(\omega)$—ω

图 2-7　典型的电话信道的群迟延—频率特性

不难看出，当非单一频率的信号通过信道时，信号频谱中的不同频率分量将有不同的迟延（使它们的到达时间先后不一），从而引起信号的畸变。这种畸变可通过图 2-8 的例子来说明。假设图 2-8(a)是原信号——未经迟延的信号，它由基波和三次谐波组成，它们的幅度比为 2∶1。若它们经不同的迟延，即基波相移 π，三次谐波相移 2π，则这时的合成波形（如图 2-8(b)）与原信号的合成波形就有了明显的差别。这个差别就是由群迟延—频率特性不理想（偏离水平直线）而造成的。

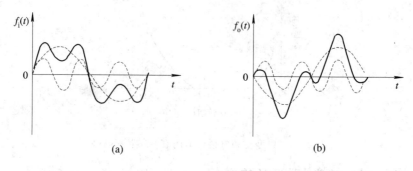

图 2-8　相移失真前后的波形比较
(a) 相移失真前的波形；(b) 相移失真后的波形

这类失真对数字信号传输的影响比较大，例如在传输电报或数据信号时，相移失真不但会产生波形失真，而且会带来码元间干扰。但是在传输话音信号时，由于人们听觉对相移失真的灵敏度比较低，即使存在相移失真也不会感觉到。因此，在模拟通信系统内往往只注意幅度失真和非线性失真，而将相移失真放在忽略的地位。但是，在数字通信系统内一定要重视相移失真对信号传输可能带来的影响。为了减小相移失真，可在调制信道内采取相位均衡措施，使得信道的相频特性尽量接近线性；或者严格限制已调制信号的频谱，使它保持在信道的线性相移范围内传输。

2.4.3　减小畸变的措施

为了减小幅度—频率畸变，在设计总的电话信道传输特性时，一般都要求把幅度—频率畸变控制在一个允许的范围内。这就要求改善电话信道中的滤波性能，或者再通过一个线性补偿网络，使衰耗特性曲线变得平坦。后面这一措施通常称之为"均衡"。在载波电话信道上传输数字信号时，通常要采用均衡措施。

相位—频率畸变(群迟延畸变)如同幅频畸变一样，也是一种线性畸变。因此，采取相位均衡技术也可以补偿群迟延畸变。

综上所述，恒参信道通常用它的幅度—频率特性及相位—频率特性来表述。而这两个特性的不理想将是损害信号传输的重要因素。非线性畸变主要由信道中的元器件(如磁芯，电子器件等)的非线性特性引起，从而造成谐波失真或产生寄生频率等；频率偏移通常是由于载波电话系统中接收端解调载波与发送端调制载波之间的频率有偏差(例如解调载波可能没有锁定在调制载波上)，而造成信道传输的信号的每一分量可能产生的频率变化；相位抖动也是由调制和解调载波发生器的不稳定性造成的，这种抖动的结果相当于在发送信号上附加一个小指数的调频。以上的非线性畸变一旦产生，一般均难以排除，因此就需要在进行系统设计时从技术上加以重视。

2.5　变参信道及其对所传信号的影响

变参信道的特性比恒参信道要复杂得多，对信号的影响比恒参信道也要严重得多。其根本原因在于它包含一个复杂的传输媒质。虽然变参信道中包含着除媒质外的其他转换器，自然也应该把它们的特性算做变参信道特性的组成部分，但是从对信号传输影响来看，传输媒质的影响是主要的，而转换器特性的影响是次要的，甚至可以忽略不计。因此，本节仅讨论变参信道的传输媒质所具有的一般特性以及它对信号传输的影响。

2.5.1　变参信道传输媒质的特点

变参信道传输媒质通常具有以下特点：
(1) 对信号的衰耗随时间的变化而变化；
(2) 传输时延随时间也发生变化；
(3) 具有多径传播(多径效应)。

2.5.2　多径效应的分析

属于变参的传输媒质主要以电离层反射和散射、对流层散射等为代表，信号在这些媒质中传输的示意图如图 2-9 所示。

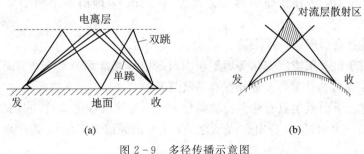

图 2-9　多径传播示意图
(a) 电离层反射传输示意图；(b) 对流层传输示意图

图 2-9(a)为电离层反射传输示意图，图 2-9(b)为对流层散射传输示意图。它们的共同特点是：由发射点出发的电波可能经多条路径到达接收点，这种现象称多径传播。就每条路径信号而言，它的衰耗和时延都不是固定不变的，而是随电离层或对流层的机理变化而变化的。因此，多径传播后的接收信号将是衰减和时延随时间变化的各路径信号的合成。若设发射信号为 $A\cos\omega_c t$，则经过 n 条路径传播后的接收信号 $r(t)$ 可表示为：

$$r(t) = \sum_{i=1}^{n} a_i(t) \cos\omega_c[t - t_{di}(t)] = \sum_{i=1}^{n} a_i(t) \cos[\omega_c + \varphi_i(t)] \qquad (2-90)$$

其中，$a_i(t)$ 表示总共 n 条多径信号中第 i 条路径到达接收端的随机幅度；$t_{di}(t)$ 表示第 i 条路径对应于它的延迟时间；$\varphi_i(t)$ 表示相应的随机相位，即

$$\varphi_i(t) = -\omega_c t_{di}(t)$$

由于 $a_i(t)$ 和 $\varphi_i(t)$ 随时间的变化要比信号载频的周期变化慢得多，因此式(2-90)又可写成

$$r(t) = \Big[\sum_{i=1}^{n} a_i(t) \cos\varphi_i(t)\Big] \cos\omega_c t - \Big[\sum_{i=1}^{n} a_i(t) \sin\varphi_i(t)\Big] \sin\omega_c t \qquad (2-91)$$

令

$$a_I(t) = \sum_{i=1}^{n} a_i(t) \cos\varphi_i(t) \qquad (2-92)$$

$$a_Q(t) = \sum_{i=1}^{n} a_i(t) \sin\varphi_i(t) \qquad (2-93)$$

并代入式(2-91)后得

$$r(t) = a_I(t) \cos\omega_c t - a_Q(t) \sin\omega_c t = a(t) \cos[\omega_c t + \varphi(t)] \qquad (2-94)$$

其中，$a(t)$ 是多径信号合成后的包络，即

$$a(t) = \sqrt{a_I^2(t) + a_Q^2(t)} \qquad (2-95)$$

而 $\varphi(t)$ 是多径信号合成后的相位，即

$$\varphi(t) = \arctan\Big[\frac{a_Q(t)}{a_I(t)}\Big] \qquad (2-96)$$

由于 $a_i(t)$ 和 $\varphi_i(t)$ 都是随机过程，故 $a_I(t)$、$a_Q(t)$、$a(t)$ 和 $\varphi(t)$ 也都是随机过程。

由式(2-94)可以得出：

(1) 从波形上看，多径传播的结果使单一载频信号 $A\cos\omega_c t$ 变成了包络和相位都变化(实际上受到调制)的窄带信号；

(2) 从频谱上看，多径传播引起了频率弥散(色散)，即由单个频率变成了一个窄带频谱；

(3) 多径传播会引起选择性衰落。

通常，将由于电离层浓度变化等因素所引起的信号衰落称为慢衰落；而把由于多径效应引起的信号衰落称为快衰落，选择性衰落就是其中之一。

为分析简单，下面假定只有两条传输路径，且认为接收端的幅度与发送端一样，只是在到达时间上差一个时延 τ。若发送信号为 $f(t)$，它的频谱为 $F(\omega)$，并记为

$$f(t) \leftrightarrow F(\omega) \qquad (2-97)$$

设经信道传输后第一条路径的时延为 t_0，则在假定信道衰减为 K 的情况下，到达接收端的

信号为 $Kf(t-t_0)$，其相应的傅里叶变换为

$$Kf(t-t_0) \leftrightarrow KF(\omega)\mathrm{e}^{-\mathrm{j}\omega t_0} \qquad (2-98)$$

另一条路径的时延为 $(t_0+\tau)$，假定信道衰减也是 K，故它到达接收端的信号为 $Kf(t-t_0-\tau)$，其相应的傅里叶变换为

$$Kf(t-t_0-\tau) \leftrightarrow KF(\omega)\mathrm{e}^{-\mathrm{j}\omega(t_0+\tau)} \qquad (2-99)$$

当这两条传输路径的信号合成后，得

$$r(t) = Kf(t-t_0) + Kf(t-t_0-\tau) \qquad (2-100)$$

对应的傅里叶变换为

$$r(t) \leftrightarrow KF(\omega)\mathrm{e}^{-\mathrm{j}\omega t_0}(1+\mathrm{e}^{-\mathrm{j}\omega\tau}) \qquad (2-101)$$

因此，信道的传递函数为

$$H(\omega) = \frac{R(\omega)}{F(\omega)} = K\mathrm{e}^{-\mathrm{j}\omega t_0}(1+\mathrm{e}^{-\mathrm{j}\omega\tau}) \qquad (2-102)$$

$H(\omega)$ 的幅频特性为

$$|H(\omega)| = |K\mathrm{e}^{-\mathrm{j}\omega t_0}(1+\mathrm{e}^{-\mathrm{j}\omega\tau})| = K|(1+\mathrm{e}^{-\mathrm{j}\omega\tau})| \qquad (2-103)$$

$|H(\omega)|-\omega$ 特性曲线如图 2-10 所示（$K=1$）。

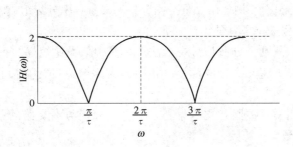

图 2-10　两条路径传播时选择性衰落特性

由图 2-10 可知，当两条路径传输时，信道的 $H(\omega)$ 对于不同的频率具有不同的衰减（或增益）。特别是在 $\omega=(2n+1)\pi/\tau$（n 为整数）时，出现传递函数为零，即信道衰减为无限大。这就是说，在接收到的合成信号内将损失掉这些频率分量，使信号频谱遭受到破坏。由于这种现象和信号通过选择性的衰耗网络相似，故常称为选择性衰落（也称为频率选择性衰落）。相应地，将前述非选择性衰落也称为平坦性衰落。

上述结果可推广到多径传播的情况，此时信道的 $H(\omega)$ 将出现更多的零点，因此通过信道后，信号频谱中损失的频率分量就更多，失真更为严重。

2.5.3　变参信道特性的改善

对于平坦性衰落（慢衰落），主要采取加大发射功率和在接收机内采用自动增益控制等技术和方法。对于快衰落，通常可采用多种措施，例如，各种抗衰落的调制/解调技术及接收技术等。其中较为有效且常用的抗衰落措施乃是分集接收技术。按广义信道的含义说，分集接收可看做是变参信道中的一个组成部分或一种改造形式，而改造后的变参信道，其衰落特性将能够得到明显改善。

下面简单介绍分集接收的原理。前面说过，快衰落信道中接收的信号是到达接收机的

各路径分量的合成，见式(2-90)。如果在接收端同时获得几个不同的合成信号，则将这些信号适当合并后得到的总接收信号，将可能大大减小衰落的影响。这就是分集接收的基本思想。"分集"两字就是分散得到几个合成信号并集中(合并)这些信号的意思。只要被分集的几个信号之间是统计独立的，那么经适当的合并，就能使系统性能大为改善。

互相独立或基本独立的一些信号，一般可利用不同路径或不同频率、不同角度、不同极化等接收手段来获取，于是大致有如下几种分集方式：

(1) 空间分集。在接收端架设几副天线，天线的相对位置都要求有足够的间距(一般在100 个信号波长左右)，以保证各天线上获得的信号彼此基本独立。

(2) 频率分集。用多个不同载频传送同一个消息，如果各载频的频差相隔比较远，则各分散信号彼此也基本不相关。

(3) 角度分集。这是利用天线波束指向不同方向上的信号有不同相关性的原理形成的一种分集方法，例如，可在微波天线上设置若干个反射器，以产生相关性很小的几个波束。

(4) 极化分集。这是分别接收水平极化波和垂直极化波而构成的一种分集方法。一般来说，这两种波是相关性极小的(在短波电离层反射信道中)。

当然还有其他分集方法，这里就不详述了。但要指出的是，分集方法均不互相排斥，在实际使用时可以是组合式的。例如由二重空间分集和二重频率分集组成的四重分集系统等。

各分散的合成信号进行合并的方法通常有：

(1) 最佳选择式。从几个分散信号中设法选择其中信噪比最好的一个作为接收信号。

(2) 等增益合并式。将几个分散信号以相同的支路增益进行直接相加，相加后的结果作为接收信号。

(3) 最大比值合并式。控制各支路增益，使它们分别与本支路的信噪比成正比，然后再相加以获得接收信号。

以上合并方式在改善总接收信噪比上均有差别，如图 2-11 所示。图中，k 为分集的重数，$\bar{r}$ 为合并后输出信噪比的平均值。由图 2-11 可见，最大比值合并方式性能最好，等增益合并方式次之，最佳选择方式最差。

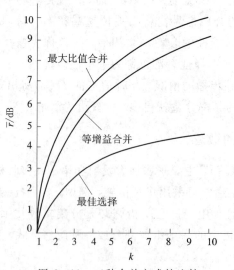

图 2-11　三种合并方式的比较

从总的分集效果来说，分集接收除能提高接收信号的电平外（例如二重空间分集在不增加发射机功率的情况下，可使接收信号电平增加一倍左右），主要是改善了衰落特性，使信道的衰落平滑并减小。例如，无分集时，若误码率为 10^{-2}，则在用四重分集时，误码率可降低至 10^{-7} 左右。由此可见，用分集接收方法对随参信道进行改善是非常有效和必要的。

2.6　信道内的噪声

前面分析信道特性时都没有考虑信道噪声的影响，实际上，噪声无论是在恒参信道还是在随参信道内都总是存在的，常将它称为加性噪声。这里，我们把噪声可理解为通信系统中对信号有影响的所有干扰的集合，同时，我们不把噪声和干扰相区分，并理解为同一概念。本节简单讨论信道内各种噪声的一些分类及性质，以及定性地说明它们对信号传输的影响。

信道内噪声的来源很多，它们表现的形式也多种多样。根据噪声的来源不同，可以将它们粗略地分为以下四类。

（1）无线电噪声。它来源于各种用途的无线电发射机。这类噪声的频率范围很宽广，从甚低频到特高频都可能存在，并且干扰的强度有时也很大。其特点是干扰频率是固定的，因此可以预先设法防止。特别是在加强了无线电频率的管理工作后，无论是在频率的稳定性、准确性还是谐波辐射等方面都有严格的规定，因此使得信道内信号受干扰的影响可减到最小程度。

（2）工业噪声。它来源于各种电气设备，如电力线、点火系统、电车、电源开关、电力铁道、高频电炉等。这类干扰来源分布很广泛，无论是城市还是农村，内地还是边疆，各地都有工业干扰存在。尤其是在现代化社会里，各种电气设备越来越多，因此这类干扰的强度也就越来越大。其特点是干扰频谱集中于较低的频率范围，例如在几十兆赫兹以内。因此，选择高于这个频段工作的信道就可防止受到它的干扰。另外，我们也可以在干扰源方面设法消除或减小干扰的产生，例如加强屏蔽和滤波措施，防止接触不良和消除波形失真。

（3）天电噪声。它来源于雷电、磁暴、太阳黑子以及宇宙射线等。可以说整个宇宙空间都是产生这类噪声的根源，它的存在是客观的。由于这类自然现象和发生的时间、季节、地区等有很大关系，因此受天电干扰的影响也是大小不同的。例如，夏季比冬季严重，赤道比两极严重，在太阳黑子发生变动的年份天电干扰更为剧烈。这类干扰所占的频谱范围也很宽，并且不像无线电干扰那样频率是固定的，因此它对信号的干扰影响就很难防止。

（4）内部噪声。它来源于信道本身所包含的各种电子器件、转换器以及天线或传输线等。例如，电阻及各种导体都会在分子热运动的影响下产生热噪声，电子管或晶体管等电子器件会由于电子发射不均匀等产生器件噪声。这类干扰是由无数个自由电子作不规则运动所形成的，因此它的波形也是不规则变化的，在示波器上观察就像一堆杂乱无章的茅草一样，通常称之为起伏噪声。由于在数学上可以用随机过程来描述这类干扰，因此又可称为随机噪声，或者简称为噪声。

以上是从噪声的来源来分类的，因此比较直观。但是，如果从防止或减小噪声对信号传输影响的角度来分析的话，我们从噪声的性质来分类则更为有利。从噪声的性质来分类可有以下几种：

（1）单频噪声。它主要指无线电干扰。因为电台发射的频谱集中在比较窄的频率范围内，因此可以近似地看做是单频性质的。另外，像电源交流电、反馈系统自激振荡等也都属于单频干扰。它是一种连续波干扰，并且其频率可以通过实测来确定，因此在采取适当的措施后就有可能防止它对信号的影响。

（2）脉冲干扰。它包括工业干扰中的电火花、断续电流以及天电干扰中的雷电等。它的特点是波形不连续，呈脉冲性质，并且发生这类干扰的时间很短，强度很大，而周期是随机的，因此它可以用随机的窄脉冲序列来表示。由于脉冲很窄，所以占用的频谱必然很宽。但是，随着频率的提高，频谱幅度就逐渐减小，干扰影响也就减弱。因此，在适当选择工作频段的情况下，这类干扰的影响也是可以防止的。

（3）起伏噪声。它主要指信道内部的热噪声和器件噪声以及来自空间的宇宙噪声。它们都是不规则的随机过程，只能采用大量统计的方法来寻求其统计特性。由于它来自信道本身，因此它对信号传输的影响是不可避免的。

根据以上分析，我们可以认为，尽管对信号传输有影响的干扰种类很多，但是影响最大的主要是起伏噪声。因此，我们分析信道干扰时也就是指这类干扰，它是信道内的主要干扰源。在第 1 章介绍的通信系统模型中，把噪声集中在一起就是概括了信道内所有的热噪声、器件噪声和宇宙噪声等，并将它称为信道的加性干扰。所谓加性干扰，就是指这类干扰和在信道内传输的信号存在着相加的关系，如式(2-84)或式(2-85)所示。它与乘性干扰的根本区别在于加性干扰是独立存在的，与信道内有无信号无关；而乘性干扰是依赖于信号存在的，当信道内没有信号时它也随之消失。

最后还要说明一点，虽然脉冲干扰在调制信道内的影响不如起伏噪声那样大，在一般的模拟通信系统内可以不必专门采取什么措施来防止它，但是在编码信道内，这类突发性的脉冲干扰往往会给数字信号的传输带来严重的后果，甚至发生一连串的误码。

2.7 通信中常见的几种噪声

本节介绍在通信系统的理论分析中常常用到的几种噪声，经过实际统计与分析研究，这些噪声的特性是符合具体信道实际特性的。

2.7.1 白噪声

所谓白噪声，是指它的功率谱密度函数在整个频率域($-\infty < \omega < +\infty$)内是常数，即服从均匀分布。称其为白噪声，是因为它类似于光学中包括全部可见光频率在内的白光。但实际上，完全理想的白噪声是不存在的，通常，只要噪声功率谱密度函数均匀分布的频率范围超过通信系统工作频率范围非常多时，就可近似认为是白噪声。例如，热噪声的频率可以高达 10^{13} Hz，且功率谱密度函数在 $0 \sim 10^{13}$ Hz 内基本均匀分布，因此可以将它看做白噪声。

理想的白噪声功率谱密度通常被定义为

$$P_n(\omega) \xmapsto{\text{def}} \frac{n_0}{2} \quad (-\infty < \omega < +\infty) \tag{2-104}$$

其中，n_0 的单位是 W/Hz。

通常，若采用单边频谱，即频率在 0 到无穷大范围内时，白噪声的功率谱密度函数又常写成

$$P_n(\omega) = n_0 \quad (0 < \omega < +\infty) \tag{2-105}$$

在信号分析中，我们知道功率信号的功率谱密度与其自相关函数 $R(\tau)$ 互为傅里叶变换对，即

$$R_n(\tau) \leftrightarrow P_n(\omega) \tag{2-106}$$

因此，白噪声的自相关函数为

$$R_n(\tau) = \frac{1}{2\pi} \int_{-\infty}^{+\infty} \frac{n_0}{2} e^{j\omega\tau} \, d\omega = \frac{n_0}{2} \delta(\tau) \tag{2-107}$$

式(2-107)表明，白噪声的自相关函数是一个位于 $\tau = 0$ 处的冲激函数，它的强度为 $n_0/2$。理想白噪声的功率谱密度函数和自相关函数图形如图 2-12 所示。

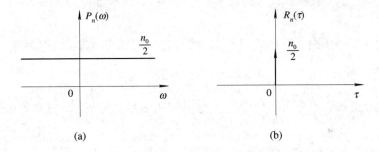

图 2-12　理想白噪声的功率谱密度函数和自相关函数图形
(a) 功率谱密度函数；(b) 自相关函数

2.7.2　高斯噪声

所谓高斯(Gaussian)噪声，是指其概率密度函数服从高斯分布(即正态分布)的一类噪声，它可用数学表达式表示成

$$p(x) = \frac{1}{\sqrt{2\pi}\sigma} \exp\left[-\frac{(x-a)^2}{2\sigma^2}\right] \tag{2-108}$$

其中，a 为噪声的数学期望，也就是均值；σ^2 为噪声的方差。

通常，通信信道中噪声的均值 $a = 0$，那么，我们由此可得到一个重要的结论，即在噪声均值为零时，噪声的平均功率等于噪声的方差。这是因为

$$P_n = R(0) = \frac{1}{2\pi} \int_{-\infty}^{+\infty} P_n(\omega) \, d\omega \tag{2-109}$$

且噪声的方差：

$$\begin{aligned}
D(n(t)) &= E\{[n(t) - E(n(t))]^2\} \\
&= E\{n^2(t)\} - [E(n(t))]^2 \\
&= R(0) - a^2 = R(0)
\end{aligned} \tag{2-110}$$

所以，有

$$P_n = R(0) = D[n(t)] \qquad (2-111)$$

在通信理论分析中，常常通过求其自相关函数或方差来计算噪声的功率。

式(2-108)可用图 2-13 表示。由式(2-108)和图 2-13 容易看到 $p(x)$ 具有如下特性：

(1) $p(x)$ 对称于 $x=a$ 直线，即有

$$p(a+x) = p(a-x) \qquad (2-112)$$

(2) $p(x)$ 在 $(-\infty, a)$ 内单调上升，在 $(a, +\infty)$ 内单调下降，且在点 a 处达到极大值，当 $x \to \pm\infty$ 时

$$p(x) \to 0 \qquad (2-113)$$

(3) $$\int_{-\infty}^{+\infty} p(x)\mathrm{d}x = 1$$

且有

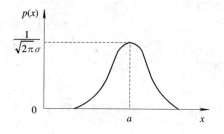

图 2-13　高斯分布的密度函数

$$\int_{-\infty}^{a} p(x)\mathrm{d}x = \int_{a}^{+\infty} p(x)\mathrm{d}x \qquad (2-114)$$

(4) 对不同的 a，表现为 $p(x)$ 的图形左、右平移；对不同的 σ，$p(x)$ 的图形将随 σ 的减小而变高和变窄。

(5) 当 $a=0$、$\sigma=1$ 时，则称式(2-108)为标准化的正态分布，这时即有

$$p(x) = \frac{1}{\sqrt{2\pi}} \exp\left(-\frac{x^2}{2}\right) \qquad (2-115)$$

现在再来看正态概率分布函数 $F(x)$，它常用来表示某种概率，这是因为

$$F(x) = \int_{-\infty}^{x} p(x)\mathrm{d}x \qquad (2-116)$$

$$F(x) = \int_{-\infty}^{x} \frac{1}{\sqrt{2\pi}\sigma} \exp\left[-\frac{(z-a)^2}{2\sigma^2}\right] \mathrm{d}z$$

$$= \frac{1}{\sqrt{2\pi}\sigma} \int_{-\infty}^{x} \exp\left[-\frac{(z-a)^2}{2\sigma^2}\right] \mathrm{d}z$$

$$= \Phi\left(\frac{x-a}{\sigma}\right) \qquad (2-117)$$

其中，$\Phi(x)$ 称为概率积分函数，简称概率积分，其定义为

$$\Phi(x) \overset{\text{def}}{=\!=\!=} \int_{-\infty}^{x} \frac{1}{\sqrt{2\pi}\sigma} \exp\left(-\frac{z^2}{2}\right) \mathrm{d}z \qquad (2-118)$$

这个积分不易计算，但可借助于一般的积分表查出 x 取不同值时的近似值。

正态概率分布函数还经常表示成与误差函数相联系的形式。误差函数的定义式为

$$\operatorname{erf}(x) \overset{\text{def}}{=\!=\!=} \frac{2}{\sqrt{\pi}} \int_{0}^{x} \mathrm{e}^{-t^2} \mathrm{d}t \qquad (2-119)$$

互补误差函数的定义式为

$$\operatorname{erfc}(x) \overset{\text{def}}{=\!=\!=} 1 - \operatorname{erf}(x) = \frac{2}{\sqrt{\pi}} \int_{x}^{\infty} \mathrm{e}^{-t^2} \mathrm{d}t \qquad (2-120)$$

式(2-119)和式(2-120)是在讨论通信系统抗噪声性能时常用到的基本公式。

2.7.3 高斯型白噪声

我们已经知道，白噪声是根据噪声的功率谱密度是否均匀来定义的，而高斯噪声则是根据它的概率密度函数来定义的，那么什么是高斯型白噪声呢？所谓高斯型白噪声，是指噪声的概率密度函数满足正态分布统计特性，同时它的功率谱密度函数是常数的一类噪声。

在通信系统理论分析中，特别在分析、计算系统抗噪声性能时，经常假定系统信道中的噪声为高斯型白噪声。这是因为，一是高斯型白噪声可用具体的数学表达式来表述，便于推导分析和运算；二是高斯型白噪声确实也反映了具体信道中的噪声情况，比较真实地代表了信道噪声的特性。

2.7.4 窄带高斯噪声

当高斯噪声通过以 ω_c 为中心角频率的窄带系统时，就可形成窄带高斯噪声。所谓窄带系统，是指系统的频带宽度 $B(\Delta f)$ 比中心频率小得很多的通信系统，即 $B \ll f_c = \omega_c/2\pi$ 的系统。这是符合大多数信道的实际情况的，信号通过窄带系统后就形成窄带信号，它的特点是频谱局限在 $\pm \omega_c$ 附近很窄的频率范围内，其包络和相位都在作缓慢随机变化。

随机噪声通过窄带系统后，可表示为

$$n(t) = \rho(t) \cos[\omega_c t + \varphi(t)] \tag{2-121}$$

其中，$\varphi(t)$ 为噪声的随机相位；$\rho(t)$ 为噪声的随机包络。

窄带高斯噪声的频谱和波形如图 2-14 所示。

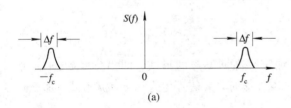
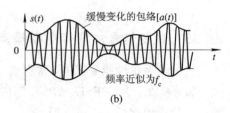

图 2-14 窄带高斯噪声的频谱和波形

(a) 噪声的频谱；(b) 噪声的波形

窄带高斯噪声的表达式(2-121)可变成另一种形式，即

$$\begin{aligned}
n(t) &= \rho(t) \cos\varphi(t) \cos\omega_c t - \rho(t) \sin\varphi(t) \sin\omega_c t \\
&= n_I(t) \cos\omega_c t - n_Q(t) \sin\omega_c t
\end{aligned} \tag{2-122}$$

其中，$n_I(t)$ 称为噪声的同相分量，即

$$n_I(t) = \rho(t) \cos\varphi(t) \tag{2-123}$$

$n_Q(t)$ 称为噪声的正交分量，即

$$n_Q(t) = \rho(t) \sin\varphi(t) \tag{2-124}$$

由此可以得出以下几个结论：

(1) 一个均值为零的窄带高斯噪声 $n(t)$，假定它是平稳随机过程，则它的同相分量 $n_I(t)$ 和正交分量 $n_Q(t)$ 也是平稳随机过程，且均值也都为零，方差也相同，即

$$E[n(t)] = E[n_I(t)] = E[n_Q(t)] = 0 \tag{2-125}$$

$$D[n(t)] = D[n_I(t)] = D[n_Q(t)] \tag{2-126}$$

式(2-126)常可表示为

$$\sigma_n^2 = \sigma_I^2 = \sigma_Q^2 = \sigma^2 \tag{2-127}$$

其中，σ_n^2、σ_I^2、σ_Q^2 分别表示窄带高斯噪声、同相分量和正交分量的方差（即功率）。

（2）窄带高斯噪声的随机包络服从瑞利分布，即

$$p(\rho) = \frac{\rho}{\sigma^2} \exp\left[-\frac{\rho^2}{2\sigma^2}\right], \quad \rho \geqslant 0 \tag{2-128}$$

（3）窄带高斯噪声的相位服从均匀分布，即

$$p(\varphi) = \frac{1}{2\pi}, \quad -\pi \leqslant \varphi \leqslant \pi \tag{2-129}$$

窄带高斯噪声的随机包络和相位分布的曲线如图 2-15 所示。

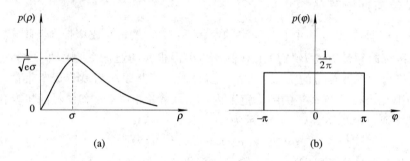

图 2-15　窄带高斯噪声的随机包络和相位的分布曲线
(a) 随机包络；(b) 相位

2.7.5　余弦信号加窄带高斯噪声

在通信系统性能分析中，常有余弦信号加窄带高斯噪声的形式，即 $A\cos\omega t + n(t)$ 形式。如分析 2ASK、2FSK、2PSK 等信号抗噪声性能时，其信号均为 $A\cos\omega t$ 形式，那么信号加上信道噪声后多为以下形式：

$$r(t) = A\cos\omega_c t + n(t) = [A + n_I(t)]\cos\omega_c t - n_Q(t)\sin\omega_c t$$
$$= \rho(t)\cos[\omega_c t + \varphi(t)] \tag{2-130}$$

其中

$$\rho(t) = \sqrt{[A + n_I(t)]^2 + n_Q(t)} \tag{2-131}$$

$$\varphi(t) = \arctan\frac{n_Q(t)}{A + n_I(t)} \tag{2-132}$$

分别为信号加噪声的随机包络和随机相位，下面主要给出几个有用的结论。

（1）余弦信号和窄带高斯噪声的随机包络服从广义瑞利分布（也称莱斯（Rice）分布）。当信号幅度 $A \to 0$ 时，其随机包络服从瑞利分布。广义瑞利分布表达式为

$$p(\rho) = \frac{\rho}{\sigma^2} I_0\left(\frac{A\rho}{\sigma^2}\right) \exp\left[-\frac{\rho^2 + A^2}{2\sigma^2}\right], \quad \rho > 0 \tag{2-133}$$

其中，$I_0(x)$ 为零阶修正贝塞尔函数。$I_0(x)$ 在 $x > 0$ 时是单调上升函数，且 $I_0(0) = 1$。

（2）余弦信号加窄带高斯噪声的随机相位分布与信道中的信噪比有关，当信噪比很小时，它接近于均匀分布。

2.8 信道容量的概念

2.8.1 信号带宽

带宽这个名称在通信系统中经常出现，而且常常代表不同的含义，因此在这里先对带宽这个名称作一些说明。从通信系统中信号的传输过程来说，实际上会遇到两种不同含义的带宽：一种是信号的带宽（或者是噪声的带宽），它是由信号（或噪声）能量谱密度 $G(\omega)$ 或功率谱密度 $P(\omega)$ 在频域的分布规律来确定的，也就是本节要定义的带宽；另一种是信道的带宽，它是由传输电路的传输特性所决定的。信号带宽的符号用 B 表示，单位为 Hz，信道带宽的符号一般也用 B 表示，单位也是 Hz。本书中在用到带宽时将说明是信道带宽，还是信号带宽。

从理论上讲，除了极个别的信号外，信号的频谱都是分布得无穷宽的。如果把凡是有信号频谱的范围都算带宽，那么很多信号的带宽则为无穷大。显然这样定义带宽是不恰当的，一般信号虽然频谱很宽，但绝大部分实用信号的主要能量（功率）都集中在某一个不太宽的频率范围内，因此通常根据信号能量（功率）集中的情况，恰当地定义信号的带宽。常用的定义方法有以下三种。

1) 以集中一定百分比的能量（功率）来定义

对能量信号，可由

$$\frac{2\int_0^B |F(f)|^2 \, df}{E} = \gamma \tag{2-134}$$

求出 B。带宽 B 是指正频率区域，不计负频率区域的，如果信号是低频信号，那么能量集中在低频区域，$2\int_0^B |F(\omega)|^2 \, df$ 就是在 $0 \to B$ 频率范围内的能量。

同样对于功率信号，可由

$$\frac{2\int_0^B \left[\lim_{T\to\infty} \frac{|F(f)|^2}{T} \right] df}{S} = \gamma \tag{2-135}$$

求出 B。这个百分比 γ 可取 90%、95% 或 99% 等。

2) 以能量谱（功率谱）密度下降 3 dB 内的频率间隔作为带宽

对于频率轴上具有明显的单峰形状（或者一个明显的主峰）的能量谱（功率谱）密度的信号，且峰值位于 $f = 0$ 处，则信号带宽为正频率轴上 $G(f)$（或 $P(f)$）下降到 3 dB（半功率点）处的相应频率间隔，如图 2-16 所示。在 $G(f)$—f 曲线中，由

$$G(f_1) = \frac{1}{2}G(0)$$

或

$$P(f_1) = \frac{1}{2}P(0)$$

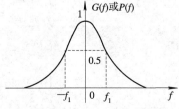

图 2-16 3 dB 带宽

得

$$B = f_1 \qquad\qquad (2-136)$$

3) 等效矩形带宽

用一个矩形的频谱代替信号的频谱，矩形频谱具有的能量与信号的能量相等，矩形频谱的幅度为信号频谱 $f=0$ 时的幅度，如图 2-17 所示。

由　　　$2BG(0) = \int_{-\infty}^{\infty} G(f)\mathrm{d}f$

或　　　$2BP(0) = \int_{-\infty}^{\infty} P(f)\mathrm{d}f$

得　　　$B = \dfrac{\displaystyle\int_{-\infty}^{\infty} G(f)\mathrm{d}f}{2G(0)} \qquad (2-137)$

或　　　$B = \dfrac{\displaystyle\int_{-\infty}^{\infty} P(f)\mathrm{d}f}{2P(0)} \qquad (2-138)$

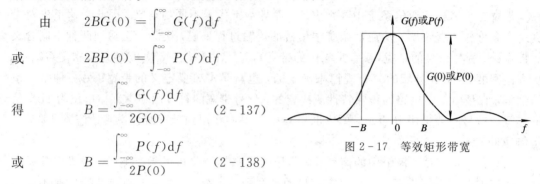

图 2-17　等效矩形带宽

2.8.2　信道容量

从信息论的观点来看，各种信道可以概括为两大类，即离散信道和连续信道。所谓离散信道，就是其输入与输出信号都是取值离散的时间函数；而连续信道的输入和输出信号都是取值连续的时间函数。下面我们分别讨论这两种信道的信道容量。信道容量是指单位时间内信道中无差错传输的最大信息量。

1. 离散信道的信道容量

在实际信道中，干扰总是存在的。对于离散信道，当信道中不存在干扰时，离散信道的输入符号 X 与输出符号 Y 之间有一一对应的确定关系；当信道中存在干扰时，输入符号与输出符号之间存在某种随机性，它们之间已不存在一一对应的确定关系，而具有一定的统计相关性。离散信道的特性一般用转移概率来描述。

离散信道模型如图 2-18 所示。

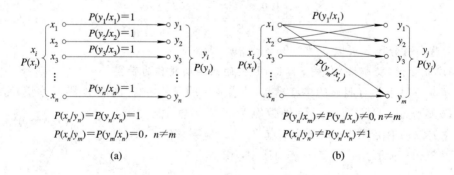

图 2-18　离散信道模型

(a) 无噪声信道；(b) 有噪声信道

图 2-18(a)是无噪声信道，其中，$P(x_i)$ 表示发送符号 x_i 的概率，$P(y_i)$ 表示收到符号 y_i 的概率，$P(y_i/x_i)$ 是转移概率，$i=1, 2, 3, \cdots, n$。由于信道无噪声，故它的输入与输出一一对应，即 $P(x_i)$ 与 $P(y_i)$ 相同。图 2-18(b)是有噪声信道，其中，$P(x_i)$ 是发送符号 x_i

的概率，$i=1, 2, \cdots, n$，$P(y_j)$ 是收到符号 y_j 的概率，$j=1, 2, \cdots, m$，$P(y_j/x_i)$ 或 $P(x_i/y_j)$ 是转移概率。在这种信道中，输入与输出之间不存在一一对应关系。当输入一个 x_1 时，则输出可能为 y_1，也可能是 y_2 或 y_m，等等。可见，这时输出与输入之间成为随机对应的关系。不过，它们之间具有一定的统计关联，并且这种随机对应的统计关系就反映在信道的条件(或转移)概率上。因此，可以用信道的条件概率来合理地描述信道干扰和信道的统计特性。

于是，在有噪声的信道中，不难得到发送符号为 x_i 而收到的符号为 y_j 时所获得的信息量。它等于未发送符号前对 x_i 的不确定程度减去收到符号 y_j 后对 x_i 的不确定程度，即发送 x_i 收到 y_j 时所获得的信息量：

$$信息量 = -\operatorname{lb}P(x_i) + \operatorname{lb}P(x_i/y_j) \tag{2-139}$$

其中，$P(x_i)$ 表示未发送符号前 x_i 出现的概率；$P(x_i/y_j)$ 表示收到 y_j 而发送为 x_i 的条件概率。

对各 x_i 和 y_j 取统计平均，即对所有发送为 x_i 而收到为 y_j 取平均，则

$$\frac{平均信息量}{符号} = -\sum_{i=1}^{n} P(x_i) \operatorname{lb}P(x_i) = \left[-\sum_{j=1}^{m} P(y_j) \sum_{i=1}^{n} P(x_i/y_j) \operatorname{lb}P(x_i/y_j) \right]$$
$$= H(x) - H(x/y) \tag{2-140}$$

其中，$H(x)$ 表示发送的每个符号的平均信息量；$H(x/y)$ 表示发送符号在有噪声的信道中传输平均丢失的信息量，或当输出符号已知时输入符号的平均信息量。

为了表明信道传输信息的能力，我们引出信息传输速率的概念。所谓信息传输速率，是指信道在单位时间内所传输的平均信息量，并用 R 表示，即

$$R = H_t(x) - H_t(x/y) \tag{2-141}$$

其中，$H_t(x)$ 表示单位时间内信息源发出的平均信息量，或称信息源的信息速率；$H_t(x/y)$ 表示单位时间内对发送 x 而收到 y 的条件平均信息量。

设单位时间内传送的符号数为 r，则

$$H_t(x) = rH(x) \tag{2-142}$$
$$H_t(x/y) = rH(x/y) \tag{2-143}$$

于是得到

$$R = r[H(x) - H(x/y)] \tag{2-144}$$

式(2-144)表示，有噪声信道中的信息传输速率等于每秒钟内信息源发送的信息量与由信道不确定性而引起丢失的那部分信息量之差。

显然，在无噪声时，信道不存在不确定性，即 $H(x/y) = 0$。这时，信道传输信息的速率等于信息源的信息速率，即

$$R = rH(x)$$

如果噪声很大时，$H(x/y) \to H(x)$，则信道传输信息的速率 $R \to 0$。

由以上定义的信道传输信息的速率 R 可以看出，它与单位时间传送的符号数目 r、信息源的概率分布以及信道干扰的概率分布有关。然而，对于某个给定的信道来说，干扰的概率分布应当认为是确定的。如果单位时间传送的符号数目 r 一定，则信道传送信息的速率仅与信息源的概率分布有关。信息源的概率分布不同，信道传输信息的速率也不同。一

个信道的传输能力当然应该以这个信道最大可能的传输信息的速率来量度。因此,我们得到信道容量的定义如下。

对于一切可能的信息源概率分布来说,信道传输信息的速率的最大值称为信道容量,记为 C,即

$$C = \max_{\{P(x)\}} R = \max_{\{P(x)\}} [H_t(x) - H_t(x/y)] \qquad (2-145)$$

其中,max 是表示对所有可能的输入概率分布来说的最大值。

2. 连续信道的信道容量

在实际的有扰连续信道中,当信道受到加性高斯噪声的干扰,且信道传输信号的功率和信道的带宽受限时,可依据高斯噪声下关于信道容量的香农(Shannon)公式。这个结论不仅在理论上有特殊的贡献,而且在实践上也有一定的指导价值。

设连续信道(或调制信道)的输入端加入单边功率谱密度为 n_0(W/Hz)的加性高斯白噪声,信道的带宽为 B(Hz),信号功率为 P(W),则通过这种信道无差错传输的最大信息速率 C 为

$$C = B \, \mathrm{lb} \left(1 + \frac{P}{n_0 B}\right) \text{(b/s)} \qquad (2-146)$$

其中,C 值就称为信道容量。式(2-146)就是著名的香农信道容量公式,简称香农公式。

因为 $n_0 B$ 就是噪声的功率,令 $N = n_0 B$,故式(2-146)也可写为

$$C = B \, \mathrm{lb} \left(1 + \frac{P}{N}\right) \text{(b/s)} \qquad (2-147)$$

根据香农公式可以得出以下重要结论。

(1) 任何一个连续信道都有信道容量。在给定 B、P/N 的情况下,信道的极限传输能力为 C,如果 $R \leqslant C$,那么在理论上存在一种方法使信源的输出能以任意小的差错概率通过信道传输;如果 $R > C$,则无差错传输在理论上是不可能的。

因此,实际传输速率(一般地)要求不能大于信道容量,除非允许存在一定的差错率。

(2) 增大信号功率 P 可以增加信道容量 C。若信号功率 P 趋于无穷大时,则信道容量 C 也趋于无穷大,即

$$\lim_{S \to \infty} C = \lim_{S \to \infty} B \left(1 + \frac{P}{n_0 B}\right) \to \infty \qquad (2-148)$$

减小噪声功率 $N(N = n_0 B$,相当于减小噪声功率谱密度 n_0)也可以增加信道容量 C。若噪声功率 N 趋于零(或 n_0 趋于零),则信道容量趋于无穷大,即

$$\lim_{N \to 0} C = \lim_{N \to 0} B \, \mathrm{lb} \left(1 + \frac{P}{N}\right) \to \infty \qquad (2-149)$$

增大信道带宽 B 可以增加信道容量 C,但不能使信道容量 C 无限制地增大。当信道带宽 B 趋于无穷大时,信道容量 C 的极限值为

$$\lim_{B \to \infty} C = \lim_{B \to \infty} B \, \mathrm{lb} \left(1 + \frac{P}{n_0 B}\right) = \frac{P}{n_0} \lim_{B \to \infty} \frac{n_0 B}{P} \, \mathrm{lb} \left(1 + \frac{P}{n_0 B}\right)$$

$$= \frac{P}{n_0} \, \mathrm{lbe} \approx 1.44 \frac{P}{n_0} \qquad (2-150)$$

由此可见,当 P 和 n_0 一定时,虽然信道容量 C 随带宽 B 增大而增大,然而当 $B \to \infty$ 时,C 不会趋于无穷大,而是趋于常数 $1.44 \, P/n_0$。

（3）当信道容量保持不变时，信道带宽 B、信号噪声功率比 P/N 及传输时间三者是可以互换的。若增加信道带宽，可以换来信号噪声功率比的降低，反之亦然。如果信号噪声功率比不变，那么增加信道带宽可以换取传输时间的减少，反之亦然。

当信道容量 C 给定时，B_1、P_1/N_1 和 B_2、P_2/N_2 分别表示互换前后的带宽和信号噪声比，则有

$$B_1 \, \text{lb}\left(1 + \frac{P_1}{N_1}\right) = B_2\left(1 + \frac{P_2}{N_2}\right) \tag{2-151}$$

当维持同样大小的信号噪声功率比 P/n_0 时，给定的信息量

$$I = TB \, \text{lb}\left(1 + \frac{P}{n_0 B}\right) \quad \left(C = \frac{I}{T}\right)$$

可以用不同带宽 B 和传输时间 T 来互换。若 T_1、B_1 和 T_2、B_2 分别表示互换前、后的传输时间和带宽，则有

$$T_1 B_1 \, \text{lb}\left(1 + \frac{P}{n_0 B_1}\right) = T_2 B_2\left(1 + \frac{P}{n_0 B_2}\right) \tag{2-152}$$

通常把实现了极限信息速率传输（即达到信道容量值）且能做到任意小差错率的通信系统称为理想通信系统。香农公式只证明了理想通信系统的"存在性"，却没有指出具体的实现方法。因此，理想系统常常只作为实际系统的理论极限。

本 章 小 结

确知信号是信号分析的基础。

通信系统中的信号和噪声都可以看做是随时间变化的随机过程。若一个随机过程的统计特性与时间起点无关，则称其为严格平稳随机过程；若一个随机过程的数字特征与时间起点无关，则称为广义平稳随机过程，通信系统中大都是广义平稳随机过程。若一个随机过程的统计平均值等于其时间平均值，则称此随机过程具有各态历经性；一个随机过程若具有各态历经性，则它必定是严格平稳随机过程。描述平稳随机过程的两个重要数字特征是自相关函数和功率谱密度。

线性系统的特性，在时域中可以用冲激响应来描述，在频域中可以用传输函数来描述。高斯过程通过线性系统后仍为高斯过程。

信道是为信号传输提供的通路，它允许信号通过，但又给信号以损耗。信道有狭义信道和广义信道之分。恒参信道的参数不随时间变化或变化特别缓慢，它对信号的主要影响可用幅度—频率畸变和相位—频率畸变（群迟延—频率特性）来衡量，克服（减小）畸变的主要措施是采用"均衡"技术。随参信道的参数随时间在不断变化，因此，它对信号影响也比较大。通常把由于信道中参数变化所引起的信号衰落叫慢衰落，而把由于多径传播造成的信号衰落叫快衰落，选择性衰落就是一种快衰落。多径传播会产生频率弥散现象。随参信道的改善通常通过分集接收方法来实现。

噪声可认为是对有用信号产生影响的所有干扰的集合。

几个重要的公式：

群迟延畸变：

$$T(\omega) = \frac{\mathrm{d}\Phi(\omega)}{\mathrm{d}\omega}$$

白噪声功率谱密度与自相关函数关系：

$$P_n(\omega) = \frac{n_0}{2}, \quad \frac{n_0}{2}\delta(\tau) = R_n(\tau)$$

误差函数、互补误差函数：

$$\mathrm{erf}(x) = \frac{2}{\sqrt{\pi}}\int_0^x \mathrm{e}^{-z^2}\,\mathrm{d}z$$

$$\mathrm{erfc}(x) = 1 - \mathrm{erf}(x) = \frac{2}{\sqrt{\pi}}\int_x^\infty \mathrm{e}^{-z^2}\,\mathrm{d}z$$

窄带高斯噪声的一般数学表达式：

$$n(t) = n_I(t)\,\cos\omega_c t - n_Q(t)\,\sin\omega_c t$$

香农公式：

$$C = B\,\mathrm{lb}\left(1 + \frac{P}{n_0 B}\right)\quad(\mathrm{b/s})$$

信道分为离散和连续两种，其容量分别按照不同的情况计算。

思考与练习 2

2-1 已知 $f(t)$ 如图 2-19 所示。

(1) 写出 $f(t)$ 的傅里叶变换表示式；

(2) 画出它的频谱函数图。

2-2 已知 $f(t)$ 为如图 2-20 所示的周期函数，且 $\tau=0.002$ s，$T=0.008$ s。

(1) 写出 $f(t)$ 的指数型傅里叶级数展开式；

(2) 画出其振幅频谱图。

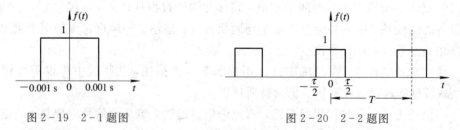

图 2-19 2-1 题图   图 2-20 2-2 题图

2-3 已知功率信号 $f(t)=A\cos(200\pi t)\sin(2000\pi t)$。试求：

(1) 该信号的平均功率；

(2) 该信号的功率谱密度；

(3) 该信号的自相关函数。

2-4 已知某信号的频谱函数为 $\mathrm{Sa}^2\left(\dfrac{\omega\tau}{2}\right)$，求该信号的能量。

2-5 试计算电压 $v(t)=\mathrm{Sa}(\omega t)$ 在 100 Ω 电阻上消耗的总能量。

2-6 试分别用相关定理和卷积定理推导帕塞瓦尔定理。

2-7 举例说明什么是狭义信道，什么是广义信道？

2-8　何谓调制信道？何谓编码信道？它们如何进一步分类？

2-9　试画出调制信道模型和二进制无记忆编码信道模型。

2-10　恒参信道的主要特性有哪些？对所传信号有何影响？如何改善？

2-11　群迟延畸变是如何定义的？

2-12　随参信道的主要特性有哪些？对所传信号有何影响，如何改善？

2-13　什么是选择性衰落？二径传播时，哪些频率点衰耗最大？

2-14　什么是高斯型白噪声？它的概率密度函数、功率谱密度函数如何表示？

2-15　信号分别通过图 2-21(a)(b)所示的两个电路，试讨论输出信号有没有群迟延畸变，并画出群迟延特性曲线。

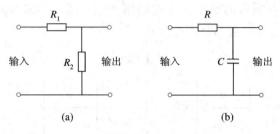

图 2-21　2-15 题图

2-16　试画出四进制数字系统无记忆编码信道的模型图。

2-17　窄带高斯噪声、余弦信号加窄带高斯噪声的随机包络各服从什么分布，相位各服从什么分布？

2-18　具有 6.5 MHz 带宽的某高斯信道，若信道中信号功率与噪声功率谱密度之比为 45.5 MHz，试求其信道容量。

2-19　利用数学极限知识，证明信道容量

$$\lim_{B \to \infty} C = \frac{P}{n_0} \text{lbe} \approx 1.44 \frac{P}{n_0}$$

2-20　信道容量是如何定义的？香农公式有何意义？

2-21　设某恒参信道的传递函数 $H(\omega) = K_0 \mathrm{e}^{-\mathrm{j}\omega t_d}$，其中，$K_0$ 和 t_d 都是常数，试确定信号 $s(t)$ 通过该信道后的输出信号的时域表达式，并讨论信号有无失真。

2-22　某恒参信道的幅频特性为 $H(\omega) = (1 + \cos\omega T_0)\mathrm{e}^{-\mathrm{j}\omega t_d}$，其中，$T_0$ 和 t_d 为常数，试确定信号 $s(t)$ 通过 $H(\omega)$ 后的输出信号表示式，并讨论信号有无失真。

2-23　假设某随参信道的二径时延差 τ 为 1 ms，试问在该信道哪些频率上传输衰耗最大？选用哪些频率传输信号最有利(即增益最大，衰耗最小)？

2-24　什么是分集接收？常见的几种分集方式是什么？

2-25　一个均值为零的窄带高斯噪声(平稳)为

$$n(t) = n_I(t) \cos(\omega_c t + \varphi) - n_Q(t) \sin(\omega_c t + \varphi)$$

已知 $n(t)$ 的方差为 σ_n^2，则 $n_I(t)$ 和 $n_Q(t)$ 的均值和方差各为多少？

2-26　根据本章公式(2-118)和(2-119)，试推出误差函数 erf(x) 与概率积分函数 $\Phi(x)$ 之间的关系。

2-27　已知某随机变量的概率分布函数

$$F(x) = \int_{-\infty}^{x} a \exp\left[-\frac{(z-b)^2}{2\sigma^2} \right] \mathrm{d}z$$

其中，a、b、σ^2 为常数，试用互补误差函数表示 $F(x)$。

2-28　当 x 增大或减小时，误差函数 $\mathrm{erf}(x)$ 的值是如何变化的？

2-29　已知高斯信道的带宽为 4 kHz，信号与噪声的功率比为 63，试确定这种理想通信系统的极限传输速率。

2-30　已知某信道无差错传输的最大信息速率为 C_{max}（常数），信道的带宽为 $C_{max}/2$（Hz），设信道中噪声为高斯白噪声，单边功率谱密度为 n_0（W/Hz），试求此时系统中信号的平均功率。

2-31　已知带限白噪声的功率谱密度如图 2-22 所示，试求其自相关函数 $R_n(\tau)$。（提示：可利用傅里叶变换的常用公式进行。）

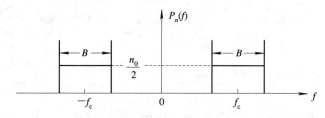

图 2-22　2-31 题图

2-32　根据香农公式，当系统的信号功率、噪声功率谱密度 n_0 为常数时，试分析系统容量 C 是如何随系统带宽变化的。

2-33　有扰连续信息的信道容量为 10^4 b/s，信道带宽为 3 kHz，如果要将信道带宽提高到 10 kHz，所需要的信号噪声比约为多少？

第 3 章　模拟信号的调制与解调

【教学要点】

了解： 线性、非线性调制的基本概念。

熟悉： 线性调制的基本方法。

掌握： AM、DSB－SC、SSB、NBFM 原理。

重点、难点： NBFM、WBFM 方法。

　　模拟信号调制解调的目的就是要使基带信号经过调制后能在有线信道上同时传输多路基带信号，同时也适合于在无线信道中实现频带信号的传输。调制解调的作用在于减小干扰，提高系统抗干扰能力，同时还可实现传输带宽与信噪比之间的互换。

　　在发射端把基带信号频谱搬移到给定信道通带内的过程称为调制，而在接收端把已搬移到给定信道带内频谱还原为基带信号频谱的过程称为解调。调制和解调在一个通信系统中总是同时出现的，因此，往往把调制和解调系统称为调制系统或调制方式。调制对通信系统的有效性和可靠性有很大的影响，采用什么样的调制方式将直接影响通信系统的性能。本章将简明扼要地叙述用取值连续的调制信号控制正弦波参数，如振幅、频率和相位等的模拟调制技术。

3.1　模拟信号的线性调制

　　我们把输出已调信号 $s_c(t)$ 的频谱和调制信号 $x(t)$ 的频谱之间呈线性搬移关系的调制方式称为线性调制。如常规双边带调制（AM）、抑制载波双边带调制（DSB-SC）、单边带调制（SSB）及残留边带调制（VSB）均属于线性调制。

3.1.1　常规双边带调制（AM）

　　常规双边带调制就是标准幅度调制，它用调制信号去控制高频载波的振幅，使已调波的振幅按照调制信号的振幅规律线性变化。

　　AM 调制器模型如图 3－1 所示。

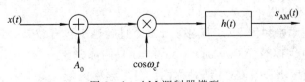

图 3－1　AM 调制器模型

假设调制信号为 $x(t)$，冲激响应为 $h(t)=\delta(t)$，即滤波器 $H(\omega)=1$，是全通网络，载波信号为 $c(t)=\cos\omega_c t$，调制信号 $x(t)$ 叠加直流 A_0 后与载波相乘，经过滤波器后就得到标准调幅（AM）信号，AM 信号的时域和频域表示式分别为

$$s_{AM} = [A_0 + x(t)]\cos\omega_c t = A(t)\cos\omega_c t = A_0\cos\omega_c t + x(t)\cos\omega_c t \qquad (3-1)$$

$$S_{AM}(\omega) = \pi A_0[\delta(\omega+\omega_c)+\delta(\omega-\omega_c)] + \frac{1}{2}[X(\omega+\omega_c)+X(\omega-\omega_c)] \qquad (3-2)$$

AM 信号的波形和频谱如图 3-2 所示。

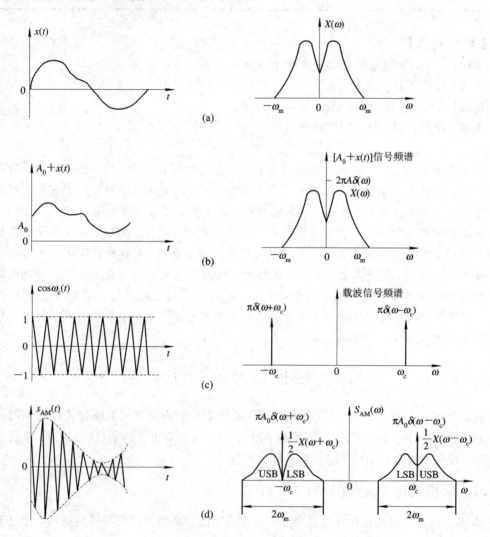

图 3-2 AM 信号的波形和频谱

(a) 调制信号；(b) 叠加直流的调制信号；(c) 载波信号；(d) 已调波信号

由图 3-2 可以看出以下几点：

(1) 调幅过程使原始频谱 $X(\omega)$ 搬移了 $\pm\omega_c$，且频谱中包含载频分量 $\pi A_0[\delta(\omega+\omega_c)+\delta(\omega-\omega_c)]$ 和边带分量 $(1/2)[X(\omega+\omega_c)+X(\omega-\omega_c)]$ 两部分。

(2) AM 波的幅度谱 $|S_{AM}(\omega)|$ 是对称的。在正频率区域，高于 ω_c 的频谱叫做上边带（USB），低于 ω_c 的频谱叫做下边带（LSB）；又由于幅度谱对原点是偶对称的，所以在负频

率区域，上边带（USB）应落在低于$-\omega_c$的频谱部分，下边带（LSB）应落在高于$-\omega_c$的频谱部分。

（3）AM 波占用的带宽B_{AM}（Hz）应是基带消息信号带宽f_m（$f_m = \omega_m/2\pi$）的两倍，即$B_{AM} = 2f_m$。

（4）要使已调波不失真，必须在时域和频域满足以下条件：

① 在时域范围内，对于所有t，必须有

$$| x(t) |_{max} \leqslant A_0 \tag{3-3}$$

这就保证了$A_0 + x(t)$总是正的。这时，调制后的载波相位不会改变，信息只包含在信号之中，已调波的包络和$x(t)$的形状完全相同，用包络检波的方法很容易恢复出原始的调制信号，否则将会出现过调幅现象而产生包络失真。

② 在频域范围内，载波频率应远大于$x(t)$的最高频谱分量，即

$$f_c \gg f_m \tag{3-4}$$

若不满足此条件，则会出现频谱交叠，此时的包络形状一定会产生失真。

振幅调制信号的一个重要参数是调幅度m_a，其定义如下

$$m_a \xlongequal{def} \frac{A(t)_{max} - A(t)_{min}}{A(t)_{max} + A(t)_{min}} \tag{3-5}$$

一般情况，m_a小于 1，只有$A(t)$为负值时，出现过调幅现象m_a才大于 1。

AM 信号在 1 Ω 电阻上的平均功率P_{AM}等于$s_{AM}(t)$的均方值。当$x(t)$为确知信号时，$s_{AM}(t)$的均方值等于其平方的时间平均，即

$$P_{AM} = \overline{x_{AM}^2(t)}$$
$$= \overline{[A_0 + x(t)]^2 \cos^2 \omega_c t}$$
$$= \overline{A_0^2 \cos^2 \omega_c t} + \overline{x_0^2(t) \cos^2 \omega_c t} + \overline{2A_0 x(t) \cos^2 \omega_c t}$$

当调制信号无直流分量时，$\overline{x(t)} = 0$，且当$x(t)$是与载波无关的变化较为缓慢的信号时，有

$$P_{AM} = \frac{A_0^2}{2} + \frac{\overline{x^2(t)}}{2} = P_c + P_s \tag{3-6}$$

其中，$P_c = A_0^2/2$为载波功率；$P_s = \overline{x^2(t)}/2$为边带功率。

由式（3-6）可知，AM 信号的平均功率是由载波功率和边带功率组成的，而只有边带功率才与调制信号有关。载波功率在 AM 信号中占有大部分能量，即使在满调制（$m_a = 1$）条件下，两个边带上的有用信号仍然占有很小能量。因此，从功率上讲，AM 信号的功率利用率比较低。

已调波的调制效率定义为边带功率与总平均功率之比，即

$$\eta_{AM} \xlongequal{def} \frac{P_s}{P_c + P_s} \equiv \frac{\overline{x^2(t)}}{A_0^2 + \overline{x^2(t)}} \tag{3-7}$$

当调制信号为单频余弦信号时

$$x(t) = A_m \cos(\omega_m t + \theta_m)$$

这时

$$\overline{x^2(t)} = \frac{A_m^2}{2}$$

$$\eta_{\text{AM}} = \frac{\overline{x^2(t)}}{A_0^2 + \overline{x^2(t)}} = \frac{A_{\text{m}}^2}{A_0^2 + A_{\text{m}}^2} = \frac{m_{\text{a}}^2}{2 + m_{\text{a}}^2} \qquad (3-8)$$

当"满调制"，即 $m_{\text{a}} = 1$ 时，调制效率达到最大值，$\eta_{\text{AM}} = 1/3$。

AM 信号的载波分量并不携带信息，但却占据了大部分功率，致使 AM 信号的调制效率降低。如果抑制载波分量传送，则可产生新的调制方式，这就是抑制载波双边带调制（DSB-SC）。

3.1.2 抑制载波双边带调制（DSB-SC）

为了提高调幅信号的效率，就得抑制掉已调波中的载波分量。要抑制掉 AM 信号中的载波，只需在图 3-1 中将直流分量 A_0 去掉，即可得到抑制载波双边带信号，简称双边带信号（DSB）。

DSB 信号的时域表示为

$$s_{\text{DSB}}(t) = x(t)\cos\omega_{\text{c}}t \qquad (3-9)$$

当调制信号 $x(t)$ 为确知信号时，DSB 信号的频谱为

$$S_{\text{DSB}}(\omega) = \frac{1}{2}X(\omega - \omega_{\text{c}}) + \frac{1}{2}X(\omega + \omega_{\text{c}}) \qquad (3-10)$$

DSB 信号的波形和频谱如图 3-3 所示。

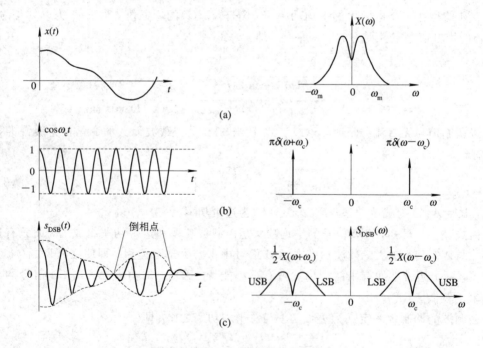

图 3-3 DSB 信号的波形和频谱
(a) 调制信号；(b) 载波信号；(c) 已调波信号

由于 DSB 频谱中没有载波分量，$P_{\text{c}} = 0$，因此，信号的全部功率都包含在边带上

$$P_{\text{DSB}} = P_{\text{s}} = \frac{\overline{x^2(t)}}{2} \qquad (3-11)$$

这就使得调制效率达到 100%，即 $\eta_{\text{DSB}} = 1$。

　　由图 3-3(c)DSB 信号的波形可见，在 $x(t)$ 改变符号的时刻载波相位出现了倒相点，故其包络不再与调制信号 $x(t)$ 形状一致，而是按 $|x(t)|$ 的规律变化。这时调制信号的信息包含在振幅和相位两者之中，因此，在接收端必须同时提取振幅和相位信息，不能像 AM 那样采用简单的包络检波来恢复调制信号，而必须用相干解调法。

　　由图 3-3(c)DSB 信号的频谱图可知，虽然节省了载波功率，提高了功率利用率，但它的频带宽度仍然和 AM 信号的一样，也是调制信号带宽的两倍。

　　DSB 信号的频谱特性还有一个特点，即上、下两个边带完全对称，所携带的信息也相同，完全可以用一个边带来传输全部信息，进而提高系统的频带利用率，这就是单边带调制所要解决的问题。

3.1.3　单边带调制(SSB)

　　由图 3-3(c)可知，在 $\pm\omega_c$ 处出现了两个与 $X(\omega)$ 形状完全相同的频谱，要想实现单边带信号，就要将以 $\pm\omega_c$ 为中心的频谱分成 USB 和 LSB 两部分，它们分别包含了 $X(\omega)$ 的全部信息。因此，只传输两个 USB 或两个 LSB 就足够了，原因是它们都是 ω 的偶函数，都表示一个实际信号。我们把这种调制方式叫做单边带调制。

　　单边带信号的产生方法通常有滤波法和相移法两种。

1. 滤波法产生单边带信号

　　所谓滤波法，就是在双边带调制后接上一个边带滤波器，以保留所需要的边带，并滤除不需要的边带。边带滤波器可用高通滤波器产生 USB 边带信号，也可用低通滤波器产生 LSB 信号。

　　图 3-4(a)是 SSB 信号的边带滤波特性，图 3-4(b)是 SSB 信号的频谱特性。

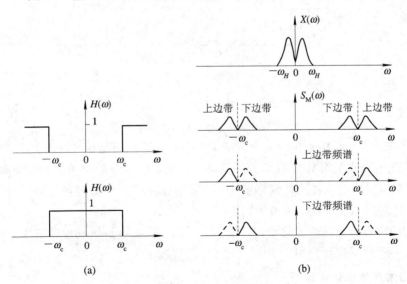

图 3-4　产生 SSB 信号的滤波和频谱特性

(a) 边带滤波特性；(b) 频谱特性

　　用滤波法产生 SSB 信号的原理框图如图 3-5 所示，图中的乘法器是平衡调制器，滤波器是边带滤波器。从频谱图中可以看出，要产生单边带信号，就必须要求滤波器特性十分接近理想特性，即要求在 ω_c 处必须具有锐截止特性。这一点在低频段还可制作出较好的滤波器，但在高频段就很难找到合乎特性要求的滤波器了。

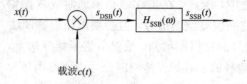

图 3-5 滤波法产生 SSB 信号的原理框图

通常解决高频段滤波器的办法是采用多级调制滤波，实现多级频率搬移。也就是说，先在低载频上形成单边带信号，然后通过变频将频谱搬移到更高的载频。频谱搬移可以连续分几步进行，直至达到所需的载频为止。图 3-6 是两级调制滤波器产生 SSB 信号的原理框图及频谱图。

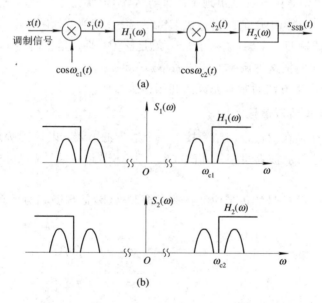

图 3-6 两级调制滤波产生 SSB 信号

（a）原理框图；（b）频谱图

如果调制信号 $x(t)$ 中不包含显著的低频分量，则滤波问题比较容易。这是因为上、下边带之间过渡区间的频谱分量功率可以忽略，因此，可以降低对单边带滤波器特性的要求。如果调制信号中有直流及低频分量，则必须用过渡带为 0 的理想滤波器将上、下边带分割开来，这时用滤波法就不可能实现。

滤波法的特点是电路结构简单，工作稳定可靠，质量容易达到设计要求，因此在短波通信等领域中得到了广泛应用。

2. 移相法产生单边带信号

对于任一调制基带信号，它可以表示为 n 个余弦信号之和，即

$$x(t) = \sum_{i=1}^{n} x_i \cos\omega_i t$$

经双边带调制

$$s_{DSB}(t) = x(t)\cos\omega_c t = \sum_{i=1}^{n} x_i \cos\omega_i t \cos\omega_c t \qquad (3-12)$$

如果通过上边带滤波器 $H_{USB}(\omega)$，则得到 USB 信号

$$s_{USB}(t) = \sum_{i=1}^{n} \frac{1}{2}\cos(\omega_i + \omega_c)t = \frac{1}{2}x(t)\cos\omega_c t - \frac{1}{2}\hat{x}(t)\sin\omega_c t \qquad (3-13)$$

如果通过下边带滤波器 $H_{LSB}(\omega)$，则得到 LSB 信号

$$s_{LSB}(t) = \frac{1}{2}x(t)\cos\omega_c t + \frac{1}{2}\hat{x}(t)\sin\omega_c t \qquad (3-14)$$

其中

$$\hat{x}(t) = \sum_{i=1}^{n} x_i \sin\omega_i t$$

它是将 $x(t)$ 中所有频率成分均相移 90°后得到的。

把上、下边带信号合并起来，单边带信号就可写成

$$s_{SSB}(t) = \frac{1}{2}x(t)\cos\omega_c t \mp \frac{1}{2}\hat{x}(t)\sin\omega_c t \qquad (3-15)$$

其中，"$-$"号表示上边带；"$+$"号表示下边带。

根据式(3-15)可得到相移法产生单边带信号的原理框图如图 3-7 所示。

从图 3-7 可知，相移法单边带信号产生器有两个相乘器：第一个相乘器产生一般的双边带信号；第二个相乘器的输入信号和载波均需要移相 90°，对于单频移相比较容易实现，但对于宽频信号，需要一个宽带移相网络，而制作宽带移相网络是非常困难的。如果宽带移相网络做得不好，容易使单边带信号失真。

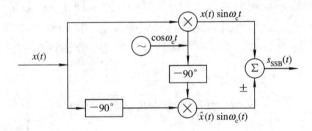

图 3-7 相移法产生单边带信号原理框图

总之，单边带调制方式的优点是：节省载波发射功率，同时频带利用率也高，它所占用的频带宽度仅是双边带的一半，和基带信号的频带宽度相同。

单边带信号的解调和双边带一样，不能采用简单的包络检波，因为它的包络不能直接反映调制信号的变化，所以仍然需要采用相干解调。

3.1.4 残留边带调制(VSB)

当调制信号 $x(t)$ 的频谱具有丰富的低频分量时(如电视和电报信号)，已调信号频谱中的上、下边带就很难分离，这时用单边带就不能很好地解决问题。那么，残留边带就是解决这种问题一个折中的办法，它是介于 SSB 和 DSB 之间的一种调制方法，既克服了 DSB 信号占用频带宽的缺点，又解决了 SSB 实现上的难题。

在 VSB 中，不是对一个边带完全抑制，而是使它逐渐截止，并残留一小部分。图 3-8

示出了调制信号、DSB、SSB 及 VSB 信号的频谱。

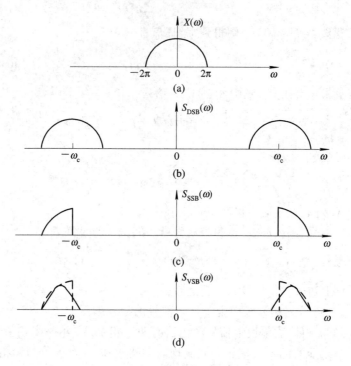

图 3-8　调制信号、DSB、SSB 和 VSB 信号的频谱

（a）调制信号；（b）DSB 信号；（c）SSB 信号；（d）VSB 信号

　　滤波法实现残留边带调制的原理如图 3-9（a）所示。图中 $H_{VSB}(\omega)$ 是残留边带滤波器传输特性，它的特点是 $\pm\omega_c$ 附近具有滚降特性，如图 3-9（b）所示，而且要求这段特性对于 $|\omega_c|$ 上半幅度点呈现奇对称，即互补对称特性。在边带范围内其他处的传输特性应当是平坦的。

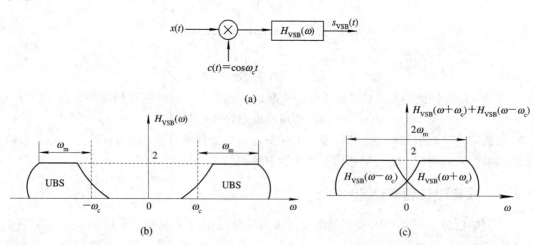

图 3-9　VSB 调制原理框图及滤波器特性

（a）残留边带调制原理图；（b）残留边带滤波器传输特性；（c）$H_{VSB}(\omega)$ 特性

　　由于边带信号频谱具有偶对称性，因此，VSB 中的互补对称性就意味着将 $H_{VSB}(\omega)$ 分

别移动 $-\omega_c$ 和 ω_c 就可以得到如图 3 - 9(c)所示的 $H_{VSB}(\omega+\omega_c)$ 和 $H_{VSB}(\omega-\omega_c)$，将两者叠加，即

$$H_{VSB}(\omega+\omega_c) + H_{VSB}(\omega-\omega_c) = 常数，\quad |\omega| \leqslant \omega_m \tag{3-16}$$

其中，ω_m 是调制信号的最高频率。

式(3-16)是无失真恢复原始信号 $x(t)$ 的必要条件，也是确定残留边带滤波器传输特性 $H_{VSB}(\omega)$ 所必须遵循的条件。满足这个条件的滚降特性曲线并不是唯一的，只要残留边带滤波器的特性 $H_{VSB}(\omega)$ 在 $\pm\omega_c$ 处具有互补对称(奇对称)特性，那么，采用相干解调残留边带信号就能够准确无失真地恢复出所需要的原始基带信号。

残留边带调制的优点是具有与单边带系统相同的带宽，频带利用率高，且具有双边带良好的低频基带特性。因此，VSB 调制在电视信号以及要求有良好相位特性的信号，或在低频分量的传输中，发挥着潜在的作用。

3.1.5　模拟线性调制的一般模型

1. 模拟线性调制信号产生的一般模型

模拟线性调制的一般模型如图 3 - 10 所示。

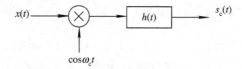

图 3 - 10　模拟线性调制的一般模型

设调制信号 $x(t)$ 的频谱为 $X(\omega)$，冲激响应 $h(t)$ 的滤波器特性为 $H(\omega)$，则其输出已调信号的时域和频域表示式为

$$s_c(t) = [x(t)\ \cos\omega_c t] * h(t) \tag{3-17}$$

$$S_c(\omega) = \frac{1}{2}[X(\omega+\omega_c) + X(\omega-\omega_c)]H(\omega) \tag{3-18}$$

其中，ω_c 为载波角频率，$H(\omega)=F[h(t)]$。

如果将式(3-17)展开，就可得到另一种形式的时域表示式，即

$$s_c(t) = s_I(t)\ \cos\omega_c t + s_Q(t)\ \sin\omega_c t \tag{3-19}$$

其中

$$s_I(t) = h_I(t) * x(t),\ h_I(t) = h(t)\ \cos\omega_c t \tag{3-20}$$

$$s_Q(t) = h_Q(t) * x(t),\ h_Q(t) = h(t)\ \sin\omega_c t \tag{3-21}$$

式(3-19)中，第一项是载波为 $\cos\omega_c t$ 的双边带调制信号，与参考载波同相，称为同相分量；第二项是以 $\sin\omega_c t$ 为载波的双边带调制，与参考载波 $\cos\omega_c t$ 正交，称为正交分量；$s_I(t)$ 和 $s_Q(t)$ 分别称为同相分量幅度和正交分量幅度。

相应的频域表示式为

$$S_c(\omega) = \frac{1}{2}[S_I(\omega+\omega_c) + S_I(\omega-\omega_c)] + \frac{j}{2}[S_Q(\omega+\omega_c) - S_Q(\omega-\omega_c)] \tag{3-22}$$

于是，模拟线性调制的模型可换成另一种形式，即模拟线性调制相移法的一般模型，如图 3 - 11 所示。这个模型适用于所有线性调制。

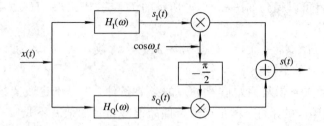

图 3 - 11　模拟线性调制相移法的一般模型

2. 模拟线性调制相干解调的一般模型

调制过程是一个频谱搬移的过程，它将低频信号的频谱搬到载频位置；解调是调制的反过程，它将已调信号的频谱中位于载频的信号频谱再搬回到低频上来。因此，解调的原理与调制的原理是类似的，均可用乘法器予以实现。模拟线性调制相干解调的一般模型如图 3 - 12 所示。

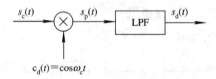

图 3 - 12　模拟线性调制相干解调的一般模型

为了不失真地恢复出原始信号，要求相干解调的本地载波和发送载波必须相干或者同步，即要求本地载波和调制时的载波同频、同相。

相干解调的输入信号应是调制器的输出信号，其表达式为

$$s_c(t) = s_I(t) \cos\omega_c t + s_Q(t) \sin\omega_c t$$

它与同频同相的本地载波相乘后，得

$$s_p(t) = s_c(t) \cos\omega_c t = \frac{1}{2}\left[s_I(t) + s_I(t) \cos 2\omega_c t + s_Q(t) \sin 2\omega_c t \right] \tag{3-23}$$

经低通滤波器(LPF)后，得

$$s_d(t) = \frac{1}{2}s_I(t) \propto x(t) \tag{3-24}$$

由此可见，输出信号与输入信号呈线性关系，这就是线性调制的结果。这说明相干解调适用于所有线性调制，即对于 AM、DSB、SSB 以及 VSB 都是适用的。

已调信号的非相干解调涉及标准调幅 AM 信号，它包括包络检波法和整流检波法，这两种方法都较为简单。具有大载波单边带和残留边带信号的非相干解调，一般都用到了包络检波和一些相应的处理办法，限于篇幅，这里就不再赘述了。

3.1.6　线性调制系统的抗噪声性能

1. 分析模型

在实际系统中，噪声对系统的影响是在所难免的。最常见的噪声有加性噪声，加性噪声通常指在接收到的已调信号上叠加的一个干扰，而加性噪声中的起伏噪声会对已调信号造成连续的影响，因此，通信系统把信道加性噪声的这种起伏噪声作为研究对象。起伏噪

声可视为各态历经平稳高斯白噪声，所以，这里主要讨论信道存在加性高斯白噪声时各种线性调制系统的抗噪声性能。

　　鉴于加性噪声只对已调信号的接收产生影响，因而调制系统的抗噪声性能可以用解调器的抗噪声性能来衡量。那么，在通信系统噪声性能的分析模型中，重点分析接收系统中解调器的抗噪声性能，其分析模型如图 3 - 13 所示。

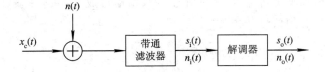

图 3 - 13　解调器抗噪声性能的分析模型

　　图 3 - 13 中，$x_c(t)$ 为已调信号，$n(t)$ 为信道叠加的高斯白噪声，经过带通滤波器后到达解调器输入端的有用信号为 $s_i(t)$，噪声为 $n_i(t)$，解调器输出的有用信号为 $s_o(t)$，噪声为 $n_o(t)$。

　　当带通滤波器带宽远小于中心频率 ω_c 时，可将带通滤波器视为窄带滤波器，当平稳高斯白噪声通过窄带滤波器后，可得到平稳高斯窄带噪声。于是 $n_i(t)$ 即为窄带高斯噪声，其表示式为

$$n_i(t) = n_I(t)\,\cos\omega_c t - n_Q(t)\,\sin\omega_c t \tag{3-25}$$

或者

$$n_i(t) = V(t)\,\cos[\omega_c t + \theta(t)] \tag{3-26}$$

其中

$$V(t) = \sqrt{n_I^2(t) + n_Q^2(t)}$$

$$\theta(t) = \arctan\frac{n_Q(t)}{n_I(t)}$$

$V(t)$ 的一维概率密度函数为瑞利分布，$\theta(t)$ 的一维概率密度函数为平均分布。$n_i(t)$、$n_I(t)$ 和 $n_Q(t)$ 的均值均为零，但平均功率不为零且具有相同值，即

$$\overline{n_i^2(t)} = \overline{n_I^2(t)} = \overline{n_Q^2(t)} = N_i \tag{3-27}$$

其中，N_i 为输入噪声功率。若白噪声的双边功率谱密度为 $n_0/2$，带通滤波器是高度为 1、带宽为 B 的理想矩形函数，则解调器的输入噪声功率为

$$N_i = n_0 B \tag{3-28}$$

这里的带宽 B 通常取已调信号的频带宽度，目的是使已调信号能无失真地进入解调器，同时又能最大限度地抑制噪声。

　　模拟通信系统的可靠性指标就是系统的输出信噪比，其定义为

$$\frac{P_o}{N_o} \xlongequal{\text{def}} \frac{\text{解调器输出有用信号的平均功率}}{\text{解调器输出噪声的平均功率}} \tag{3-29}$$

当然，也有对应的输入信噪比，其定义为

$$\frac{P_o}{N_o} \xlongequal{\text{def}} \frac{\text{解调器输入有用信号的平均功率}}{\text{解调器输入噪声的平均功率}} \tag{3-30}$$

　　为了便于衡量同类调制系统不同解调器时输入信噪比的影响，还可用输出信噪比和输入信噪比的比值 G 来度量解调器的抗噪声性能，比值 G 称为调制制度增益，定义为

$$G \stackrel{\text{def}}{=\!=\!=} \frac{P_o/N_o}{P_i/N_i} \qquad (3-31)$$

显然，调制制度增益越大，表明解调器的抗噪声性能越好。

2. DSB 调制系统的性能

DSB 调制系统中的解调器是相干解调器，由乘法器和低通滤波器组成。由相干解调的一般模型可知，经低通滤波器输出后的信号与原始信号成正比例关系，见式(3-24)。因此，解调器输出端的有用信号功率为

$$P_o = \overline{s_d^2(t)} = \frac{1}{4}\overline{n_1^2(t)} = \frac{1}{4}\overline{x^2(t)}$$

解调器输出端的噪声功率是根据解调器输入噪声与本地载波 $\cos\omega_c t$ 相干后，再经低通滤波器而得到输出噪声 $n_o(t)$ 的平均功率而推出的。因此，解调器最终的输出噪声为

$$n_o(t) = \frac{1}{2}n_1(t) \qquad (3-32)$$

故输出噪声功率为

$$N_o = \overline{n_o^2(t)} = \frac{1}{4}\overline{n_1^2(t)} \qquad (3-33)$$

根据式(3-27)和式(3-28)，可得

$$N_o = \frac{1}{4}\overline{n_i^2(t)} = \frac{1}{4}N_i = \frac{1}{4}n_0 B \qquad (3-34)$$

对于 DSB，带宽 $B=2f_m$。

解调器输入信号平均功率为

$$P_i = \overline{s_i^2(t)} = \overline{[x(t)\,\cos\omega_c t]^2} = \frac{1}{2}\overline{x^2(t)} \qquad (3-35)$$

这时，可求得

$$\frac{P_i}{N_i} = \frac{\overline{x^2(t)/2}}{n_0 B} \qquad (3-36)$$

$$\frac{P_o}{N_o} = \frac{\overline{x^2(t)/4}}{N_i/4} = \frac{\overline{x^2(t)}}{n_0 B} \qquad (3-37)$$

于是调制制度增益为

$$G_{DSB} = \frac{P_o/N_o}{P_i/N_i} = 2 \qquad (3-38)$$

式(3-38)说明，DSB 调制系统的调制制度增益为 2，DSB 信号的解调器使系统信噪比增加了一倍。

3. SSB 调制系统的性能

在 SSB 相干解调中，与 DSB 性能比较，所不同的是 SSB 解调器之前的带通滤波器的带宽是 DSB 带宽的一半，即 $B=f_m$。这时，单边带解调器的输入信噪比为

$$\frac{P_i}{N_i} = \frac{\overline{x^2(t)/4}}{n_0 B} = \frac{\overline{x^2(t)}}{4n_0 B} \qquad (3-39)$$

输出信噪比为

$$\frac{P_o}{N_o} = \frac{\overline{x^2(t)/16}}{n_0 B/4} = \frac{\overline{x^2(t)}}{4n_0 B} \qquad (3-40)$$

因此，SSB 的调制制度增益为

$$G_{\text{SSB}} = \frac{P_\text{o}/N_\text{o}}{P_\text{i}/N_\text{i}} = 1 \tag{3-41}$$

　　这里 $G_{\text{SSB}} = 1$ 并不说明 DSB 的抗噪声性能好于 SSB。这是因为双边带已调信号的平均功率是单边带信号的两倍，所以两者的输出信噪比是在不同的输入信号功率情况下得到的。如果我们在相同的输入信号功率 P_i、相同输入噪声功率谱密度 n_o、相同基带信号宽带 f_m 条件下，对这两种调制方式作比较，可以发现它们的输出信噪比是相等的。由此我们可以说，DSB 和 SSB 两者的抗噪声性能是相同的，但双边带信号所需的传输带宽是单边带的两倍。

　　VSB 调制系统的抗噪声性能的分析与 DSB 和 SSB 的是相似的。由于采用的残留边带滤波器的频率特性形状不同，因而其抗噪声性能与 SSB 的是相似的。

4. AM 调制系统的性能

　　AM 信号可采用相干解调和包络检波两种方式。相干解调时 AM 调制系统的性能分析与前面几个分析方法相同，无需赘述。这里，仅就常用的简单的包络检波解调性能进行分析，其分析模型如图 3 - 14 所示。

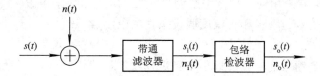

图 3 - 14　AM 包络检波抗噪声性能与分析模型

设包络检波器的输入信号为

$$s_\text{i}(t) = [A_0 + x(t)] \cos\omega_c t \tag{3-42}$$

且假设 $x(t)$ 均值为零，$A_0 \geqslant |x(t)|_{\max}$。

　　输入噪声为

$$n_\text{i}(t) = n_\text{I}(t) \cos\omega_c t - n_\text{Q}(t) \sin\omega_c t \tag{3-43}$$

　　包络检波器输入端的信噪比为

$$\frac{P_\text{i}}{N_\text{i}} = \frac{\overline{s_\text{i}^2(t)}}{\overline{n_\text{i}^2(t)}} = \frac{A_0^2 + \overline{x^2(t)}}{2n_0 B} \tag{3-44}$$

　　当包络检波器输入端的信号是有用信号和噪声的混合波形时，即

$$s_\text{i}(t) + n_\text{i}(t) = [A + x(t) + n_\text{I}(t)] \cos\omega_c t - n_\text{Q}(t) \sin\omega_c t$$
$$= A(t) \cos[\omega_c t + \varphi(t)]$$

其中合成包络为

$$A(t) = \sqrt{[A + x(t) + n_\text{I}(t)]^2 + n_\text{Q}^2(t)} \tag{3-45}$$

合成相位为

$$\varphi(t) = \arctan\left[\frac{n_\text{Q}(t)}{A + x(t) + n_\text{I}(t)}\right] \tag{3-46}$$

　　包络检波的作用就是输出 $A(t)$ 中的有用信号。实际上，检波器输出的有用信号与噪声混合在一起，无法完全分开，因此，计算输出信噪比十分困难。这里，考虑两种特殊情况。

1) 大信噪比情况

大信噪比指的是输入信号幅度远大于噪声幅度，即

$$[A + x(t)] \gg \sqrt{n_I^2(t) + n_Q^2(t)}$$

这时，式(3 - 45)可简化为

$$A(t) \approx A_0 + x(t) + n_I(t) \tag{3 - 47}$$

由于 A_0 被电容器阻隔，有用信号与噪声独立分成两项，因此可按前面类似的方法进行分析。系统输出信噪比为

$$\frac{P_o}{N_o} = \frac{\overline{x^2(t)}}{\overline{n_I^2(t)}} = \frac{\overline{x^2(t)}}{n_0 B} \tag{3 - 48}$$

由式(3 - 44)和式(3 - 48)可得调制制度增益为

$$G_{AM} = \frac{P_o/N_o}{P_i/N_i} = \frac{\overline{2x^2(t)}}{A_0^2 + \overline{x^2(t)}} \tag{3 - 49}$$

式(3 - 49)表明，AM 信号的调制制度增益 G_{AM} 随 A_0 的减小而增大。由于 $A_0 \geqslant |x(t)|_{max}$，因此 G_{AM} 总是小于 1，可见包络检波器对输入信噪比没有改善，而是恶化了。对于 100% 调制，$x(t)$ 为单频正弦信号，G_{AM} 最大值为 2/3。

值得一提的是，若采用同步检波法解调 AM 信号，可得到同样的结果，但同步解调的调制制度增益不受信号与噪声相对幅度假设条件的限制。

2) 小信噪比情况

小信噪比指的是输入信号幅度远小于噪声幅度，即

$$[A + x(t)] \ll \sqrt{n_I^2(t) + n_Q^2(t)}$$

这时，式(3 - 45)变为

$$A(t) \approx r(t) \left[1 + \frac{(A_0 + x(t)) \cos\theta(t)}{r(t)} \right]$$

$$= R(t) + [A_0 + x(t)] \cos\theta(t) \tag{3 - 50}$$

其中，$r(t)$ 和 $\theta(t)$ 分别代表噪声 $n_i(t)$ 的包络和相位，即

$$r(t) = \sqrt{n_I^2(t) + n_Q^2(t)}$$

$$\theta(t) = \arctan \frac{n_Q(t)}{n_I(t)}$$

$$\cos\theta(t) = \frac{n_I(t)}{r(t)}$$

由此可见，$A(t)$ 中没有与 $x(t)$ 成正比的项或单独信号项，只有受 $\cos\theta(t)$ 调制的 $x(t) \cos\theta(t)$ 项，由于 $\cos\theta(t)$ 是随机噪声，因而 $x(t)$ 被噪声扰乱，结果 $x(t) \cos\theta(t)$ 仍然被视为噪声。这表明，在小信噪比情况下，信号不能通过包络检波器恢复出来。

有资料分析表明，在小信噪比输入情况下，包络检波器的输出信噪比基本上与输入信噪的平方成正比，即

$$\left(\frac{P_o}{N_o} \right)_{AM} \approx \left(\frac{P_i}{N_i} \right)^2 \quad \left(\frac{P_i}{N_i} \ll 1 \right) \tag{3 - 51}$$

因此，在小信噪比输入情况下，包络检波器不能正常解调。

由于在大信噪比条件下，检波输出信噪比 P_o/N_o 与输入信噪比 P_i/N_i 成正比，能够实现正常解调。因此可以预料，应该存在一个临界值，当输入信噪比大于此临界值时包络检波器能正常地工作，而小于此临界值时，不能正常工作。这个临界状态的输入信噪比叫做门限值。

门限值的意义表示，当 P_i/N_i 降到此值以下时，P_o/N_o 恶化的速度比 P_i/N_i 迅速得多。包络检波器存在门限值这一现象叫做门限效应。门限效应是由包络检波器的非线性解调作用引起的，因此，所有非相干解调都存在着门限效应。门限效应在输入噪声功率接近载波功率时开始明显。在小信噪比输入情况下，包络检波器的性能较相干解调器差，所以在噪声条件恶劣的情况下常采用相干解调。

3.2　模拟信号的非线性调制

在调制系统中，如果用调制信号去控制高频载波的频率和相位，使其按照调制信号的规律变化而保持振幅恒定，那么这种调制方式就称为频率调制（FM）和相位调制（PM），分别简称为调频和调相，又可统称为角度调制。原因是频率和相位的变化都可以看成是载波角度的变化。

之所以称其为非线性调制，是因为已调信号频谱不再是原调制信号频谱的线性搬移，而是频谱的非线性变化，它会产生与频谱搬移不同的频率成分。

鉴于 FM 和 PM 之间存在着内在联系，即微分和积分的关系，因此它们之间可以相互转换，而且在实际应用中 FM 用得较多。

3.2.1　基本概念

角度调制信号的一般表示式为

$$s(t) = A\cos[\omega_c t + \varphi(t)] \tag{3-52}$$

其中，A 是载波的恒定幅度；$[\omega_c t + \varphi(t)]$ 是信号的瞬时相位 $\theta(t)$；$\varphi(t)$ 称为相对于载波相位 $\omega_c t$ 的瞬时相位偏移。而瞬时相位的导数 $d[\omega_c t + \varphi(t)]/dt$ 就是瞬时频率，瞬时相位偏移的导数 $d\varphi(t)/dt$ 就称为相对于载频 ω_c 的瞬时频偏。

所谓相位调制，就是指瞬时相位偏移随调制信号 $x(t)$ 作线性变化，相应的已调信号称为调相信号，当起始相位为零时，其时域表示式为

$$s_{PM}(t) = A\cos[\omega_c t + K_p x(t)] \tag{3-53}$$

其中，K_p 为常数，称为相移常数。

所谓频率调制，就是指瞬时频率偏移随调制信号 $x(t)$ 作线性变化，相应的已调信号称为调频信号，调频信号的时域表示式为

$$s_{FM}(t) = A\cos\left[\omega_c t + K_f\int_{-\infty}^{t} x(\tau)\,d\tau\right] \tag{3-54}$$

其中，K_f 称为频偏常数。因为

$$\frac{d\varphi(t)}{dt} = K_f x(t) \tag{3-55}$$

所以

$$\varphi(t) = K_f \int_{-\infty}^{t} x(\tau) \, \mathrm{d}\tau \qquad (3-56)$$

由式(3-53)可知，如果将调制信号先微分，然后进行调频，则可得到调相信号，这种方法称为间接调相法，如图 3-15 所示。同样，也可用相位调制器来产生调频信号，这时调制信号必须先积分然后送入相位调制器，这种方法称为间接调频法，如图 3-16 所示。

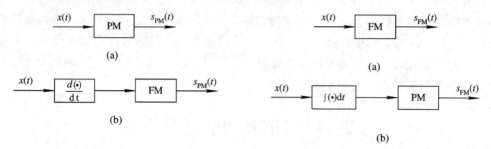

图 3-15 调相法   图 3-16 调频法

(a) 直接调相；(b) 间接调相   (a) 直接调频；(b) 间接调频

实际相位调制器的调制范围不会超出$(-\pi, \pi)$，因而直接调相法和间接调频法仅适用于相位偏移和频率偏移不大的窄带调制情况，而直接调频法和间接调相法常用于宽带调制情况。

3.2.2 窄带调频(NBFM)

通常认为调频所引起的最大瞬时相位偏移远小于30°时，即

$$\left| K_f \left[\int_{-\infty}^{t} x(\tau) \, \mathrm{d}\tau \right] \right| \ll \frac{\pi}{6} \qquad (3-57)$$

称为窄带调频。

将调频信号时域表达式展开，并将式(3-57)代入，可得

$$s_{\mathrm{NBFM}}(t) \approx A \cos\omega_c(t) - \left[AK_f \int_{-\infty}^{t} x(\tau) \, \mathrm{d}\tau \right] \sin\omega_c t \qquad (3-58)$$

利用傅里叶变换公式，可将窄带调频信号的频域表达式表示为

$$S_{\mathrm{NBFM}}(\omega) \approx \pi A [\delta(\omega+\omega_c) + \delta(\omega-\omega_c)] + \frac{AK_f}{2} \left[\frac{X(\omega-\omega_c)}{\omega-\omega_c} - \frac{X(\omega+\omega_c)}{\omega+\omega_c} \right] \qquad (3-59)$$

其中

$$x(t) \Leftrightarrow X(\omega)$$

$$\cos\omega_c t \Leftrightarrow \pi[\delta(\omega+\omega_c) + \delta(\omega-\omega_c)]$$

$$\sin\omega_c t \Leftrightarrow \mathrm{j}\pi[\delta(\omega+\omega_c) - \delta(\omega-\omega_c)]$$

$$\int x(t) \, \mathrm{d}t \Leftrightarrow \frac{X(\omega)}{\mathrm{j}\omega}$$

$$\left[\int x(t)\mathrm{d}t \right] \sin\omega_c t \Leftrightarrow \frac{1}{2} \left[\frac{X(\omega+\omega_c)}{\omega+\omega_c} - \frac{X(\omega-\omega_c)}{\omega-\omega_c} \right]$$

将 NBFM 频谱(式(3-59))与 AM 频谱(式(3-2))相比较，可以发现两者的相同点和不同点。相同的是两者均有载波分量，也有位于$\pm\omega_c$处的两个边带，所以它们具有相同的带宽，都是调制信号最高频率的两倍。不同的是，两者的频谱之间存在原则性差异，即窄带调频时，两个边带分别乘上因式$1/(\omega+\omega_c)$和$1/(\omega-\omega_c)$，由于因式是频率的函数，相当于频率加权，因此会引起已调信号频谱的失真，同时还可看到，NBFM 的一个边带和 AM

的反相。

一般情况下，AM 信号中的载波和上、下边频的合成矢量与载频同相，只发生幅度变化。而在 NBFM 中，由于一个边频为负，两个边频的合成矢量与载波则是正交相加，因而 NBFM 存在相位变化 $\Delta\varphi$。当最大相位偏移满足式（3-57）时，合成矢量的幅度基本不变，这样就形成了调频信号。AM 与 NBFM 的矢量表示如图 3-17 所示。

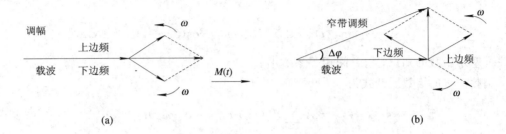

图 3-17　AM 与 NBFM 的矢量表示

（a）AM 的矢量表示；（b）NBFM 的矢量表示

对于窄带调相（NBPM）系统而言，只要调相所引起的最大瞬时相位偏移满足下式即可

$$| K_{\mathrm{p}} x(t) |_{\max} \ll \frac{\pi}{6} \tag{3-60}$$

窄带调相信号可表示成

$$s_{\mathrm{NBPM}}(t) \approx A \cos\omega_{\mathrm{c}} t - AK_{\mathrm{f}} x(t) \sin\omega_{\mathrm{c}} t \tag{3-61}$$

窄带调相信号的频谱为

$$S_{\mathrm{NBPM}}(\omega) = \pi A[\delta(\omega+\omega_{\mathrm{c}}) + \delta(\omega-\omega_{\mathrm{c}})] + \frac{\mathrm{j}AK_{\mathrm{f}}}{2}[X(\omega-\omega_{\mathrm{c}}) - X(\omega+\omega_{\mathrm{c}})] \tag{3-62}$$

NBPM 信号与 AM 信号相似，频谱中包括载频 ω_{c} 和围绕 ω_{c} 的两个边带，因而两者的带宽相等。不同之处在于，窄带调相时搬移 ω_{c} 位置的 $X(\omega-\omega_{\mathrm{c}})$ 要相移 90°，而搬到 $-\omega_{\mathrm{c}}$ 位置的 $X(\omega-\omega_{\mathrm{c}})$ 则相移 $-90°$。

3.2.3　宽带调频（WBFM）

当调频所引起的最大相位偏移不满足式（3-57）时，调频信号为宽带调频，这时，调频信号的时域表示不能简化，因而宽带调频系统的频谱分析就显得困难一些。为使问题简化，我们只研究单音调制的情况，并将其推广到多音情况。

若单音调制信号为

$$x(t) = A_{\mathrm{m}} \cos\omega_{\mathrm{m}} t = A_{\mathrm{m}} \cos 2\pi f_{\mathrm{m}} t$$

调频信号的瞬时相偏为

$$\varphi(t) = A_{\mathrm{m}} K_{\mathrm{f}} \int_{-\infty}^{t} \cos\omega_{\mathrm{m}}\tau \, \mathrm{d}\tau = \left(\frac{A_{\mathrm{m}} K_{\mathrm{f}}}{\omega_{\mathrm{m}}}\right) \sin\omega_{\mathrm{m}} t = m_{\mathrm{f}} \sin\omega_{\mathrm{m}} t \tag{3-63}$$

其中，$A_{\mathrm{m}} K_{\mathrm{f}}$ 为最大角频偏，记为 $\Delta\omega$。m_{f} 为调频指数，它表示为

$$m_{\mathrm{f}} = \frac{A_{\mathrm{m}} K_{\mathrm{f}}}{\omega_{\mathrm{m}}} = \frac{\Delta\omega}{\omega_{\mathrm{m}}} = \frac{\Delta f}{f_{\mathrm{m}}} \tag{3-64}$$

m_{f} 的意义指的是最大频率偏移 Δf 相对于中心频率 f_{m} 的相对变化值。于是，单音宽带调频的时域表示式可写为

$$s_{\text{FM}}(t) = A \cos(\omega_c t + m_f \sin\omega_m t) \tag{3-65}$$

将式(3-65)用三角函数展开，则有

$$s_{\text{FM}}(t) = A \cos\omega_c t \cos(m_f \sin\omega_m t) - A \sin\omega_c t \sin(m_f \sin\omega_m t) \tag{3-66}$$

进一步利用以贝塞尔(Bessel)函数为系数的三角函数，有

$$\cos(m_f \sin\omega_m t) = J_0(m_f) + 2\sum_{n=1}^{\infty} J_{2n}(m_f) \cos2n\omega_m t \tag{3-67}$$

$$\sin(m_f \sin\omega_m t) = 2\sum_{n=1}^{\infty} J_{2n-1}(m_f) \cos(2n-1)\omega_m t \tag{3-68}$$

有关贝塞尔函数的知识，请参阅相关参考书。

调频信号的级数展开式为

$$s_{\text{FM}}(t) = A \sum_{n=-\infty}^{\infty} J_n(m_f) \cos(\omega_c + n\omega_m)t \tag{3-69}$$

其相应傅里叶变换所得到的频谱为

$$S_{\text{FM}}(\omega) = \pi A \sum_{n=-\infty}^{\infty} J_n(m_f)\left[\delta(\omega - \omega_c - n\omega_m) + \delta(\omega + \omega_c + n\omega_m)\right] \tag{3-70}$$

从以上分析可以看出，调频波的频谱包含无穷多个分量，从理论上讲它的频带宽度为无限宽。实际上，边频幅度 $J_n(m_f)$ 随着 n 的增大而逐渐减小，因此只要适当选取 n 值，使得边频分量减小到可以忽略的程度，调频信号的带宽可近似认为是有限频谱。

当 $m_f \gg 1$ 时，取边频数 $n = m_f + 1$，这时 $n > m_f + 1$ 以上的边频幅度 $J_n(m_f)$ 均小于0.1，相应产生的功率均在总功率的 2% 以下，可以忽略不计。这时调频波的带宽为

$$B_{\text{FM}} \approx 2(m_f + 1)f_m = 2(\Delta f + f_m) \tag{3-71}$$

式(3-71)说明，调频信号的带宽取决于最大频偏 Δf 和调制信号的频率 f_m。

当 $m_f \ll 1$ 时

$$B_{\text{FM}} \approx 2f_m$$

这就是前面所讨论的窄带调频的带宽。

当 $m_f \gg 1$ 时

$$B_{\text{FM}} \approx 2\Delta f$$

这就是大指数宽带调频的情况，带宽由最大频偏所决定。

根据式(3-71)，将其推广到任意信号调制的调频波，可得到任意限带信号调制时的调频信号带宽，实际应用的估计公式为

$$B_{\text{FM}} = 2(D + 2)f_m \tag{3-72}$$

其中，f_m 是调制信号的最高频率；D 是最大频偏 Δf 与 f_m 的比值，D 通常大于2。

对于宽带调相(WBPM)的情况，其分析方法同上，仍考虑单频调相。

PM 信号的时域表示式为

$$s_{\text{PM}}(t) = A \sum_{n=-\infty}^{\infty} J_n(m_p) \cos\left[(\omega_c + n\omega_m)t + \frac{n\pi}{2}\right] \tag{3-73}$$

其中，m_p 叫调相指数，它等于最大相移 $\Delta\theta$，即

$$m_p = AK_p = \Delta\theta \tag{3-74}$$

调相波的最大频偏为

$$\Delta\omega = m_p\omega_m \tag{3-75}$$

将式(3-73)进行傅里叶变换，得到 PM 信号的频谱为

$$S_{PM}(\omega) = \pi A \sum_{n=-\infty}^{\infty} J_n(m_p) \left[e^{jn\pi/2} \delta(\omega - \omega_c - n\omega_m) + e^{-jn\pi/2} \delta(\omega + \omega_c + n\omega_m) \right] \quad (3-76)$$

由此可见，PM 和 FM 的表示式基本相同，所不同的是 PM 信号的不同频率分量具有不同的相位，它们都是 $\pi/2$ 的整数倍。PM 信号的带宽与 FM 的计算方法相同。

当 $m_p \ll 1$ 时

$$B_{PM} = 2(m_p + 1)f_m = 2f_m \quad (3-77)$$

当 $m_p \gg 1$ 时

$$B_{PM} = 2m_p f_m = 2\Delta\theta f_m \quad (3-78)$$

WBPM 与 WBFM 不同的是，在 WBFM 中，当 Δf 固定时，带宽 B_{FM} 为常数 $2\Delta f$，而与调制信号频率 f_m 无关；但在 WBPM 中，当 $\Delta\theta$ 固定时，带宽 B_{PM} 将随调制信号频率 f_m 的增大而增加。另外，若调制信号频率 f_m 固定，则无论是 FM 还是 PM，它们的带宽都随调制指数的增大而增加。

由此可见，在 FM 中，当 Δf 恒定时，B_{FM} 基本不变，系统可充分利用给定的传输信道带宽；在 PM 中，当 $\Delta\theta$ 恒定时，B_{PM} 随调制信号频率的增加而增加，系统不能充分利用信道带宽。因此，当调制信号 $x(t)$ 包含许多频率分量时，采用 FM 比较有利，所以，FM 比 PM 应用广泛得多。

3.2.4　调频信号的产生与解调

1. 调频信号的产生

产生调频信号的方法通常有两种：直接法和间接法。

直接法就是用调制信号直接控制振荡器的频率，使其按调制信号的规律线性变化。直接法产生调频信号的原理，请读者参阅有关"高频电子线路"的书籍。直接法的主要优点是可以得到较大的频偏，主要缺点是频率稳定度不高，因而需要附加稳频措施。

间接法是先对调制信号进行积分，再对载波进行相位调制，从而产生窄带调频（NBFM）信号，然后利用倍频器把 NBFM 信号变换成宽带调频（WBFM）信号，其原理框图如图 3-18 所示。

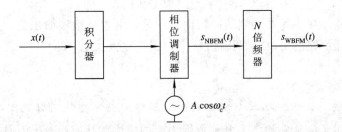

图 3-18　间接法产生调频信号原理框图

由式(3-58)可知，NBFM 信号可看成由正交分量和同相分量合成，同相项为 $A\cos\omega_c t$，正交项为 $-\sin\omega_c t$，系数为 $\left[AK_f \int_{-\infty}^{t} x(\tau) \, d\tau \right]$，NBFM 信号产生的原理框图如图 3-19 所示。

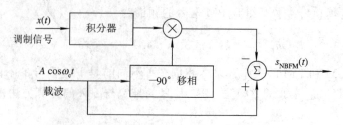

图 3-19　NBFM 信号产生的原理框图

由 NBFM 向 WBFM 的变换只需用 N 倍频器即可实现。其目的是提高调频指数 m_f，经 N 次倍频后可以使调频信号的载频和调频指数增为 N 倍。

间接法的优点是频率稳定度好，缺点是需要多次倍频和混频，因而电路较为复杂。

2. 调频信号的解调

调频信号的解调方法很多，这里从非相干解调和相干解调两个方面介绍几个主要的解调法，供学习者参考。

1) 非相干解调

由于调频信号的特点是其瞬时频率正比于调制信号的幅度，因此调频信号的解调就是要产生一个与输入调频波的频率成线性关系的输出电压，完成这个频率—电压转换关系的器件就是频率解调器，如斜率鉴频器、锁相环鉴频器、频率负反馈解调器等。

图 3-20 给出了理想鉴频器的特性及其组成框图。理想鉴频器可看成是带微分器的包络检波器，微分器输出为

$$s_d(t) = -A[\omega_c + K_f x(t)] \sin\left(\omega_c t + K_f \int_{-\infty}^{t} x(\tau) \, d\tau\right) \tag{3-79}$$

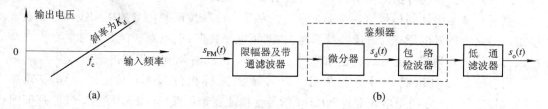

图 3-20　理想鉴频器的特性及其组成框图

(a) 特性；(b) 组成框图

这是一个幅度、频率均被调制的调幅调频信号，用包络检波取出其幅度信号，并滤去直流成分，鉴频器的输出 $s_o(t)$ 与调制信号 $x(t)$ 成正比例关系，即

$$s_o(t) = K_d K_f x(t) \tag{3-80}$$

其中，K_d 为鉴频器灵敏度。

鉴频器中的微分器实际是一个调频到调幅的转换器，调制信号是用包络检测法得到的，它的缺点是对信道中噪声和其他原因引起的幅度起伏有反应，因而在使用中常在微分器之前加一个限幅器和带通滤波器。

2) 相干解调

在 NBFM 中，NBFM 信号可分解成同相分量与正交分量，因而可以采用线性调制中相干解调法进行解调，其相干解调框图如图 3-21 所示。如果是 NBFM 信号解调，去掉图中微分器即可。

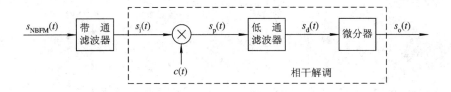

图 3-21 NBFM 信号的相干解调框图

因为 NBFM 信号为

$$s_{\text{NBFM}}(t) = A\cos\omega_c t - \left[AK_f\int_{-\infty}^{t} x(\tau)\,\mathrm{d}\tau\right]\sin\omega_c t$$

乘法器的相干载波

$$c(t) = -\sin\omega_c t$$

乘法器的输出为

$$s_p(t) = -\frac{A}{2}\sin 2\omega_c t + \left(\frac{A}{2}K_f\int_{-\infty}^{t} x(\tau)\,\mathrm{d}\tau\right)(1-\cos 2\omega_c t)$$

经低通滤波器后,得

$$s_d(t) = \frac{A}{2}K_f\int_{-\infty}^{t} x(\tau)\,\mathrm{d}\tau$$

经微分器后,输出信号为

$$s_o(t) = \frac{A}{2}K_f x(t) \tag{3-81}$$

可见相干解调器的输出正比于调制信号 $x(t)$。

3.2.5 调频系统的抗噪声性能

1. 非相干解调的抗噪声性能

不论是窄带调制还是宽带调制都可采用非相干解调,非相干解调在实际中的应用也非常广泛。

非相干解调器的分析模型如图 3-22 所示,图中的带通滤波器的作用是抑制信号带宽以外的噪声;$n(t)$ 是均值为 0,单边功率谱密度为 n_0 的高斯白噪声,经过带通滤波器以后变为窄带高斯噪声;限幅器是为了消除接收信号在幅度上可能出现的畸变。

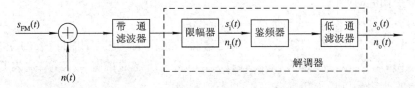

图 3-22 非相干解调器的分析模型

解调器输入信噪比可计算如下:

设输入调频信号为

$$s_{\text{FM}}(t) = A\cos\left[\omega_c t + K_f\int_{-\infty}^{t} x(\tau)\,\mathrm{d}\tau\right]$$

输入信号功率为

$$P_i = \frac{A^2}{2} \tag{3-82}$$

输入噪声功率为

$$N_i = n_0 B_{FM} \tag{3-83}$$

理想带通滤波器的带宽与调频信号的带宽 B_{FM} 相同，则输入信噪比为

$$\frac{P_i}{N_i} = \frac{A_0^2}{2n_0 B_{FM}} \tag{3-84}$$

输出信噪比的计算可分两种情况，即大信噪比情况和小信噪比情况，原因是非相干解调不满足叠加性，无法分别计算出输出信号功率和噪声功率。

1）大信噪比情况

在输入信噪比足够大的情况下，信号和噪声的相互作用可以忽略，这时，可以把信号和噪声分开来计算。

设输入噪声为零时，经鉴频器的微分和包络检波后，再经低通滤波器，输出信号为 $K_d K_f x(t)$，故输出信号平均功率为

$$P_o = \overline{s_o^2(t)} = (K_d K_f)^2 \overline{x^2(t)} \tag{3-85}$$

不考虑信号影响来计算输出噪声功率为

$$N_o = \frac{8\pi^2 K_d^2 n_0 f_m^3}{3 A^2} \tag{3-86}$$

于是，得到解调器输出信噪比为

$$\frac{P_o}{N_o} = \frac{3A^2 K_f^2 \overline{x^2(t)}}{8\pi^2 n_0 f_m^3} \tag{3-87}$$

当输入信号 $x(t)$ 为单一频率余弦波，且振幅 $A_m = 1$ 时（$x(t) = \cos\omega_m t$），可以得到输出信噪比为

$$\frac{P_o}{N_o} = \frac{3A^2 \Delta f^2}{4\pi^2 n_0 f_m^3} \tag{3-88}$$

而上式可以用 P_i/N_i 来表示，且考虑 $m_f = \Delta f/f_m$ 和 $B_{FM} = 2(m_f + 1)f_m = 2(\Delta f + f_m)$，可得解调器制度增益

$$G_{FM} = \frac{P_o/N_o}{P_i/N_i} = 3m_f^2(m_f + 1) \tag{3-89}$$

当 $m_f \gg 1$ 宽带调频时

$$G_{FM} \approx 3m_f^3 \tag{3-90}$$

可见，大信噪比时宽带调频系统的制度增益是很高的，它与调制指数的立方成正比。根据带宽公式 B_{FM} 可知，m_f 越大，G_{FM} 就越大，但系统所需的带宽也越宽。这表明调频系统抗噪声性能的改善是以增加传输带宽而换来的。

2）小信噪比情况

当输入信噪比很低时，解调器的输出端信号与噪声混叠在一起，不存在单独的有用信号项，信号被噪声扰乱，因而输出信噪比急剧下降，它的计算也变得复杂起来。这时，调频信号的非相干解调和 AM 信号的非相干解调一样，存在着门限效应。当输入信噪比大于门限电平时，解调器的抗噪声性能较好，而当输入信噪比小于门限电平时，输出信噪比急剧下降。

图 3 - 23 示出了以 m_f 为参量，单音调制时门限值附近的输出信噪比与输入信噪比的关系曲线。

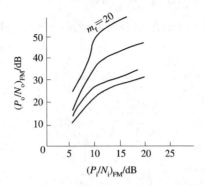

图 3 - 23　输出信噪比与输入信噪比的关系曲线

由图 3 - 23 可以看出：

（1）曲线中存在着明显的门限值。当输入信噪比在门限值以上时，输出信噪比与输入信噪比成线性关系，在门限值以下时，输出信噪比急剧变化。

（2）门限值与调频指数 m_f 有关。不同的调频指数，门限值不同，m_f 大的门限值高，m_f 小的门限值低。但门限值的变化范围不大，一般在 8～11 dB 范围内。门限值与调频指数的关系曲线如图 3 - 24 所示。

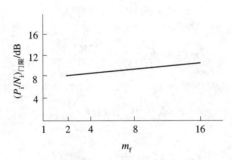

图 3 - 24　门限值与调频指数的关系曲线

在无线通信中，对调频接收的门限效应总是要求越小越好，希望在接收到最小信号功率时仍能满意地工作，门限点应向低输入信噪比方向扩展。目前，使用较好的锁相环鉴频法和调频负反馈鉴频法可以改善门限效应。

2. 相干解调的抗噪声性能

相干解调仅用于窄带调频信号之中，其抗噪声分析模型如图 3 - 25 所示。

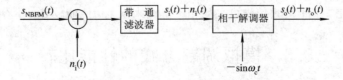

图 3 - 25　窄带调频相干解调的抗噪声分析模型

设经带通滤波器后加到相干解调器的信号为

$$s_i(t) + n_i(t) = s_{\text{NBFM}}(t) + n_I(t)\cos\omega_c t - n_Q(t)\sin\omega_c t$$

$$= \left[A + n_I(t)\right]\cos\omega_c t - \left[AK_f\int_{-\infty}^{t} x(\tau)\,\mathrm{d}\tau + n_Q(t)\right]\sin\omega_c t \qquad (3-91)$$

相干解调器的功用就是让式(3-91)的信号与本地载波相乘,再通过低通滤波和微分,其输出为

$$s_o(t) + n_o(t) = \frac{1}{2}AK_f x(t) + \frac{1}{2}\frac{\mathrm{d}}{\mathrm{d}t}n_Q(t) \qquad (3-92)$$

因此,可得输出信号功率为

$$P_o = \frac{A^2 K_f^2 \overline{x^2(t)}}{4} \qquad (3-93)$$

输出噪声功率为

$$N_o = \frac{2n_0\pi^2 f_m^3}{3} \qquad (3-94)$$

其中,f_m 为低通滤波器的截止频率,也是调制信号的截止频率。于是得到系统的输出信噪比为

$$\frac{P_o}{N_o} = \frac{3A^2 K_f^2 \overline{x^2(t)}}{8n_0\pi^2 f_m^3} \qquad (3-95)$$

系统的输入信噪比为

$$\frac{P_i}{N_i} = \frac{A^2/2}{n_0 B_{\text{NBFM}}} = \frac{A^2}{4n_0 f_m} \qquad (3-96)$$

因此,窄带调频的制度增益为

$$G_{\text{FM}} = \frac{P_o/N_o}{P_i/N_i} = \frac{3K_f^2 \overline{x^2(t)}}{2\pi^2 f_m^2} \qquad (3-97)$$

由于最大角频偏

$$\Delta\omega = K_f \mid x(t)\mid_{\text{max}}$$

因此

$$G_{\text{NBFM}} = 6\left(\frac{\Delta\omega}{\omega}\right)^2 \frac{\overline{x^2(t)}}{\mid x(t)\mid_{\text{max}}^2} \qquad (3-98)$$

单频调制

$$\frac{\overline{x^2(t)}}{\mid x(t)\mid_{\text{max}}^2} = \frac{1}{2}$$

由此可得

$$G_{\text{NBFM}} = 3 \qquad (3-99)$$

与高调制指数的宽带调频相比较,G_{NBFM} 很低,但与有相同带宽的调幅相比较,G_{NBFM} 很高。最重要的是,窄带调频信号可采用相干解调来恢复,性能较好,不存在门限效应。

3.3　模拟调制方式的性能比较

通过前面的分析,我们已经了解和掌握了各种调制方式的特点和性能,现从几个方面综合比较一下各自的性能,如表 3-1 所示。

表 3 - 1 模拟调制方式的性能比较

调制方式	时域特点	频域特点	信号带宽	制度增益	输出信噪比	解调方式	设备复杂性	主要应用
AM	已调信号与 $x(t)$ 线性变化	有载频，双边带	$2f_m$	小于 2/3	$\dfrac{\overline{x^2(t)}}{n_0 B}$	相干或非相干	简单	中短波无线电广播
DSB	已调信号在过零点有相位跳变	无载频，双边带	$2f_m$	2	$\dfrac{\overline{x^2(t)}}{n_0 B}$	相干	较复杂	应用较少
SSB	非线性变化	无载频，单边带	f_m	1	$\dfrac{\overline{x^2(t)}}{4n_0 B}$	相干	复杂	短波无线电、载波、数传通信等用
VSB	非线性变化	无载频，近似单边带	略大于 f_m	近似 SSB	近似 SSB	相干	复杂	商用电视广播、数传、传真等
FM	幅度不变，信号过零点与 $x(t)$ 成比例	非线性	宽带：$2f_m(m_f+1)$ 窄带：$2f_m$	宽带：$3m_f^2(m_f+1)$ 窄带：3	$\dfrac{3m_f^2 P_i}{2n_0 f_m}$	宽带：相干或非相干 窄带：相干	中等	超短波小功率电台、微波中继（NBFM）、调频立体声广播（WBFM）
PM	幅度不变，信号过零点与 $dx(t)/dt$ 成比例	非线性	宽带：$2f_m\Delta\theta$ 窄带：$2f_m$	类似 FM	类似 FM	类似 FM	中等	应用较少

总的来讲，WBFM 的抗噪声性能最好，SSB、DSB、VSB 的抗噪声性能次之，AM 的抗噪声性能最差。NBFM 和 AM 的抗噪声性能接近。FM 信号的调频指数 m_f 越大，抗噪声性能越好，但所占用的频带就越宽，门限电平也就越高。

SSB 信号的带宽最窄，抗噪声性能也较好，频带利用率最高，在短波无线电通信中及频分多路复用中应用较广。

AM 信号的抗噪声性能最差，但它的电路实现是最简单的，因而用于通信质量要求不高的场合，主要用在中波和短波的调幅广播中。

DSB 信号的优点是功率利用率高，但带宽与 AM 的相同，接收要求同频解调，设备较复杂，可用于点对点的专用通信中。

VSB 调制部分抑制了发送边带，频带利用率较高，对包含有低频和直流分量的基带信号特别适合，因此在商用电视广播、数传、传真等系统中得到应用。

WBFM 的抗干扰能力强，可以实现带宽与信噪比的互换，因而 WBFM 广泛应用于长距离高质量的通信系统中，如空间卫星通信、调频立体声广播、超短波电台等。WBFM 的缺点是频带利用率低，存在门限效应。NBFM 对微波中继具有吸引力，因为 FM 波的幅度恒定不变，对非线性器件不甚敏感，给 FM 带来了抗快衰落能力，同时，利用自动增益控制和带通限幅还可以消除快衰落造成的幅度变化效应。在接收信号比较弱，干扰较大的情况下，可采用 NBFM，通常小型通信机常采用窄带调频技术。

本 章 小 结

模拟信号的调制解调技术是数字通信技术的基础，它分为线性调制和非线性调制。线性调制指的是已调信号的频谱与调制信号的频谱呈线性关系；非线性调制指的是已调信号的频谱不再是调制信号频谱的线性搬移，而是频谱的非线性变化。

线性调制中，AM 信号的时域特征是在未满调制条件下，已调信号的包络与调制信号线性变化，在 DSB、SSB 和 VSB 中则没有这种线性变化，在 DSB 信号的过零点处，已调波出现了相位跳变。就频谱特性而言，AM 信号中具有载频分量，而其余几种则是抑制了载波。AM 和 DSB 的频带宽度均为调制信号最高频率的两倍，即 $B=2f_m$，而 SSB 的频带宽度仅是上两种的一半，即等于调制信号的最高频率，$B=f_m$。VSB 的带宽因需考虑低频和直流分量，因而形成残留边带，其带宽与 SSB 的带宽接近，略大于 SSB 带宽。SSB 的频带利用率最高，AM 的制度增益最小，抗噪声性能也最差。

在非线性调制中，主要讲述了调频技术。调频信号的时域特征是已调信号的幅度恒定，信号过零点的密度与调制信号成正比例关系，而调相信号的过零点密度与调制信号的斜率成正比例关系。WBFM 的抗干扰能力强，但其带宽与调频指数有关，调频指数越大，抗干扰性能越好，但所占用的频带就越宽，门限电平也就越高。NBFM 的带宽与 AM 的相同，但抗噪声性能略好于 AM 方式，而且 NBFM 可以采用相干解调，因而不存在门限效应。

思 考 与 练 习 3

3-1 调制在通信系统中的作用是什么？

3 - 2　SSB 信号的产生方法有哪几种，工作原理如何？各有什么优缺点？

3 - 3　VSB 滤波器的传输特性应满足什么条件？为什么？

3 - 4　DSB 与 SSB 调制系统的抗噪声性能是否相同？为什么？

3 - 5　什么是频率调制？什么是相位调制？两者存在什么关系？

3 - 6　为什么调频信号的抗噪声性能好于调幅信号的抗噪声性能？

3 - 7　为什么调频系统可进行带宽与信噪比的互换，而调幅不能？

3 - 8　为什么相干解调不存在"门限效应"，而非相干解调则有"门限效应"？

3 - 9　已知线性调制信号表示如下：

（1）$\cos \Omega t \cos \omega_c t$

（2）$(1+0.5 \sin \Omega t) \cos \omega_c t$

其中，$\omega_c = 6\ \Omega$。试分别画出它们的波形图和频谱图。

3 - 10　已知调制信号 $x(t) = \cos(2000\pi t)$，载波为 $2 \cos 10^4 \pi t$，分别写出 AM、DSB、SSB 信号的表示式，并画出频谱图。

3 - 11　根据图 3 - 26 所示的调制信号，试画出 DSB 和 AM 的波形图，并比较它们分别通过包络检波器后的波形差别。

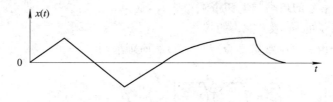

图 3 - 26　3 - 11 题图

3 - 12　将调幅波通过残留边带滤波器产生残留边带信号。若此滤波器的传输函数 $H(f)$ 如图 3 - 27 所示，当调制信号 $x(t) = A[\sin 100\pi t + \sin 600\pi t]$ 时，试确定所得残留边带信号表示式。

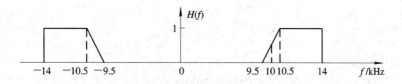

图 3 - 27　3 - 12 题图

3 - 13　设某信道具有均匀的双边功率谱密度 $P_n(f) = 0.5 \times 10^{-3}$ W/Hz，在该信道中传输 DSB-SC 信号，并设调制信号 $x(t)$ 的频带限制在 5 kHz，而载波为 100 kHz，已知信号的功率为 10 kW。若接收机的输入信号在加至解调器之前，先经过一理想的带通滤波器，试问：

（1）该理想带通滤波器应具有怎样的传输特性 $H(f)$？

（2）解调器输入端的信噪功率比为多少？

（3）解调器输出端的信噪功率比为多少？

（4）求出解调器输出端的噪声功率谱密度，并用图形表示出来。

3 - 14　已知单频 FM 波的振幅是 10 V，瞬时频率为

$$f(t) = 10^6 + 10^4 \cos 2\pi \times 10^3 t \ (\text{Hz})$$

试求：

（1）FM 波的表示式；

（2）FM 波的频率偏移、调频指数和频带宽度；

（3）调制信号的频率提高到 2×10^3 Hz，重新求（2）。

3 - 15　若用频率为 10 Hz，振幅为 1 V 的正弦调制信号，对频率 100 MHz 的载波进行频率调制，已知信号的最大频偏为 1 MHz，试确定此时调频波的近似带宽。如果调制信号的振幅加倍，试确定此时调频波的带宽。若调制信号的频率也加倍，试确定此时的调频波带宽。

3 - 16　已知调制信号是 8 MHz 的单频余弦信号，若要求输出信噪比为 40 dB，试比较制度增益为 2/3 的 AM 系统和调频指数为 5 的 FM 系统的带宽和发射功率。设信道噪声单边功率谱密度 $n_o = 5 \times 10^{-15}$ W/Hz，信道损耗为 60 dB。

3 - 17　某通信系统发端框图如图 3 - 28 所示。已知 $x_1(t)$、$x_2(t)$ 均为模拟基带信号，其频谱限于 0～4 kHz。调幅载波 $\omega_{c1} = 2\pi \times 5 \times 10^3$ rad/s，调频载波 $\omega_{c2} = 2\pi \times 100 \times 10^3$ rad/s，调频灵敏度（$k = \Delta f / |x(t)|_{\max}$）为 10×10^3 Hz/V，$s_{m1}(t)$ 的幅度分布于 -1～1 V。

（1）求 $s_{m1}(t)$ 信号的最高频率和带宽；

（2）求调频系统的 m_f 及 $s_{m2}(t)$ 的带宽；

（3）画出一个由 $s_{m2}(t)$ 恢复 $x_1(t)$ 和 $x_2(t)$ 的原理框图。

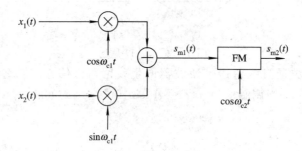

图 3 - 28　3 - 17 题图

3 - 18　已知窄带调频（NBFM）信号为

$$s(t) = A \cos\omega_0 t - m_f A \sin\omega_m t \sin\omega_0 t$$

试求：

（1）$s(t)$ 的瞬时包络最大幅度与最小幅度之比；

（2）$s(t)$ 的平均功率与未调载波功率之比；

（3）$s(t)$ 的瞬时频率。

第 4 章　数字信号的基带传输

【教学要点】

了解：数字基带传输系统；再生中继传输；部分响应系统。

熟悉：无码间串扰基带传输系统。

掌握：常用码型；时域均衡。

重点、难点：常用码型；时域均衡原理。

经信源直接编码所得到的信号称为数字基带信号，它的特点是频谱基本上从零开始一直扩展到很宽。将这种信号不经过频谱搬移，只经过简单的频谱变换进行的传输称为数字信号的基带传输。还有一种传输方式是将数字基带信号经过调制器进行调制，使其成为数字频带信号再进行传输，接收端通过相应解调器进行解调，这种经过调制和解调装置的数字信号传输方式称为数字信号的频带传输。

基带传输系统是数字传输的基础，对基带传输进行研究是十分必要的。首先，在频带传输系统中同样存在着基带信号传输问题；其次，在频带传输系统中，假如我们只着眼于数字基带信号，则可以将调制器输入端至解调器输出端之间视为一个广义信道（即调制信道），在分析时可将该传输系统用一个等效系统代替。鉴于上述原因，本章将研究基带传输的基本原理、方法及传输性能。

4.1　数字基带信号

4.1.1　数字基带信号的常用码型

在实际基带传输系统中，并非所有原始基带数字信号都能在信道中传输，例如，有的信号含有丰富的直流和低频成分，不便于提取同步信号；有的信号易于形成码间串扰等。因此，基带传输系统首先面临的问题是选择什么样的信号形式，包括确定码元脉冲的波形及码元序列的格式（码型）。为了在传输信道中获得优良的传输特性，一般要将信源信号变换为适合于信道传输特性的传输码（又叫线路码），即进行适当的码型变换。

传输码型的选择，主要考虑以下几点：

（1）码型中的低频、高频分量应尽量少。

（2）码型中应包含定时信息，以便定时提取。

（3）码型变换设备要简单可靠。

（4）码型具有一定检错能力，若传输码型有一定的规律性，则可根据这一规律性来检测传输质量，以便做到自动监测。

（5）编码方案对发送消息类型不应有任何限制，适合于所有的信源信号。这种与信源的统计特性无关的特性称为对信源具有透明性。

（6）误码增殖低。

（7）编码效率高。

传输码中的高、低频能量在传输中均有大的衰减，且低频时要求元件尺寸大，高频能量对邻近线路会造成串音。

误码增殖是指单个的数字传输错误在接收端解码时造成错误码元的平均个数增加。从传输质量要求出发，希望它越小越好。

数字基带信号的码型种类繁多，这里仅介绍一些基本码型和目前常用的码型。以二进制代码为例，其各种码型的波形如图 4-1 所示。

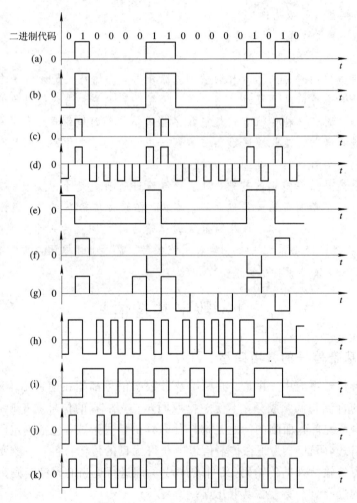

图 4-1　数字基带信号码型的波形

（a）单极性不归零（NRZ）码；（b）双极性不归零（NRZ）码；（c）单极性归零（RZ）码；

（d）双极性归零（RZ）码；（e）差分码；（f）交替极性（AMI）码；（g）三阶高密度双极性（HDB$_3$）码；

（h）双相（Biphase Code）码；（i）密勒（Miller）码；（j）信号反转（CMI）码；

（k）差分模式反转（DMI）码

1) 单极性不归零(NRZ)码

单极性不归零码如图 4 - 1 (a)所示。此方式中"1"和"0"分别对应正电平和零电平；在表示一个码元时，电压均无需回到零，故称不归零码。它有如下特点：

(1) 发送能量大，有利于提高接收端信噪比。

(2) 在信道上占用频带较窄。

(3) 有直流分量，会导致信号的失真与畸变；且由于直流分量的存在，因此无法使用一些交流耦合的线路和设备。

(4) 不能直接提取位同步信息。

(5) 接收单极性 NRZ 码的判决电平应取"1"码电平的一半。由于信道衰减或特性随各种因素变化时，接收波形的振幅和宽度容易变化，因而判决门限不能稳定在最佳电平上，使抗噪性能变坏。

由于单极性 NRZ 码的缺点，因此数字信号基带的传输中很少采用这种码型，它只适合极短距离传输。

2) 双极性不归零(NRZ)码

双极性不归零码如图 4 - 1(b)所示。在此编码中，"1"和"0"分别对应正、负电平。其特点除与单极性 NRZ 码的特点(1)(2)(4)相同外，还有以下特点：

(1) 从统计平均的角度来看，"1"和"0"数目各占一半时无直流分量，但当"1"和"0"出现概率不相等时，仍有直流成分。

(2) 接收端判决门限为 0，容易设置并且稳定，因此抗干扰能力强。

(3) 可以在电缆等无接地线上传输。

由于此码的特点，因此过去有时也把它作为线路码来用。近年来，随着 100 Mb/s 高速网络技术的发展，双极性 NRZ 码的优点(特别是信号传输带宽窄)越来越受到人们关注，并成为主流编码技术。但在使用时，为解决提取同步信息和含有直流分量的问题，先要对双极性 NRZ 码进行一次预编码，再实现物理传输。

3) 单极性归零(RZ)码

单极性归零码如图 4 - 1(c)所示。它在传送"1"码时发送一个宽度小于码元持续时间的归零脉冲，在传送"0"码时不发送脉冲。其特征是所用脉冲宽度比码元宽度窄，即还没有到一个码元终止时刻就回到零值，因此称其为单极性归零码。脉冲宽度 τ 与码元宽度 T_b 之比 τ/T_b 叫占空比。单极性 RZ 码与单极性 NRZ 码比较，缺点相同，主要优点是可以直接提取同步信号。此优点虽不意味着单极性归零码能广泛应用到信道中进行传输，但它却是其他码型提取同步信号须采用的一个过渡码型，即它是适合信道传输的，但不能直接提取同步信号的码型，因此可先将其他码型变为单极性归零码，再对其提取同步信号。

4) 双极性归零(RZ)码

双极性归零码构成原理与单极性归零码相同，如图 4 - 1(d)所示。"1"和"0"在传输线路上分别用正、负脉冲表示，且相邻脉冲间必有零电平区域存在。在接收端根据接收波形归于零电平便知道 1 bit 信息已接收完毕，以便准备下 1 bit 信息的接收。因此在发送端不必按一定的周期发送信息，可以认为正、负脉冲前沿起了启动信号的作用，后沿起了终止信号的作用，这样即可经常保持正确的比特同步。这种收发之间无需特别定时，且各符号独立地构成起止信号的方式也叫自同步方式。此外，双极性归零码也具有双极性不归零码的抗干扰能力强及码中不含直流成分的优点。因此，双极性归零码得到了比较广泛的应用。

5）差分码

差分码是利用前后码元电平的相对极性的变化来传送信息的，是一种相对码。对于"0"差分码，它利用相邻前后码元电平极性改变表示"0"，不变表示"1"。而"1"差分码则利用相邻前后码元极性改变表示"1"，不变表示"0"，如图 4-1(e)所示。这种方式的特点是，即使接收端收到的码元极性与发送端完全相反，也能正确地进行判决。

上面所述的 NRZ 码、RZ 码及差分码都是最基本的二元码。

6）交替极性（AMI）码

AMI(Alternate Mark Inversion)码是交替极性码。这种码的名称较多，如双极方式码、平衡对称码、信号交替反转码等。此方式是单极性方式的变形，即单极性方式中的"0"码仍与零电平对应，而"1"码对应发送极性交替的正、负电平，如图 4-1(f)所示。这种码型实际上是把二进制脉冲序列变为三电平的符号序列（故叫伪三元序列），它具有如下优点：

（1）在"1""0"码不等概率的情况下也无直流成分，且零频附近低频分量小。因此，对具有变压器或其他交流耦合的传输信道来说，码元不易受隔直特性影响。

（2）若接收端收到的码元极性与发送端完全相反，也能正确判决。

（3）只要进行全波整流就可以变为单极性码。如果交替极性码是归零的，变为单极性归零码后就可提取同步信息。北美系列的一、二、三次群接口码均使用经扰码后的 AMI 码。

7）三阶高密度双极性（HDB_3）码

AMI 码有一个很大的缺点，即连"0"码过多时提取定时信号困难。这是因为在连"0"时AMI 输出均为零电平，连"0"码这段时间内无法提取同步信号，而前面非连"0"码时提取的位同步信号又不能保持足够的时间。为了克服这一弊病，可采取几种不同的措施，广泛为人们所接受的解决办法是采用高密度双极性码。HDB_3 码就是一系列高密度双极性码（HDB_1、HDB_2、HDB_3 等）中最重要的一种。其编码原理是这样的：先把消息变成 AMI码，然后检查 AMI 的连"0"情况，当无三个以上连"0"串时，AMI 码就是 HDB_3 码；当出现四个或四个以上连"0"情况时，则将每四个连"0"小段的第四个"0"变换成"1"码。这个由"0"码改变来的"1"码称为破坏脉冲（符号），用符号 V 表示，而原来的二进制码元序列中所有的"1"码称为信码，用符号 B 表示。下面(a)(b)(c)分别表示一个二进制码元序列、相应的 AMI 码以及信码 B 和破坏脉冲 V 的位置：

(a) 二进制码元序列： 0　1 0 0 0　0 1 1 0 0 0　0 0　1 0　1 0

(b) AMI 码： 0　+1 0 0 0　0 −1 +1 0 0 0　0 0　−1 0　+1 0

(c) 信码 B 和破坏脉冲 V： 0　B 0 0 0　V B B 0 0 0　V 0　B 0　B 0

(d) 补信码 B'： 0　B_+ 0 0 0　V_+ B_- B_+ B'_- 0　V_- 0　B_+ 0　B_- 0

(e) HDB_3 码： 0　+1 0 0 0　+1 −1 +1 −1 0　0　−1 0　+1 0　−1 0

当信码序列中加入破坏脉冲以后，信码 B 和破坏脉冲 V 的正负必须满足如下两个条件：

（1）B 码和 V 码各自都应始终保持极性交替变化的规律，以便确保编好的码中没有直流成分。

（2）V 码必须与前一个码（信码 B）同极性，以便和正常的 AMI 码区分开来。如果这个条件得不到满足，那么应该在四个连"0"码的第一个"0"码位置上加一个与 V 码同极性的补信码，用符号 B′表示。此时 B 码和 B′码合起来保持条件（1）中信码极性交替变换的规律。

根据以上两个条件，在上面举的例子中假设第一个信码 B 为正脉冲，用 B_+ 表示，它前面一个破坏脉冲 V 为负脉冲，用 V_- 表示。这样根据上面两个条件可以得出 B 码、B′码和 V 码的位置以及它们的极性（如（d）所示）。（e）则给出了编好的 HDB_3 码，其中 +1 表示正脉冲，−1 表示负脉冲。HDB_3 码的波形如图 4-1（g）所示。

是否添加补信码 B′还可根据如下规律来决定：当（c）中两个 V 码间的信码 B 的数目是偶数时，应该把后面的这个 V 码所表示的连"0"段中第一个"0"变为 B′，其极性与前相邻 B 码极性相反，V 码极性作相应变化；如果两 V 码间的 B 码数目是奇数，就不要再加补信码 B′了。

在接收端译码时，由两个相邻同极性码找到 V 码，即同极性码中后面那个码就是 V 码。由 V 码向前的第三个码如果不是"0"码，表明它是补信码 B′。把 V 码和 B′码去掉后留下的全是信码。把它全波整流后得到的是单极性码。

HDB_3 编码的步骤可归纳为以下几点：

（1）从信息码流中找出四连"0"，使四连"0"的最后一个"0"变为"V"（破坏码）。

（2）使两个"V"之间保持奇数个信码 B，如果不满足，使四连"0"的第一个"0"变为补信码 B′，若满足，则无需变换。

（3）使 B 连同 B′按"+1""−1"交替变化，同时 V 也要按"+1""−1"规律交替变化，且要求 V 与它前面的相邻的 B 或者 B′同极性。

HDB_3 解码的步骤为：

（1）找 V，从 HDB_3 码中找出相邻两个同极性的码元，后一个码元必然是破坏码 V。

（2）找 B′，V 前面第三位码元如果为非零，则表明该码是补信码 B′。

（3）将 V 和 B′还原为"0"，将其他码元进行全波整流，即将所有"+1""−1"均变为"1"，这个变换后的码流就是原信息码。

HDB_3 码的优点是无直流成分，低频成分少，即使有长连"0"码时也能提取位同步信号；缺点是编译码电路比较复杂。HDB_3 码是 CCITT 建议欧洲系列一、二、三次群的接口码型。

8）PST 码

PST 码是成对选择的三进码。其编码过程是：先将二进制代码 2 bit 分为一组，然后再把每一码组编码成两位三进制数字。因为两位三进制数字共有九种状态，故可灵活地选择其中的四种状态，表 4-1 列出了其中一种使用最广的格式。

表 4-1　PST 码中使用最广的格式

二进制代码	+模式	−模式
0 0	− +	− +
0 1	0 +	0 −
1 0	+ 0	− 0
1 1	+ −	+ −

为防止 PST 码的直流漂移,当在一个码组中仅发送单个脉冲时,即二进制码为 10 或 01 时,两个模式应交替变换;而当码组为 00 或 11 时,+模式和−模式编码规律相同。例如:

代码　　0 1　0 0　1 1　1 0　1 0　1 1　0 0

PST 码(以+模式开头)　0 +　− +　+ −　− 0　+ 0　+ −　+

PST 码(以−模式开头)　0 −　− +　+ −　+ 0　− 0　+ −　+

PST 码能提供足够的定时分量,且无直流成分,编码过程也较简单。但这种码在识别时需要提供"分组"信息,即需要建立帧同步。

前面介绍的 AMI 码、HDB$_3$ 码和 PST 码中,每位二进制信码都被变换成一个三电平取值(+1、0、−1)的码,属于三电平码,有时把这类码称为 1B/1T 码。

在某些高速远程传输系统中,1B/1T 码的传输效率偏低。为此可以将输入二进制码分成若干位一组,然后用较少位数的三元码来表示,以降低编码后的码速率,从而提高频带利用率。4B/3T 码型是 1B/1T 码型的改进型,它把四个二进制码变换成三个三元码。显然,在相同的码速率下,4B/3T 码的信息容量大于 1B/1T,因而可提高频带利用率。4B/3T 码适用于较高速率的数据传输系统,如高次群同轴电缆传输系统。

9) 双相(Biphase Code)码

双相码又称数字分相码或曼彻斯特(Manchester)码。它的特点是每个二进制代码分别用两个具有不同相位的二进制代码来取代。如"1"码用 10 表示,"0"码用 01 表示,如图 4 − 1(h)所示。该码的优点是无直流分量,最长连"0"、连"1"数为 2,定时信息丰富,编译码电路简单。但其码元速率比输入的信码速率提高了一倍。

双相码适用于数据终端设备在中速短距离上的传输,如以太网采用分相码作为线路传输码。

双相码当极性反转时会引起译码错误,为解决此问题,可以采用差分码的概念,将数字双相码中用绝对电平表示的波形改为用相对电平变化来表示。这种码型称为差分双相码或差分曼彻斯特。数据通信的令牌网即采用这种码型。

10) 密勒(Miller)码

密勒码又称延迟调制码,它是双相码的一种变形。其编码规则如下:"1"码用码元持续中心点出现跃变来表示,即用 10 和 01 交替变化来表示。"0"码有两种情况:单个"0"时,在码元持续内不出现电平跃变,且与相邻码元的边界处也不跃变;连"0"时,在两个"0"码的边界处出现电平跃变,即 00 和 11 交替。密勒码的波形如图 4 − 1(i)所示。当两个"1"码中间有一个"0"码时,密勒码流中出现最大宽度为 $2T_s$ 的波形,即两个码元周期。这一性质可用来进行误码检错。

比较图 4 − 1 中的(h)和(i)两个波形可以看出,双相码的下降沿正好对应于密勒码的跃变沿。因此,用双相码的下降沿去触发双稳电路,即可输出密勒码。密勒码最初用于气象卫星和磁记录,现在也用于低速基带数传机中。

11) 信号反转(CMI)码

CMI 是信号反转(Coded Mark Inversion)码。其编码规则是:当为"0"码时,用 01 表示;当出现"1"码时,交替用 00 和 11 表示。图 4 − 1(j)给出了 CMI 码的编码波形。它的优点是没有直流分量,且频繁出现波形跳变,便于定时信息提取,具有误码监测能力。CMI

码同样有因极性反转而引起的译码错误问题。

由于 CMI 码具有上述优点，再加上编、译码电路简单，容易实现，因此，在高次群脉冲码调制终端设备中广泛用作接口码型，在速率低于 8448 kb/s 的光纤数字传输系统中也被建议作为线路传输码型。国际电联(ITU)的 G - 703 建议中，规定 CMI 码为 PCM 四次群的接口码型。

12) 差分模式反转(DMI)码

差分模式反转(Differential Model Inversion，DMI)码是一种 1B2B 码，其变换规则是：对于输入二元码 0，若前面变换码为 01 或 11，则 DMI 码为 01；若前面变换码为 10 或 00，则 DMI 码为 10。对于输入二元码 1，则 DMI 码 00 和 11 交替变化。其波形如图 4 - 1(k)所示。

随编码器的初始状态不同，同一个输入二元码序列，变换后的 DMI 码有两种相反的波形，即把图 4 - 1(k)波形反转，也代表输入的二元码。DMI 码和差分双相码的波形是相同的，只是延后了半个输入码元。因此，若输入码是 0、1 等概率且前后独立的，则 DMI 码的功率谱密度和差分双相码的功率谱密度相同。

DMI 码和 CMI 码相比较，CMI 码可能出现三个连"0"或三个连"1"，而 DMI 码的最长连"0"或连"1"为两个。

上面介绍的双相码、CMI 码、DMI 码等属于 1B2B 码。1B2B 码还可以有其他变换规则，但功率谱有所不同。用 2 bit 代表一个二元码，线路传输速率增高一倍，所需信道带宽也要增大一倍，但却换来了便于提取定时、低频分量小、迅速同步等优点。

可把 1B2B 码推广到一般的 $mBnB$ 码，即 m 个二元码按一定规则变换为 n 个二元码，$m < n$。适当地选取 m、n 值，可减小线路传输速率的增高比例。

双相码、CMI 码、DMI 码和 Miller 码也都是二电平码。下面介绍多电平码，也就是多进制码。

13) 多进制码

图 4 - 2(a)(b)分别画出了两种四进制代码波形。图 4 - 2(a)只有正电平(即 0、1、2、3 四个电平)，而图 4 - 2(b)是正、负电平(即 +3、+1、-1、-3 四个电平)均有的。采用多进制码的目的是在码元速率一定时提高信息速率。

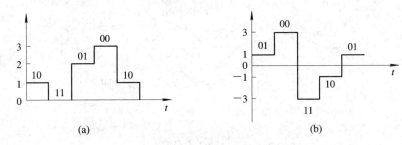

图 4 - 2　四进制代码波形
(a) 只有正电平；(b) 正、负电平均有

以上介绍的几种码型，其波形均为矩形脉冲。实际上，基带传输系统中各处的信号波形可以是矩形脉冲，也可以是其他形状的，如升余弦、三角形等。

4.1.2 数字基带信号的功率谱

在通信中，除特殊情况（如测试信号）外，数字基带信号通常都是随机脉冲序列。因为若在数字通信系统中所传输的数字序列不是随机的，而是确知的，则消息就不携带任何信息，通信也就失去了意义。研究随机脉冲序列的频谱，要从统计分析的角度出发，研究它的功率谱密度。

假设二进制随机脉冲序列"1"码的基本波形为 $g_1(t)$，用矩形脉冲表示；"0"码的基本波形为 $g_2(t)$，用三角形波表示，如图 4-3(a)所示。信号 $x(t)$ 由 $g_1(t)$ 和 $g_2(t)$ 这样的基本波形组成随机脉冲序列，如图 4-3(b)所示。

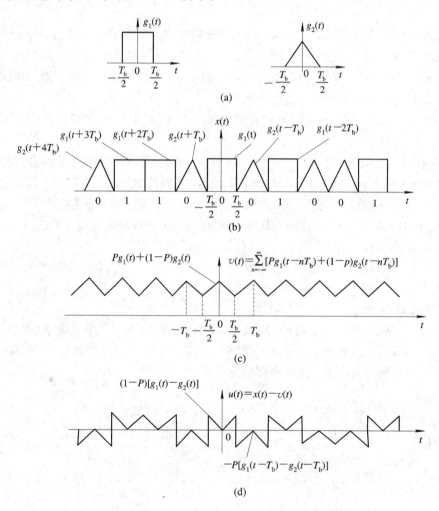

图 4-3 随机脉冲序列的波形图

(a) 随机脉冲波形；(b) 随机脉冲合成波形；

(c) 随机脉冲稳态项波形；(d) 随机脉冲交变项波形

假设随机脉冲序列为

$$x(t) = \sum_{n=-\infty}^{\infty} x_n(t) \tag{4-1}$$

其中

$$x_n(t) = \begin{cases} g_1(t - nT_b), & \text{以概率 } P \text{ 出现} \\ g_2(t - nT_b), & \text{以概率 } 1 - P \text{ 出现} \end{cases} \tag{4-2}$$

$x(t)$ 这个随机脉冲序列可以分解为稳态项 $v(t)$ 和交变项 $u(t)$，即

$$x(t) = v(t) + u(t)$$

其中，稳态项 $v(t)$ 可以表示为

$$v(t) = \sum_{n=-\infty}^{\infty} \left[P g_1(t - nT_b) + (1-P) g_2(t - nT_b) \right] \tag{4-3}$$

交变项 $u(t)$ 可以表示为

$$u(t) = x(t) - v(t) = \sum_{n=-\infty}^{\infty} u_n(t)$$

而

$$u_n(t) = a_n \left[g_1(t - nT_b) - g_2(t - nT_b) \right]$$

$$a_n = \begin{cases} 1 - P, & \text{以概率 } P \text{ 出现} \\ -P, & \text{以概率 } 1 - P \text{ 出现} \end{cases}$$

其中，T_b 为随机脉冲周期；$g_1(t)$、$g_2(t)$ 分别表示二进制码"1"和"0"。经推导可得随机脉冲的双边功率谱 $P_x(\omega)$，$P_x(\omega)$ 为稳态项 $v(t)$ 的双边功率谱密度 $P_v(\omega)$ 与交变项 $u(t)$ 的双边功率谱密度 $P_u(\omega)$ 之和，即

$$P_x(\omega) = P_v(\omega) + P_u(\omega)$$

其中，稳态项的双边功率谱密度为

$$P_v(\omega) = \sum_{m=-\infty}^{\infty} \left| f_b \left[P G_1(m f_b) + (1-P) G_2(m f_b) \right] \right|^2 \delta(f - m f_b)$$

交变项的双边功率谱密度为

$$P_u(\omega) = f_b P(1-P) \left| G_1(f) - G_2(f) \right|^2$$

所以，随机脉冲的双边功率谱密度为

$$P_x(\omega) = \sum_{m=-\infty}^{\infty} \left| f_b \left[P G_1(m f_b) + (1-P) G_2(m f_b) \right] \right|^2 \delta(f - m f_b)$$
$$+ f_b P(1-P) \left| G_1(f) - G_2(f) \right|^2 \tag{4-4}$$

其中，$G_1(f)$、$G_2(f)$ 分别为 $g_1(t)$、$g_2(t)$ 的傅里叶变换；$f_b = 1/T_b$。

由随机脉冲的双边功率谱 $P_x(\omega)$ 可以得到 $x(t)$ 的单边功率谱密度

$$P_x(\omega) = 2 f_b^2 \sum_{m=-\infty}^{\infty} \left| \left[P G_1(m f_b) + (1-P) G_2(m f_b) \right] \right|^2 \delta(f - m f_b)$$
$$+ 2 f_b P(1-P) \left| G_1(f) - G_2(f) \right|^2 + f_b^2 \left| P G_1(0) + (1-P) G_2(0) \right|^2 \delta(f)$$
$$\tag{4-5}$$

式（4-5）各项的物理意义如下：

（1）第一项 $2 f_b^2 \sum_{m=-\infty}^{\infty} \left| \left[P G_1(m f_b) + (1-P) G_2(m f_b) \right] \right|^2 \delta(f - m f_b)$ 是由稳态项 $v(t)$ 产生的离散谱，对位同步的提取特别重要。当离散谱不存在时，就意味着没有 f_b 成分，位同步就无法提取。

（2）第二项 $2f_b P(1-P) \mid G_1(f) - G_2(f) \mid^2$ 是由交变项 $u(t)$ 产生的连续谱，它包含无穷多频率成分，其幅度无穷小。由该项可以看出信号的频谱分布规律，确定信号的带宽。

（3）第三项 $f_b^2 \mid PG_1(0) + (1-P)G_2(0) \mid^2 \delta(f)$ 是由稳态项 $v(t)$ 产生的直流成分功率谱密度。等概率双极性信号的直流成分为零。

4.1.3 常用数字基带信号的功率谱密度

1. 单极性矩形脉冲二进制码

对于图 4-1(a)所示单极性信号，若假设 $g_1(t)$ 是高度为 1，宽度为 T_b 的矩形脉冲，$g_2(t) = 0$，即

$$\begin{cases} G_1(f) = T_b \, \mathrm{Sa}\left(\dfrac{\omega T_b}{2}\right), & G_1(0) = T_b \\ G_2(f) = 0 \end{cases} \tag{4-6}$$

则功率谱密度为

$$\begin{aligned} P_x(\omega) &= f_b^2 \mid PG_1(0) \mid^2 \delta(f) + 2f_b P(1-P) \mid G_1(f) \mid^2 \\ &= P^2 \delta(f) + 2P(1-P) T_b \, \mathrm{Sa}^2\left(\frac{\omega T_b}{2}\right) \quad (\omega > 0) \end{aligned} \tag{4-7}$$

当 $P = 0.5$ 时

$$P_x(\omega) = 0.25\delta(f) + 0.5 T_b \, \mathrm{Sa}^2\left(\frac{\omega T_b}{2}\right) \quad (\omega > 0) \tag{4-8}$$

式(4-8)说明，单极性矩形脉冲码只有直流成分和连续频谱，没有 mf_b 这些离散频谱，如图 4-4(a)所示。

2. 单极性归零二进制码

假设 $g_1(t)$ 是宽度为 τ，高度为 1 的归零脉冲，占空系数 $\gamma = \dfrac{\tau}{T_b}$，$G_1(f) = \tau \, \mathrm{Sa}\left(\dfrac{\omega \tau}{2}\right) = \gamma T_b \, \mathrm{Sa}\left(\dfrac{\gamma \omega T_b}{2}\right)$，$g_2(t) = 0$。当 $P = 0.5$ 时，功率谱密度为

$$P_x(\omega) = \frac{1}{4}\gamma^2 \delta(f) + \frac{\gamma^2}{2} \sum_{m=1}^{\infty} \mathrm{Sa}^2(\gamma m \pi) \delta(f - mf_b) + \frac{\gamma^2}{2} T_b \, \mathrm{Sa}^2\left(\frac{\gamma \omega T_b}{2}\right) \quad (\omega > 0)$$

$$\tag{4-9}$$

半占空的单极性归零码在等概的条件下，不仅具有直流成分和连续频谱，而且还具有 mf_b 的离散频谱(当 $m = 1, 3, 5, \cdots$时)，同时连续频谱密度展宽了，第一个零点出现在 $f = 2f_b$ 处，如图 4-4(b)所示。

3. 双极性码和双极性归零码

双极性码无论归零不归零，一般满足 $g_1(t) = -g_2(t)$，在 $P = 0.5$ 的情况下，其稳态项等于零，也就是说，这种双极性码没有直流成分和离散频谱。双极性码的功率谱密度为

$$P_x(\omega) = 2f_b \mid G_1(f) \mid^2 = 2T_b \, \mathrm{Sa}^2\left(\frac{\omega T_b}{2}\right) \quad (\omega > 0) \tag{4-10}$$

双极性归零码的功率谱密度为

$$P_x(\omega) = 2\gamma^2 T_b \, \text{Sa}^2\left(\frac{\gamma\omega T_b}{2}\right) \quad (\omega > 0) \tag{4-11}$$

图 4 - 4(c)(d)分别画出了双极性和双极性半占空矩形脉冲码的功率谱密度曲线，曲线中只有连续谱而没有离散谱。

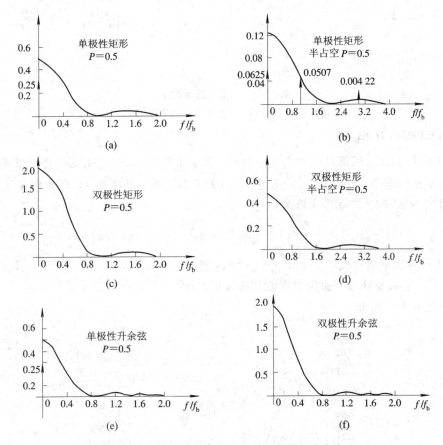

图 4 - 4　几种常用码型的单边功率谱密度曲线

（a）单极性矩形脉冲二进制码；（b）单极性归零半占空二进制码；

（c）双极性矩形脉冲码；（d）双极性半占空矩形脉冲码；

（e）升余弦脉冲单极性二进制码；（f）升余弦脉冲双极性二进制码

4. 升余弦脉冲二进制码

在矩形脉冲二进制码中，脉冲的宽度为 T_b，信号的功率谱密度在第一个零点以外还有不少能量，如果信道带宽限制在 0 到第一个零点范围，势必会引起波形传输的较大失真。如果采用以升余弦脉冲为基础的二进制码，脉冲的宽度展宽为 $2T_b$，就会发生一些变化。升余弦脉冲二进制码的信号波形如图 4 - 5 所示。经分析计算，可得出升余弦脉冲单极性二进制码的功率谱密度曲线如图 4 - 4(e)所示，升余弦脉冲双极性二进制码的功率谱密度曲线如图 4 - 4(f)所示。显然，这两种功率谱密度的分布比矩形脉冲的功率谱密度的分布更集中在连续功率谱密度的第一个零点以内。这时，如果将信道带宽限制在 0 到第一个零点范围，将不会引起波形传输的较大失真。

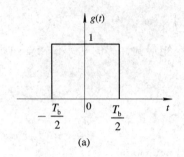 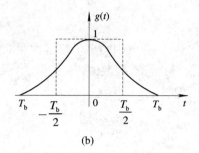

图 4-5 升余弦脉冲波形

（a）输入脉冲码波形；（b）变换后的升余弦码波形

5. AMI 码和 HDB₃ 码

AMI 码和 HDB₃ 码都是一种伪三进制码，除了正电平和负电平以外，还有零电平，其功率谱密度比较复杂。在等概条件下，若 $g(t)$ 为矩形脉冲，高度为 1，宽度为 T_b，经分析计算可得出 AMI 码的功率谱密度为

$$P_x(\omega) = \frac{T_b}{2}(1 - \cos\omega T_b)\, \mathrm{Sa}^2\left(\frac{\omega T_b}{2}\right) \quad (\omega > 0) \tag{4-12}$$

AMI 码的功率谱密度曲线如图 4-6 所示，它是 $(1-\cos\omega T_b)T_b/2$ 与 $\mathrm{Sa}^2(\omega T_b/2)$ 相乘的结果，只有连续谱密度，而没有直流和离散谱密度。HDB₃ 码的功率谱密度与 AMI 码的功率谱密度的形状相似。

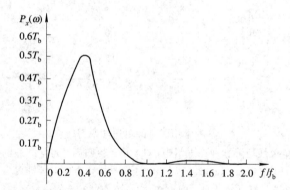

图 4-6 AMI 码的功率谱密度

这种信号的功率谱密度的能量主要集中在中间频率区域，大约在 $0.4f_b \sim 0.5f_b$ 附近，靠近零点的低频功率谱密度很小，第一个零点约在 f_b 处。

根据信号功率的 90% 来定义带宽 B，则有

$$\frac{1}{2\pi}\int_{-2\pi B}^{2\pi B} P_x(\omega)\, \mathrm{d}\omega = (0.90)\int_{-\infty}^{\infty} P_x(\omega)\, \mathrm{d}f$$

利用数值积分，由上式可求得双极性归零信号和单极性归零信号的带宽近似为

$$B = \frac{1}{\tau} \tag{4-13}$$

通过对各种信号的功率谱密度的分析，可以看出信号中是否具有直流成分，是否具有可供同步信号提取的离散频谱分量，以便在接收端用这些成分作位同步定时等。分析随机

脉冲序列的功率谱之后，就可知道信号功率的分布，根据主要功率集中在哪个频段，便可确定信号带宽，从而考虑信道带宽和传输网络（滤波器、均衡器等）的传输函数等。

4.2　数字基带传输系统

4.2.1　数字基带传输系统的基本组成

数字基带传输系统的基本框图如图 4-7 所示，它通常由脉冲形成器、发送滤波器、信道、接收滤波器、抽样判决器和码元再生器组成。

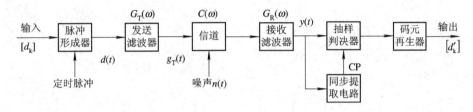

图 4-7　数字基带传输系统的基本框图

脉冲形成器输入的是由电传机、计算机等终端设备发送来的二进制数据序列或是经模/数转换后的二进制（也可是多进制）脉冲序列，用 $[d_k]$ 表示，它们一般是脉冲宽度为 T_b 的单极性码。根据上节对单极性码讨论的结果可知，信号经过脉冲形成器后并不适合信道传输。脉冲形成器的作用是将 $[d_k]$ 变换成比较适合信道传输的码型并提供同步定时信息，使信号适合信道传输，并保证收发双方同步工作。

发送滤波器的传递函数为 $G_T(\omega)$，它的作用是将输入的矩形脉冲变换成适合信道传输的波形。这是因为矩形波含有丰富的高频成分，若直接送入信道传输，容易产生失真。

基带传输系统的信道传递函数为 $C(\omega)$。通常采用电缆、架空明线等作为信道。信道既传送信号，同时又因存在噪声和频率特性不理想而对数字信号造成损害，使波形产生畸变，严重时发生误码。

接收滤波器的传递函数为 $G_R(\omega)$，它是接收端为了减小信道特性不理想和噪声对信号传输的影响而设置的。其主要作用是滤除带外噪声并对已接收的波形均衡，以便抽样判决器正确判决。

抽样判决器的作用是对接收滤波器输出的信号，在规定的时刻（由定时脉冲控制）进行抽样，然后对抽样值进行判决，以确定各码元是"1"码还是"0"码。

码元再生器的作用是对判决器的输出"0""1"进行原始码元再生，以获得与输入码型相应的原脉冲序列。同步提取电路的任务是提取收到信号中的定时信息。

图 4-8 给出了基带传输系统各点的波形。显然，传输过程中第四个码元发生了误码。前面已指出，误码的原因是信道加性噪声和频率特性不理想而引起波形畸变。其中频率特性不理想引起的波形畸变使码元之间相互干扰，此时，实际抽样判决值是本码元的值与几个邻近脉冲拖尾及加性噪声的叠加。这种脉冲拖尾的重叠，并在接收端造成判决困难的现象叫码间串扰（或码间干扰）。下面先讨论码间串扰和噪声对数字基带系统的影响，然后进行数学分析，最后再讨论无码间串扰的数字基带传输性能。

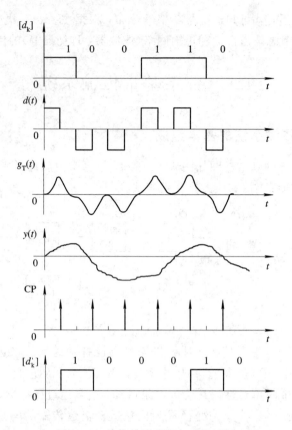

图 4-8 基带传输系统各点的波形

4.2.2 码间串扰和噪声对误码的影响

在图 4-8 中，二进制码"1"和"0"经过码形变换和波形变换后，分别变成了宽度为 T_b 的正的升余弦波形和负的升余弦波形，如图 4-8 中的 $g_T(t)$ 波形所示。如果经过信道不产生任何失真和延迟，那么接收端应在它的最大值时刻 $(t=T_b/2)$ 进行判决。下一个码元应在 $t=3T_b/2$ 时刻判决，由于第一个码元在第二个码元判决时刻已经为零，因而对第二个码元判决不会产生任何影响。但在实际信道中，信号会产生失真和延迟，信号的最大值出现的位置也会发生延迟，信号波形也会拖得很宽，假设这时对码元的抽样判决时刻出现在信号最大值的位置 $t=t_1$ 处，那么对下一个码元判决的时刻应选在 $t=(t_1+T_b)$ 处，如图 4-9(a)所示。从图中可以看出，在 $t=(t_1+T_b)$ 时刻第一码元的波形还没有消失，这样就会对第二码元的判决产生影响。当波形失真比较严重时，可能前面几个码元的波形同时串到后面，对后面某一个码元的抽样判决产生影响，即产生码间串扰。

假设图 4-9(a)传输的一组码元为 1110，现在考察前三个"1"码对第四个"0"在其抽样判决时刻产生的码间串扰的影响。如果前三个"1"码在 $t=(t_1+3T_b)$ 时刻产生的码间串扰分别为 a_1、a_2、a_3，第四个码（"0"）在 $t=(t_1+3T_b)$ 时刻的值为 a_4。那么，当 $a_1+a_2+a_3+a_4<0$ 时判为"0"，判决正确，不产生误码；反之，当 $a_1+a_2+a_3+a_4>0$ 时判为"1"，这就是错判，会造成误码。

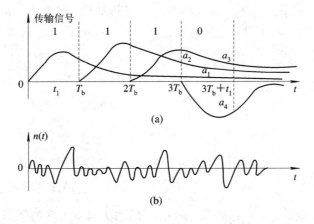

图 4 - 9　码间串扰示意图

(a) 四路信号传输波形；(b) 加性噪声波形

　　如果考虑噪声的影响，那么码间串扰和噪声一起也会影响最终的抽样判决结果。图 4 - 9 (b)是随机噪声的一个实现，在 $t=(t_1+3T_b)$ 时刻，$a_1+a_2+a_3+a_4<0$ 时判为"0"，判决正确，不产生误码；如果此时噪声 $n(t_1+3T_b)$ 为正电平，使 $a_1+a_2+a_3+a_4+n(t_1+3T_b)>0$，则会造成错误判决。当然，噪声也可能使本来 $a_1+a_2+a_3+a_4>0$ 的错误判决变为 $a_1+a_2+a_3+a_4+n(t_1+3T_b)<0$ 而产生正确判决。

4.2.3　基带传输系统的数学分析

　　为了对基带传输系统进行数学分析，我们可将图 4 - 7 画成图 4 - 10 所示的形式，其中总的传输函数 $H(\omega)$ 为

$$H(\omega) = G_T(\omega)C(\omega)G_R(\omega) \tag{4-14}$$

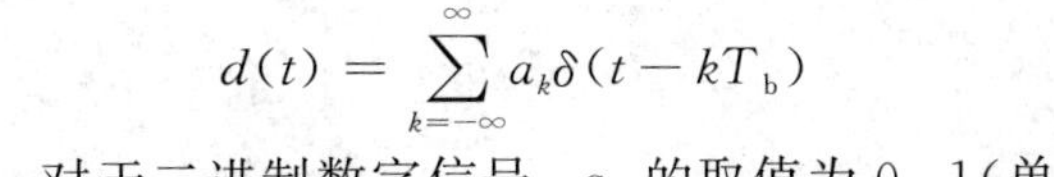

基带信号 $d(t)$ → $H(\omega)$ → $y(t)$ → 抽样判断 → 输出

图 4 - 10　基带传输系统简化图

　　此外，为方便起见，假定输入基带信号的基本脉冲为单位冲激响应 $\delta(t)$，这样发送滤波器的输入信号可以表示为

$$d(t) = \sum_{k=-\infty}^{\infty} a_k \delta(t-kT_b)$$

其中，a_k 是第 k 个码元。对于二进制数字信号，a_k 的取值为 0、1(单极性信号)或 -1、+1 (双极性信号)。由图 4 - 10 可以得到

$$y(t) = \sum_{k=-\infty}^{\infty} a_k h(t-kT_b) + n_R(t) \tag{4-15}$$

其中，$n_R(t)$ 是加性噪声 $n(t)$ 通过接收滤波器后所产生的输出噪声；$h(t)$ 是 $H(\omega)$ 的傅里叶反变换，是系统的冲激响应，可表示为

$$h(t) = \frac{1}{2\pi} \int_{-\infty}^{\infty} H(\omega) e^{j\omega t} \, d\omega \tag{4-16}$$

抽样判决器对 $y(t)$ 进行抽样判决，以确定所传输的数字信息序列 $\{a_k\}$。为了判定其中

第 j 个码元 a_j 的值，应在 $t=jT_b+t_0$ 瞬间对 $y(t)$ 进行抽样，这里 t_0 是传输时延，通常取决于系统的传输函数 $H(\omega)$。显然，此抽样值为

$$
\begin{aligned}
y(jT_b+t_0) &= \sum_{k=-\infty}^{\infty} a_k h\big[(jT_b+t_0)-kT_b\big] + n_R(jT_b+t_0) \\
&= \sum_{k=-\infty}^{\infty} a_k h\big[(j-k)T_b+t_0\big] + n_R(jT_b+t_0) \\
&= a_j h(t_0) + \sum_{j\neq k} a_k h\big[(j-k)T_b+t_0\big] + n_R(jT_b+t_0)
\end{aligned}
\tag{4-17}
$$

其中，第一项 $a_j h(t_0)$ 是输出基带信号的第 j 个码元在抽样瞬间 $t=jT_b+t_0$ 所取得的值，它是 a_j 的依据；第二项 $\sum\limits_{j\neq k} a_k h\big[(j-k)T_b+t_0\big]$ 是除第 j 个码元外的其他所有码元脉冲在 $t=jT_b+t_0$ 瞬间所取值的总和，它对当前码元 a_j 的判决起着干扰的作用，所以称为码间串扰值，这就是图 4-8 所示码间串扰的数学表示式，且由于 a_k 是随机的，码间串扰值一般也是一个随机变量；第三项 $n_R(jT_b+t_0)$ 是输出噪声在抽样瞬间的值，它显然是一个随机变量。由于随机性的码间串扰和噪声存在，因此使抽样判决电路在判决时，可能判对，也可能判错。

4.2.4　码间串扰的消除

要消除码间串扰，从数学表示式(4-17)看，只要

$$
\sum_{j\neq k} a_k h\big[(j-k)T_b+t_0\big] = 0
\tag{4-18}
$$

即可。但 a_k 是随机变化的，要想通过各项互相抵消使码间串扰为 0 是不可行的。从码间串扰各项的影响来说，当然前一码元的影响最大，因此，最好让前一个码元的波形在到达后一个码元抽样判决时刻已衰减到 0，如图 4-11(a)所示的波形。但这样的波形也不易实现，因此比较合理的是采用如图 4-11(b)所示的波形，虽然到达 t_0+T_b 以前并没有衰减到 0，但可以让它在 t_0+T_b、t_0+2T_b 等后面码元取样判决时刻正好为 0，这也是消除码间串扰的物理意义。但考虑到实际应用时，定时判决时刻不一定非常准确，如果像图 4-11(b)这样的 $h(t)$ 尾巴拖得太长，当定时不准时，任一个码元都要对后面好几个码元产生串扰，或者说后面任一个码元都要受到前面几个码元的串扰。因此，除了要求 $h\big[(j-k)T_b+t_0\big]=0$ 以外，还要求 $h(t)$ 适当衰减得快一些，即尾巴不要拖得太长。

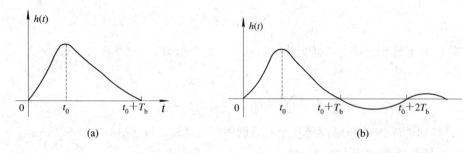

图 4-11　理想的传输波形
(a) 无拖尾；(b) 有拖尾，但抽样点信号为 0

4.3　无码间串扰的基带传输系统

根据 4.2 节对码间串扰的讨论，我们对无码间串扰的基带传输系统提出以下要求：

（1）基带信号经过传输后在抽样点上无码间串扰，也即瞬时抽样值应满足

$$h[(j-k)T_b + t_0] = \begin{cases} 1(\text{或其他常数}), & j = k \\ 0, & j \neq k \end{cases} \qquad (4-19)$$

令 $k' = j - k$，并考虑到 k' 也为整数，可用 k 表示，因此式（4-19）可写成

$$h(kT_b + t_0) = \begin{cases} 1, & k = 0 \\ 0, & k \neq 0 \end{cases} \qquad (4-20)$$

（2）$h(t)$ 尾部衰减快。

从理论上讲，以上两条要求可以通过合理地选择信号的波形和信道的特性来达到。下面从研究理想基带传输系统出发，得出奈奎斯特第一定理及无码间串扰传输的频域特性 $H(\omega)$ 满足的条件。

4.3.1　理想基带传输系统

理想基带传输系统的传输特性具有理想低通特性，其传输函数为

$$H(\omega) = \begin{cases} 1(\text{或其他常数}), & |\omega| \leqslant \dfrac{\omega_b}{2} \\ 0, & |\omega| > \dfrac{\omega_b}{2} \end{cases} \qquad (4-21)$$

如图 4-12(a)所示，其带宽 $B = \dfrac{\omega_b/2}{2\pi} = \dfrac{f_b}{2}$（Hz），对其进行傅里叶反变换得

$$h(t) = \frac{1}{2\pi}\int_{-\infty}^{\infty} H(\omega)e^{j\omega t}\,d\omega = \int_{-2\pi B}^{2\pi B} \frac{1}{2\pi}e^{j\omega t}\,d\omega = 2B\,\mathrm{Sa}(2\pi Bt) \qquad (4-22)$$

它是个抽样函数，如图 4-12(b)所示。从图中可以看到，$h(t)$ 在 $t=0$ 时有最大值 $2B$，而在 $t = k/(2B)$（k 为非零整数）的诸瞬间均为零。因此，只要令 $T_b = 1/(2B)$，也就是码元宽度为 $1/(2B)$，就可以满足式（4-20）的要求，在接收端当 $k/(2B)$ 时刻（忽略 $H(\omega)$ 造成时间延迟）抽样值中无串扰值积累，从而消除码间串扰。

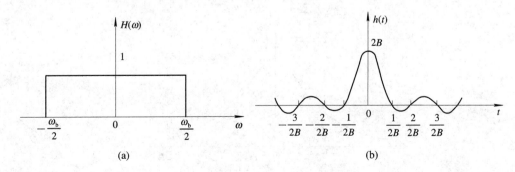

图 4-12　理想基带传输系统的 $H(\omega)$ 和 $h(t)$

（a）传输函数；（b）抽样函数

由此可见，如果信号经传输后整个波形发生变化，只要其特定点的抽样值保持不变，那么用再次抽样的方法（在抽样判决电路中完成），仍然可以准确无误地恢复原始信码，这就是奈奎斯特第一准则（又称为第一无失真条件）的本质。在图 4-12 所表示的理想基带传输系统中，各码元之间的间隔 $T_b = 1/(2B)$ 称为奈奎斯特间隔，码元的传输速率 $R_B = 1/T_b = 2B$ 称为奈奎斯特速率。

下面再来看看频带利用率的问题。所谓频带利用率，是指码元速率 R_B 和带宽 B 的比值，即单位频带所能传输的码元速率，其表示式为

$$\eta = \frac{R_B}{B} \text{（Baud/Hz）} \tag{4-23}$$

显然理想低通传输函数的频带利用率为 2 Baud/Hz。这是最大的频带利用率，如果系统用高于 $1/T_b$ 的码元速率传送信码，将存在码间串扰。若降低传码率，即增加码元宽度 T_b，当保持 T_b 为 $1/(2B)$ 的大于 1 的整数倍时，由图 4-11(b)可见，在抽样点上也不会出现码间串扰。但是，这意味着频带利用率要降低到 $T_b = 1/(2B)$ 时的 1/2，1/3，1/4，…。

从前面讨论的结果可知，理想低通传输函数具有最大传码率和频带利用率，但这种理想基带传输系统实际并未得到应用。首先是因为这种理想低通特性在物理上是不能实现的；其次，即使能设法实现接近于理想特性，由于这种理想特性冲击响应 $h(t)$ 的尾巴（即衰减型振荡起伏）很大，因此会引起接收滤波器的过零点较大的移变，如果抽样定时发生某些偏差，或外界条件对传输特性稍加影响、信号频率发生漂移等都会导致码间串扰明显增加。

下面进一步讨论满足式(4-20)无码间串扰条件的等效传输特性。

4.3.2　无码间串扰的等效传输特性

因为

$$h(kT_b) = \frac{1}{2\pi} \int_{-\infty}^{\infty} H(\omega) e^{j\omega k T_b} \, d\omega \tag{4-24}$$

所以，把式(4-24)的积分区间用角频率间隔 $2\pi/T_b$ 分割，如图 4-13 所示，则可得

$$h(kT_b) = \frac{1}{2\pi} \sum_i \int_{[(2i-1)/T_b]\pi}^{[(2i+1)/T_b]\pi} H(\omega) e^{j\omega k T_b} \, d\omega \tag{4-25}$$

对式(4-25)作变量代换：令 $\omega' = \omega - 2\pi i/T_b$，则有 $d\omega' = d\omega$ 及 $\omega = \omega' + 2\pi i/T_b$。于是

$$h(kT_b) = \frac{1}{2\pi} \sum_i \int_{-\pi/T_b}^{\pi/T_b} H\left(\omega' + \frac{2\pi i}{T_b}\right) e^{j\omega' k T_b} \, d\omega' \tag{4-26}$$

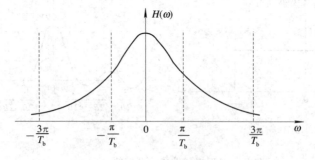

图 4-13　$H(\omega)$ 的分割

由于 $h(t)$ 是必须收敛的，因此求和与求积分可互换，得

$$h(kT_b) = \frac{1}{2\pi} \int_{-\pi/T_b}^{\pi/T_b} \sum_i H\left(\omega + \frac{2\pi i}{T_b}\right) e^{j\omega kT_b} \, d\omega \qquad (4-27)$$

这里把变量 ω' 重记为 ω。从式(4-27)中可以看出，$\sum_i H\left(\omega + \frac{2\pi i}{T_b}\right)$ 实际上是把 $H(\omega)$ 的分割各段平移到 $[-\pi/T_b, \pi/T_b]$ 的区间对应叠加求和，因此，它仅存在于 $|\omega| \leqslant \pi/T_b$ 内。前面已讨论了式(4-21)的理想低通传输特性满足无码间串扰的条件，则令

$$H_{eq}(\omega) = \sum_i H\left(\omega + \frac{2\pi i}{T_b}\right) = \begin{cases} T_b, & |\omega| \leqslant \dfrac{\pi}{T_b} \\ 0, & |\omega| > \dfrac{\pi}{T_b} \end{cases} \qquad (4-28)$$

或

$$H_{eq}(f) = \sum_i H(f + if_b) = \begin{cases} \dfrac{1}{f_b}, & |f| \leqslant \dfrac{f_b}{2} \\ 0, & |f| > \dfrac{f_b}{2} \end{cases} \qquad (4-29)$$

式(4-28)和式(4-29)称为无码间串扰的等效传输特性。它表明，把一个基带传输系统的传输特性 $H(\omega)$ 分割为 $2\pi/T_b$ 宽度，各段在 $[-\pi/T_b, \pi/T_b]$ 区间内能叠加成一个矩形频率特性，那么它在以 f_b 速率传输基带信号时，就能做到无码间串扰。如果不考虑系统的频带，而从消除码间串扰来说，基带传输特性 $H(\omega)$ 的形式并不是唯一的，升余弦滚降传输特性就是使用较多的一种。

4.3.3 升余弦滚降传输特性

升余弦滚降传输特性 $H(\omega)$ 可表示为 $H(\omega) = H_0(\omega) + H_1(\omega)$，如图 4-14 所示。

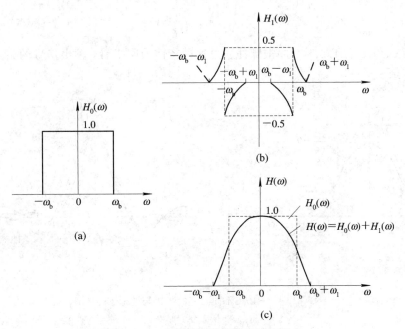

图 4-14 升余弦滚降传输特性的形成

(a) 理想低通传输特性；(b) 余弦滚降传输特性；(c) 升余弦滚降传输特性

$H(\omega)$是对截止频率ω_b的理想低通特性$H_0(\omega)$按$H_1(\omega)$的滚降特性进行"圆滑"得到的，$H_1(\omega)$对于ω_b具有奇对称的幅度特性，其上、下截止角频率分别为$\omega_b+\omega_1$、$\omega_b-\omega_1$。$H(\omega)$的选取可根据需要选择，升余弦滚降传输特性$H_1(\omega)$采用余弦函数，此时$H(\omega)$为

$$H(\omega)=\begin{cases} T_b, & |\omega|\leqslant\omega_b-\omega_1 \\ \dfrac{T_b}{2}\Big[1+\cos\dfrac{\pi}{2}\Big(\dfrac{|\omega|}{\omega_1}-\dfrac{\omega_b}{\omega_1}+1\Big)\Big], & \omega_b-\omega_1<|\omega|\leqslant\omega_b+\omega_1 \\ 0, & |\omega|\geqslant\omega_b+\omega_1 \end{cases} \quad (4-30)$$

显然，它满足式(4-29)，故一定是在码元传输速率为$f_b=1/T_b$时无码间串扰。它所对应的冲击响应为

$$h(t)=\frac{\sin\omega_b t}{\omega_b t}\left[\frac{\cos\omega_1 t}{1-\left(\dfrac{2\omega_1 t}{\pi}\right)^2}\right] \quad (4-31)$$

令滚降系数$\alpha=\omega_1/\omega_b$，并选定$T_b=1/(2B)$，即$T_b=\pi/\omega_b$，式(4-30)和式(4-31)可分别改写成

$$H(\omega)=\begin{cases} T_b, & |\omega|\leqslant\dfrac{\pi(1-\alpha)}{T_b} \\ T_b\cos^2\dfrac{T_b}{4\alpha}\Big[|\omega|-\dfrac{\pi(1-\alpha)}{T_b}\Big], & \dfrac{\pi(1-\alpha)}{T_b}<|\omega|\leqslant\dfrac{\pi(1+\alpha)}{T_b} \\ 0, & |\omega|\geqslant\dfrac{\pi(1+\alpha)}{T_b} \end{cases} \quad (4-32)$$

$$h(t)=\frac{\sin\left(\dfrac{\pi t}{T_b}\right)}{\dfrac{\pi t}{T_b}}\left[\frac{\cos\left(\dfrac{\pi\alpha t}{T_b}\right)}{1-\left(\dfrac{2\alpha t}{T_b}\right)^2}\right] \quad (4-33)$$

当给定α为0、0.5和1.0时，冲击脉冲通过这种特性的网络后，输出信号的频谱和波形如图4-15所示。

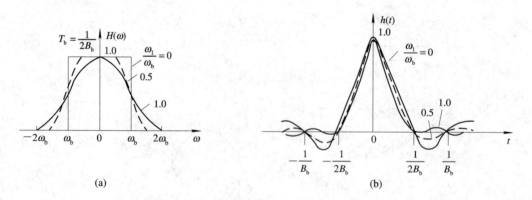

图4-15 不同α值的频谱与波形
(a) 频谱；(b) 波形

(1) 当$\alpha=0$时，无"滚降"，即为理想基带传输系统，$h(t)$的"尾巴"按$1/t$的规律衰减。当$\alpha\neq0$，即采用升余弦滚降时，对应的$h(t)$仍保持从$t=\pm T_b$开始，向右和向左每隔T_b出

现一个零点的特点，满足抽样瞬间无码间串扰的条件，但式(4-33)中第二个因子对波形的衰减速度是有影响的。当 t 足够大时，由于分子值只能在 +1 和 -1 间变化，而在分母中的 $1-(2\alpha t/T_b)^2$ 可忽略。因此，总体来说，波形的"尾巴"在 t 足够大时，将按 $1/t^3$ 的规律衰减，其波形比理想低通的小得多。此时，衰减的快慢还与 α 有关，α 越大，衰减越快，码间串扰越小，错误判决的可能性就越小。

（2）输出信号频谱所占的带宽 $B=(1+\alpha)f_b/2$。当 $\alpha=0$ 时，$B=f_b/2$，频带利用率为 2 Baud/Hz；当 $\alpha=1$ 时，$B=f_b$，频带利用率为 1 Baud/Hz；一般情况下，α 为 0~1 时，B 为 $f_b/2$~f_b，频带利用率为 1~2 Baud/Hz。可以看出：α 越大，"尾部"衰减越快，但带宽越宽，频带利用率越低。因此，用滚降特性来改善理想低通，实质上是以牺牲频带利用率为代价的。

（3）当 $\alpha=1$ 时，有

$$H(\omega)=\begin{cases}\dfrac{T_b}{2}\left(1+\cos\dfrac{\omega T_b}{2}\right), & |\omega|<\dfrac{2\pi}{T_b}\\[2mm] 0, & |\omega|\geqslant\dfrac{2\pi}{T_b}\end{cases}\tag{4-34}$$

$$h(t)=\frac{\sin\left(\dfrac{\pi t}{T_b}\right)}{\dfrac{\pi t}{T_b}}\left[\frac{\cos\left(\dfrac{\pi t}{T_b}\right)}{1-\left(\dfrac{2t}{T_b}\right)^2}\right]\tag{4-35}$$

其中，$h(t)$ 的波形除在 $t=\pm T_b$，$\pm 2T_b$，… 时刻上幅度为 0 外，在 $\pm 3T_b/2$，$\pm 5T_b/2$，… 这些时刻上其幅度也为 0，因而它的尾部衰减快。但它的带宽是理想低通特性的 2 倍，频带利用率只是 1 Baud/Hz。

升余弦滚降特性的实现比理想低通容易得多，因此广泛应用于频带利用率不高，且允许定时系统和传输特性有较大偏差的场合。

4.3.4　无码间串扰时噪声对传输性能的影响

码间串扰和噪声是产生误码的因素，这里我们将给出无码间串扰、存在高斯白噪声情况下的误码率公式，从而对无码间串扰时噪声对传输性能的影响做一些简单讨论。

1. 抽样判决前输入信号的统计特性

在接收端，基带数字信号的恢复是用抽样判决电路完成的，整个抽样判决的过程可以用图 4-16 所示的方框图来描述。

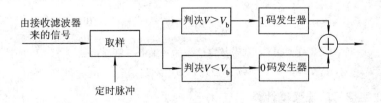

图 4-16　基带数字信号的抽样判决过程

假若发送端的数字基带信号经过信道和接收滤波器后，在无码间串扰条件下，对"1"码抽样判决时刻信号有正最大值，用 A 表示；对"0"码抽样判决时刻信号有负的最大值，用$-A$表示(对双极性码)，或者为 0 值(对单极性码)。无论是单极性信号还是双极性信号，均应在信号的最大值和最小值之间选择一个适当的电平 V_b 作为判决的标准，这个 V_b 称为判决门限。

一般情况下，发送端送出的 0、1 信号，通过抽样判决后会出现以下几种情况：

对于"1"码 $\begin{cases} \text{当 } V > V_b \text{ 时，判为"1"码，正确判决，用 } P(1/1) \text{ 表示} \\ \text{当 } V < V_b \text{ 时，判为"0"码，错误判决，用 } P(0/1) = P(V < V_b) \text{ 表示} \end{cases}$

对于"0"码 $\begin{cases} \text{当 } V > V_b \text{ 时，判为"1"码，错误判决，用 } P(1/0) = P(V > V_b) \text{ 表示} \\ \text{当 } V < V_b \text{ 时，判为"0"码，正确判决，用 } P(0/0) \text{ 表示} \end{cases}$

考虑到噪声的影响，数字基带信号经过信道和接收滤波器后到达前端的信号形式为

$$y(t) = s(t) + n(t) \qquad (4-36)$$

其中，$n(t)$ 为高斯白噪声，其均值为 0，单边功率谱密度为 n_0，经过接收滤波器后变为窄带高斯噪声。如果接收滤波器的等效带宽为 B，则这时的噪声功率为

$$N_0 = \sigma_n^2 = n_0 B \qquad (4-37)$$

$s(t)$ 是数字信号的幅度，属于确知信号，其量值大小为

$$s(t) = \begin{cases} A, & \text{"1"码(单、双极性均可)} \\ 0, & \text{"0"码(单极性)} \\ -A, & \text{"0"码(双极性)} \end{cases} \qquad (4-38)$$

由于 $y(t)$ 是高斯白噪声和确知信号之和，所以 $y(t)$ 也是高斯型的，它的一维概率密度函数满足高斯分布，其表示式为

$$f_1(V) = \frac{1}{\sqrt{2\pi}\sigma_n} e^{-\frac{(V-A)^2}{2\sigma_n^2}}, \qquad \text{"1"码} \qquad (4-39)$$

$$f_0(V) = \begin{cases} \dfrac{1}{\sqrt{2\pi}\sigma_n} e^{-\frac{(V+A)^2}{2\sigma_n^2}}, & \text{双极性"0"码} \\[3mm] \dfrac{1}{\sqrt{2\pi}\sigma_n} e^{-\frac{V^2}{2\sigma_n^2}}, & \text{单极性"0"码} \end{cases} \qquad (4-40)$$

$f_1(V)$、$f_0(V)$ 的曲线如图 4-17 所示。

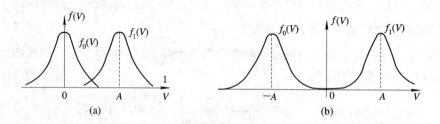

图 4-17 基带数字信号的一维概率密度函数
(a) 单极性；(b) 双极性

2. 基带数字信号的误码率计算

我们假定：发"1"码的概率为 $P(1)$，发"0"码的概率为 $P(0)$，发"1"码错判为"0"码的概率为 $P(0/1)$，发"0"码错判为"1"码的概率为 $P(1/0)$，则总的误码率 $P_e = P(1)P(0/1) + P(0)P(1/0)$。显然，错误概率 $P(0/1)$、$P(1/0)$ 可根据 $f_1(V)$、$f_0(V)$ 的曲线以及判决门限

电平 V_b 来确定：

$$P(0/1) = P(V < V_b) = \int_{-\infty}^{V_b} f_1(V)\, \mathrm{d}V \tag{4-41}$$

$$P(1/0) = P(V > V_b) = \int_{V_b}^{\infty} f_0(V)\, \mathrm{d}V \tag{4-42}$$

所以

$$P_e = P(1)\int_{-\infty}^{V_b} f_1(V)\, \mathrm{d}V + P(0)\int_{V_b}^{\infty} f_0(V)\, \mathrm{d}V \tag{4-43}$$

从 P_e 的表示式可以看出，误码率 P_e 与 $P(1)$、$P(0)$、$f_1(V)$、$f_0(V)$ 和 V_b 有关；而 $f_1(V)$、$f_0(V)$ 又与信号幅度的大小 A 和噪声功率 σ_n^2 有关。因此，当 $P(1)$、$P(0)$ 给定以后，误码率 P_e 最终由信号 A 的大小和噪声功率 σ_n^2 的大小以及判决门限电平 V_b 来决定。在信号和噪声一定的条件下，可以找到一个使误码率 P_e 最小的值，这个门限值称为最佳判决门限值，用 V_{b0} 表示。一般情况下，在 $P(1)=P(0)=0.5$ 时，最佳判决门限为

$$V_{b0} = \begin{cases} 0, & \text{双极性信号} \\ \dfrac{A}{2}, & \text{单极性信号} \end{cases}$$

V_{b0} 实际上就是 $f_1(V)$ 和 $f_0(V)$ 两曲线交点的电平。

对于双极性信号，当 $P(1)=P(0)=0.5$ 时，$V_{b0}=0$，误码率的表示式为

$$P_e = \frac{1}{2}\,\mathrm{erfc}\left[\frac{A}{\sqrt{2}\sigma_n}\right], \quad \text{双极性信号} \tag{4-44}$$

对于单极性信号，当 $P(1)=P(0)=0.5$ 时，$V_{b0}=A/2$，误码率的表示式为

$$P_e = \frac{1}{2}\mathrm{erfc}\left[\frac{A}{2\sqrt{2}\sigma_n}\right], \quad \text{单极性信号} \tag{4-45}$$

其中，$\sigma_n^2 = n_0 B$ 为噪声功率；$\mathrm{erfc}(x)$ 是补余误差函数，具有递减性。如果用信噪功率比 ρ 来表示式(4-44)和式(4-45)可得

$$P_e = \frac{1}{2}\mathrm{erfc}\left[\sqrt{\frac{\rho}{2}}\right], \quad \text{双极性信号} \tag{4-46}$$

$$P_e = \frac{1}{2}\mathrm{erfc}\left[\frac{\sqrt{\rho}}{2}\right], \quad \text{单极性信号} \tag{4-47}$$

其中，对于单极性码，$\rho = A^2/(2\sigma_n^2)$ 表示它的信噪比；对于双极性码，$\rho = A^2/\sigma_n^2$ 为其信噪比。

3. P_e 与 ρ 关系曲线

图 4-18 给出了单、双极性 P_e-ρ 的关系曲线，从图中可以得出以下几个结论：

(1) 在信噪比 ρ 相同的条件下，双极性码的误码率比单极性码的低，抗干扰性能好。

(2) 在误码率相同的条件下，单极性信号需要的信噪功率比要比双极性的高 3 dB。

(3) P_e-ρ 曲线总的趋势是 $\rho\uparrow$，$P_e\downarrow$，当 ρ 达到一定值后，$\rho\uparrow$，P_e 将大大降低。

(4) 从 P_e-ρ 的关系式中无法直接看出 P_e 与 R_b 的关系，但 $\sigma_n^2 = n_0 B$，B 与 R_b 有关，且成正比，因此当 $R_b\uparrow$ 时，$B\uparrow$，$\rho(\rho=S/n_0 B)\downarrow$，$P_e\uparrow$。这就是说，码元速率 R_b(有效性指标)和误码率 P_e(可靠性指标)是相互矛盾的。

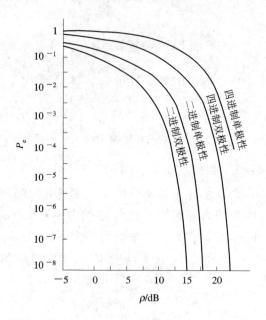

图 4 - 18　单、双极性 P_e - ρ 的关系曲线

4.4　基带数字信号的再生中继传输

4.4.1　基带传输信道特性

信道是传输信号的通道，有狭义和广义之分。这里我们主要研究狭义信道对再生中继传输的影响。

传输信道是通信系统必不可少的组成部分，而信道中又不可避免地存在噪声干扰，因此基带数字信号在信道中传输时将受到衰减和噪声的影响。随着信道长度的增加，接收信噪比将下降，误码增加，通信质量下降。所以，研究信道特性和噪声干扰特性是通信设计中的重要问题。

假设信道输入信号为 $e_i(t)$，信道的冲激响应特性为 $h(t)$，信道引入的加性干扰噪声为 $n(t)$，则信道输出信号 $e_o(t)$ 为

$$e_o(t) = e_i(t) * h(t) + n(t) \tag{4-48}$$

式(4-48)表明，如果信道特性 $h(t)$ 和噪声特性 $n(t)$ 是已知的，在给定某一发送信号 $e_i(t)$ 的条件下，就可以求得经过信道传输后的接收信号 $e_o(t)$。信道等效模型如图 4 - 19 所示。

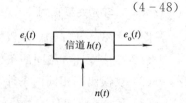

图 4 - 19　信道等效模型

由传输线的基本理论可知，传输线衰减特性与传输信号频率的平方根 $\sqrt{f}$ 成比例，频率越高，衰减越大。一个矩形脉冲信号经过信道传输后，波形要发生失真，主要反映在以下几个方面：

（1）接收到的信号波形幅度变小。这表明经过传输线传输后信号的能量有衰减，传输距离越长，衰减越大。

（2）波峰延后。这反映了传输线的延迟特性。

（3）脉冲宽度加宽。这是由传输线频率特性引起的，使波形产生严重失真。

由此可见，基带数字信号长距离传输时，传输距离越长，波形失真越严重，当传输距离增加到一定长度时，接收到的信号很难识别。为了延长通信距离，在传输通路的适当距离应设置再生中继装置，即每隔一定的距离加一个再生中继器，使已失真的信号经过整形后再向更远的距离传送。

4.4.2　再生中继系统

在基带信号信噪比不太大的条件下，再生中继系统对失真的波形及时进行识别判决，识别出"1"码和"0"码。只要不误判，经过再生中继后的输出脉冲会完全恢复为原数字信号序列。

基带传输的再生中继系统框图如图 4 - 20 所示。

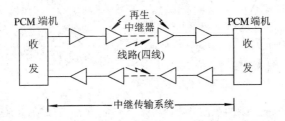

图 4 - 20　基带传输的再生中继系统框图

再生中继系统的特点是：

（1）无噪声积累。数字信号在传输过程中会受到数字通信中再生中继系统噪声的影响，主要会导致信号幅度的失真。但这种失真可通过再生中继系统中的均衡放大、再生判决而消除，所以理想的再生中继系统是不存在噪声积累的。

（2）有误码的积累。再生中继系统在再生判决的过程中，由于码间串扰和噪声干扰的影响，会导致判决电路产生错误判决，即"1"码误判为"0"码，"0"码误判为"1"码。一旦误码发生，就无法消除，而且随着通信距离的增长，误码会产生积累。因为各个再生中继器都有可能产生误码，所以通信距离越长，中继站越多，误码的积累也越多。

4.4.3　再生中继器

再生中继器由均衡放大、定时钟提取和抽样判决与码形成（即判决再生）三部分组成，其原理框图如图 4 - 21 所示。

1. 均衡放大

均衡放大的作用是将接收到的失真信号均衡放大成适合于抽样判决的波形，这个波形称为均衡波形，用 $r(t)$ 表示。

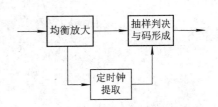

图 4 - 21　再生中继器原理框图

适合再生判决的均衡波形 $r(t)$ 应满足以下要求：

（1）波形幅度大且波峰附近变化要平坦。一个"1"码对应的均衡波形 $r(t)$ 如图 4-22 所示。假如在再生判决的时刻由于各种原因引起定时抖动，使再生判决的脉冲发生偏移，由于波形幅度大且波峰附近变化平坦，所以不会发生误判，"1"码仍可还原为"1"码，反之则有可能判为"0"码。

（2）相邻码间串扰尽量小。实际的传输系统中均衡波形不能做到绝对无码间串扰，但应以尽量使相邻码间串扰小到不足以导致下一个码元的误判为原则。

满足要求的常用均衡波形有升余弦波形和有理函数均衡波形。升余弦均衡波形如图 4-23 所示。

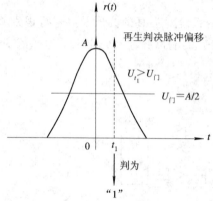

图 4-22　定时抖动对判决再生的影响

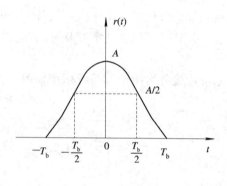

图 4-23　升余弦均衡波形

升余弦波形的特点是：波峰变化较慢，不会因为定时抖动引起误判而造成误码，而且 $r(t)$ 满足无码间串扰条件。升余弦波形 $r(t)$ 可表示为

$$r(t) = \begin{cases} \dfrac{A}{2}\left(1 + \dfrac{\cos\pi t}{T_b}\right), & |t| \leqslant T_b \\ 0, & |t| > T_b \end{cases} \tag{4-49}$$

由于线路衰减比较大，而且频率越高，衰减越大，因此均衡放大特性必须抑制线路的衰减，以得到一个较理想的升余弦均衡波形。

有理函数均衡波形如图 4-24 所示。

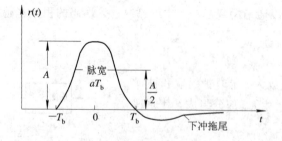

图 4-24　有理函数均衡波形

有理函数均衡波形的特点是：$r(t)$ 波峰变化较慢，脉宽为半波峰对应的宽度（等于 αT_b，α 为占空比），有下冲拖尾，可能造成码间串扰。

有理函数均衡特性可以用 RC 电路予以实现，相对容易一些。只要做到使码间串扰减小到最低程度，不造成误码，就是一种比较好的均衡波形。

2. 定时钟提取

定时钟提取就是从已接收的信号中提取与发送端定时钟同步的定时脉冲，以便在最佳时刻识别判决均衡波的"1"码"0"码，并把它们恢复成一定宽度和幅度的脉冲。

定时钟提取的方法有外同步定时法和自同步定时法两种，这些将在第 9 章同步系统中详细论述。

3. 抽样判决与码形成

抽样判决与码形成就是判决再生的过程，也叫识别再生。识别是指从已经均衡好的均衡波形中识别出"1"码和"0"码；再生就是将判决出来的码元进行整形与变换，形成半占空的双极性码，即码形成。为了达到正确的识别，抽样判决应该在最佳时刻进行，即在均衡波的波峰处进行识别。

4. 再生中继器方框图

再生中继器完整原理框图如图 4-25 所示。假设发送信码 $s(t)$ 为"+1　0　-1"，经信道传输后 $s(t)$ 波形产生失真。均放将其失真波形均衡放大成均衡波形 $R(t)$。对 $R(t)$ 进行全波整流后，其频谱中含有丰富的 f_b 成分；调谐电路只选出 f_b 成分，输出频率为 f_b 的正弦信号；相位调整电路将频率为 f_b 的正弦信号进行相位调整，使后面的抽样判决脉冲能够对准均衡波形 $R(t)$ 的最佳位置，以便正确抽样判决；限幅整形电路将正弦信号转换为矩形脉冲，此周期性矩形脉冲信号就是定时钟信号。定时钟信号经过微分电路后便得到抽样判决脉冲（只需正的脉冲即可），然后经过抽样判决和码形成便恢复出原脉冲信号序列"+1　0　-1"。

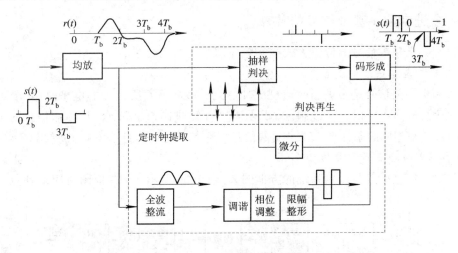

图 4-25　再生中继器完整原理框图

4.4.4　再生中继传输性能分析

再生中继传输系统产生误码的原因有噪声、串音及码间串扰等，其信道噪声在一个再生段产生的误码率与式(4-44)、式(4-45)相同。在实际的再生中继系统中，误码率比以上结果要大得多。

实际的再生中继系统包含有多个再生中继段，那么，总误码率 P_E 与每一个再生中继段的误码率 P_{ei} 有什么关系呢？

一般认为，当每一个再生中继段的误码率 P_{ei} 很小时，在前一个再生中继段所产生的误码率传输到后一个再生中继段时，因后一个再生中继段的误判，而将前一个再生中继段的误码率纠正过来的概率是非常小的。所以，可近似地认为各再生中继段的误码是互不相关的，这样具有 m 个再生中继段的误码率 P_E 为

$$P_E \approx \sum_{i=1}^{m} P_{ei} \tag{4-50}$$

当每个再生中继段的误码率均为 P_e 时，全程总误码率为

$$P_E \approx mP_e \tag{4-51}$$

即全程总误码率 P_E 是按再生中继段数目成线性关系累加的。

实际上，在各中继段误码率不相等的情况下，全程总误码率主要由信噪比最差的再生中继段所决定。

另外，基带数字序列经信道传输后，各中继站和终端站接收的脉冲信号在时间上不再是等间距的，而是随时间变动的，这种现象称为相位抖动。相位抖动不仅使再生判决时刻的时钟信号偏离被判决信号的最大值而产生误码，而且使解码后的 PAM 脉冲发生相位抖动，使重建的波形产生失真。因此，在基带数字信号传输中应采取去抖动技术限制抖动的发生。

4.5 多进制数字基带信号传输系统

4.5.1 多进制数字基带信号的传输

多进制数字基带信号的传输方式在实际应用中也是比较多的。

1) 多进制与二进制的关系

多进制传输的信号是多进制的随机脉冲序列，每个码元所代表的电平是 M 个可能电平中的一个。当 $m=2^k$ 时，M 进制一个码元相当于二进制 k 个码元。从传输信息的角度来看，在码元速率相同的条件下，M 进制的信息速率是二进制信息速率的 $\mathrm{lb}M$ 倍。

2) 多进制数字基带信号传输系统

多进制数字基带信号传输系统的方框图如图 4-26 所示，与方框图对应的各点波形如图 4-27 所示。

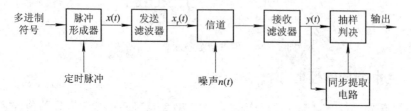

图 4-26 多进制数字基带信号传输系统的方框图

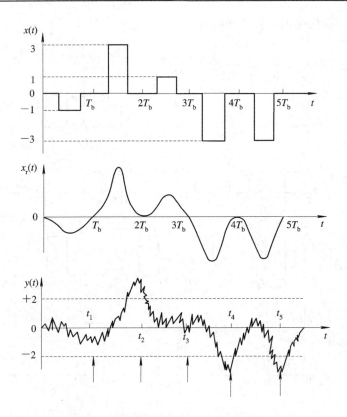

图 4 - 27　四进制数字基带信号传输系统各点波形

多进制数字基带信号传输系统的特点：

（1）输入、输出均为多进制符号。如果输入数字序列是二进制的，则可以从二进制变换为多进制，一般采用串/并变换电路，将 2 变为 M 进制（2/M 变换）；在接收端，将 M 进制码元经并/串变换电路（M/2 变换）还原为二进制码元。

（2）抽样判决电路要判决 M 个电平，需要（$M-1$）个门限电平。图 4 - 27 中四进制数字基带信号传输系统的三个门限电平分别为 2、0、－2。

多进制数字基带信号传输系统中有关码间串扰及无码间串扰条件的分析与二进制系统中的相同。

4.5.2　多进制数字基带信号的频谱和带宽

M 进制数字基带信号有 M 个电平，我们可以将 M 进制的这 M 个电平分解为 M 个二进制数字基带信号，而且这 M 个二进制数字基带信号在时间上互不重叠，只要求出它们各自的功率谱密度，然后再相加就可以得到 M 进制数字基带信号的功率谱密度。

图 4 - 28（a）是四进制信号波形，它是由 0、1、2、3 四个电平构成的，可以把它分解为三个单极性脉冲序列（0 电平无脉冲序列），分别如图 4 - 28（b）（c）（d）所示。对于每一个分解的单极性脉冲序列来说，不论电平有多高，有电平（相当于 1 码）的概率为 1/4，无电平（相当于 0 码）的概率为 3/4。推广到 M 进制，其波形可以看做是由（$M-1$）个幅度分别为 1，2，…，（$M-1$），概率为 1/M 的单极性脉冲序列叠加而成的。对于双极性 M 进制波形，可以看做是由 M 个幅度分别为 ±1，±3，…，±（$M-1$），概率为 1/M 的单极性脉冲序列

叠加而成的。M 进制信号的带宽是相同的。

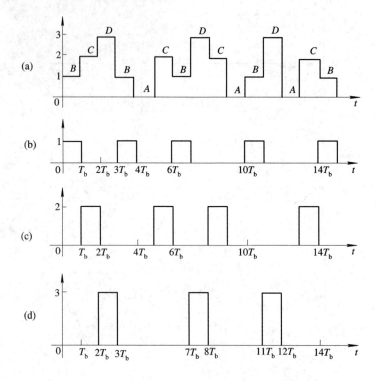

图 4 - 28　四进制信号波形

（a）四个电平；（b）电平为 1；（c）电平为 2；（d）电平为 3

　　总之，在码元速率相同、基本波形相同的条件下，M 进制的信息速率是二进制的 $\mathrm{lb}M$ 倍；M 进制的功率谱密度是分解的 M 个二进制数字基带信号的功率谱密度之和，其合成的功率谱密度结构比较复杂，但所需要的带宽与二进制却是相同的。

4.5.3　多进制数字基带信号传输的误码率

　　多进制数字基带信号传输的误码率与二进制的误码率的求法是相似的。

1. 单极性 M 进制

　　设 M 进制单极性信号幅度分别为 $0，2d，4d，\cdots，2(M-1)d$；最佳判决门限值分别为 $d，3d，5d，\cdots，[2(M-1)-1]d$，如图 4 - 29(a) 所示。在加性高斯白噪声影响下，M 进制单极性信号幅度的概率密度函数分别为

$$f_0(V) = \frac{1}{\sqrt{2\pi}\sigma_n} \mathrm{e}^{-\frac{A^2}{2\sigma_n^2}}$$

$$f_1(V) = \frac{1}{\sqrt{2\pi}\sigma_n} \mathrm{e}^{-\frac{(V-2d)^2}{2\sigma_n^2}}$$

$$\vdots$$

$$f_{M-1}(V) = \frac{1}{\sqrt{2\pi}\sigma_n} \mathrm{e}^{\frac{[V-2(M-1)d]^2}{2\sigma_n^2}}$$

它们的分布曲线如图 4 - 29(b) 所示。

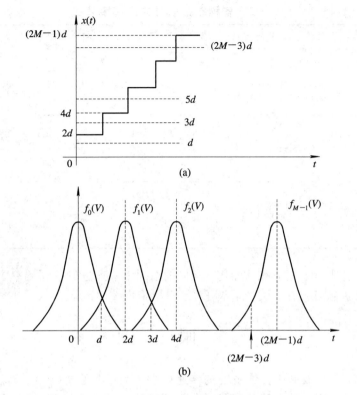

图 4 - 29　M 进制单极性信号幅度

（a）最佳判决门限值；（b）概率密度函数分布曲线

当各个不同电平信号等概率出现时，其误码率为

$$P_e = \frac{M-1}{M} \operatorname{erfc}\left[\frac{d}{\sqrt{2}\sigma_n}\right] \tag{4-52}$$

若用信噪比 ρ 来表示，则可以表示为

$$P_e = \frac{M-1}{M} \operatorname{erfc}\left[\sqrt{\frac{3\rho}{(M-1)(2M-1)}}\right] \tag{4-53}$$

其中

$$\rho = \frac{P}{2\sigma_n^2}$$

其中，P 为 M 进制单极性信号的平均功率，即

$$P = \frac{1}{M}\{0^2 + (2d)^2 + (4d)^2 + \cdots + [2(M-1)d]^2\}$$

$$= \frac{2(M-1)(2M-1)d^2}{3}$$

2. 双极性 M 进制

同理，可以求得 M 进制双极性信号的误码率为

$$P_e = \frac{M-1}{M} \operatorname{erfc}\left[\sqrt{\frac{3\rho}{2(M^2-1)}}\right] \tag{4-54}$$

各种基带信号的误码率公式可归纳如表 4 - 2 所示。

表 4 - 2　各种基带信号的误码率公式

	二　进　制	M　进　制
单极性	$P_e = \dfrac{1}{2}\mathrm{erfc}\left[\dfrac{\sqrt{\rho}}{2}\right]$	$P_e = \dfrac{M-1}{M}\mathrm{erfc}\left[\sqrt{\dfrac{3\rho}{(M-1)(2M-1)}}\right]$
双极性	$P_e = \dfrac{1}{2}\mathrm{erfc}\left[\sqrt{\dfrac{\rho}{2}}\right]$	$P_e = \dfrac{M-1}{M}\mathrm{erfc}\left[\sqrt{\dfrac{3\rho}{2(M^2-1)}}\right]$
普通式	$P_e = \dfrac{1}{2}\mathrm{erfc}\left[\dfrac{d}{\sqrt{2}\sigma_n}\right]$	$P_e = \dfrac{M-1}{M}\mathrm{erfc}\left[\dfrac{d}{\sqrt{2}\sigma_n}\right]$

M 进制与二进制相比较，在信噪比 ρ 相同的情况下，M 进制的误码率大；在误码率相同的情况下，M 进制要求有更大的信噪比 ρ。

4.6　眼　图

从理论上来讲，只要基带传输系统的传递函数 $H(\omega)$ 满足式(4 - 24)就可消除码间串扰，但在实际系统中完全消除码间串扰是非常困难的。这是因为 $H(\omega)$ 与发送滤波器、信道及接收滤波器有关，在实际工程中，如果部件调试不理想或信道特性发生变化，都可能使 $H(\omega)$ 改变，从而引起系统性能变坏。为了使系统达到最佳化，除了用专门的精密仪器进行测试和调整外，大量的维护工作希望用简单的方法和通用仪器也能宏观监测系统的性能，其中一个有用的实验方法是观察眼图。

具体的做法是：用一个示波器的探头连接在接收滤波器的输出端，用基带系统的定时脉冲做示波器的外同步信号，然后调整示波器扫描周期，使示波器水平扫描周期与接收码元的周期严格同步，并适当调整相位，使波形的中心对准取样时刻，这样在示波器屏幕上能看到像"眼睛"的图形，称为"眼图"。从"眼图"上可以观察出码间串扰和噪声的影响，从而估计系统的优劣程度。

为解释眼图和系统性能之间的关系，图 4 - 30 给出了无噪声情况下，无码间串扰和有码间串扰的波形和眼图。图 4 - 30(a)是无码间串扰的基带脉冲序列，用示波器观察它，并将水平扫描周期调到码元周期 T_b，则图 4 - 30(a)中每一个码元将重叠在一起。由于荧光屏的余辉作用，最终在示波器上显现出的是迹线又细又清晰的"眼睛"，如图 4 - 30(c)所示，"眼睛"张得很大。图 4 - 30(b)是有码间串扰的基带脉冲序列，此波形已经失真，用示波器观察到的图 4 - 30(b)扫描迹线就不完全重合，眼图的迹线就会不清晰，"眼睛"张开得较小，如图 4 - 30(d)所示。对比图 4 - 30(c)和图 4 - 30(d)可知，眼图的"眼睛"张开大小反映着码间串扰的强弱。图 4 - 30(c)眼图中央的垂直线即表示最佳判决时刻，信号取值为±1，眼图中央的横轴位置即为最佳判决门限电平。

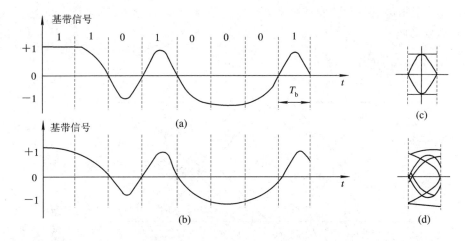

图 4 - 30　基带信号波形及眼图

(a) 无码间串扰的波形；(b) 有码间串扰的波形；

(c) 无码间串扰的眼图；(d) 有码间串扰的眼图

当存在噪声时，噪声将叠加在信号上，眼图的线迹更模糊不清，"眼睛"张开得更小。由于出现幅度大的噪声的机会很小，在示波器上不易被发觉，因此，利用眼图只能大致估计噪声的强弱。

图 4 - 31(a) 和 (b) 分别是二进制升余弦频谱信号在示波器上显示的两张眼图照片，图 4 - 31(a) 是几乎无码间串扰和加性噪声的眼图，图 4 - 31(b) 是有一定的噪声和码间串扰的眼图。还需指出，若扫描周期选为 nT_b，对二进制信号来说，示波器上将并排显现出 n 只"眼睛"，对多进制信号 (如 M 进制)，扫描周期为 T_b，示波器将纵向显示出 $M-1$ 只眼睛。

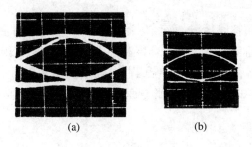

图 4 - 31　眼图照片

(a) 几乎无码间串扰和加性噪声；(b) 有一定的噪声和码间串扰

眼图对于数字信号传输系统是很有用的，它能直观地表明码间串扰和噪声的影响，能评价一个基带系统的性能优劣。因此可把眼睛理想化，简化为一个模型，如图 4 - 32 所示。

眼图的模型表示的意义如下：

(1) 最佳抽样时刻应选择在眼图中眼睛张开的最大处。

(2) 对定时误差的灵敏度由斜边斜率决定，斜率越大，对定时误差就越灵敏。

(3) 在抽样时刻上，眼图上、下两分支的垂直宽度，都表示了最大信号畸变。

(4) 在抽样时刻上，上、下两分支离门限最近的一根线迹至门限的距离表示各自相应电平的噪声容限，噪声瞬时值超过它时就可能发生判决差错。

(5) 对于信号过零点取平均来得到定时信息的接收系统，眼图倾斜分支与横轴相交的区域的大小，表示零点位置的变动范围，也称过零点畸变，这个变动范围的大小对提取定时信息有重要影响。

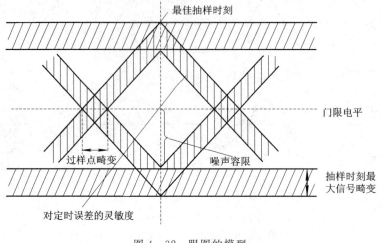

图 4 - 32　眼图的模型

4.7　时域均衡原理

实际的基带传输系统不可能完全满足无码间串扰的传输条件，因而码间串扰是不可避免的。当串扰严重时，必须对系统的传输函数 $H(\omega)$ 进行校正，使其接近无码间串扰要求的特性。理论和实践均表明，在基带系统中插入一种可调（或不可调）滤波器就可以补偿整个系统的幅频和相频特性，这个对系统校正的过程称为均衡。实现均衡的滤波器称为均衡器。

均衡分为时域均衡和频域均衡。频域均衡是从频率响应的角度考虑的，使包括均衡器在内的整个系统的总传输函数满足无失真传输条件；而时域均衡则是直接从时间响应的角度考虑的，使包括均衡器在内的整个系统的冲激响应满足无码间串扰条件。由于目前数字基带传输系统中主要采用时域均衡，因此这里仅介绍时域均衡原理。

4.7.1　时域均衡原理

时域均衡的基本思想可用图 4 - 33 所示的波形来简单说明。它是利用波形补偿的方法将失真的波形直接加以校正的，这可以利用观察波形的方法直接调节。时域均衡器又称横向滤波器，如图 4 - 34 所示。

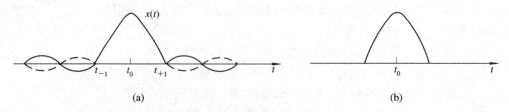

图 4 - 33　时域均衡基本波形

（a）失真的传输波形；（b）理想的传输波形

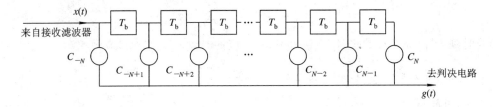

图 4 - 34　横向滤波器方框图

设图 4 - 33(a)为一接收到的单个脉冲，由于信道特性不理想而产生了失真，拖了"尾巴"，在 t_{-N}，…，t_{-1}，t_{+1}，…，t_{+N} 各抽样点上会对其他码元信号造成干扰。如果设法加上一条补偿波形，如图 4 - 33(a)中的虚线所示，与拖尾波形大小相等、极性相反，那么这个波形恰好把原来失真波形的"尾巴"抵消掉。校正后的波形不再拖"尾巴"了，如图 4 - 33(b)所示，从而消除了对其他码元的干扰，达到了均衡的目的。

时域均衡所需的补偿波形可以由接收到的波形延迟加权得到，所以均衡滤波器实际上就是由一抽头延迟线加上一些可变增益放大器组成的，如图 4 - 34 所示。它共有 $2N$ 节延迟线，每节的延迟时间等于码元宽度 T_b，在各延迟线之间引出抽头共 $2N+1$ 个。每个抽头的输出经可变增益(增益可正可负)放大器加权后输出。因此，当输入为有失真的波形 $x(t)$ 时，就可以使加法器输出的信号 $h(t)$ 对其他码元波形的串扰最小。

理论上，应有无限长的均衡滤波器才能把失真波形完全校正。但因为实际信道仅使一个码元脉冲波形对邻近的少数几个码元产生串扰，故实际上只要有一二十个抽头的滤波器就可以了。抽头数太多会给制造和使用带来困难。

实际应用时，是用示波器观察均衡滤波器输出信号 $h(t)$ 的眼图的。通过反复调整各个增益放大器的 C_i，使眼图的"眼"张开到最大为止。

设在基带系统接收滤波器与判决电路之间插入一个具有 $2N+1$ 个抽头的有限长横向滤波器，如图 4 - 34 所示。横向滤波器的输入信号为 $x(t)$，是被均衡的对象，不附加噪声，如图 4 - 35(a)所示。

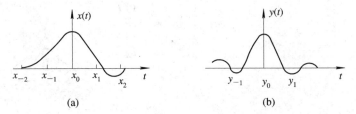

(a)　　　　　　　　　　(b)

图 4 - 35　有限长横向滤波器输入、输出单脉冲响应波形

(a) 输入单脉冲响应波形；(b) 输出单脉冲响应波形

如果有限长横向滤波器的单位冲激响应为 $h(t)$，相应的频率特性为 $H(\omega)$，则

$$h(t) = \sum_{i=-N}^{N} C_i \delta(t - iT_b) \tag{4-55}$$

$$H(\omega) = \sum_{i=-N}^{N} C_i e^{-j\omega T_b} \tag{4-56}$$

其中，$H(\omega)$ 由 $2N+1$ 个 C_i 确定。C_i 不同，将会有不同的均衡特性。

横向滤波器的输出 $y(t)$ 是 $x(t)$ 与 $h(t)$ 的卷积

$$y(t) = x(t) * h(t) = \sum_{i=-N}^{N} C_i x(t - iT_b)$$

在抽样时刻 $kT_b + t_0$，t_0 是图 4-35(b)中 x_0 对应的时刻，输出 $y(t)$ 应为

$$y(kT_b + t_0) = \sum_{i=-N}^{N} C_i x(kT_b + t_0 - iT_b) = \sum_{i=-N}^{N} C_i x[(k-i)T_b + t_0] \tag{4-57}$$

式(4-57)可简写为

$$y_k = \sum_{i=-N}^{N} C_i x_{k-i} \tag{4-58}$$

4.7.2　三抽头横向滤波器时域均衡

现在我们以图 4-36(a)所示的三个抽头的横向滤波器为例，说明横向滤波器消除码间串扰的工作原理。

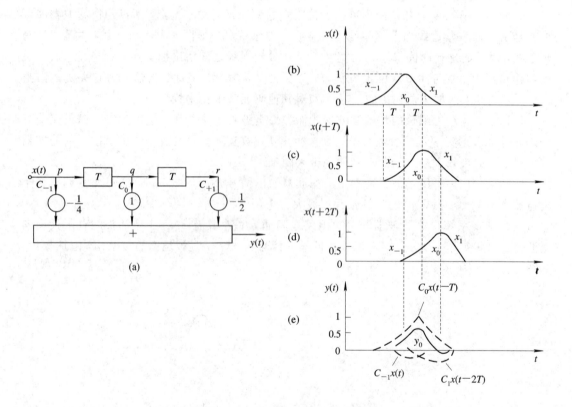

图 4-36　横向滤波器工作原理

(a) 三抽头横向滤波器；(b) p 点波形；(c) q 点波形；

(d) r 点波形；(e) 输出波形

假定滤波器的一个输入码元 $x(t)$ 在抽样时刻 t_0 达到最大值 $x_0 = 1$，而在相邻码元的抽样时刻 t_{-1} 和 t_{+1} 上的码间串扰值为 $x_{-1} = 1/4$，$x_1 = 1/2$，如图 4-36(b)所示。

$x(t)$ 经过延迟后，在 q 点和 r 点分别得到 $x(t+T)$ 和 $x(t+2T)$，如图 4-36(c)和(d)所示。若此滤波器的三个抽头增益调制分别为

$$C_{-1} = \frac{1}{4}, \quad C_0 = 1, \quad C_1 = -\frac{1}{2}$$

则调整后的三路波形如图 4-36(e)中虚线所示。三者相加得到最后输出 $y(t)$，其最大值 y_0 出现时刻比 $x(t)$ 最大值的滞后 T 秒，此输出波形在各抽样点上的值等于

$$y_{-2} = C_{-1} x_{-1} = \left(-\frac{1}{4}\right)\left(\frac{1}{4}\right) = -\frac{1}{16}$$

$$y_{-1} = C_{-1} x_0 + C_0 x_{-1} = \left(-\frac{1}{4}\right)(1) + (1)\left(\frac{1}{4}\right) = 0$$

$$y_0 = C_{-1} x_1 + C_0 x_0 + C_1 x_{-1} = \left(-\frac{1}{4}\right)\left(\frac{1}{2}\right) + (1)(1) + \left(-\frac{1}{2}\right)\left(\frac{1}{4}\right) = \frac{3}{4}$$

$$y_1 = C_0 x_1 + C_1 x_0 = (1)\left(\frac{1}{2}\right) + \left(-\frac{1}{2}\right)(1) = 0$$

$$y_2 = C_1 x_1 = \left(-\frac{1}{2}\right)\left(\frac{1}{2}\right) = -\frac{1}{4}$$

由以上结果可见，输出波形的最大值 y_0 降低为 $3/4$，相邻抽样点上消除了码间串扰，即 $y_{-1} = y_1 = 0$，但在其他点上又产生了串扰，即 y_{-2} 和 y_2。总的码间串扰是否会得到改善，需通过理论分析或观察示波器上显示的眼图获知，结果是码间串扰得到部分克服。

上述过程还可以用竖式运算：

$x(t) \times C_{-1}$	$\frac{1}{4} \times \left(-\frac{1}{4}\right)$	$1 \times \left(-\frac{1}{4}\right)$	$\frac{1}{2} \times \left(-\frac{1}{4}\right)$		
$x(t+T) \times C_0$		$\frac{1}{4} \times 1$	1×1	$\frac{1}{2} \times 1$	
$x(t+2T) \times C_{+1}$			$\frac{1}{4} \times \left(-\frac{1}{2}\right)$	$1 \times \left(-\frac{1}{2}\right)$	$\frac{1}{4} \times \left(-\frac{1}{2}\right)$
	$-\frac{1}{16}$	0	$\frac{3}{4}$	0	$-\frac{1}{4}$
	y_{-2}	y_{-1}	y_0	y_1	y_2

4.7.3　时域均衡效果的衡量

均衡的效果一般采用峰值畸变准则和均方畸变准则来衡量，它们都是根据输出的单脉冲响应来规定的。峰值畸变定义为

$$D \stackrel{\text{def}}{=\!=} \frac{1}{y_0} \sum_{\substack{k=-\infty \\ k \neq 0}}^{\infty} |y_k| \tag{4-59}$$

这说明峰值畸变 D 表示所有抽样时刻上得到的码间串扰的幅度之和与 $k=0$ 时刻上的峰值之比。显然，对于完全消除码间串扰的均衡器而言，由于除 $k=0$ 外有 $y_k = 0$，故峰值畸变 $D=0$；对于码间串扰不为零的场合，峰值畸变 D 取得最小值是我们所希望的。均方畸变定义为

$$\varepsilon^2 \stackrel{\text{def}}{=\!=} \frac{1}{y_0^2} \sum_{\substack{k=-\infty \\ k \neq 0}}^{\infty} y_k^2 \tag{4-60}$$

这一准则与峰值畸变准则的物理意义是相似的。

时域均衡按调整方式可分为手动均衡和自动均衡。自动均衡又可分为预置式自动均衡和自适应式自动均衡。预置式均衡是在实际数传之前先传输预先规定的测试脉冲(如重复频率很低的周期性单脉冲波形),然后接近零调整原理自动(或手动)调整抽头增益;自适应式均衡在数传过程中连续测出最佳的均衡效果,因此很受重视。自适应式均衡器过去实现起来比较复杂,但随着大规模、超大规模集成电路和微处理机的应用,其发展十分迅速。

上面所讨论的三抽头横向滤波器均方畸变计算如下:

输入端:

$$D_x = \frac{1}{x_0}\sum_{\substack{k=-\infty\\k\neq0}}^{\infty} |x_k| = \frac{\left|-\frac{1}{4}\right| + \left|-\frac{1}{2}\right|}{1} = \frac{3}{4}$$

输出端:

$$D_y = \frac{1}{y_0}\sum_{\substack{k=-\infty\\k\neq0}}^{\infty} |y_k| = \frac{\left|-\frac{1}{16}\right| + \left|-\frac{1}{4}\right|}{\frac{3}{4}} = \frac{5}{12}$$

由此可见,经过均衡处理后,输出端的畸变小于输入端的畸变,达到了均衡的目的。

4.8 部分响应技术

前面讨论了当把基带传输系统的总特性 $H(\omega)$ 设计成理想低通特性时,按 $H(\omega)$ 带宽 B 的两倍码元速率传输码元,不仅能消除码间串扰,还能实现极限频带利用率。但理想低通传输特性实际上是无法实现的,即使能实现,它的冲激响应"尾巴"振荡幅度大,收敛慢,从而对抽样判决定时的要求十分严格,稍有偏差就会造成码间串扰。于是人们又提出按升余弦特性设计 $H(\omega)$,此种特性的冲激响应虽然"尾巴"振荡幅度减小,对定时也可放松要求,然而所需要的频带利用率却下降了,这对高速传输尤为不利。

下面将给出一种频带利用率既高又使"尾巴"衰减大、收敛快的传输波形。通常把这种波形称为部分响应波形,形成部分响应波形的技术称为部分响应技术,利用这类波形的传输系统称为部分响应系统。

部分响应技术人为地在一个以上的码元区间引入一定数量的码间串扰,或者说,在一个以上码元区间引入一定的相关性(因这种串扰是人为的、有规律的)。这样做能够改变数字脉冲序列的频谱分布,从而达到压缩传输频带、提高频带利用率的目的。近年来在高速、大容量传输系统中,部分响应基带传输系统得到推广与应用,它与频移键控(FSK)或相移键控(PSK)相结合,可以获得性能良好的调制效果。

4.8.1 部分响应波形

为了阐明一般部分响应波形的概念,这里用一个实例加以说明。

让两个时间上相隔一个码元 T_b 的 $\sin x/x$ 波形相加,如图 4-37(a)所示,则相加后的波形 $g(t)$ 为

$$g(t) = \frac{\sin\left[2\pi W\left(t+\dfrac{T_b}{2}\right)\right]}{2\pi W\left(t+\dfrac{T_b}{2}\right)} + \frac{\sin\left[2\pi W\left(t-\dfrac{T_b}{2}\right)\right]}{2\pi W\left(t-\dfrac{T_b}{2}\right)} \tag{4-61}$$

其中，W 为奈奎斯特频率间隔，即 $W = \dfrac{1}{2T_b}$。

不难求出 $g(t)$ 的频谱函数 $G(\omega)$ 为

$$G(\omega) = \begin{cases} 2T_b \cos\dfrac{\omega T_b}{2}, & |\omega| \leqslant \dfrac{\pi}{T_b} \\[2mm] 0, & |\omega| > \dfrac{\pi}{T_b} \end{cases} \tag{4-62}$$

显然，这个 $G(\omega)$ 是呈余弦型的，如图 4-37(b) 所示（只画出正频率部分）。

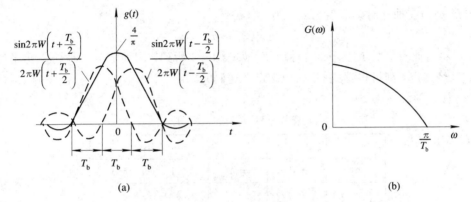

图 4-37　$g(t)$ 的波形及其频谱

（a）波形；（b）频谱

从式(4-61)可得

$$g(t) = \frac{4}{\pi}\left[\frac{\cos(\pi t/T_b)}{1-4t^2/T_b^2}\right]$$

可见

$$g(0) = \frac{4}{\pi}$$

$$g\left(\pm\frac{T_b}{2}\right) = 1$$

$$g\left(\frac{kT_b}{2}\right) = 0, \quad k = \pm 3, \pm 5, \cdots$$

由此看出：第一，$g(t)$ 的尾巴幅度随 t 按 $1/t^2$ 变化，即 $g(t)$ 的尾巴幅度与 t^2 成反比，这说明它比由理想低通形成的 $h(t)$ 衰减大，收敛也快；第二，若用 $g(t)$ 作为传送波形，且传送码元间隔为 T_b，则在抽样时刻上发送码元仅与其前、后码元相互干扰，而不与其他码元发生干扰，如图 4-38 所示。表面上看，由于前、后码元的干扰很大，故似乎无法按$1/T_b$ 的速率进行传送。但进一步分析表明，由于这时的干扰是确定的，故仍可按 $1/T_b$ 的传输速率传送码元。

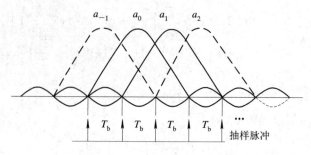

图 4-38　码间发生干扰示意图

4.8.2　差错传播

设输入二进制码元序列 $\{a_k\}$，并设 a_k 在抽样点上的取值为 $+1$ 和 -1。当发送 a_k 时，接收波形 $g(t)$ 在抽样时刻取值为 c_k，则

$$c_k = a_k + a_{k-1} \tag{4-63}$$

因此，c_k 将可能有 -2、0 及 $+2$ 三种取值，如表 4-3 所列，因而成为一种伪三元序列。如果 a_{k-1} 已经判定，则可根据式（4-64）确定发送码元。

$$a_k = c_k - a_{k-1} \tag{4-64}$$

表 4-3　c_k 的取值

a_{k-1}	$+1$	-1	$+1$	-1
a_k	$+1$	$+1$	-1	-1
c_k	$+2$	0	0	-2

上述判决方法虽然在原理上是可行的，但若有一个码元发生错误，则以后的码元都会发生错误检测，一直到再次出现传输错误时才能纠正过来，这种现象叫做差错传播。

4.8.3　部分响应基带传输系统的相关编码和预编码

为了消除差错传播现象，通常将绝对码变换为相对码，而后再进行部分响应编码。也就是说，将 a_k 先变为 b_k，其规则为

$$a_k = b_k \oplus b_{k-1} \tag{4-65}$$

或

$$b_k = a_k \oplus b_{k-1} \tag{4-66}$$

把 $\{b_k\}$ 送给发送滤波器形成前述的部分响应波形 $g(t)$。于是，参照式（4-63）可得

$$c_k = b_k + b_{k-1} \tag{4-67}$$

然后对 c_k 进行模 2 处理，便可直接得到 a_k，即

$$[c_k]_{\text{mod}2} = [b_k + b_{k-1}]_{\text{mod}2} = b_k \oplus b_{k-1} = a_k \tag{4-68}$$

上述整个过程不需要预先知道 a_{k-1}，故不存在错误传播现象。通常把 a_k 变成 b_k 的过程叫做"预编码"，而把 $c_k = b_k + b_{k-1}$（或 $c_k = a_k + a_{k-1}$）关系称为相关编码。

上述部分响应系统框图如图 4-39 所示，其中，图 4-39(a)为原理框图，图 4-39(b)为实际组成框图。

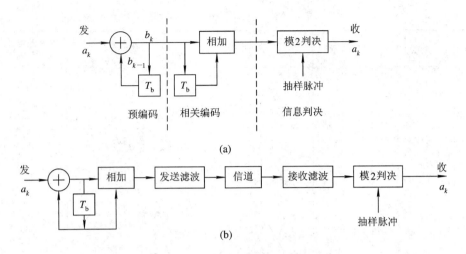

图 4-39　部分响应系统框图

(a) 原理框图；(b) 实际组成框图

4.8.4　部分响应波形的一般表示式

部分响应波形的一般形式可以是 N 个 $\mathrm{Sa}(x)$ 波形之和，其表达式为

$$g(t) = R_1 \, \mathrm{Sa}\!\left(\frac{\pi}{T_b}t\right) + R_2 \, \mathrm{Sa}\!\left[\frac{\pi}{T_b}(t - T_b)\right] + \cdots + R_N \, \mathrm{Sa}\!\left\{\frac{\pi}{T_b}\left[t - (N-1)T_b\right]\right\}$$

$$(4-69)$$

其中，R_1，R_2，$\cdots$，R_N 为 N 个 $\mathrm{Sa}(x)$ 波形的加权系数，其取值为正、负整数(包括取 0 值)。式(4-69)部分响应波形对应的频谱函数为

$$G(\omega) = \begin{cases} T_b \displaystyle\sum_{m=1}^{N} R_m \mathrm{e}^{\mathrm{j}\omega(m-1)T_b}, & |\omega| \leqslant \dfrac{\pi}{T_b} \\[2mm] 0, & |\omega| > \dfrac{\pi}{T_b} \end{cases}$$

$$(4-70)$$

显然，$G(\omega)$ 在频域 $(-\pi/T_b, \pi/T_b)$ 内才有非零值。

表 4-4 列出了五类部分响应波形、频域及加权系数 R_N，分别命名为 I、II、III、IV、V 类部分响应信号。为了便于比较，将 $\mathrm{Sa}(x)$ 的理想抽样函数也列入表内，称其为 0 类。可见，前面讨论的例子属于 I 类。各类部分响应波形的频谱均不超过理想低通信号的频谱宽度，但它们的频谱结构和对邻近码元抽样时刻的串扰不同。目前应用最多的是第 I 类和第 IV 类。第 I 类频谱主要集中在低频段，适于信道频带高频严重受限的场合。第 IV 类无直流成分，且低频分量很小。由表 4-4 还可以看出，第 I、IV 类的抽样电平数比其他几类均少。这也是它们得到广泛应用的原因之一。

与前述相似，为了避免"差错传播"现象，可在发送端进行编码：

$$a_k = R_1 b_k + R_2 b_{k-1} + \cdots + R_N b_{k-(N-1)} \qquad (\text{按模 } L \text{ 相加}) \qquad (4-71)$$

这里，设 $\{a_k\}$ 为 L 进制序列，$\{b_k\}$ 为预编码后的新序列。

将预编码后的 $\{b_k\}$ 进行相关编码，则有

$$c_k = R_1 b_k + R_2 b_{k-1} + \cdots + R_N b_{k-(N-1)} \qquad (\text{算术加}) \qquad (4-72)$$

表 4 - 4　各种部分响应系统

类别	R_1	R_2	R_3	R_4	R_5	$g(t)$	$\lvert G(\omega)\rvert,\lvert\omega\rvert\leqslant\dfrac{\pi}{T_b}$	二进输入时 c_k 的电平数
0	1					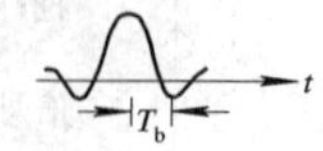	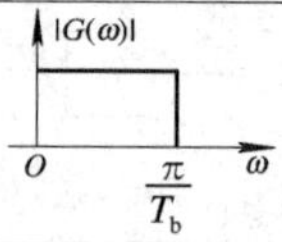	2
I	1	1				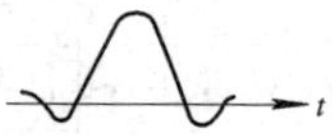	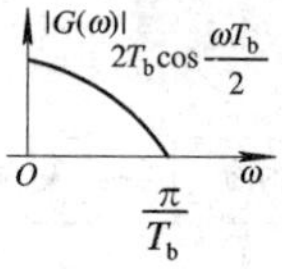 $2T_b\cos\dfrac{\omega T_b}{2}$	3
II	1	2	1			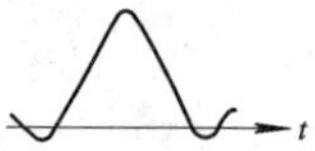	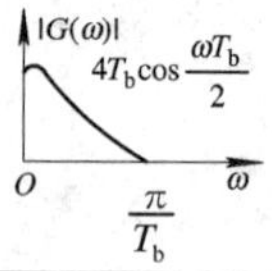 $4T_b\cos\dfrac{\omega T_b}{2}$	5
III	2	1	-1			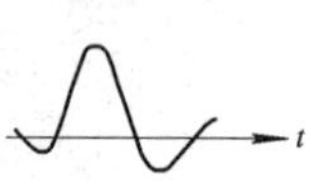	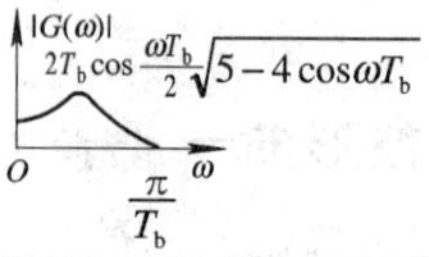 $2T_b\cos\dfrac{\omega T_b}{2}\sqrt{5-4\cos\omega T_b}$	5
IV	1	0	-1			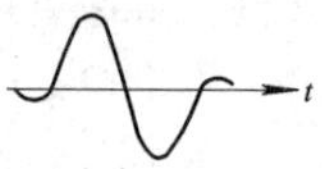	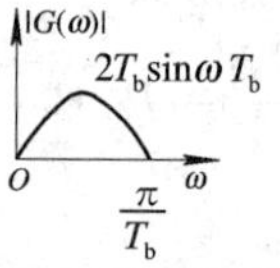 $2T_b\sin\omega T_b$	3
V	-1	0	2	0	-1		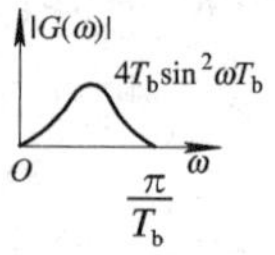 $4T_b\sin^2\omega T_b$	5

由式(4-71)和式(4-72)可得

$$a_k = \left[c_k\right]_{\text{mod}L}$$

这就是所希望的结果。此时不存在差错传播问题，且接收端译码十分简单，只须对 c_k 进行模 L 判决即可得 a_k。

本 章 小 结

　　常用数字基带信号码型有单、双极性不归零码，单、双极性归零码，AMI 码，HDB$_3$ 码，CMI 码，5B6B 码等。通过对其功率谱密度的分析，了解信号各频率分量大小，以便选择适合于线路传输的数字序列波形，并对信道频率特性提出合理要求。

　　基带信号传输时，要考虑码元间的相互干扰，即码间串扰问题。奈奎斯特第一准则给出了抽样无失真条件，理想低通型 $H(\omega)$ 和升余弦型 $H(\omega)$ 都能满足奈奎斯特第一准则，但升余弦的频带利用率低于 2 Baud/Hz 的极限利用率。

　　基带数字信号再生中继传输系统的关键部分是再生中继器，它直接影响着再生中继传输系统的性能。

由于实际信道特性很难预先知道，故码间串扰也在所难免。为了实现最佳传输效果，常用眼图监测系统性能，并采用均衡器和部分响应技术改善系统性能。

思考与练习 4

4-1　什么是基带信号？基带信号有哪几种常用的形式？

4-2　设二进制符号序列为 110010001110，试以矩形脉冲为例，分别画出相应的单极性码、双极性码、单极性归零码、双极性归零码、二进制差分码。

4-3　已知信息代码为 100000000011，求相应的 AMI 码和 HDB_3 码。

4-4　什么叫码间串扰？它是怎样产生的？有什么不好的影响？应该怎样消除或减小？

4-5　能满足无码间串扰条件的传输特性冲激响应 $h(t)$ 是怎样的？为什么说能满足无码间串扰条件的 $h(t)$ 不是唯一的？

4-6　基带传输系统中传输特性带宽是怎样定义的？它与信号带宽的定义有什么不同？

4-7　什么叫眼图？它有什么用处？为什么双极性码与 AMI 码的眼图具有不同的形状？

4-8　随机二进制序列的码元间隔为 T_b，将其送入图 4-40 的四种滤波器中，然后经过理想抽样再恢复出原始信号。试分析哪些可以引起码间串扰，哪些不会引起码间串扰。

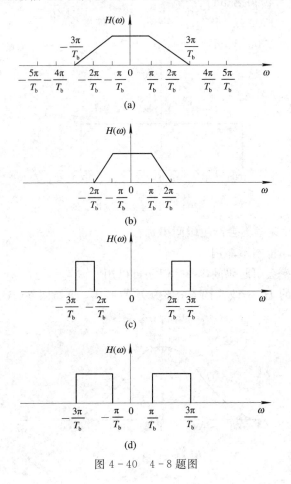

图 4-40　4-8 题图

4-9　已知基带传输系统总特性为如图 4-41 所示的直线滚降特性。求：

(1) 冲激响应 $h(t)$ 为多少？

(2) 当传输速率为 $2W_1$ 时，在抽样点有无码间串扰？

(3) 与理想低通特性比较，由于码元定时误差的影响所引起的码间串扰是增大还是减小？

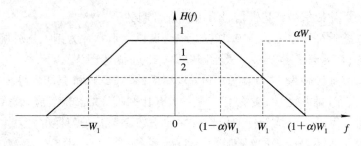

图 4-41　4-9 题图

4-10　已知滤波器的 $H(\omega)$ 具有如图 4-42 所示的特性(码元速率变化时特性不变)，当采用以下码元速率时(假设码元经过了理想抽样才加到滤波器)：

(a) 码元速率 $f_b = 1000$ Baud

(b) 码元速率 $f_b = 4000$ Baud

(c) 码元速率 $f_b = 1500$ Baud

(d) 码元速率 $f_b = 3000$ Baud

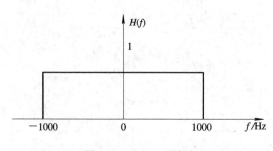

图 4-42　4-10 题图

问：(1) 哪种码元速率不会产生码间串扰？

(2) 哪种码元速率根本不能用？

(3) 哪种码元速率会引起码间串扰，但还可以用？

(4) 如果滤波器的 $H(\omega)$ 改为图 4-43 所示的形式，重新回答(1)(2)(3)问题。

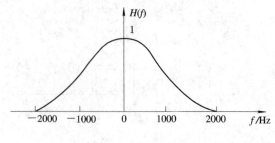

图 4-43　4-10 题图

4-11　为了传送码元速率 $R_B = 10^3$（Baud）的数字基带信号，试问系统采用图 4-44 所画的哪一种传输特性较好？并简要说明其理由。

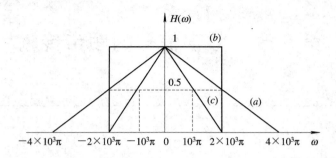

图 4-44　4-11 题图

4-12　设二进制基带系统分析模型如图 4-10 所示，现已知

$$H(\omega) = \begin{cases} \tau_0(1 + \cos\omega\tau_0), & |\omega| \leqslant \dfrac{\pi}{\tau_0} \\ 0, & |\omega| > \dfrac{\pi}{\tau_0} \end{cases}$$

试确定该系统的最高传码率 R_B 及相应的码元间隔 T_b。

4-13　设某一无码间串扰的传输系统具有 $\alpha = 1$ 的升余弦传输特性。试求：

（1）最高无码间串扰的码元传输速率及频带利用率；

（2）若输入信号由单位冲激函数变为宽度为 T 的不归零脉冲，且要保持输出波形不变，这时的系统传输特性如何；

（3）当升余弦传输特性的 $\alpha = 0.25$ 时，若要传输 PCM30/32 路的数字电话，信息速率 2048 kb/s，这时系统所需要的最小带宽是多少？

4-14　试画出 1110010011010 的眼图（码元速率为 $f_b = 1/T_b$）。

（1）"1"码用 $g(t) = [1 + \cos(\pi t/T_b)]/2$ 表示，"0"码用 $-g(t)$ 表示；

（2）"1"码用 $g(t) = [1 + \cos(2\pi t/T_b)]/2$ 表示，"0"码用 0 表示。

4-15　时域均衡怎样改善系统的码间串扰？

4-16　设有一个三抽头的时域均衡器如图 4-36(a) 所示。$x(t)$ 在各抽样点的值依次为 $x_{-2} = 1/8$，$x_{-1} = 1/3$，$x_0 = 1$，$x_1 = 1/4$，$x_2 = 1/16$，在其他点上其抽样值均为零；三个抽头的增益系数分别为 $c_{-1} = -1/3$，$c_0 = 1$，$c_1 = -1/4$。试计算 $x(t)$ 的峰值失真值，并求出均衡器输出 $y(t)$ 的峰值失真值。

4-17　接上题，如果 $x(t)$ 在各抽样点的值依次为 $x_{-2} = 0$，$x_{-1} = 0.2$，$x_0 = 1.0$，$x_1 = -0.3$，$x_2 = 0.1$，在其他点上其抽样值均为零；输出 $y(t)$ 的 $x_{-1} = 0$，$x_0 = 1.0$，$x_1 = 0$。试确定三个抽头的增益系数 c_{-1}、c_0、c_1。

4-18　设第一类部分响应系统如图 4-39 所示。如果输入数据序列 $\{a_k\}$ 为 0100110010，试求 $\{b_k\}$ 序列、$\{c_k\}$ 序列，并给出接收判决后的序列。

4-19　部分响应系统实现频带利用率为 2 Baud/Hz 的原理是什么？

第 5 章　数字信号的频带传输

【教学要点】

了解：多进制数字调制。

熟悉：二进制数字振幅调制；二进制数字频率调制。

掌握：二进制及四进制数字相位调制。

重点、难点：二进制及四进制数字相位调制的基本方法。

本章将对数字信号的振幅键控、频移键控以及相移键控进行全面介绍。数字信号有二进制和多进制之分，本章的重点是介绍二进制的各种键控方式，难点是相对相移键控方式。在介绍二进制调制方式的同时，对多进制调制方式也作相应的介绍。

5.1　引　言

与模拟通信相似，要使某一数字信号在带限信道中传输，就必须用数字信号对载波进行调制。对于大多数的数字传输系统来说，由于数字基带信号往往具有丰富的低频成分，而实际的通信信道又具有带通特性，因此，必须用数字信号来调制某一较高频率的正弦或脉冲载波，使已调信号能通过带限信道传输。这种用基带数字信号控制高频载波，把基带数字信号变换为频带数字信号的过程称为数字调制。那么，已调信号通过信道传输到接收端，在接收端通过解调器把频带数字信号还原成基带数字信号，这种数字信号的反变换称为数字解调。通常，我们把数字调制与解调合起来称为数字调制，把包括调制和解调过程的传输系统叫做数字信号的频带传输系统。

一般说来，数字调制技术可分为两种类型：① 利用模拟方法去实现数字调制，即把数字基带信号当作模拟信号的特殊情况来处理；② 利用数字信号的离散取值特点键控载波，从而实现数字调制。第②种技术通常称为键控法，比如对载波的振幅、频率及相位进行键控，便可获得振幅键控（ASK）、频移键控（FSK）及相移键控（PSK）的调制方式。键控法一般由数字电路来实现，它具有调制变换速率快、调整测试方便、体积小和设备可靠性高等特点。

在数字调制中，所选择参量可能的变化状态数应与信息元数相对应。数字信息有二进制和多进制之分，因此，数字调制可分为二进制调制和多进制调制两种。在二进制调制中，信号参量只可能有两种取值；而在多进制调制中，信号参量可能有 $M(M>2)$ 种取值。一般而言，在码元速率一定的情况下，M 取值越大，信息传输速率越高，但其抗干扰性能也越差。

根据已调信号结构形式的不同，又可以把数字调制分为线性调制和非线性调制两种。在线性调制中，已调信号表示为基带信号与载波信号的乘积，已调信号的频谱结构和基带信号的频谱结构相同，只不过搬移了一个频率位置；在非线性调制中，已调信号的频谱结构和基带信号的频谱结构不再相同，原因是这时的已调信号通常不能简单地表示为基带信号与载波信号的乘积关系，其频谱不是简单的频谱搬移。

频带传输系统可以通过图 5-1 来描述。由图可见，原始数字序列经基带信号形成器后变成适合于信道传输的基带信号 $s(t)$，然后送到键控器来控制射频载波的振幅、频率或相位，形成数字调制信号并送至信道，在信道中传输的还有各种干扰。接收滤波器把叠加在干扰和噪声中的有用信号提取出来，并经过相应的解调器，恢复出数字基带信号 $s'(t)$ 或数字序列。

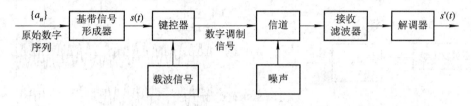

图 5-1　频带传输系统的组成方框图

5.2　二进制数字振幅调制

5.2.1　一般原理与实现方法

振幅键控（也称幅移键控），记做 ASK（Amplitude Shift Keying），或称其为开关键控（通断键控），记做 OOK（On Off Keying）。二进制数字振幅键控通常记做 2ASK。

根据线性调制的原理，一个二进制的振幅键控信号可以表示成一个单极性矩形脉冲序列与一个正弦型载波的乘积，即

$$e(t) = \left[\sum_n a_n g(t - nT_b) \right] \cos\omega_c t \tag{5-1}$$

其中，$g(t)$ 是持续时间为 T_b 的矩形脉冲；ω_c 是载波频率；a_n 为二进制数字。

$$a_n = \begin{cases} 1, & \text{出现的概率为 } P \\ 0, & \text{出现的概率为 } 1-P \end{cases} \tag{5-2}$$

若令

$$s(t) = \sum_n a_n g(t - nT_s) \tag{5-3}$$

则式（5-1）变为

$$e(t) = s(t) \cos\omega_c t \tag{5-4}$$

实现振幅调制的一般原理方框图如图 5-2 所示。

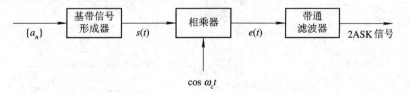

图 5-2　振幅调制的一般原理方框图

在图 5-2 中，基带信号形成器把数字序列 $\{a_n\}$ 转换成所需的单极性基带矩形脉冲序列 $s(t)$，$s(t)$ 与载波相乘后即把 $s(t)$ 的频谱搬移到 f_c 附近，实现了 2ASK。带通滤波器滤出所需的已调信号，以防止带外辐射影响邻台。

2ASK 信号之所以又称为 OOK 信号，是因为振幅键控的实现可以用开关电路来完成，开关电路以数字基带信号为门脉冲来选通载波信号，从而在开关电路输出端得到 2ASK 信号。实现 2ASK 信号的模型框图及波形如图 5-3 所示。

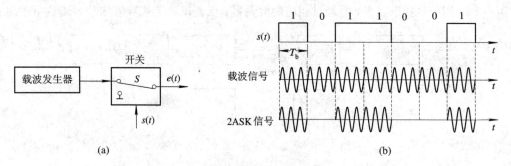

图 5-3　实现 2ASK 信号的模型框图及波形

(a) 模型框图；(b) 波形

5.2.2　2ASK 信号的功率谱及带宽

若用 $G(f)$ 表示二进制序列中一个宽度为 T_b、高度为 1 的门函数 $g(t)$ 所对应的频谱函数，$P_s(f)$ 为 $s(t)$ 的功率谱密度，$P_o(f)$ 为已调信号 $e(t)$ 的功率谱密度，则有

$$P_o(f) = \frac{1}{4}[P_s(f+f_c) + P_s(f-f_c)] \tag{5-5}$$

对于单极性 NRZ 码，当 1、0 等概时，2ASK 信号功率谱密度可以表示为

$$P_o(f) = \frac{1}{16}[\delta(f+f_c) + \delta(f-f_c)] + \frac{1}{16}T_b[\mathrm{Sa}^2\pi T_b(f+f_c) + \mathrm{Sa}^2\pi T_b(f-f_c)]$$

$$\tag{5-6}$$

由此画出 2ASK 信号功率谱如图 5-4 所示。

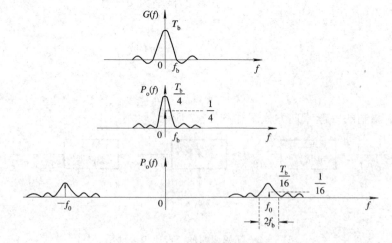

图 5-4　2ASK 信号的功率谱

由图 5-4 可见：

(1) 因为 2ASK 信号的功率谱密度 $P_o(f)$ 是相应的单极性数字基带信号功率谱密度 $P_s(f)$ 形状不变地平移至 $\pm f_c$ 处形成的，所以 2ASK 信号的功率谱密度由连续谱和离散谱两部分组成。它的连续谱取决于数字基带信号基本脉冲的频谱 $G(f)$；它的离散谱是位于 $\pm f_c$ 处的一对频域冲激函数，这意味着 2ASK 信号中存在着可作载频同步的载波频率 f_c 的成分。

(2) 基于同样的原因，可以知道，上面所述的 2ASK 信号实际上相当于模拟调制中的调幅（AM）信号。因此，由图 5-4 可以看出，2ASK 信号的带宽 B_{2ASK} 是单极性数字基带信号 B_g 的两倍。当数字基带信号的基本脉冲是矩形不归零脉冲时，$B_g=1/T_b$。于是 2ASK 信号的带宽为

$$B_{2ASK} = 2B_g = \frac{2}{T_b} = 2f_b \tag{5-7}$$

因为系统的传码率 $R_B=1/T_b$（Baud），故 2ASK 系统的频带利用率为

$$\eta_B = \frac{\dfrac{1}{T_b}}{\dfrac{2}{T_b}} = \frac{f_b}{2f_b} = \frac{1}{2}\ \text{（Baud/Hz）} \tag{5-8}$$

这意味着用 2ASK 方式传送码元速率为 R_B 的数字信号时，要求该系统的带宽至少为 $2R_B$（Hz）。

2ASK 信号的主要优点是易于实现，其缺点是抗干扰能力不强，主要应用在低速数据传输中。

5.2.3　2ASK 信号的解调及系统误码率

1. 2ASK 信号的解调

2ASK 信号的解调有两种方法：包络解调法和相干解调法。

包络解调法原理方框图如图 5-5 所示。带通滤波器恰好使 2ASK 信号完整地通过，包络检测后，输出其包络。低通滤波器的作用是滤除高频杂波，使基带包络信号通过。抽样判决器包括抽样、判决及码元形成，有时又称译码器。定时抽样脉冲是很窄的脉冲，通常位于每个码元的中央位置，其重复周期等于码元的宽度。不计噪声影响时，带通滤波器输出为 2ASK 信号，即 $y(t)=s(t)\cos\omega_c t$，包络检波器输出为 $s(t)$，经抽样、判决后将码元再生，即可恢复出数字序列 $\{a_n\}$。

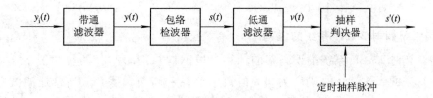

图 5-5　2ASK 信号的包络解调法原理方框图

相干解调法原理方框图如图 5-6 所示。相干解调就是同步解调，同步解调时，接收机要产生一个与发送载波同频同相的本地载波信号，称其为同步载波或相干载波，利用此载

波与收到的已调波相乘，乘法器输出为

$$z(t) = y(t) \cdot \cos\omega_c t = s(t) \cdot \cos^2\omega_c t$$

$$= s(t) \cdot \left[\frac{1}{2}(1 + \cos 2\omega_c t)\right]$$

$$= \frac{1}{2}s(t) + \frac{1}{2}s(t)\,\cos 2\omega_c t$$

其中，第一项是基带信号，第二项是以 $2\omega_c$ 为载波的成分，两者频谱相差很远。经低通滤波后，即可输出 $s(t)/2$ 信号。低通滤波器的截止频率取得与基带数字信号的最高频率相等。由于噪声影响及传输特性的不理想，低通滤波器输出波形将会有失真，经抽样判决、整形后则可再生数字基带脉冲。

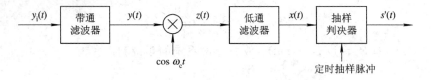

图 5-6　2ASK 信号的相干解调法原理方框图

假设 2ASK 信号经过信道传输是无码间串扰，只有均值为零的高斯白噪声 $n_i(t)$，它的功率谱密度为

$$P_n(f) = \frac{n_0}{2} \qquad (-\infty < f < \infty)$$

则接收端 BPF 之前的有用信号为 $u_i(t)$

$$u_i(t) = \begin{cases} A\,\cos\omega_c t, & \text{发"1"时} \\ 0, & \text{发"0"时} \end{cases}$$

噪声 $n_i(t)$ 和有用信号 $u_i(t)$ 的合成信号为 $y_i(t)$

$$y_i(t) = \begin{cases} u_i(t) + n_i(t), & \text{发"1"时} \\ n_i(t), & \text{发"0"时} \end{cases}$$

经过 BPF 之后，有用信号被取出，而高斯白噪声变成了窄带高斯噪声 $n(t)$，这时的合成信号为 $y(t)$

$$y(t) = \begin{cases} u_i(t) + n(t), & \text{发"1"时} \\ n(t), & \text{发"0"时} \end{cases}$$

$$= \begin{cases} [A + n_c(t)]\,\cos\omega_c t - n_s(t)\,\sin\omega_c t, & \text{发"1"时} \\ n_c(t)\,\cos\omega_c t - n_s(t)\,\sin\omega_c t, & \text{发"0"时} \end{cases}$$

2. 包络解调时 2ASK 系统的误码率

包络解调时 2ASK 系统的误码率的计算是根据发"1"和发"0"两种情况下产生的误码率之和而得来的。设信号的幅度为 A，信道中存在着高斯白噪声，当带通滤波器恰好让 ASK 信号通过时，发"1"时包络的一维概率密度函数为莱斯分布，其主要能量集中在"1"附近；而发"0"时包络的一维概率密度函数为瑞利分布，信号能量主要集中在"0"附近，但是这两种分布在 $A/2$ 附近会产生重叠，见图 5-7。若发"1"的概率为 $P(1)$，发"0"的概率为 $P(0)$，并且当 $P(0) = P(1) = 1/2$ 时，取样判决器的判决门限电平取为 $A/2$，当包络的抽样

值大于 $A/2$ 时，判为"1"；当抽样值小于或等于 $A/2$ 时，判为"0"。若发"1"错判为"0"的概率为 $P(0/1)$，发"0"错判为"1"的概率为 $P(1/0)$，则系统的总误码率为

$$P_e = P(1)P(0/1) + P(0)P(1/0)$$

$$= \frac{1}{2}[P(0/1) + P(1/0)] \quad (5-9)$$

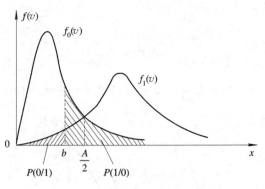

图 5-7　2ASK 信号包络解调时概率分布曲线

发"1"时包络的一维概率密度函数莱斯分布为

$$f_1(v) = \frac{v}{\sigma_n^2} I_0\left(\frac{\sigma v}{\sigma_n^2}\right) \exp\left(-\frac{v^2 + a^2}{2\sigma_n^2}\right)$$

$$(5-10)$$

其中，I_0 是零阶贝赛尔函数。

发"0"时包络的一维概率密度函数瑞利分布为

$$f_0(v) = \frac{v}{\sigma_n^2} \exp\left(-\frac{v^2}{2\sigma_n^2}\right) \quad\quad\quad\quad (5-11)$$

实际上，P_e 就是图 5-7 中两块阴影面积之和的一半。$x = A/2$ 直线左边的阴影面积等于 P_{e1}，其值的一半表示漏报概率；$x = A/2$ 直线右边的阴影面积等于 P_{e0}，其值的一半表示虚报概率。采用包络检波的接收系统，通常是工作在大信噪比的情况下，这时可近似地得出系统误码率为

$$P_e = \frac{1}{2}\int_{-\infty}^{A/2} f_1(v)\,\mathrm{d}v + \frac{1}{2}\int_{A/2}^{\infty} f_0(v)\,\mathrm{d}v = \frac{1}{2}\mathrm{e}^{-\frac{r}{4}} \quad\quad (5-12)$$

其中，$r = A^2/(2\sigma_n^2)$ 为输入信噪比。式(5-12)表明，在 $r \gg 1$ 的条件下，包络解调 2ASK 系统的误码率随输入信噪比 r 的增大，近似地按指数规律下降。

3. 相干解调时 2ASK 系统的误码率

相干解调时 2ASK 系统的误码率的计算是考虑经过带通滤波器、乘法器以及低通滤波器以后，信号和噪声均已检出并输入抽样判决器。

由图 5-6 可知，经过带通滤波器的信号为 $y(t)$，它是窄带信号。经过乘法器以后，信号为 $z(t)$，即

$$z(t) = y(t)\cos\omega_c t$$

$$= \begin{cases} [A + n_c(t)\cos^2\omega_c t - n_s(t)\cos\omega_c t\sin\omega_c t], & \text{发"1"时} \\ n_c(t)\cos^2\omega_c t - n_s(t)\cos\omega_c t\sin\omega_c t, & \text{发"0"时} \end{cases}$$

经过 LPF 后，得

$$x(t) = \begin{cases} A + n_c(t), & \text{发"1"时} \\ n_c(t), & \text{发"0"时} \end{cases}$$

无论是发送"1"还是"0"，送给判决器的信号均是有用信号与噪声的混合物，其瞬时值的概率密度都是正态分布的，只是均值不同而已。发"1"、发"0"码时 $x(t)$ 的一维概率密度函数分别为

$$f_1(x) = \frac{1}{\sqrt{2\pi}\sigma_n} \exp\left[-\frac{(x-A)^2}{2\sigma_n^2}\right] \qquad (5-13)$$

$$f_0(x) = \frac{1}{\sqrt{2\pi}\sigma_n} \exp\left(-\frac{x^2}{2\sigma_n^2}\right) \qquad (5-14)$$

2ASK 信号相干解调时概率分布曲线如图 5-8 所示。

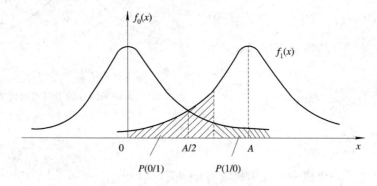

图 5-8   2ASK 信号相干解调时概率分布曲线

当 $P(0)=P(1)=1/2$ 时，假设判决门限电平为 $A/2$，$x>A/2$ 判为"1"，$x\leqslant A/2$ 判为 "0"，发"1"判为"0"的概率为 $P(0/1)$，发"0"判为"1"的概率为 $P(1/0)$，这时，相干检测时 2ASK 系统的误码率为

$$
\begin{aligned}
P_e &= P(1)P(0/1) + P(0)P(1/0) \\
&= \frac{1}{2}\int_{-\infty}^{A/2} f_1(x)\,\mathrm{d}x + \frac{1}{2}\int_{A/2}^{\infty} f_0(x)\,\mathrm{d}x \\
&= \frac{1}{2}\,\mathrm{erfc}\left(\frac{A}{2\sqrt{2}\sigma_n}\right) = \frac{1}{2}\,\mathrm{erfc}\left(\frac{\sqrt{r}}{2}\right) \qquad (5-15)
\end{aligned}
$$

当信噪比 $r\gg1$ 时，系统的误码率可进一步近似为

$$P_e \approx \frac{1}{\sqrt{\pi r}}\mathrm{e}^{-\frac{r}{4}} \qquad (5-16)$$

式(5-16)表明，随着输入信噪比的增加，系统的误码率将更迅速地按指数规律下降。

将 2ASK 信号包络非相干解调与相干解调相比较，我们可以得出以下几点：

(1) 相干解调比非相干解调容易设置最佳判决门限电平。因为相干解调时最佳判决门限仅是信号幅度的函数，而非相干解调时最佳判决门限是信号和噪声的函数。

(2) 最佳判决门限时，r 一定，$P_{e相}<P_{e非}$，即信噪比一定时，相干解调的误码率小于非相干解调的误码率；P_e 一定时，$r_相<r_非$，即系统误码率一定时，相干解调比非相干解调对信号的信噪比要求低。由此可见，相干解调 2ASK 系统的抗噪声性能优于非相干解调系统。这是由于相干解调利用了相干载波与信号的相关性，起了增强信号抑制噪声作用的缘故。

(3) 相干解调需要插入相干载波，而非相干解调不需要。可见，相干解调的设备要复杂一些，而非相干解调的设备要简单一些。

一般而言，对 2ASK 系统，大信噪比条件下使用包络检测，即非相干解调，而小信噪比条件下使用相干解调。

5.3　二进制数字频率调制

5.3.1　一般原理与实现方法

数字频率调制又称频移键控，记做 FSK(Frequency Shift Keying)，二进制频移键控记做 2FSK。数字频移键控是用载波的频率来传送数字消息的，即用所传送的数字消息控制载波的频率。由于数字消息只有有限个取值，相应地，作为已调的 FSK 信号的频率也只能有有限个取值。那么，2FSK 信号便是符号"1"对应于载频 ω_1，而符号"0"对应于载频 ω_2(与 ω_1 不同的另一载频)的已调波形，而且 ω_1 与 ω_2 之间的改变是瞬间完成的。

从原理上讲，数字调频可用模拟调频法来实现，也可用键控法来实现，后者较为方便。2FSK 键控法就是利用受矩形脉冲序列控制的开关电路对两个不同的独立频率源进行选通的。2FSK 信号的产生及波形如图 5-9 所示。图中 $s(t)$ 为代表信息的二进制矩形脉冲序列，$e_{\mathrm{o}}(t)$ 即是 2FSK 信号。注意到相邻两个振荡波形的相位可能是连续的，也可能是不连续的。因此，有相位连续的 FSK 及相位不连续的 FSK 之分，并分别记做 CPFSK(Continuous Phase FSK)及 DPFSK(Discrete Phase FSK)。

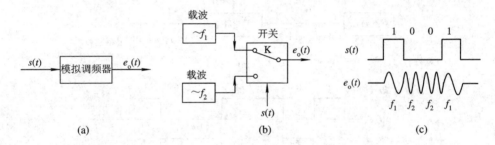

图 5-9　2FSK 信号的产生及波形

(a) 模拟调频方框图；(b) 数字键控原理图；(c) 波形图

根据以上对 2FSK 信号的产生原理的分析，已调信号的数字表达式可以表示为

$$e_{\mathrm{o}}(t) = \left[\sum_n a_n g(t - nT_{\mathrm{s}}) \right] \cos(\omega_1 t + \varphi_n) + \left[\sum_n \overline{a_n} g(t - nT_{\mathrm{s}}) \right] \cos(\omega_2 + \theta_n)$$

$$(5-17)$$

其中，$g(t)$ 为单个矩形脉冲；T_{s} 为脉宽；φ_n、θ_n 分别是第 n 个信号码元的初相位；a_n 的取值为

$$a_n = \begin{cases} 0, & \text{概率为 } P \\ 1, & \text{概率为 } (1-P) \end{cases}$$

$$(5-18)$$

$\overline{a_n}$ 是 a_n 的反码。若 $a_n = 0$，则 $\overline{a_n} = 1$；若 $a_n = 1$，则 $\overline{a_n} = 0$，于是

$$\overline{a_n} = \begin{cases} 1, & \text{概率为 } P \\ 0, & \text{概率为 } (1-P) \end{cases}$$

$$(5-19)$$

一般来说，键控法得到的 φ_n、θ_n 与序号 n 无关，反映在 $e_{\mathrm{o}}(t)$ 上，仅表现出当 ω_1 与 ω_2 改变时其相位是不连续的；而用模拟调频法时，由于 ω_1 与 ω_2 改变时 $e_{\mathrm{o}}(t)$ 的相位是连续的，故 φ_n、θ_n 不仅与第 n 个信号码元有关，而且 φ_n 与 θ_n 之间也应保持一定的关系。下面我们讨论模拟调制法和数字键控法，它们分别对应着相位连续的 FSK 和相位不连续的 FSK。

1. 直接调频法（相位连续 2FSK 信号的产生）

用数字基带矩形脉冲控制一个振荡器的某些参数，直接改变振荡频率，使输出得到不同频率的已调信号。用此方法产生的 2FSK 信号对应着两个频率的载波，在码元转换时刻，两个载波相位能够保持连续，所以称其为相位连续的 2FSK 信号。

直接调频法虽易于实现，但频率稳定度较差，因而实际应用较少。

2. 频率键控法（相位不连续 2FSK 信号的产生）

如果在两个码元转换时刻，前后码元的相位不连续，则称这种类型的信号为相位不连续的 2FSK 信号。频率键控法又称为频率转换法，它采用数字矩形脉冲控制电子开关，使电子开关在两个独立的振荡器之间进行转换，从而在输出端得到不同频率的已调信号。其原理框图及各点波形如图 5 – 10 所示。

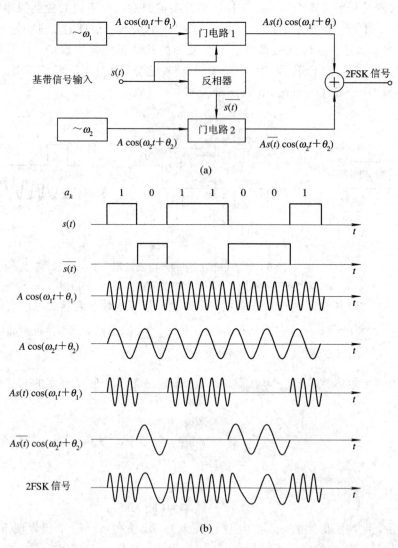

图 5 – 10　相位不连续 2FSK 信号的原理框图和各点波形

(a) 原理框图；(b) 各点波形

由图 5-10 可知，当数字信号为"1"时，正脉冲使门电路 1 接通，门 2 断开，输出频率为 f_1；当数字信号为"0"时，门 1 断开，门 2 接通，输出频率为 f_2。如果产生 f_1 和 f_2 的两个振荡器是独立的，则输出的 2FSK 信号的相位是不连续的。这种方法的特点是转换速度快、波形好、频率稳定度高、电路不太复杂，故得到广泛应用。

5.3.2　2FSK 信号的功率谱及带宽

2FSK 信号的功率谱也有两种情况，首先介绍相位不连续的 2FSK 信号的功率谱及带宽。

1. 相位不连续的 2FSK 信号

由前面对相位不连续的 2FSK 信号产生原理的分析知，相位不连续的 2FSK 信号可视为两个 2ASK 信号的叠加，其中一个载波为 f_1，另一个载波为 f_2。其信号表示式为

$$e(t) = e_1(t) + e_2(t) = s(t)\cos(\omega_1 t + \varphi_1) + \overline{s(t)}\cos(\omega_2 t + \varphi_2) \qquad (5-20)$$

其中，$s(t) = \sum_n a_n g(t - nT_b)$，$\overline{s(t)}$ 为 $s(t)$ 的反码，且

$$a_n = \begin{cases} 0, & \text{概率为 } P \\ 1, & \text{概率为 } (1-P) \end{cases}$$

于是，相位不连续的 2FSK 信号的功率谱可写为

$$P_o(f) = P_1(f) + P_2(f)$$

当将 φ_1、φ_2 视为 0 时（相位对功率谱不产生影响），则

$$P_1(f) = \frac{1}{4}[P_s(f + f_1) + P_s(f - f_1)]$$

$$P_2(f) = \frac{1}{4}[P_s(f + f_2) + P_s(f - f_2)]$$

相位不连续的 2FSK 信号的总功率谱为

$$\begin{aligned} P_o(f) = &\frac{1}{4}f_b P(1-P)[\,|\,G(f + f_1)\,|^2 + |\,G(f - f_1)\,|^2\,] \\ &+ \frac{1}{4}f_b^2(1-P)^2 G^2(0)[\delta(f + f_1)\delta(f - f_1)] \\ &+ \frac{1}{4}f_b P(1-P)[\,|\,G(f + f_2)\,|^2 + |\,G(f - f_2)\,|^2\,] \\ &+ \frac{1}{4}f_b^2(1-P)^2 G^2(0)[\delta(f + f_2)\delta(f - f_2)] \end{aligned}$$

当 $P = 1/2$ 时，并考虑 $G(0) = T_b$，则信号的单边功率谱为

$$\begin{aligned} P_o(f) = &\frac{T_b}{8}\{\mathrm{Sa}^2[\pi(f - f_1)T_b] + \mathrm{Sa}^2[\pi(f - f_2)T_b]\} \\ &+ \frac{1}{8}[\delta(f - f_1) + \delta(f - f_2)] \end{aligned} \qquad (5-21)$$

相位不连续的 2FSK 信号的功率谱曲线如图 5-11 所示，由图可见：

(1) 相位不连续的 2FSK 信号的功率谱与 2ASK 信号的功率谱相似，同样由离散谱和连续谱两部分组成。其中，连续谱与 2ASK 信号的相同，而离散谱是位于 $\pm f_1$、$\pm f_2$ 处的两对冲激，这表明 2FSK 信号中含有载波 f_1、f_2 的分量。

（2）若仅计算 2FSK 信号功率谱第一个零点之间的频率间隔，则该 2FSK 信号的频带宽度为

$$B_{2FSK} = |f_2 - f_1| + 2R_B = (2 + h)R_B \qquad (5-22)$$

其中，$R_B = f_b$ 是基带信号的带宽；$h = |f_2 - f_1|/R_B$ 为偏移率（调制指数）。

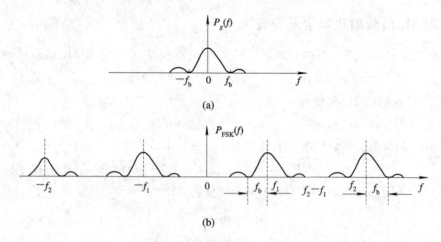

图 5-11 相位不连续的 2FSK 信号的功率谱曲线

（a）基带信号功率谱；（b）2FSK 信号功率谱

为了便于接收端解调，要求 2FSK 信号的两个频率 f_1、f_2 之间要有足够的间隔。对于采用带通滤波器来分路的解调方法，通常取 $|f_2 - f_1| = (3 \sim 5)R_B$。于是，2FSK 信号的带宽为

$$B_{2FSK} \approx (5 \sim 7)R_B \qquad (5-23)$$

相应地，这时 2FSK 系统的频带利用率为

$$\eta = \frac{f_b}{B_{2FSK}} = \frac{R_B}{B_{2FSK}} = \frac{1}{5 \sim 7} \ (\text{Baud/Hz}) \qquad (5-24)$$

将上述结果与 2ASK 的式（5-7）和式（5-8）相比可知，当用普通带通滤波器作为分路滤波器时，2FSK 信号的带宽约为 2ASK 信号的 3 倍，系统频带利用率只有 2ASK 系统的 1/3 左右。

2. 相位连续的 2FSK 信号

直接调频法是一种非线性调制，由此而获得的 2FSK 信号的功率谱不像 2ASK 信号那样，也不同于相位不连续的 2FSK 信号的功率谱，它不可直接通过基带信号频谱在频率轴上搬移，也不能用这种搬移后频谱的线性叠加来描绘。因此，对相位连续的 2FSK 信号频谱的分析是十分复杂的。图 5-12 给出了几种不同调制指数下相位连续的 2FSK 信号功率谱密度曲线，图中 $f_c = (f_1 + f_2)/2$ 称为频偏，$h = |f_2 - f_1|/R_B$ 称为偏移率（或频移指数或调制指数），$R_B = f_b$ 是基带信号的带宽。

由图 5-12 可以看出：

（1）功率谱曲线对称于频偏（标称频率）f_c。

（2）当偏移量（调制指数）h 较小时，如 $h < 0.7$ 时，信号能量集中在 $f_c \pm 0.5R_B$ 范围内；如 $h < 0.5$ 时，在 f_c 处出现单峰值，在其两边平滑地滚降。在这种情况下，2FSK 信号

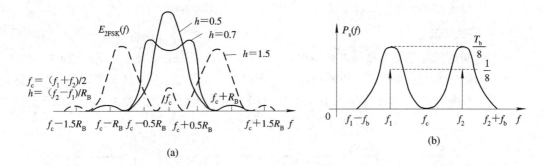

图 5-12　相位连续的 2FSK 信号的功率谱密度曲线

(a) $h=0.5$, $h=0.7$, $h=1.5$；(b) $h=1$

的带宽小于或等于 2ASK 信号的带宽，约为 $2R_B$。

(3) 随着 h 的增大，信号功率谱将扩展，并逐渐向 f_1、f_2 两个频率集中。当 $h>0.7$ 后，将明显地呈现双峰；当 $h=1$ 时，达到极限情况，这时双峰恰好分开，在 f_1 和 f_2 位置上出现了两个离散谱线，如图 5-12(b)所示。继续增大 h 值，两个连续功率谱 f_1、f_2 中间就会出现有限个小峰值，且在此间隔内频谱还出现了零点。但是，当 $h<1.5$ 时，相位连续的 2FSK 信号带宽虽然比 2ASK 的宽，但还是比相位不连续的 2FSK 信号的带宽要窄。

(4) 当 h 值较大时（大约在 $h>2$ 以后），将进入高指数调频。这时，信号功率谱扩展到很宽频带，且与相位不连续 2FSK 信号的频谱特性基本相同。当 $|f_2-f_1|=mR_B$（m 为正整数）时，信号功率谱将出现离散频率分量。

下面，我们将两种 2FSK 及 2ASK（或 2PSK）信号的带宽在取不同的调制指数 h 值时进行比较，其比较结果见表 5-1。

表 5-1　几种调制信号带宽比较

B ＼ h	0.6~0.7	0.8~1.0	1.5	>2
相位连续的 2FSK 信号	$1.5R_B$	$2.5R_B$	$3R_B$	$(2+h)R_B$
相位不连续的 2FSK 信号	$(2+h)R_B$	$(2+h)R_B$	$(2+h)R_B$	$(2+h)R_B$
2ASK 信号或 2PSK 信号	$2R_B$	$2R_B$	$2R_B$	$2R_B$

从上述比较中可以发现，相位连续的 2FSK 信号在选择较小的调制指数 h 时，信号所占的频带比较窄，甚至有可能小于 2ASK 信号的频带，说明此时的频带利用率较高。这种小频偏的 2FSK 方式，目前已广泛用于窄带信道系统中，特别是那些用于传输数据的移动无线电台中。

5.3.3　2FSK 信号的解调及系统误码率

数字调频信号的解调方法很多，可以分为线性鉴频法和分离滤波法两大类。线性鉴频法有模拟鉴频法、过零检测法、差分检测法等；分离滤波法又包括相干检测法、非相干检测法以及动态滤波法等。非相干检测的具体解调电路是包络检测法，相干检测的具体解调电路是同步检波法。下面介绍过零检测法、包络检测法及同步检波法。

1. 过零检测法

单位时间内信号经过零点的次数多少,可以用来衡量频率的高低。数字调频波的过零点数随不同载频而异,故检测出过零点数可以得到关于频率的差异,这就是过零检测法的基本思想。过零检测法又称为零交点法或计数法,其原理方框图及各点波形如图 5 - 13 所示。

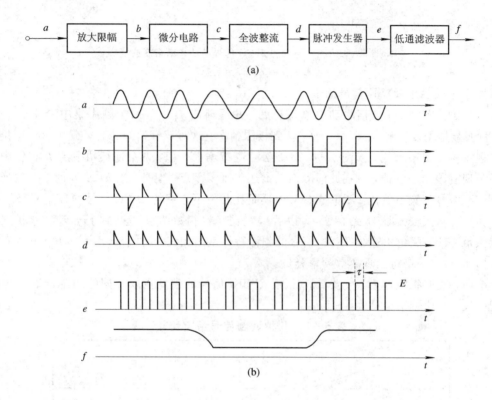

图 5 - 13　2FSK 信号过零检测法原理方框图及各点波形
(a) 原理方框图；(b) 各点波形

考虑一个相位连续的 FSK 信号 a,经放大限幅得到一个矩形方波 b,经微分电路得到双向微分脉冲 c,经全波整流得到单向尖脉冲 d。单向尖脉冲的密集程度反映了输入信号的频率高低,尖脉冲的个数就是信号过零点的数目。单向脉冲触发一脉冲发生器,产生一串幅度为 E、宽度为 τ 的矩形归零脉冲 e。脉冲串 e 的直流分量代表着信号的频率,脉冲越密,直流分量越大,输入信号的频率也就越高。经低通滤波器就可得到脉冲串 e 的直流分量 f。这样就完成了频率—幅度变换,从而再根据直流分量幅度上的区别还原出数字信号"1"和"0"。

2. 包络检测法

2FSK 信号的包络检测法原理方框图及波形如图 5 - 14 所示。用两个窄带的分路滤波器分别滤出频率为 f_1 及 f_2 的高频脉冲,经包络检测后分别取出它们的包络。把两路输出同时送到抽样判决器进行比较,从而判决输出基带数字信号。

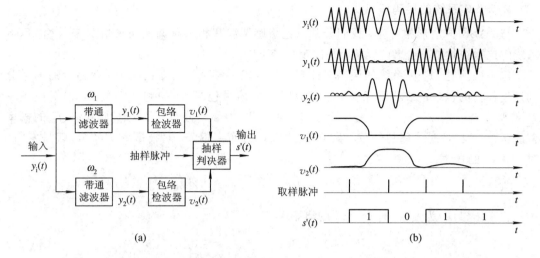

图 5 - 14　2FSK 信号包络检波法原理方框图及波形

（a）方框图；（b）波形

设频率 f_1 代表数字信号"1"，f_2 代表数字信号"0"，则抽样判决器的判决准则应为

$$\begin{cases} v_1 > v_2，判为"1" \\ v_1 < v_2，判为"0" \end{cases} \qquad (5-25)$$

其中，v_1、v_2 分别为抽样时刻两个包络检波器的输出值。这里的抽样判决器要比较 v_1、v_2 的大小，或者说把差值 $v_1 - v_2$ 与零电平比较。因此，有时称这种比较判决器的判决门限为零电平。

3. 同步检波法

同步检波法原理方框图如图 5 - 15 所示，图中两个带通滤波器的作用同上，起分路作用。它们的输出分别与相应的同步相干载波相乘，再分别经低通滤波器取出含基带数字信息的低频信号，滤掉二倍频信号，抽样判决器在抽样脉冲到来时对两个低频信号进行比较判决，即可还原出基带数字信号。请读者自己试着画出图 5 - 15 中各点波形。

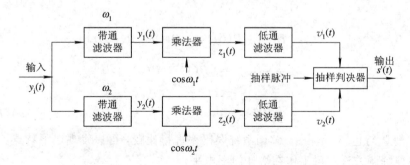

图 5 - 15　2FSK 信号同步检波法原理方框图

与 2ASK 系统相仿，相干解调能提供较好的接收性能，但是要求接收机提供具有准确频率和相应的相干参考电压，这样就增加了设备的复杂性。

通常，当 2FSK 信号的频偏 $|f_2 - f_1|$ 较大时，多采用分离滤波法；而当 $|f_2 - f_1|$ 较小时，多采用鉴频法。

4. 2FSK 系统的误码率

与 2ASK 的情形相对应，我们分别以包络解调法和相干解调法两种情况来讨论 2FSK 系统的抗噪声性能，给出误码率，并比较其特点。

包络检测时 2FSK 系统的误码率计算可认为信道噪声为高斯白噪声，两路带通信号分别经过各自的包络检波器已经检出了带有噪声的信号包络 $v_1(t)$ 和 $v_2(t)$。$v_1(t)$ 对应频率 f_1 的概率密度函数：发"1"时为莱斯分布，发"0"时为瑞利分布。$v_2(t)$ 对应频率 f_2 的概率密度函数：发"1"时为瑞利分布，发"0"时为莱斯分布。那么，漏报概率 $P(0/1)$ 就是发"1"时 $v_1 < v_2$ 的概率。

$$P(0/1) = P(v_1 < v_2) = \frac{1}{2} e^{-\frac{r}{2}} \qquad (5-26)$$

虚报概率 $P(1/0)$ 为发"0"时 $v_1 > v_2$ 的概率。

$$P(1/0) = P(v_1 > v_2) = \frac{1}{2} e^{-\frac{r}{2}} \qquad (5-27)$$

系统的误码率为

$$P_e = P(1) \cdot P(0/1) + P(0) \cdot P(1/0)$$
$$= \frac{1}{2} e^{-\frac{r}{2}} [P(1) + P(0)] = \frac{1}{2} e^{-\frac{r}{2}} \qquad (5-28)$$

由以上公式可见，包络解调时 2FSK 系统的误码率将随输入信噪比的增加而成指数规律下降。

相干解调时的系统误码率与包络解调时的不同之处在于带通滤波器后接有乘法器和低通滤波器，低通滤波器输出的就是带有噪声的有用信号，它们的概率密度函数均属于高斯分布。经过计算，其漏报概率 $P(0/1)$ 为

$$P(0/1) = \frac{1}{2} \operatorname{erfc} \sqrt{\frac{r}{2}} \qquad (5-29)$$

虚报概率 $P(1/0)$ 为

$$P(1/0) = \frac{1}{2} \operatorname{erfc} \sqrt{\frac{r}{2}} \qquad (5-30)$$

系统的误码率为

$$P_e = P(1) \cdot P(0/1) + P(0) \cdot P(1/0)$$
$$= \frac{1}{2} \operatorname{erfc} \sqrt{\frac{r}{2}} [P(1) + P(0)]$$
$$= \frac{1}{2} \operatorname{erfc} \sqrt{\frac{r}{2}} \qquad (5-31)$$

将相干解调与包络（非相干）解调系统误码率进行比较，可以发现以下特点：

(1) 两种解调方法均可工作在最佳门限电平。

(2) 在输入信号信噪比 r 一定时，相干解调的误码率小于非相干解调的误码率；当系统的误码率一定时，相干解调比非相干解调对输入信号的信噪比要求低。所以相干解调 2FSK 系统的抗噪声性能优于非相干的包络检测。但当输入信号的信噪比 r 很大时，两者的相对差别不明显。

(3) 相干解调时，需要插入两个相干载波，因此电路较为复杂，但包络检测就无需相

干载波，因而电路较为简单。一般而言，大信噪比时常用包络检测法，小信噪比时才用相干解调法，这与2ASK的情况相同。

5.4　二进制数字相位调制

数字相位调制又称相移键控，记做 PSK(Phase Shift Keying)。二进制相移键控记做2PSK，多进制相移键控记做 MPSK。它们是利用载波振荡相位的变化来传送数字信息的。通常又把它们分为绝对相移键控(PSK)和相对相移键控(DPSK)两种。本节将对二进制和多进制的绝对相移键控和相对相移键控的实现方法、频谱特性以及带宽问题进行论述，并将两种相移键控的特点做以比较。由于相对相移键控的优点突出，实际应用较多，因此它是本章需要掌握的重点。

5.4.1　绝对相移和相对相移

1. 绝对码和相对码

绝对码和相对码是相移键控的基础。绝对码是以基带信号码元的电平直接表示数字信息的。假设高电平代表"1"，低电平代表"0"，如图5-16中$\{a_n\}$所示。相对码(差分码)是用基带信号码元的电平相对前一码元的电平有无变化来表示数字信息的。假若相对电平有跳变表示"1"，无跳变表示"0"，由于初始参考电平有两种可能，因此相对码也有两种波形，如图5-16中$\{b_n\}_1$、$\{b_n\}_2$所示。显然$\{b_n\}_1$、$\{b_n\}_2$相位相反，当用二进制数码表示波形时，它们互为反码。上述对相对码的约定也可作相反的规定。

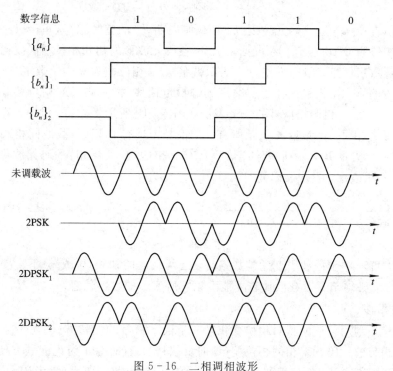

图5-16　二相调相波形

绝对码和相对码是可以互相转换的。实现的方法就是使用模二加法器和延迟器(延迟

一个码元宽度 T_b），如图 5-17(a)(b) 所示。图 5-17(a) 是把绝对码变成相对码的方法，称其为差分编码器，完成的功能是 $b_n = a_n \oplus b_{n-1}$（$n-1$ 表示 n 的前一个码）。图 5-17(b) 是把相对码变成绝对码的方法，称其为差分译码器，完成的功能是 $a_n = b_n \oplus b_{n-1}$。

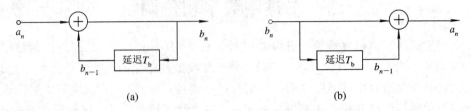

(a)   (b)

图 5-17　绝对码与相对码的互相转换

(a) 差分编码器；(b) 差分译码器

2. 绝对相移

绝对相移是利用载波的相位偏移（指某一码元所对应的已调波与参考载波的初相差）来直接表示数据信号的相移方式。假若规定已调载波与未调载波同相表示数字信号"0"，与未调载波反相表示数字信号"1"，见图 5-16 中 2PSK 波形，则此时的 2PSK 已调信号的表达式为

$$e(t) = s(t)\cos\omega_c t \qquad (5-32)$$

其中，$s(t)$ 为双极性数字基带信号，表达式为

$$s(t) = \sum_n a_n g(t - nT_b) \qquad (5-33)$$

其中，$g(t)$ 是高度为 1，宽度为 T_b 的门函数；

$$a_n = \begin{cases} +1, & \text{概率为 } P \\ -1, & \text{概率为}(1-P) \end{cases} \qquad (5-34)$$

为了作图方便，一般取码元宽度 T_b 为载波周期 T_c 的整数倍（这里令 $T_b = T_c$），取未调载波的初相位为 0。由图 5-16 可见，2PSK 各码元波形的初相相位与载波初相相位的差值直接表示着数字信息，即相位差为 0 表示数字"0"，相位差为 π 表示数字"1"。

值得注意的是，在相移键控中往往用矢（向）量偏移（指一码元初相与参考码元的末相差）表示相位信号，二相调相信号的矢量表示如图 5-18 所示。在 2PSK 中，若假定未调载波 $\cos\omega_c t$ 为参考相位，则矢量 A 表示所有已调信号中具有 0 相（与载波同相）的码元波形，它代表码元"0"；矢量 B 表示所有已调信号具有 π 相（与载波反相）的码元波形，可用数字式 $\cos(\omega_c t + \pi)$ 来表示，它代表码元"1"。

图 5-18　二相调相信号的矢量表示

当码元宽度不等于载波周期的整数倍时，已调载波的初相（0 或 π）不直接表示数字信息（"0"或"1"），必须与参考载波比较才能看见它所表示的数字信息。

3. 相对相移

相对相移是利用载波的相对相位变化来表示数字信号的相移方式。所谓相对相位，是指本码元初相与前一码元末相的相位差（即向量偏移）。有时为了讨论问题方便，也可用相位偏移来描述。在这里，相位偏移指的是本码元的初相与前一码元（参考码元）的初相相位差。当载波频率是码元速率的整数倍时，向量偏移与相位偏移是等效的，否则是不等效的。

　　假设已调载波(2DPSK 波形)相对相位不变表示数字信号"0"，相对相位改变 π 表示数字信号"1"，如图 5-16 所示。由于初始参考相位有两种可能，因此相对相移波形也有两种形式，如图 5-16 中的 $2DPSK_1$、$2DPSK_2$ 所示，显然，两者相位相反。然而，我们可以看出，无论是 $2DPSK_1$ 还是 $2DPSK_2$，数字信号"1"总是与相邻码元相位突变相对应，数字信号"0"总是与相邻码元相位不变相对应。我们还可以看出，$2DPSK_1$、$2DPSK_2$ 对 $\{a_n\}$ 来说都是相对相移信号，然而它们又分别是 $\{b_n\}_1$、$\{b_n\}_2$ 的绝对相移信号。因此，我们说，相对相移本质上就是对由绝对码转换而来的差分码的数字信号序列的绝对相移。那么，2DPSK 信号的表达式与 2PSK 的表达式(5-32)、式(5-33)、式(5-34)应完全相同，所不同的只是式中的 $s(t)$ 信号表示的差分码数字序列。

　　2DPSK 信号也可以用矢量表示，矢量图如图 5-18 所示。此时的参考相位不是初相为零的固定载波，而是前一个已调载波码元的末相。也就是说，2DPSK 信号的参考相位不是固定不变的，而是相对变化的，矢量 A 表示本码元初相与前一码元末相相位差为 0，它代表码元"0"；矢量 B 表示本码元初相与前一码元末相相位差为 π，它代表码元"1"。

5.4.2　2PSK 信号的产生与解调

1. 2PSK 信号的产生

2PSK 信号的产生有直接调相法和相位选择法等。

(1) 直接调相法。用双极性数字基带信号 $s(t)$ 与载波直接相乘就可以实现 2PSK 信号，如图 5-19(a)所示。根据前面的规定，产生 2PSK 信号时，必须使 $s(t)$ 为正电平时代表"0"，负电平时代表"1"。若原始数字信号是单极性码，则必须先进行极性变换再与载波相乘。图 5-19(b)是用二极管直接实现 2PSK 信号的一个例子，当 A 点电位高于 B 点电位时，$s(t)$ 代表"0"，二极管 V_1、V_3 导通，V_2、V_4 截止，载波经变压器正向输出 $e(t) = \cos\omega_c t$；

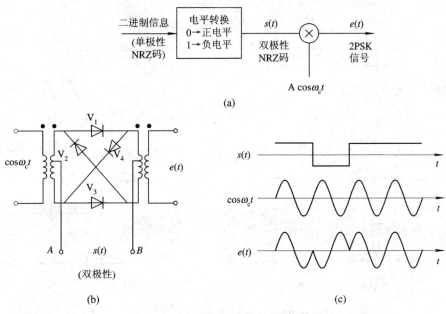

图 5-19　直接调相法产生 2PSK 信号

(a) 用乘法器实现 2PSK 信号；(b) 原理图；(c) 波形图

当 A 点电位低于 B 点电位时，$s(t)$ 代表"1"，二极管 V_2、V_4 导通，V_1、V_3 截止，载波经变压器反向输出，$e(t) = -\cos\omega_c t = \cos(\omega_c t - \pi)$，即绝对移相 π。

与产生 2ASK 信号的方法比较，只是对 $s(t)$ 的要求不同，因此，2PSK 信号可以看做是双极性基带信号作用下的调幅信号。

（2）相位选择法。用数字基带信号 $s(t)$ 控制门电路，选择不同相位的载波输出。其方框图如图 5-20 所示。此时，$s(t)$ 通常是单极性的。当 $s(t) = 0$ 时，门电路 1 通，门电路 2 闭，输出 $e(t) = \cos\omega_c t$；当 $s(t) = 1$ 时，门电路 2 通，门电路 1 闭，输出 $e(t) = -\cos\omega_c t$。

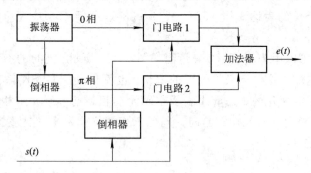

图 5-20　相位选择法产生 2PSK 信号方框图

2. 2PSK 信号的解调及系统误码率

2PSK 信号的解调不能采用分路滤波、包络检测的方法，只能采用相干解调的方法（又称为极性比较法），其方框图见图 5-21(a)。通常本地载波是用输入的 2PSK 信号经载波信号提取电路产生的。

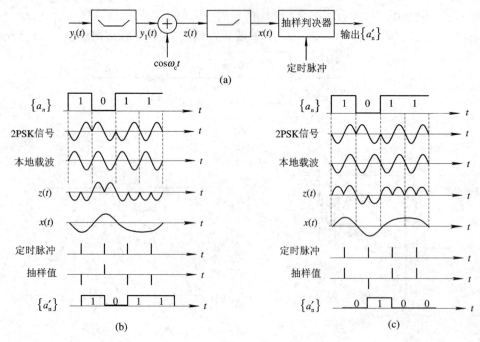

图 5-21　2PSK 信号的解调

（a）方框图；（b）正常工作波形图；（c）反向工作波形图

当不考虑噪声时，带通滤波器的输出可表示为

$$y_1(t) = \cos(\omega_c t + \varphi_n) \tag{5-35}$$

其中，φ_n 为 2PSK 信号某一码元的初相。当 $\varphi_n = 0$ 时，代表数字"0"；当 $\varphi_n = \pi$ 时，代表数字"1"。与同步载波 $\cos\omega_c t$ 相乘后，带通滤，波器的输出为

$$z(t) = \cos(\omega_c t + \varphi_n)\cos\omega_c t = \frac{1}{2}\cos\varphi_n + \frac{1}{2}\cos(2\omega_c t + \varphi_n) \tag{5-36}$$

低通滤波器输出为

$$x(t) = \frac{1}{2}\cos\varphi_n = \begin{cases} \dfrac{1}{2}, & \varphi_n = 0 \\[2mm] -\dfrac{1}{2}, & \varphi_n = \pi \end{cases} \tag{5-37}$$

根据发送端产生 2PSK 信号时 φ_n（0 或 π）代表数字信息（0 或 1）的规定，以及接收端 $x(t)$ 与 φ_n 关系的特性，抽样判决器的判决准则必须为

$$\begin{cases} x > 0, & \text{判为"0"} \\ x \leqslant 0, & \text{判为"1"} \end{cases} \tag{5-38}$$

其中，x 为抽样时刻的值。各处正常工作时的波形如图 5-21(b) 所示。

我们知道，2PSK 信号是以一个固定初相的未调载波为参考的。因此，解调时必须有与此同频同相的同步载波。如果同步不完善，存在相位偏差，就容易造成错误判决，则称为相位模糊。如果本地参考载波倒相，变为 $\cos(\omega_c t + \pi)$，低通输出为 $x(t) = -(\cos\varphi_n)/2$，判决器输出数字信号全错，与发送数码完全相反，则这种情况称为反向工作。反向工作时的波形见图 5-21(c)。绝对移相的主要缺点是容易产生相位模糊，造成反向工作。这也是它实际应用较少的主要原因。

由于习惯上以正弦形式画波形图较方便，因此这与数学式中常用余弦形式表示载波有些矛盾，请读者看图时注意。

在图 5-21(a) 所示的 2PSK 信号的解调中，输入信号经过带通滤波、乘法器以及低通滤波器后，在判决器的输入端已经得到了含有噪声的有用信号。2PSK 信号的一维概率密度呈高斯分布，发"0"、发"1"时的均值分别为 a、$-a$（a 为载波振幅），曲线如图 5-22 所示。判决门限电平取为 0 是比较合适的，原因是在 $P(1) = P(0) = 1/2$ 时，这是最佳门限电平。

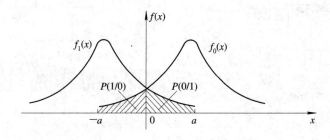

图 5-22　2PSK 信号概率密度曲线

这时系统误码率为

$$P_e = P(0)P(1/0) + P(1)P(0/1)$$

$$= P(0)\int_{-\infty}^{0} f_0(x)\,\mathrm{d}x + P(1)\int_{0}^{\infty} f_1(x)\,\mathrm{d}x$$

$$= \int_{0}^{\infty} f_1(x)\,\mathrm{d}x[P(0) + P(1)]$$

$$= \frac{1}{2}\,\mathrm{erfc}(\sqrt{r}) \tag{5-39}$$

5.4.3 2DPSK 信号的产生与解调

1. 2DPSK 信号的产生

由于 2DPSK 信号对绝对码$\{a_n\}$来说是相对移相信号，对相对码$\{b_n\}$来说则是绝对移相信号，因此，只需在 2PSK 调制器前加一个差分编码器，就可产生 2DPSK 信号。其原理方框图见图 5-23(a)。数字信号$\{a_n\}$经差分编码器，把绝对码转换为相对码$\{b_n\}$，再用直接调相法产生 2DPSK 信号。极性变换器是把单极性$\{b_n\}$码变成双极性信号，且负电平对应$\{b_n\}$的 1，正电平对应$\{b_n\}$的 0，图 5-23(b)的差分编码器输出的两路相对码(互相反相)分别控制不同的门电路实现相位选择，产生 2DPSK 信号。这里差分码编码器由与门及双稳态触发器组成，输入码元宽度是振荡周期的整数倍。设双稳态触发器初始状态为 $Q=0$，波形如图 5-23(c)所示。与图 5-16 对照，这里输出的 $e(t)$ 为 2DPSK$_2$。若双稳态触发器初始状态为 $Q=1$，则输出 $e(t)$ 为 2DPSK$_1$。

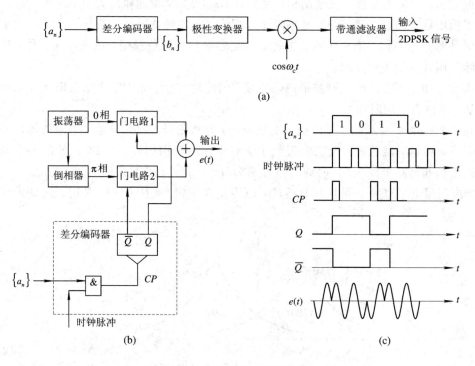

图 5-23　2DPSK 信号的产生

(a) 原理方框图；(b) 逻辑方框图；(c) 各点波形

2. 2DPSK 信号的解调及系统误码率

(1) 极性比较—码变换法。此法即是 2PSK 解调加差分译码，其方框图见图 5 - 24。2DPSK 解调器将输入的 2DPSK 信号还原成相对码 $\{b_n\}$，再由差分译码器把相对码转换成绝对码，输出 $\{a_n\}$。前面提到，2PSK 解调器存在"反向工作"问题，但 2DPSK 解调器不会出现"反向工作"问题。这是由于当 2PSK 解码器的相干载波倒相时，使输出的 b_n 变为 $\overline{b_n}$（b_n 的反码）。然而差分译码器的功能是 $b_n \oplus b_{n-1} = a_n$，b_n 反向后，使等式 $\overline{b_n} \oplus \overline{b_{n-1}} = a_n$ 成立，仍然能够恢复出 a_n。因此，即使相干载波倒相，2DPSK 解调器仍然能正常工作。读者可以通过试着画出波形图来说明。由于相对移相制无"反向工作"问题，因此得到了广泛的应用。

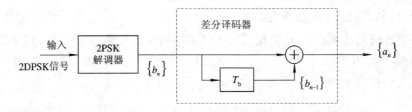

图 5 - 24　极性比较—码变换法解调 2DPSK 信号方框图

由于极性比较—码变换法解调 2DPSK 信号是先对 2DPSK 信号用相干检测 2PSK 信号办法解调，得到相对码 b_n，然后将相对码通过码变换器转换为绝对码 a_n，显然，此时的系统误码率可从两部分来考虑。码变换器输入端的误码率可用相干解调 2PSK 系统的误码率来表示，即可用式(5 - 39)表示；最终的系统误码率也就是在此基础上再考虑差分译码误码率即可。

差分译码器将相对码变为绝对码，即通过对前后码元作出比较来判决，如果前后码元都错了，判决反而不错。所以正确接收的概率等于前后码元都错的概率与前后码元都不错的概率之和，即

$$P_e P_e + (1 - P_e)(1 - P_e) = 1 - 2P_e + 2P_e^2$$

设 2DPSK 系统的误码率为 P_e'，因此，P_e' 等于 1 减去正确接收概率，即

$$P_e' = 1 - (1 - 2P_e + 2P_e^2) = 2(1 - P_e)P_e \tag{5-40}$$

在信噪比很大时，P_e 很小，上式可近似写为

$$P_e' \approx 2P_e = \mathrm{erfc}(\sqrt{r}) \tag{5-41}$$

由此可见，差分译码器总是使系统误码率增加，通常认为增加一倍。

(2) 相位比较—差分检测法。该方法的方框图见图 5 - 25(a)。这种方法不需要码变换器，也不需要专门的相干载波发生器，因此设备比较简单、实用。图中 T_b 延时电路的输出起着参考载波的作用。乘法器起着相位比较(鉴相)的作用。

若不考虑噪声，则带通滤波器及延时器的输出分别为

$$y_1(t) = \cos(\omega_c t + \varphi_n), \quad y_2(t) = \cos[\omega_c(t - T_b) + \varphi_{n-1}]$$

其中，φ_n 为本载波码元初相；φ_{n-1} 为前一载波码元的初相。可令 $\Delta\varphi_n = \varphi_n - \varphi_{n-1}$，则乘法器的输出为

$$z(t) = \cos(\omega_c t + \varphi_n) \cdot \cos(\omega_c t - \omega_c T_b + \varphi_{n-1})$$

$$= \frac{1}{2}[\cos(\Delta\varphi_n + \omega_c T_b)] + \frac{1}{2}[\cos(2\omega_c t - \omega_c T_b + \varphi_n + \varphi_{n-1})]$$

低通滤波器的输出为

$$x(t) = \frac{1}{2} \cos(\Delta\varphi_n + \omega_c T_b)$$

$$= \frac{1}{2} \cos(\Delta\varphi_n) \cdot \cos(\omega_c T_b) - \frac{1}{2} \sin(\Delta\varphi_n) \sin(\omega_c T_b)$$

通常取 $T_b/T_c = k$（正整数），有 $\omega_c T_b = 2\pi T_b/T_c = 2\pi k$，此时

$$x(t) = \frac{1}{2} \cos\Delta\varphi_n = \begin{cases} \dfrac{1}{2}, & \Delta\varphi_n = 0 \\[2mm] -\dfrac{1}{2}, & \Delta\varphi_n = \pi \end{cases}$$

可见，当码元宽度是载波周期的整数倍时，$\Delta\varphi_n = \varphi_n - \varphi_{n-1} = \varphi_n - \varphi'_{n-1}$（以 2π 为模，φ'_{n-1} 为前一载波码元的末相），相位比较法比较了本码元的初相与前一码元的末相。

与发送端产生 2DPSK 信号"1 变 0 不变"的规则相对应，接收端抽样判决器的判决准则应该是：当抽样值 $x > 0$ 时，判为 0；当 $x \leqslant 0$ 时，判为 1。

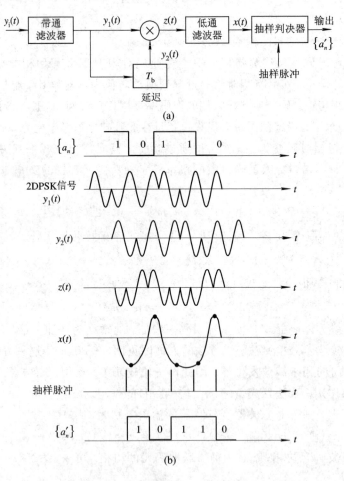

图 5-25　相位比较—差分检测法解调 2DPSK 信号
(a) 方框图；(b) 波形图

设解调器输入的 2DPSK 信号代表数字序列 $\{a_n\} = \{1, 0, 1, 1, 0\}$，各处波形如图 5 - 25(b)所示。当不考虑噪声的影响时，输出的 $\{a_n'\}$ 不发生错误。

由低通滤波器的输出表达式 $x(t)$ 可知，若 $\omega_c T_b = (k+1/2)\pi$，即 $T_b/T_c = (k+1/2)/2 = (2k+1)/4$，则 $x(t) = \pm(\sin\Delta\varphi_n)/2$，无论是 $\Delta\varphi_n = 0$，还是 $\Delta\varphi_n = \pi$，均有 $x(t) = 0$，这就表明，此时解调失效。用差分检测法解调 2DPSK 信号时，应注意这一点。

由图 5 - 25 可知，对差分检测 2DPSK 误码率的分析，由于存在信号延迟 T_b 相乘的问题，因此需要同时考虑两个相邻的码元。经过低通滤波器后可以得到混有窄带高斯噪声的有用信号，判决器对这一信号进行抽样判决，判决准则为

$$\begin{cases} x > 0, & \text{判为"0"} \\ x \leqslant 0, & \text{判为"1"} \end{cases}$$

且 0 是最佳判决电平。

发"0"时(前后码元同相)错判为 1 的概率为

$$P(1/0) = P(x > 0) = \frac{1}{2}e^{-r}$$

发"1"时(前后码元反相)错判为"0"的概率为

$$P(0/1) = P(x < 0) = \frac{1}{2}e^{-r}$$

差分检测时 2DPSK 系统的误码率为

$$P_e = P(1)P(0/1) + P(0)P(1/0) = \frac{1}{2}e^{-r} \tag{5-42}$$

式(5 - 42)表明，差分检测时，2DPSK 系统的误码率随输入信噪比的增加成指数规律下降。

5.4.4 二进制相移信号的功率谱及带宽

由前面的讨论可知，无论是 2PSK 还是 2DPSK 信号，就波形本身而言，它们都可以等效成双极性基带信号作用下的调幅信号，且无非是一对倒相信号的序列。因此，2PSK 和 2DPSK 信号具有相同形式的表达式；所不同的是 2PSK 表达式中的 $s(t)$ 是数字基带信号，2DPSK 表达式中的 $s(t)$ 是由数字基带信号变换而来的差分码数字信号。它们的功率谱密度应是相同的，功率谱为

$$P_o(f) = \frac{T_b}{4}\{\text{Sa}^2[\pi(f+f_c)T_b] + \text{Sa}^2[\pi(f-f_c)T_b]\} \tag{5-43}$$

如图 5 - 26 所示。

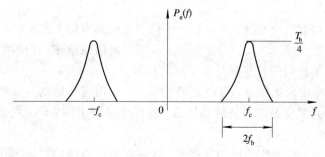

图 5 - 26　2PSK(或 2DPSK)信号的功率谱

可见，二进制相移键控信号的频谱成分与 2ASK 信号的相同，当基带脉冲幅度相同时，其连续谱的幅度是 2ASK 连续谱幅度的 4 倍。当 $P=1/2$ 时，无离散分量，此时的二相相移键控信号实际上相当于抑制载波的双边带信号。信号带宽为

$$B_{2PSK \atop 2DPSK} = 2B_b = 2f_b \tag{5-44}$$

与 2ASK 相同，是码元速率的两倍。这就表明，在数字调制中，2PSK、2DPSK 的频谱特性与 2ASK 的十分相似。

相位调制和频率调制一样，本质上是一种非线性调制，但在数字调相中，由于表征信息的相位变化只有有限的离散取值，因此，可以把相位变化归结为幅度变化。这样一来，数字调相同线性调制的数字调幅就联系起来了，为此可以把数字调相信号当作线性调制信号来处理了。但是，不能把上述概念推广到所有调相信号中去。

5.4.5 2PSK 系统与 2DPSK 系统的比较

将 2PSK 系统与 2DPSK 系统进行比较后，可得出以下几点：

(1) 检测这两种信号时，判决器均可工作在最佳门限电平(零电平)。

(2) 2DPSK 系统的抗噪声性能不及 2PSK 系统。

(3) 2PSK 系统存在"反向工作"问题，而 2DPSK 系统不存在"反向工作"问题。

在实际应用中，真正作为传输用的数字调相信号几乎都是 DPSK 信号。

5.5 多进制数字调制

5.5.1 多进制数字振幅键控(MASK)

在多进制数字调制中，在每个符号间隔 T_b 内，可能发送的符号有 M 种，在实际应用中，通常取 $M=2^n$，n 为大于 1 的正整数，也就是说，M 是一个大于 2 的数字。这种状态数目大于 2 的调制信号称为多进制信号。将多进制数字信号(也可由基带二进制信号变换而成)对载波进行调制，在接收端进行相反的变换，这种过程就叫多进制数字调制与解调，或简称为多进制数字调制。

当已调信号携带信息的参数分别为载波的幅度、频率或相位时，可以有 M 进制振幅键控(MASK)、M 进制频移键控(MFSK)以及 M 进制相移键控(MPSK 或 MDPSK)，当然还有一些别的多进制调制形式，如 M 进制幅相键控(MAPK)或它的特殊形式 M 进制正交幅度调制(MQAM)。

与二进制数字调制系统相比，多进制数字调制系统具有以下几个特点：

(1) 在码元速率(传码率)相同的条件下，可以提高信息速率(传信率)。当码元速率相同时，M 进制数传系统的信息速率是二进制的 lbM 倍。

(2) 在信息速率相同条件下，可降低码元速率，以提高传输的可靠性。当信息速率相同时，M 进制的码元宽度是二进制的 lbM 倍，这样可以增加每个码元的能量和减小码间串扰的影响。

(3) 在接收机输入信噪比相同的条件下，多进制数传系统的误码率比相应的二进制系统要高。

（4）设备复杂。

1. MASK 信号的形成

M 进制振幅键控信号中，载波振幅有 M 种取值，每个符号间隔 T_b' 内发送一种幅度的载波信号，其结果由多电平的随机基带矩形脉冲序列对余弦载波进行振幅调制而成。

图 5-27(a)(b)分别为四进制数字序列 $s(t)$ 和已调信号 $e(t)$ 的波形图。图 5-27(b)波形可以等效为图 5-27(c)诸波形的叠加。

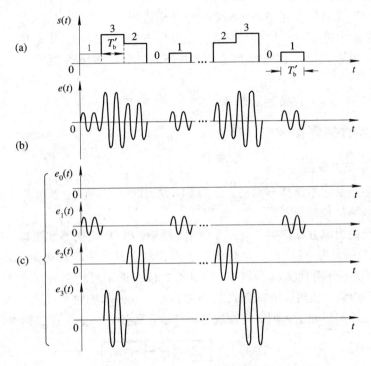

图 5-27　多电平调制波形

(a) 四进制数字序列；(b) 已调信号波形；(c) 等效波形

MASK 信号的功率谱与 2ASK 的功率谱完全相同，它是由 $m-1$ 个 2ASK 信号的功率谱叠加而成的。尽管 $m-1$ 个 2ASK 信号叠加后频谱结构复杂，但就信号的带宽而言，MASK 信号与其分解的任意一个 2ASK 信号的带宽是相同的。

MASK 信号的带宽可表示为

$$B_{\text{MASK}} = 2f_b' \qquad\qquad (5-45)$$

其中，$f_b' = \dfrac{1}{T_b}$ 是多进制码元速率。

当以码元速率考虑频带利用率 η 时，有

$$\eta = \frac{f_b'}{B_{\text{MASK}}} = \frac{f_b'}{2f_b'} = \frac{1}{2}(\text{Baud/Hz})$$

这与 2ASK 系统相同。

但通常是以信息速率来考虑频带利用率的，因此有

$$\eta = \frac{kf_b'}{B_{\text{MASK}}} = \frac{kf_b'}{2f_b'} = \frac{k}{2}\ (\text{b/s/Hz}) \qquad\qquad (5-46)$$

它是 2ASK 系统的 k 倍。这说明在信息速率相等的情况下，MASK 系统的频带利用率高于 2ASK 系统的频带利用率。

2. MASK 信号的特点

（1）传输效率高。与二进制相比，码元速率相同时，多进制调制的信息速率比二进制的高，它是二进制的 $k=\text{lb}M$ 倍，频带利用率与二进制相同。在信息速率相同的情况下，MASK 系统的频带利用率是 2ASK 系统的 $k=\text{lb}M$ 倍。采用正交调幅后，还可以再增加两倍。因此，MASK 在高信息速率的传输系统中得到应用。

（2）抗衰落能力差。MASK 信号只宜在恒参信道（如有线信道）中使用。

（3）在接收机输入平均信噪比相等的情况下，MASK 系统的误码率比 2ASK 系统的要高。

（4）电平数 M 越大，设备越复杂。

5.5.2 多进制数字频移键控（MFSK）

1. MFSK 系统方框图

多进制数字频率调制简称多频制，是 2FSK 方式的推广。它用多个频率的正弦振荡分别代表不同的数字信息。

多频制系统的组成方框图如图 5-28 所示，图中，串/并变换器和逻辑电路将一组组输入二进制码（k 个码元为一组）对应地转换成有多种状态的一个个的多进制码（共 $m=2^k$ 个状态）。这 m 个状态分别对应 m 种频率，当某组 k 位二进制码到来时，逻辑电路的输出一方面接通某个门电路，让相应的载频发送出去；另一方面却同时关闭其余所有的门电路。于是当一组组二进制码元输入时，经加法器组合输出的便是一个多进制频率调制的波形。

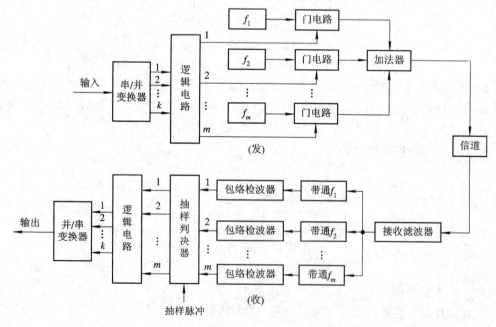

图 5-28 多频制系统的组成方框图

　　多频制的解调部分由 m 个带通滤波器、m 个包络检波器,以及抽样判决器、逻辑电路和并/串变换器组成。各带通滤波器的中心频率分别是各个载频。因而,当某一已调载频信号到来时,只有一个带通滤波器有信号及噪声通过,其他带通滤波器只有噪声通过。抽样判决器的任务就是在某时刻比较所有包络检波器输出的电压,判决哪一路最大,也就是判决对方送来的是什么频率,并选出最大者作为输出,这个输出相当于多进制的某一码元。逻辑电路把这个输出译成用 k 位二进制并行码表示的 m 进制数,再送并/串变换器变成串行的二进制输出信号,从而完成数字信号的传输。

2. MFSK 信号的带宽及频带利用率

　　键控法产生的 MFSK 信号,其相位是不连续的,可用 DPMFSK 表示。它可以看做由 m 个振幅相同、载频不同、时间上互不相容的 2ASK 信号叠加而成。设 MFSK 信号码元的宽度为 T_{b}',即传输速率 $f_{b}'=1/T_{b}'$(Baud),则 m 频制信号的带宽为

$$B_{\text{MFSK}} = f_{m} - f_{1} + 2f_{b}' \qquad (5-47)$$

其中,f_{m} 为最高频率;f_{1} 为最低频率。

　　设 $f_{D}=(f_{m}-f_{1})/2$ 为最大频偏,则式(5-47)可表示为

$$B_{\text{MFSK}} = 2(f_{D} + f_{b}') \qquad (5-48)$$

DPMFSK 信号功率谱 $P(f)$ 与 f 的关系曲线如图 5-29 所示。

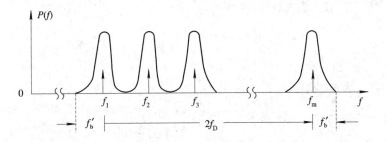

图 5-29　DPMFSK 信号的功率谱

　　若相邻载频之差等于 $2f_{b}'$,即相邻频率的功率谱主瓣刚好互不重叠,这时的 MFSK 信号的带宽及频带利用率分别为

$$B_{\text{MFSK}} = 2mf_{b}' \qquad (5-49)$$

$$\eta_{\text{MFSK}} = \frac{kf_{b}'}{B_{\text{MFSK}}} = \frac{k}{2m} = \frac{\text{lb}m}{2m} \qquad (5-50)$$

其中,$m=2^{k}$,$k=2,3,\cdots$。

　　可见,MFSK 信号的带宽随频率数 m 的增大而线性增宽,频带利用率明显下降。

3. MFSK 信号的特点

MFSK 信号具有以下优点:

　　(1) 在传输率一定时,由于采用多进制,每个码元包含的信息量增加,码元宽度加宽,因而在信号电平一定时每个码元的能量增加。

　　(2) 一个频率对应一个二进制码元组合,因此,总的判决数可以减少。

　　(3) 码元加宽后,可有效地减少由于多径效应造成的码间串扰的影响,从而提高衰落信道下的抗干扰能力。

MFSK 信号的主要缺点是信号频带宽,频带利用率低。

MFSK 一般用于调制速率(载频变化率)不高的短波和衰落信道上的数字通信。

5.5.3 多进制数字相移键控(MPSK)

多进制数字相位调制又称多相制相移键控,简称多相制,是二相制的推广。它用多个相位状态的正弦振荡分别代表不同的数字信息。通常,相位数用 $m=2^k$ 计算,有 2、4、8、16 相制等(k 分别为 1、2、3、4 等)m 种不同的相位,分别与 k 位二进制码元的不同组合(简称 k 比特码元)相对应。多相制相移键控也有绝对相移键控(MPSK)和相对相移键控(MDPSK)两类。

多相制信号可以看做是 m 个振幅及频率相同、初相不同的 2ASK 信号之和,当已调信号的码元速率不变时,其带宽与 2ASK、MASK 及二相制信号是相同的,此时信息速率与 MASK 相同,是 2ASK 及二相制的 $\mathrm{lb}m$ 倍。可见,多相制是一种频带利用率较高的高效率传输方式,再加之有较好的抗噪声性能,因而得到广泛的应用。而 MDPSK 比 MPSK 用得更广泛一些。

1. 多相制的表达式及相位配置

设载波为 $\cos\omega_c t$,相对于参考相位的相移为 φ_n,则 m 相制调制波形可表示为

$$
\begin{aligned}
e(t) &= \sum_n g(t - nT_b^{'}) \cos(\omega_c + \varphi_n) \\
&= \cos\omega_c t \cdot \sum_n \cos\varphi_n \cdot g(t - nT_b^{'}) - \sin\omega_c t \cdot \sum_n \sin\varphi_n \cdot g(t - nT_b^{'})
\end{aligned}
$$

$$(5-51)$$

其中,$g(t)$ 是高度为 1,宽度为 $T_b^{'}$ 的门函数;

$$
\varphi_n = \begin{cases} \theta_1, & \text{概率为 } P_1 \\ \theta_2, & \text{概率为 } P_2 \\ \vdots & \vdots \\ \theta_m, & \text{概率为 } P_m \end{cases}
$$

$$(5-52)$$

由于一般都是在 $0\sim2\pi$ 范围内等间隔划分相位的,因此相邻相移的差值为

$$
\Delta\theta = \frac{2\pi}{m}
$$

$$(5-53)$$

令

$$
a_n = \cos\varphi_n = \begin{cases} \cos\theta_1, & \text{概率为 } P_1 \\ \cos\theta_2, & \text{概率为 } P_2 \\ \vdots & \vdots \\ \cos\theta_m, & \text{概率为 } P_m \end{cases}
$$

$$(5-54)$$

$$
b_n = \sin\varphi_n = \begin{cases} \sin\theta_1, & \text{概率为 } P_1 \\ \sin\theta_2, & \text{概率为 } P_2 \\ \vdots & \vdots \\ \sin\theta_m, & \text{概率为 } P_m \end{cases}
$$

$$(5-55)$$

且

$$P_1 + P_2 + \cdots + P_m = 1$$

这样，式(5-51)变为

$$e(t) = \left[\sum_n a_n g(t - nT'_b) \right] \cos\omega_c t - \left[\sum_n b_n g(t - nT'_b) \right] \sin\omega_c t \qquad (5-56)$$

可见，多相制信号可等效为两个正交载波进行多电平双边带调制所得信号之和。这样，就把数字调制和线性调制联系起来，给 m 相制波形的产生提供了依据。

　　根据以上的分析，我们知道相邻两个相移信号其矢量偏移为 $2\pi/m$。但是，用矢量表示各相移信号时，其相位偏移有两种形式，如图 5-30(a)(b)所示。图中注明了各相位状态所代表的 k 比特码元，其中，虚线为基准位（参考相位）。对绝对相移而言，参考相位为载波的初相；对差分相移而言，参考相位为前一已调载波码元的末相（当载波频率是码元速率的整数倍时，也可认为是初相）。各相位值都是对参考相位而言的，正为超前，负为滞后。两种相位配置形式都采用等间隔的相位差来区分相位状态，即 m 进制的相位间隔为 $2\pi/m$，这样造成的平均差错概率将最小。图 5-30(a)所示的形式一称为 $\pi/2$ 体系，图 5-30(b)所示形式二称为 $\pi/4$ 体系。这两种形式均有 2 相、4 相、8 相制以及多相制的相位配置。

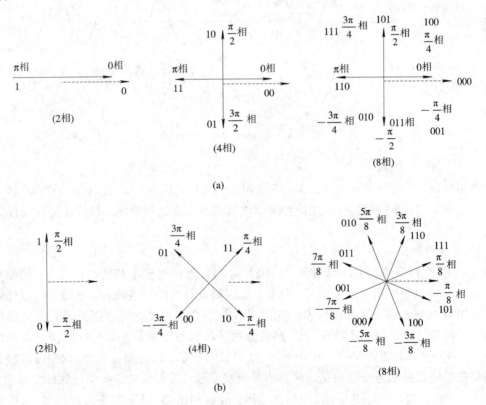

图 5-30　相位配置矢量图

(a) 形式一：$\dfrac{\pi}{2}$ 体系；(b) 形式二：$\dfrac{\pi}{4}$ 体系

图 5-31 是四相制信号的波形图，它示出了 4PSK 的 $\pi/4$ 及 $\pi/2$ 体系的波形和 4DPSK

的 π/4 及 π/2 体系的波形。图中的 T_b' 是四进制码元的周期，一个 T_b' 周期是由两个二进制比特数构成的。载波周期在这里的选取与四进制码元周期的相等。

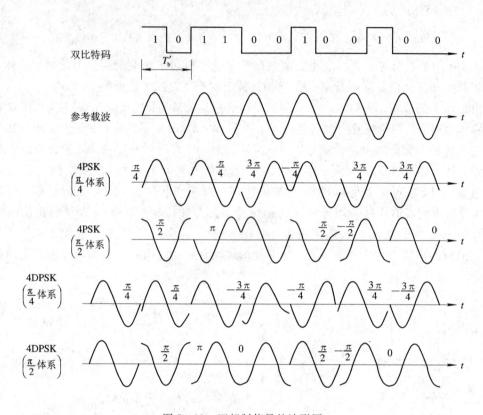

图 5-31　四相制信号的波形图

2. 多相制信号的产生

多相制信号中最常用的是 4PSK，还有 8PSK 信号，其中，4PSK 又称 QPSK。这里只着重介绍四相制。多相制信号常用的产生方法有三种：直接调相法、相位选择法及脉冲插入法。

1) 直接调相法

(1) 4PSK 信号的产生(π/4 体系)。4PSK 常用直接调相法来产生调相信号，其原理方框图如图 5-32(a)所示，它属于 π/4 体系。二进制数码两位一组输入，习惯上把双比特的前一位用 A 代表，后一位用 B 代表，经串/并变换后变成宽度为二进制码元宽度两倍的并行码(A、B 码元在时间上是对齐的)。然后分别进行极性变换，把单极性码变成双极性码($0 \rightarrow -1$，$1 \rightarrow +1$)，如图 5-32(b)中 $i(t)$、$q(t)$ 波形所示。再分别与互为正交的载波相乘，两路乘法器输出的信号是互相正交的双边带调制信号，其相位与各路码元的极性有关，分别由 A、B 码元决定，见图 5-32 中的矢量图。经相加电路(可看做是矢量相加)后输出两路的合成波形。对应的相位配置见 4PSK 的 π/4 体系矢量图。

若要产生 4PSK 的 π/2 体系，只需适当改变相移网络就可实现。

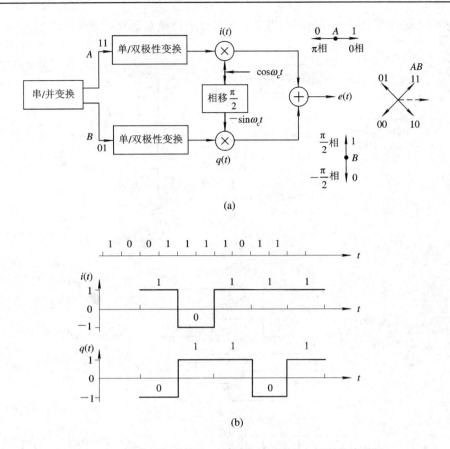

图 5 - 32　直接调相法产生 4PSK 信号的原理方框图及波形图

（a）原理方框图；（b）波形图

【**例 5.1**】　二进制信号 101100100100，信息速率为 1000 b/s，载波为 $\cos 2\pi \times 10^{3}\, t$，采用上述 $\pi/4$ 体系进行调制，4PSK 调制的各点波形如图 5 - 33 解题过程所示。

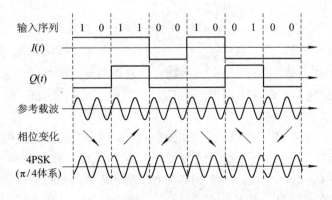

图 5 - 33　例 5.1 图

（2）4DPSK 信号的产生（$\pi/2$ 体系）。在直接调相的基础上加码变换器，就可形成 4DPSK 信号。图 5 - 34 示出了 4DPSK 的 $\pi/2$ 体系信号方框图，图中的单/双极性变换的规律与 4PSK 情况相反，即 $0 \rightarrow +1$，$1 \rightarrow -1$，相移网络也与 4PSK 不同，其目的是要形成 $\pi/2$ 体系矢量图。也就是说，4DPSK 信号的形成过程是，先把串行二进制码变换为并行 AB

码，再把并行码变换为差分 CD 码，用差分码直接进行绝对调相，即可得到 4DPSK 信号。

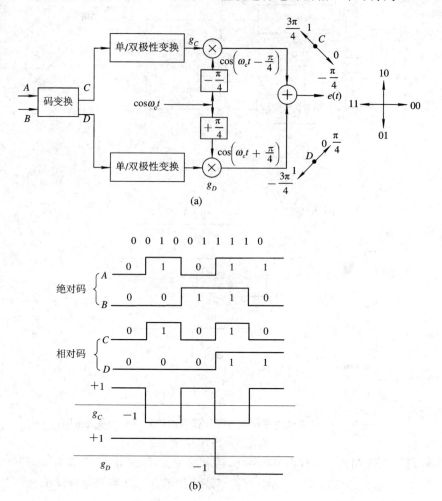

图 5 - 34　直接调相—码变换法产生 4DPSK 信号

（a）4DPSK 信号的产生原理方框图；（b）码变换波形图

码型变换的原理：设 $\Delta\varphi_n$ 为差分码元与前一个已调码元之间的相位差。输入 $A_n B_n$，得到的差分码 $C_n D_n$ 应相对于前一个已调码元 $C_{n-1} D_{n-1}$ 发生的相位变化 $\Delta\varphi_n$，满足某一相位配置体系。

假若 $C_{n-1} D_{n-1} = 00$，下一组 $A_n B_n = 10$ 到来时，按照 $\pi/2$ 体系相位配置，这个 $A_n B_n = 10$ 要求产生 $\pi/2$ 的相移变化，那么 $C_n D_n$ 就要相对于 $C_{n-1} D_{n-1}$ 产生 $\Delta\varphi_n = \pi/2$ 的相移，所以，$C_n D_n = 10$；当又一组 $A_{n+1} B_{n+1} = 01$ 到来时，按照 $\pi/2$ 体系相位配置关系，$\Delta\varphi_n$ 应该发生 $-\pi/2$ 的相移，那么 $C_{n+1} D_{n+1}$ 相对于 $C_n D_n = 10$ 的相位变化应当为 $-\pi/2$，所以 $C_{n+1} D_{n+1} = 00$。依次类推，就可产生所有的相对码，完成码变换之功能。图 5 - 34 示出了产生 4DPSK 信号的原理方框图。

表 5 - 2 示出了 4DPSK（$\pi/2$ 体系）$C_n D_n$ 与 $A_n B_n$ 的逻辑关系。

表 5 - 2　4DPSK（$\pi/2$ 体系）C_nD_n 与 A_nB_n 的逻辑关系

前一输出的符号状态 $C_{n-1}D_{n-1}$ 及对应的相位 φ_{n-1}			本时刻到达的输入符号 A_nB_n 及所要求的相位 $\Delta\varphi_n$			本时刻输出的符号状态 C_nD_n 及对应的相位 φ_n		
C_{n-1}	D_{n-1}	φ_{cn-1}	A_n	B_n	φ_n	φ_{cn}	C_n	D_n
0	0	0	0	0	0	0	0	0
			1	0	$\pi/2$	$\pi/2$	1	0
			1	1	π	π	1	1
			0	1	$3\pi/2$	$3\pi/2$	0	1
1	0	$\pi/2$	0	0	0	$\pi/2$	1	0
			1	0	$\pi/2$	π	1	1
			1	1	π	$3\pi/2$	0	1
			0	1	$3\pi/2$	0	0	0
1	1	π	0	0	0	π	1	1
			1	0	$\pi/2$	$3\pi/2$	0	1
			1	1	π	0	0	0
			0	1	$3\pi/2$	$\pi/2$	1	0
0	1	$3\pi/2$	0	0	0	$3\pi/2$	0	1
			1	0	$\pi/2$	0	0	0
			1	1	π	$\pi/2$	1	0
			0	1	$3\pi/2$	π	1	1

【例 5.2】　二进制信号 0010011110…，信息速率为 1000 b/s，载波为 $\cos 2\pi\times 10^3\, t$，采用 $\pi/2$ 体系进行调制，若 CD 的起始码为 00，4DPSK 调制的波形如图 5 - 35 解题过程所示。

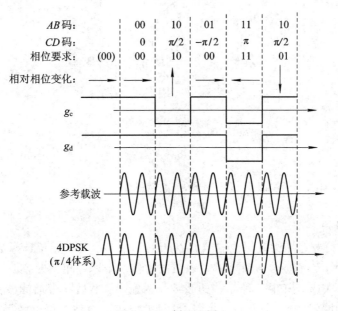

图 5 - 35　例 5.2 图

(3) 8PSK 信号的产生(π/4 体系)。8PSK 正交调制器方框图如图 5-36(a)所示。输入二进制信号序列经串/并变换每次产生一个 3 比特码组 $b_1 b_2 b_3$，因此，符号率为比特率的 1/3。在 $b_1 b_2 b_3$ 控制下，同相路和正交路分别产生两个四电平基带信号 $i(t)$ 和 $q(t)$。b_1 用于决定同相路信号的极性，b_2 用于决定正交路信号的极性，b_3 则用于确定同相路和正交路信号的幅度。不难算出，若 8PSK 信号幅度为 1，则 $b_3 = 1$ 时同相路基带信号幅度为 0.924，而正交路幅度为 0.383；$b_3 = 0$ 时同相路幅度为 0.383，而正交路幅度为 0.924。因此，同相路与正交路的基带信号幅度是互相关联的，不能独立选取。例如，当 3 比特二进制序列 $b_1 b_2 b_3 = 101$ 时，同相路 $b_1 b_3 = 11$，其幅度在水平方向为 +0.924，正交路 $b_2 b_3 = 01$，即 $b_2 \overline{b_3} = 00$，这时的正交路产生的幅度在垂直方向为 -0.383。将这两个幅度不同而互相正交的矢量相加，就可得到幅度为 1 的矢量 101，其相移为 -π/8。详见图 5-36(b)。

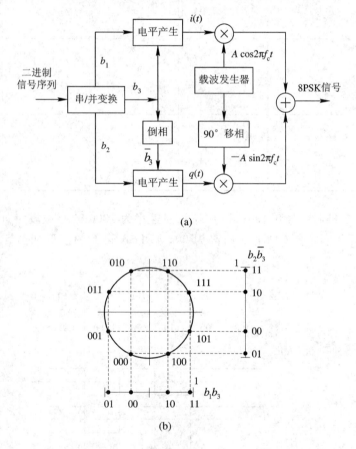

图 5-36　8PSK 正交调制器(π/4 体系)

(a) 方框图；(b) 矢量图

2) 相位选择法

直接用数字信号选择所需相位的载波以产生 M 相制信号。相位选择法产生 4PSK 信号的方框图见图 5-37。在这种调制器中，载波发生器产生四种相位的载波，经逻辑选相电路根据输入信息每次选择其中一种相移的载波作为输出，然后经带通滤波器滤除高频分量。显然，这种方法比较适合于载频较高的场合，此时，带通滤波器可以做得很简单。

若逻辑选相电路还能完成码变换的功能，就可形成 4DPSK 信号。

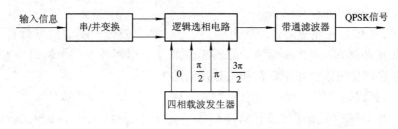

图 5 - 37　相位选择法产生 4PSK 信号的方框图

3）脉冲插入法

图 5 - 38 所示的是脉冲插入法产生 4PSK 信号的原理方框图，它可实现 π/2 体系相移。主振频率为 4 倍载波的定时信号，经两级二分频输出。输入信息经串/并变换、逻辑控制电路，产生 π/2 推动脉冲和 π 推动脉冲。在 π/2 推动脉冲作用下第一级二分频电路相当于分频链输出提前 π/2 相位；在 π 推动脉冲作用下第二级二分频多分频一次，相当于提前 π 相位。因此可以用控制两种推动脉冲的办法得到不同相位的载波。显然，分频链输出也是矩形脉冲，需经带通滤波才能得到以正弦波作为载波的 QPSK 信号。用这种方法也可实现 4DPSK 调制。

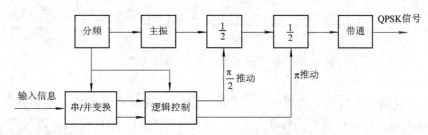

图 5 - 38　脉冲插入法产生 QPSK 信号的原理方框图

3. 多相制信号的解调

这里，我们将介绍几种具有代表性的多相制信号的解调方法。

1）相干正交解调（极性比较法）

4PSK（QPSK）信号的相干正交解调方框图如图 5 - 39 所示。因为 4PSK（π/4 体系）信号是两个正交的 2PSK 信号合成的，因此，可仿照 2PSK 相干检测法，在同相路和正交路中分别设置两个相关器，即用两个相互正交的相干信号分别对两个二相信号进行相干解调，得到 $i(t)$ 和 $q(t)$，再经电平判决和并/串变换即可恢复原始数字信息。此法也称为极性比较法。

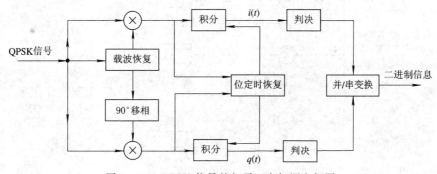

图 5 - 39　QPSK 信号的相干正交解调方框图

2）差分正交解调（相位比较法）

对于 4DPSK 信号往往使用差分正交解调法。多相制差分调制的优点就在于它能够克服载波相位模糊的问题。因为多相制信号的相位偏移是相邻两码元相位的偏差，因此，在解调过程中，也同样可采用相干解调和差分译码的方法。

4DPSK 的解调是仿照 2DPSK 差分检测法，用两个正交的相干载波，分别检测出两个分量 A 和 B，然后还原成二进制双比特串行数字信号的。此法也称为相位比较法。

解调 4DPSK（$\pi/2$ 体系）信号的方框图如图 5-40 所示。由于相位比较法比较的是前后相邻两个码元载波的初相，因而图中的延迟和相移网络以及相干解调就完成了 $\pi/2$ 体系信号的差分正交解调的过程，且这种电路仅对载波频率是码元速率整数倍时的 4DPSK 信号有效。

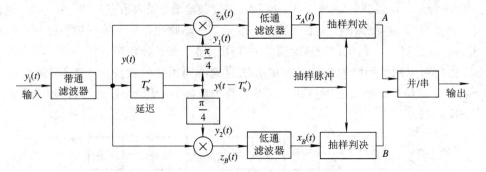

图 5-40　4DPSK 信号的差分正交解调方框图

3）8PSK 信号的解调

8PSK 信号也可采用相干解调器，区别在于电平判决由二电平判决改为四电平判决。判决结果经逻辑运算后得到了比特码组，再进行并/串变换。通常我们使用的是双正交相干解调方案，如图 5-41 所示。此解调器由两组正交相干解调器组成。其中一组的参考载波信号相位为 0 和 $\pi/2$，另一组的参考载波信号相位为 $-\pi/4$ 和 $\pi/4$。四个相干解调器后接四个二电平判决器，对其进行逻辑运算后即可恢复出图 5-36 中的 $b_1 b_2 b_3$，然后进行并/串变换，得到原始的串行二进制信息。

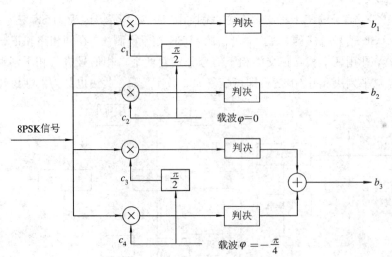

图 5-41　8PSK 信号的双正交相干解调方框图

图 5-41 中，载波 $\varphi=0$ 对应着 $\cos\omega_c t$；载波 $\varphi=-\pi/4$ 对应着 $\cos(\omega_c t-\pi/4)$，c_1、c_2、c_3、c_4 就是这两个相干载波的移相信号，在这里就是上面所说的二组参考载波的四个相移信号。这种方法还可以推广到任意的 MPSK 系统。

随着数字技术的发展，多相制信号的产生与解调较多采用脉冲插入法和相位选择法，解调时较多采用以脉冲计数为基础的判决方法。

5.6　数字调制系统性能比较

5.6.1　二进制数字调制系统的性能比较

与基带传输方式相似，数字频带传输系统的传输性能也可以用误码率来衡量。对于各种调制方式及不同的检测方法，二进制数字调制系统误码率公式总结于表 5-3 中。

表 5-3　二进制数字调制系统误码率公式

调 制 方 式		误 码 率 公 式
2ASK	相干	$P_e=\dfrac{1}{2}\mathrm{erfc}\left(\sqrt{\dfrac{r}{4}}\right)$
	非相干	$P_e\approx\exp\left(-\dfrac{r}{4}\right)$
2PSK	相干	$P_e=\dfrac{1}{2}\mathrm{erfc}(\sqrt{r})$
2DPSK	相位比较	$P_e=\dfrac{1}{2}\exp(-r)$
	极性比较	$P_e\approx\mathrm{erfc}(\sqrt{r})$
2FSK	相干	$P_e=\dfrac{1}{2}\mathrm{erfc}\left(\sqrt{\dfrac{r}{2}}\right)$
	非相干	$P_e=\dfrac{1}{2}\exp\left(-\dfrac{r}{2}\right)$

表 5-3 中的公式是在下列条件下得到的：

(1) 二进制数字信号"1"和"0"是独立的且等概率出现的；

(2) 信道加性噪声 $n(t)$ 是零均值高斯白噪声，单边功率谱密度为 n_0；

(3) 通过接收滤波器 $H_R(\omega)$ 后的噪声为窄带高斯噪声，其均值为零，方差为 σ_n^2，则

$$\sigma_n^2=\frac{1}{2\pi}\int_{-\infty}^{\infty}\frac{n_0}{2}\mid H_R(\omega)\mid^2 \mathrm{d}\omega \qquad (5-57)$$

(4) 由接收滤波器引起的码间串扰很小，可以忽略不计；

（5）接收端产生的相干载波的相位误差为 0。

这样，解调器输入端的功率信噪比定义为

$$r = \frac{\left(\dfrac{A}{2}\right)^2}{\sigma_n^2} = \frac{A^2}{2\sigma_n^2} \tag{5-58}$$

其中，A 为输入信号的振幅；$\left(\dfrac{A}{\sqrt{2}}\right)^2$ 为输入信号功率；σ_n^2 为输入噪声功率。

图 5-42 给出了各种二进制调制的误码率曲线。由公式和曲线可知，2PSK 相干解调的抗白噪声能力优于 2ASK 和 2FSK 相干解调的。在相同误码率条件下，2PSK 相干解调所要求的信噪比 r 比 2ASK 和 2FSK 的要低 3 dB，这意味着发送信号能量可以降低一半。

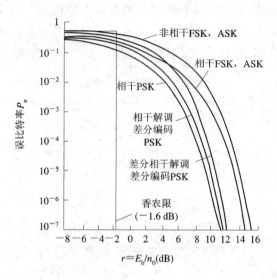

图 5-42　二进制调制的误码率曲线

总的来说，二进制数字传输系统的误码率与下列因素有关：信号形式（调制方式）、噪声的统计特性、解调及译码判决方式。无论采用何种方式、何种检测方法，其共同点是输入信噪比增大时，系统的误码率就降低；反之，误码率增大。由此可得出以下两点：

（1）对于同一调制方式不同检测方法，相干检测的抗噪声性能优于非相干检测。但是，随着信噪比 r 的增大，相干与非相干误码性能的相对差别越不明显，误码率曲线越靠拢。另外，相干检测系统的设备比非相干的要复杂。

（2）同一检测方法不同调制方式的比较，有以下几点：

① 相干检测时，在误码率相同的条件下，信噪比 r 的要求是：2PSK 比 2FSK 小 3 dB，2FSK 比 2ASK 小 3 dB。非相干检测时，在误码率相同的条件下，信噪比 r 的要求是：2DPSK 比 2FSK 小 3 dB，2FSK 比 2ASK 小 3 dB。

② 2ASK 要严格工作在最佳判决门限电平较为困难，其抗振幅衰落的性能差。2FSK、2PSK、2DPSK 最佳判决门限电平为 0，容易设置，均有很强的抗振幅衰落性能。

③ 2FSK 的调制指数 h 通常大于 0.9，此时在传码率相同的条件下，2FSK 的传输带宽

比 2PSK、2DPSK、2ASK 的宽，即 2FSK 的频带利用率最低。

5.6.2 多进制数字调制系统的性能比较

多进制数字调制系统的误码率是平均信噪比 ρ 及进制数 M 的函数。对移频、移相制 ρ 就是 r，对移幅制 ρ 是各电平等概率出现时的信号平均功率与噪声平均功率之比。当 M 一定，ρ 增大时，P_e 减小，反之增大；当 ρ 一定，M 增大时，P_e 增大。可见，随着进制数的增多，抗干扰性能降低。

(1) 对多电平振幅调制系统而言，在要求相同的误码率 P_e 的条件下，多电平振幅调制的电平数越多，则需要信号的有效信噪比就越高；反之，有效信噪比就可能下降。在 M 相同的情况下，双极性相干检测的抗噪声性能最好，单极性相干检测的性能次之，单极性非相干检测的性能最差。虽然 MASK 系统的抗噪声性能比 2ASK 差，但其频带利用率高，是一种高效的传输方式。

(2) 多频调制系统中相干检测和非相干检测时的误码率 P_e 均与信噪比 ρ 及进制数 M 有关。在进制数 M 一定的条件下，信噪比 ρ 越大，误码率越小；在信噪比一定的条件下，M 值越大，误码率也越大。MFSK 与 MASK、MPSK 比较，随 M 增大，其误码率增大得不多，但其频带占用宽度将会增大，频带利用率降低。另外，相干检测与非相干检测性能之间相比较，在 M 相同的条件下，相干检测的抗噪声性能优于非相干检测。但是，随着 M 的增大，两者之间的差距将会有所减小，而且在同一 M 的条件下，随着信噪比的增加，两者性能将会趋于同一极限值。由于非相干检测易于实现，因此，实际应用中非相干 MFSK 多于相干 MFSK。

(3) 在多相调制系统中，M 相同时，相干检测 MPSK 系统的抗噪声性能优于差分检测 MDPSK 系统的抗噪声性能。在相同误码率的条件下，M 值越大，差分移相比相干移相在信噪比上损失得越多，M 很大时，这种损失约为 3 dB。但是，由于 MDSKP 系统无反向工作(即相位模糊)问题，且接收端设备没有 MPSK 复杂，因而其实际应用比 MPSK 的多。多相制的频带利用率高，是一种高效传输方式。

(4) 多进制数字调制系统主要采用非相干检测的 MFSK、MDPSK 和 MASK。一般在信号功率受限，而带宽不受限的场合多用 MFSK；而功率不受限制的场合用 MDPSK；在信道带宽受限，而功率不受限的恒参信道用 MASK。

由前面的分析我们已经看出，二进制数字调制系统的传码率等于其传信率，2ASK 和 2PSK 的系统带宽近似等于两倍的传信率，频带利用率为 1/2 bit/(s·Hz)；而 2FSK 系统的带宽近似为 $|f_1-f_2|+2R_B>2R_B$，频带利用率小于 1/2 bit/(s·Hz)。而在多进制数字调制系统中，系统的传码率和传信率是不相等的，即 $R_b=kR_B$。在相同的信息速率条件下，多进制数字调制系统的频带利用率低于二进制的情形。

信道特性变化的灵敏度对最佳判决门限有一定的影响。在 2FSK 系统中，是通过比较两路解调输出的大小来作出判决的，没有人为设置的判决门限。在 2PSK 系统中，判决器的最佳判决门限为零，与接收机输入信号的幅度无关，因此它不随信道特性的变化而变，这时接收机容易保持在最佳判决门限状态。对于 2ASK 系统，判决器的最佳判决门限为 $A/2$，与接收机输入信号的幅度有关。当信道特性发生变化时，接收机输入信号的幅度 A 将随之变化，相应地，判决器的最佳判决门限也随之发生变化，这时接收机不容易保持在最佳判决门限状态，从而导致误码率增大。所以，当信道特性变化较为敏感时，不宜选择2ASK调制方式。

当信道有严重衰落时，通常采用非相干解调或差分相干解调，原因是这时在接收端不易得到相干解调所需的相干参考信号。当发射机有严格的功率限制时，如卫星通信中，星上转发器输出功率受电能的限制。从宇宙飞船上发回遥测数据时，飞船所载有的电能和产生功率的能力都是有限的。这时可考虑采用相干解调，因为在传码率及误码率给定的情况下，相干解调所要求的信噪比较非相干解调小。

就设备的复杂度而言，2ASK、2PSK及2FSK发送端设备的复杂度相差不多，而接收端的复杂程度则和所用的调制解调方式有关。对于同一种调制方式，相干解调时的接收设备比非相干解调的接收设备复杂；同为非相干解调时，2DPSK的接收设备最复杂，2FSK次之，2ASK的设备最简单。就多进制而言，不同调制解调方式设备的复杂程度的关系与二进制的情况相同。但总体讲，多进制数字调制与解调设备的复杂程度要比二进制的复杂得多。

从以上几个方面对各种数字调制系统的比较可以看出，在选择调制和解调方式时，要考虑的因素是比较多的。只有对系统要求做全面地考虑，并且抓住其中最主要的因素，才能做出比较正确的抉择。如果抗噪声性能是主要的，则应考虑相干PSK和DPSK，而ASK是不可取的；如果带宽是主要的因素，则应考虑多进制PSK、相干PSK、DPSK以及ASK，而FSK最不值得考虑(除非选择调制指数较小的FSK)；如果设备的复杂性是一个必须考虑的重要因素，则非相干方式比相干方式更为适宜。目前，在高速数据传输中，QPSK、相干PSK及DPSK用得较多；而在中、低速数据传输中，特别是在衰落信道中，相干2FSK用得较为普遍。

本 章 小 结

数字频带传输不同于数字基带传输的地方在于它包含有调制和解调，因调制和解调的方式不同，数字频带系统具有不同的性能。数字调制与模拟调制的差别是调制信号为数字基带信号，根据被调参数的不同，有振幅键控(ASK)、频移键控(FSK)和相移键控(PSK)三种基本方式。

振幅键控是最早应用的数字调制方式，它是一种线性调制系统。其优点是设备简单、频带利用率较高，缺点是抗噪声性能差，而且它的最佳判决门限与接收机输入信号的振幅有关，因而不易使取样判决器工作在最佳状态。但是，随着电路、滤波和均衡技术的发展，应高速数据传输的需要，多电平调制技术的应用越来越受到人们的重视。

频移键控是数字通信中的一种重要调制方式。其优点是抗干扰能力强，缺点是占用频带较宽，尤其是多进制调频系统，频带利用率很低。目前主要应用于中、低速数据传输系统中。

相移键控分为绝对相移和相对相移两种。绝对相移信号在解调时有相位模糊的缺点，因而在实际中很少采用。但绝对相移是相对相移的基础，有必要熟练掌握。相对相移不存在相位模糊的问题，因为它是依靠前后两个接收码元信号的相位差来恢复数字信号的。相对相移的实现通常是先进行码变换，即将绝对码转换为相对码，然后对相对码进行绝对相移;相对相移信号的解调过程是进行相反的变换,即先进行绝对相移解调,然后再进行码的变换,最后恢复出原始信号。相移键控是一种高传输效率的调制方式,其抗干扰能力比振幅键控和频移键控都强,因此在高、中速数据传输中得到了广泛应用。

思考与练习 5

5-1 数字载波调制与连续模拟调制有什么异同点?

5-2 画出 2ASK 系统的方框图,并说明其工作原理。

5-3 2ASK 信号的功率谱有什么特点?

5-4 试比较相干检测 2ASK 系统和包络检测 2ASK 系统的性能及特点。

5-5 产生 2FSK 信号和解调 2FSK 信号各有哪些常用的方法?

5-6 画出频率键控法产生 2FSK 信号和包络检测法解调 2FSK 信号时系统的方框图及波形图。

5-7 试比较相干检测 2FSK 系统和包络检测 2FSK 系统的性能和特点。

5-8 已知数字信息为 1101001,并设码元宽度是载波周期的两倍,试画出绝对码、相对码、2PSK 信号、2DPSK 信号的波形。

5-9 试画出 2PSK 系统的方框图,并说明其工作原理。

5-10 试画出 2DPSK 系统的方框图,并说明其工作原理。

5-11 画出相位比较法解调 2DPSK 信号的方框图及波形图。

5-12 2PSK、2DPSK 信号的功率谱有什么特点?

5-13 试比较 2PSK、2DPSK 系统的性能和特点。

5-14 二进制数字调制系统的误码率与哪些因素有关?试比较各种数字调制系统的误码性能。

5-15 8 电平调制的 MASK 系统,其信息传输速率为 4800 b/s,求其码元传输速率及传输带宽。

5-16 画出 4PSK($\pi/4$ 型)系统的方框图,并说明其工作原理。

5-17 画出 4DPSK($\pi/2$ 型)系统(采用差分检测)的方框图,并说明其工作原理。

5-18 试简述振幅键控、频移键控和相移键控三种调制方式各自的主要优点和缺点。

5-19 设发送的数字信息序列为 011011100010,试画出 2ASK 信号的波形示意图。

5-20 已知 2ASK 系统的传码率为 1000 Baud,调制载波为 $A\cos(140\pi \times 10^6 t)$ V。

(1)求该 2ASK 信号的频带宽度。

(2)若采用相干解调器接收,请画出解调器中的带通滤波器和低通滤波器的传输函数幅频特性示意图。

5-21 2ASK 包络检测接收机输入端的平均信噪功率比 ρ 为 7 dB,输入端高斯白噪声的双边功率谱密度为 2×10^{-14} V²/Hz,码元传输速率为 50 Baud,设"1"、"0"等概率出现。试计算最佳判决门限、最佳归一化门限及系统的误码率。

5-22 已知某 2FSK 系统的码元传输速率为 1200 Baud,发"0"时载频为 2400 Hz,发"1"时载频为 4800 Hz,若发送的数字信息序列为 011011010,试画出序列对应的相位连续2FSK 信号波形图。

5-23 说明：

(1) 相位不连续 2FSK 信号与 2ASK 信号的区别与联系；

(2) 相位不连续 2FSK 解调系统与 2ASK 解调系统的区别与联系。

5-24 某 2FSK 系统的传码率为 2×10^6 Baud，"1"码和"0"码对应的载波频率分别为 $f_1 = 10$ MHz，$f_2 = 15$ MHz。在频率转换点上相位不连续。

(1) 请问相干解调器中的两个带通滤波器及两个低通滤波器应具有怎样的幅频特性？画出示意图，并做必要的说明。

(2) 试求该 2FSK 信号占用的频带宽度。

5-25 一相位不连续的 2FSK 信号，发"1"及"0"时其波形分别为 $s_1(t) = A\cos(2000\pi t + \varphi_1)$ 及 $s_0(t) = A\cos(8000\pi t + \varphi_0)$。码元速率为 600 Baud，采用普通分路滤波器检测，系统频带宽度最小应为多少？

5-26 已知接收机输入信噪功率比 $r = 10$ dB，试分别计算非相干 4FSK、相干 4FSK 系统的误码率。

5-27 已知数字信息 $\{a_n\} = 1\ 0\ 1\ 1\ 0\ 1\ 0$，分别以下列两种情况画出 2PSK、2DPSK 及相对码 $\{b_n\}$ 的波形。

(1) 码元速率为 1200 Baud，载波频率为 1200 Hz；

(2) 码元速率为 1200 Baud，载波频率为 1800 Hz。

5-28 在数字调相信号中，若码元速率为 1200 Baud，载频 $f_c = 1800$ Hz，波形如图 5-57 所示，问该二相差分移相信号的相位偏移和向量偏移各为多少？在上述条件下，它们的关系如何？

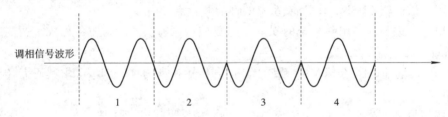

图 5-57 5-28 题图

5-29 在二相制中，已知载波频率 $f_c = 1800$ Hz，码元速率为 1200 Baud，数字信息为 0101。试分别画出按表 5-4 规定的两种编码方式（A、B方式）的绝对相移与相对相移的已调信号波形图。

表 5-4 5-29 题表

数 字 信 息		0	1
相 位 偏 移	A 方式	180°	0°
	B 方式	270°	90°

5-30 设某相移键控信号的波形如图 5-58 所示，试问：

(1) 若此信号是绝对相移信号，它所对应的二进制数字序列是什么？

(2) 若此信号是相对相移信号，且已知相邻相位差为 0 时对应"1"码元，相位差为 π 时对应"0"码元,则它所对应的二进制数字序列又是什么?

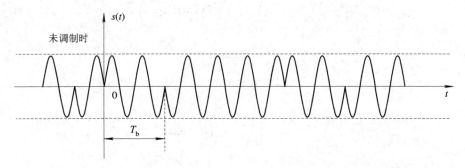

图 5-58 5-30 题图

5-31 若载频为 2400 Hz,码元速率为 1200 Baud,发送的数字信息序列为 010110,试画出 $\Delta\varphi_n = 270°$ 代表"0"码,$\Delta\varphi_n = 90°$ 代表"1"码的 2DPSK 信号波形(注:$\Delta\varphi_n = \varphi_n - \varphi_{n-1}$)。

5-32 设 2DPSK 信号相位比较法解调原理方框图及输入信号波形如图 5-59 所示。试画出 b、c、d、e、f 各点的波形。

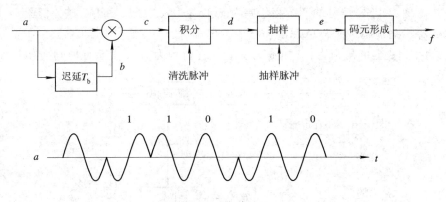

图 5-59 5-32 题图

5-33 画出直接调相法产生 4PSK 信号的方框图,并做必要的说明。该 4PSK 信号的相位配置矢量图如图 5-60 所示。

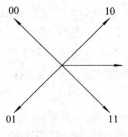

图 5-60 5-33 题图

5-34 四相调制系统输入的二进制码元速率为 2400 Baud,载波频率为 2400 Hz,已知码字与相位的对应关系为:"00"↔0°,"01"↔90°,"11"↔180°,"10"↔270°。当输入码序列为 011001110100 时,试画出 4PSK 信号波形图。

5-35 已知数字基带信号的信息速率为 2048 kb/s,请问:分别采用 2PSK 方式及

4PSK 方式传输时所需的信道带宽为多少？频带利用率为多少？

5-36 当输入数字消息分别为 00，01，10，11 时，试分析图 5-61 所示电路的输出相位。

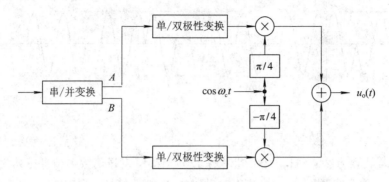

图 5-61　5-36 题图

注：① 当输入为"01"时，A 端输出为"0"，B 端输出为"1"。

② 单／双极性变换电路将输入的"1""0"码分别变换为 A 及 $-A$ 两种电平。

5-37 设 4DPSK 信号的四个相位差为 $\pi/4$、$3\pi/4$、$5\pi/4$、$7\pi/4$。试分析图 5-62 所示的 4DPSK 差分解调器的工作原理。

注：抽样判决器的规则为：输入信号为正极性时判为"1"，负极性时判为"0"。

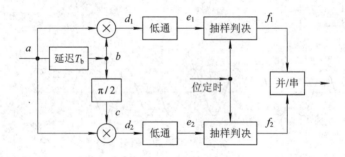

图 5-62　5-37 题图

5-38 什么是 QAM 调制？简要叙述 QAM 调制的主要特点。

5-39 方型 16QAM 星座和星型 16QAM 星座各有什么特点？

5-40 $M=4$，16，64，256 时的星座图和 $M=32$，128 时的星座图各有什么特点？

5-41 QAM 调制在哪些通信系统中有所应用？

5-42 什么是 MSK 调制？简要叙述 MSK 调制的主要特点。

5-43 与 2PSK、4PSK 信号功率谱相比较，GMSK 调制有哪些特点？

5-44 MSK 调制方式适合于哪些通信系统？

5-45 什么是 GMSK 调制？与 MSK 调制相比较，GMSK 调制有哪些特点？

5-46 GMSK 调制中 $B_b T_b$ 的物理意义是什么？$B_b T_b$ 取值不同时，对 GMSK 信号的频谱和抗噪声性能有何影响？

5-47 目前 GMSK 调制方式在哪些通信系统中有所应用？

5-48 什么是 QAM 调制？简要叙述 QAM 调制的主要特点。

5-49 画出 4QAM 调制原理框图，并画出各点波形。

5-50　方型 16QAM 星座和星型 16QAM 星座各有什么特点？

5-51　$M=4$，16，64，256 时的星座图和 $M=32$，128 时的星座图各有什么特点？

5-52　QAM 调制在哪些通信系统中有所应用？

5-53　什么是 MSK 调制？简要叙述 MSK 调制的主要特点。

5-54　设数字序列为 $\{+1-1-1+1+1-1-1-1+1-1\}$，试画出对应的 MSK 信号相位变化图形。

5-55　MSK 调制方式适合于哪些通信系统？

第 6 章　数字信号的最佳接收

【教学要点】

了解：数字信号接收的统计表述；最小平均风险准则；数字基带系统的最佳化。

熟悉：错误概率最小准则。

掌握：最大输出信噪比准则。

重点、难点：匹配滤波器组成的最佳接收机。

　　信号在传输过程中必然会受到噪声及信道特性不理想的影响。最佳接收就是从提高接收机性能的角度出发，研究在相同信噪比条件下，如何使接收机最佳地完成接收信号的任务。研究最佳接收问题就是研究和分析最佳接收的原理及其数学模型，讨论它们在理论上的最佳性能，并与现有各种接收方法比较，以便改善接收机性能。

　　最佳接收并不是一个绝对概念，而是一个相对意义的概念，是在一定条件下，针对某一种信号，按照某一个"标准"或"准则"得到最佳接收，而对其他"准则"不一定是最佳的。因此，对于不同的"准则"可能出现不同的最佳接收机。所以，在最佳接收理论中，选择什么样的准则将是重要问题。数字通信中最常用的"最佳准则"有最小平均风险准则、错误概率最小准则、最大输出信噪比准则、最大检测概率准则、最小均方误差准则等。

　　本章将结合二进制确知信号、随机相位信号和起伏信号重点论述错误概率最小准则，结合匹配滤波器介绍最大输出信噪比准则，最后讨论数字基带系统的最佳化问题。

6.1　数字信号接收的统计表述

　　从数字通信系统的接收端考虑，接收到的波形可能是发送信号受到信道非线性影响而发生畸变的、混入随机噪声的混合波形，它具有不确定性和随机性。这种波形可以通过掌握接收波形的统计性能，采用适当的接收"准则"，来获得满意的接收效果，这就是一个统计判决的过程。

6.1.1　二元通信系统的假设检测

　　二元通信系统假设检测的基本原理图如图 6-1 所示。

　　设在发送端发射机之后产生的二元信号为 $s_0(t)$ 和 $s_1(t)$，它们为持续时间 T 的确知基带信号或频带信号。信号通过信道传输时，假定混入了加性噪声 $n(t)$，在接收端收到的信号 $y(t)$ 应该是信号和噪声之和。

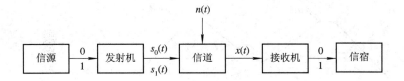

图 6-1　二元通信系统假设检测的基本原理图

我们用 H_0 和 H_1 分别表示零假设和备择假设,其意义分别表示 $s_0(t)$ 和 $s_1(t)$ 信号的存在,先验概率分别为 $P(H_0)$ 和 $P(H_1)$。当假设为 H_0 时,接收信号为

$$y(t) = s_0(t) + n(t), 0 \leqslant t \leqslant T$$

当假设为 H_1 时,接收信号为

$$y(t) = s_1(t) + n(t), 0 \leqslant t \leqslant T$$

接收机的任务是根据在 $0 \sim T$ 的时间内对 $y(t)$ 的观测数据和判决准则作出哪一个信号存在的判决。若判决为 D_1,则表示假设 H_1 存在;若判决为 D_0,则表示假设 H_0 存在。

6.1.2　似然函数

若令 $s_1(t)=1$, $s_0(t)=-1$,在 $t=t_0$ 时刻进行一次观察。

当假设为 H_1 时,接收信号为

$$y(t_0) = s_1(t_0) + n(t_0) = 1 + n(t_0)$$

当假设为 H_0 时,接收信号为

$$y(t_0) = s_0(t_0) + n(t_0) = -1 + n(t_0)$$

其中,$n(t_0)$ 是均值为 0、方差为 σ_n^2 的高斯随机变量。所以,$y(t_0)$ 也是一个高斯随机变量,只是不同假设时,均值不同。

当假设为 H_1 时,$E\{y(t_0)\}=1$,条件概率密度函数为

$$f(y/H_1) = \frac{1}{\sqrt{2\pi}\sigma_n} e^{-\frac{(y-1)^2}{2\sigma_n^2}} \tag{6-1}$$

当假设为 H_0 时,$E\{y(t_0)\}=-1$,条件概率密度函数为

$$f(y/H_0) = \frac{1}{\sqrt{2\pi}\sigma_n} e^{-\frac{(y+1)^2}{2\sigma_n^2}} \tag{6-2}$$

$f(y/H_1)$ 和 $f(y/H_0)$ 称为似然函数。

在 $[0, T]$ 时间内对接收信号 $y(t)$ 进行 N 次抽样,称为多次观察,接收信号的 N 维空间矢量(观测空间)用 $\boldsymbol{Y}$ 表示,则

$$\begin{cases} f(\boldsymbol{Y}/H_1) = \prod_{k=1}^{N} f(y_k/H_1) \\ f(\boldsymbol{Y}/H_0) = \prod_{k=1}^{N} f(y_k/H_0) \end{cases} \tag{6-3}$$

6.1.3　虚报概率和漏报概率

二元假设所得的似然函数依然是高斯分布,对于一次观测假定已找到判决点 y_0,如图 6-2 所示。把 $y \geqslant y_0$ 的部分划为 z_1 判决域;把 $y < y_0$ 的部分划为 z_0 判决域。

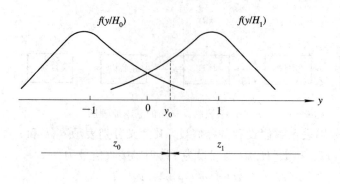

图 6 - 2 一次判决的似然函数及判决域

根据两种假设 H_1、H_0 及两种检验结果 D_1、D_0，接收判决必然存在四种可能的情况：

(1) 假设为 H_0，检验结果为 D_0，正确判决，条件概率为 $P(D_0/H_0)$；

(2) 假设为 H_0，检验结果为 D_1，错误判决，条件概率为 $P(D_1/H_0)$；

(3) 假设为 H_1，检验结果为 D_0，错误判决，条件概率为 $P(D_0/H_1)$；

(4) 假设为 H_1，检验结果为 D_1，正确判决，条件概率为 $P(D_1/H_1)$。

四种条件概率可分别表示为

$$
\begin{cases}
P(D_0/H_0) = \displaystyle\int_{-\infty}^{y_0} f(y/H_0)\,\mathrm{d}y \\[2mm]
P(D_1/H_1) = \displaystyle\int_{y_0}^{\infty} f(y/H_1)\,\mathrm{d}y \\[2mm]
P(D_1/H_0) = \displaystyle\int_{y_0}^{\infty} f(y/H_0)\,\mathrm{d}y \\[2mm]
P(D_0/H_1) = \displaystyle\int_{-\infty}^{y_0} f(y/H_1)\,\mathrm{d}y
\end{cases}
\tag{6-4}
$$

由此可见，二元检测产生两类错误，第一类错误是将 H_0 判为 D_1，其条件概率用 $P(D_1/H_0)$ 表示，通信中通常称其为虚报概率；第二类错误是将 H_1 判为 D_0，其条件概率用 $P(D_0/H_1)$ 表示，称其为漏报概率。

在二选一检测问题中，通常有

$$P(D_1/H_1) = 1 - P(D_0/H_1)$$

$$P(D_1/H_0) = 1 - P(D_0/H_0)$$

上述两类错误带来的平均错误概率为

$$P_e = P(H_0)P(D_1/H_0) + P(H_1)P(D_0/H_1) \tag{6-5}$$

因为 $P(H_1) = 1 - P(H_0)$，所以平均错误概率也可以表示为

$$P_e = P(H_0)P(D_1/H_0) + [1 - P(H_0)]P(D_0/H_1) \tag{6-6}$$

当 H_1 和 H_0 等概率出现时，$P(H_1) = P(H_0) = 1/2$，这时

$$P_e = \frac{1}{2}[P(D_1/H_0) + P(D_0/H_1)] \tag{6-7}$$

6.1.4 信号检测模型

图 6-3 是信号统计检测模型。接收机根据不同的判决准则把观测空间划分为两个区

域 z_0 和 z_1。一旦判决域确定后，由于在观测空间内的结点是随机变化的，因此就有可能产生错误。当假设为 H_0 时，而 Y 落到 z_1 判决域内，就要产生第一类错误，概率为

$$P(D_1/H_0) = \int_{z_1} f(Y/H_0) \, \mathrm{d}Y = \int \cdots \int f(y_1 y_2 \cdots y_N/H_0) \, \mathrm{d}y_1 \mathrm{d}y_2 \cdots \mathrm{d}y_N \qquad (6-8)$$

当假设为 H_1 时，而 Y 落到 z_0 判决域内，就要产生第二类错误，概率为

$$P(D_0/H_1) = \int_{z_0} f(Y/H_1) \, \mathrm{d}Y = \int \cdots \int f(y_1 y_2 \cdots y_N/H_1) \, \mathrm{d}y_1 \mathrm{d}y_2 \cdots \mathrm{d}y_N \qquad (6-9)$$

当我们得到虚报概率 $P(D_1/H_0)$ 和漏报概率 $P(D_0/H_1)$ 以及先验概率 $P(H_0)$ 和 $P(H_1)$ 后，就可以利用式(6-5)求出系统的平均错误概率 P_e。

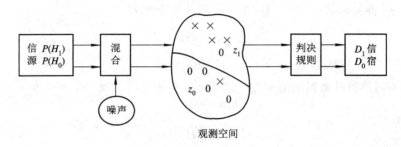

图 6-3 信号统计检测模型

6.2 最小平均风险准则（贝叶斯判决准则）

在二选一检测中，接收机每次作出的判决不管是正确的还是错误的，都要付出代价，并用 C_{ij} 表示，其中，i 表示检测结果；j 表示原来的假设。

检测后的平均风险 $\bar{R}$ 可写为

$$\bar{R} = C_{00}P(D_0 H_0) + C_{10}P(D_1 H_0) + C_{01}P(D_0 H_1) + C_{11}P(D_1 H_1) \qquad (6-10)$$

其中，$P(D_i H_j)$ 表示假设为 H_j、判决为 D_i 的联合概率；C_{ij} 表示假设为 H_j、判决为 D_i 所付出的代价。应用贝叶斯公式有

$$P(D_i H_j) = P(H_j)P(D_i/H_j) \qquad (6-11)$$

代入式(6-10)，得

$$\begin{aligned} \bar{R} = &C_{00}P(H_0)P(D_0/H_0) + C_{10}P(H_0)P(D_1/H_0) \\ &+ C_{01}P(H_1)P(D_0/H_1) + C_{11}P(H_1)P(D_1/H_1) \end{aligned} \qquad (6-12)$$

在一次观测的情况下，按照图 6-2 任意选择判决点 y_0，将式(6-4)代入式(6-12)，则平均风险 $\bar{R}$ 为

$$\begin{aligned} \bar{R} = &C_{00}P(H_0)\int_{-\infty}^{y_0} f(y/H_0) \, \mathrm{d}y + C_{10}P(H_0)\int_{y_0}^{\infty} f(y/H_0) \, \mathrm{d}y \\ &+ C_{01}P(H_1)\int_{-\infty}^{y_0} f(y/H_1) \, \mathrm{d}y + C_{11}P(H_1)\int_{y_0}^{\infty} f(y/H_1) \, \mathrm{d}y \end{aligned} \qquad (6-13)$$

要使平均风险最小，可由平均风险 $\bar{R}$ 的极值得到。令 $\mathrm{d}\bar{R}/\mathrm{d}y_0 = 0$，可以得到 $\bar{R} = \bar{R}_{\min}$ 时的判决点，即 $y_0 = y_B$，y_B 称为贝叶斯门限。于是，可以得到

$$\frac{f(y_B/H_1)}{f(y_B/H_0)} = \frac{P(H_0)(C_{10} - C_{00})}{P(H_1)(C_{01} - C_{11})} = \lambda_B$$

λ_B 称为似然比门限。将 $y_0 = y_B$ 代入式(6-13)就可以得到最小平均风险 $\overline{R}_{min}$

$$\overline{R}_{min} = C_{00}P(H_0)\int_{-\infty}^{y_B} f(y/H_0)\,\mathrm{d}y + C_{10}P(H_0)\int_{y_B}^{\infty} f(y/H_0)\,\mathrm{d}y$$

$$+ C_{01}P(H_1)\int_{-\infty}^{y_B} f(y/H_1)\,\mathrm{d}y + C_{11}P(H_1)\int_{y_B}^{\infty} f(y/H_1)\,\mathrm{d}y \qquad (6-14)$$

贝叶斯判决准则可以用似然比形式表示为

$$\lambda(y) = \frac{f(y/H_1)}{f(y/H_0)} \underset{D_0}{\overset{D_1}{\gtrless}} \frac{P(H_0)[C_{10} - C_{00}]}{P(H_1)[C_{01} - C_{11}]} = \lambda_B \qquad (6-15)$$

由于 $\lambda(x)$ 和 λ_B 都是正数，式(6-15)也可以用对数表示为

$$\ln\lambda(y) \underset{D_0}{\overset{D_1}{\gtrless}} \ln\lambda_B \qquad (6-16)$$

N 维观测时的贝叶斯判决准则和一维观测具有相似的结果，即

$$\lambda(Y) = \frac{f(Y/H_1)}{f(Y/H_0)} \underset{D_0}{\overset{D_1}{\gtrless}} \frac{P(H_0)[C_{10} - C_{00}]}{P(H_1)[C_{01} - C_{11}]} = \lambda_B \qquad (6-17)$$

或用对数表示为

$$\ln\lambda(Y) \underset{D_0}{\overset{D_1}{\gtrless}} \ln\lambda_B \qquad (6-18)$$

6.3　错误概率最小准则

在数字通信系统中的最佳接收机一般是在错误概率最小准则下建立的。在数字通信系统中，我们期望错误接收的概率愈小愈好，因此采用错误概率最小准则是直观的和合理的。

当取贝叶斯判决准则中的 $C_{00} = C_{11} = 0$、$C_{01} = C_{10} = 1$ 时，说明通信系统对正确判决无须付出代价，而错误的判决应付出的代价相同，亦即虚报概率和漏报概率所造成的后果是相同的。于是，系统的误码率应为

$$P_e = \overline{R} = P(H_0)P(D_1/H_0) + P(H_1)P(D_0/H_1)$$

$$= P(H_0)\int_{y_B}^{\infty} f(y/H_0)\,\mathrm{d}y + P(H_1)\int_{-\infty}^{y_B} f(y/H_1)\,\mathrm{d}y \qquad (6-19)$$

其中

$$\lambda_B = \frac{f(y_B/H_1)}{f(y_B/H_0)} = \frac{P(H_0)}{P(H_1)} = \lambda_0 \qquad (6-20)$$

错误概率最小准则应写为

$$\lambda(y) = \frac{f(Y/H_1)}{f(Y/H_0)} \underset{D_0}{\overset{D_1}{\gtrless}} \frac{P(H_0)}{P(H_1)} = \lambda_0 \qquad (6-21)$$

或用对数表示为

$$\ln\lambda(y) \underset{D_0}{\overset{D_1}{\gtrless}} \ln\lambda_0 \qquad\qquad (6-22)$$

其中，λ_0 称为门限似然比。

6.3.1　确知信号的最佳接收

所谓确知信号，就是指信号的全部参量都是已知的。这里讨论的确知信号的最佳接收问题就是按照错误概率最小准则建立二元确知信号的最佳接收机，并分析其性能。

1. 最佳接收机结构

为了突出重点，对二进制确知信号和噪声做以下假设：

假设为 H_0 时，$y(t)=s_0(t)+n(t)$，$0 \leqslant t \leqslant T$

假设为 H_1 时，$y(t)=s_1(t)+n(t)$，$0 \leqslant t \leqslant T$

这里，$s_0(t)$ 和 $s_1(t)$ 可以是基带信号，$s_0(t)=s_0$ 和 $s_1(t)=s_1$ 均为常数；$s_0(t)$ 和 $s_1(t)$ 也可以是频带信号，$s_0(t)$ 和 $s_1(t)$ 均为已调信号。

噪声 $n(t)$ 为高斯白噪声，均值为 0，方差为 σ_n^2，单边功率谱密度为 n_0。

要建立的最佳接收机是在噪声干扰下，以错误概率最小准则，在观察时间 $(0,T)$ 内，检测判决信号的接收机。

根据假设及对设计接收机的要求，推算如下：

对 $s_0(t)$ 和 $s_1(t)$ 抽样 N 次，N 次抽样后的随机变量仍然是方差为 σ_n^2 的高斯分布，但每次抽样的均值不同，分别记作 s_{0k} 和 s_{1k}，于是得到 N 次抽样后的似然函数为

$$\begin{cases} f(Y/H_0) = \prod_{k=1}^{N} \dfrac{1}{\sqrt{2\pi}\sigma_n} \exp\left\{-\dfrac{(y_k - s_{0k})^2}{2\sigma_n^2}\right\} \\[3mm] f(Y/H_1) = \prod_{k=1}^{N} \dfrac{1}{\sqrt{2\pi}\sigma_n} \exp\left\{-\dfrac{(y_k - s_{1k})^2}{2\sigma_n^2}\right\} \end{cases} \qquad (6-23)$$

似然函数比为

$$\lambda(y) = \frac{f(Y/H_1)}{f(Y/H_0)} = \exp\left\{\sum_{k=1}^{N}\left[\frac{s_{1k}y_k}{\sigma_n^2} - \frac{s_{0k}y_k}{\sigma_n^2} - \frac{s_{1k}^2}{2\sigma_n^2} + \frac{s_{0k}^2}{2\sigma_n^2}\right]\right\} \qquad (6-24)$$

为了对连续波进行检测，在码元周期 $T=N(\Delta t)$ 保持不变的情况下，使抽样间隔无穷小，即 $\Delta t \to 0$，抽样次数就会变成无穷大，即 $N \to \infty$，同时信道带宽 $B=1/(2\Delta t) \to \infty$，这是理想信道情况。此时噪声功率 $\sigma_n^2 = n_0 B = n_0/(2\Delta t)$。于是得到式(6-24)中各项的极限值

$$\begin{cases} \lim\limits_{\substack{\Delta t \to 0 \\ N \to \infty}} \sum_{k=1}^{N} \dfrac{s_{1k}y_k}{\sigma_n^2} = \dfrac{2}{n_0} \lim\limits_{\substack{\Delta t \to 0 \\ N \to \infty}} s_{1k}y_k \Delta t = \dfrac{2}{n_0} \int_0^T s_1(t)y(t)\,\mathrm{d}t \\[4mm] \lim\limits_{\substack{\Delta t \to 0 \\ N \to \infty}} \sum_{k=1}^{N} \dfrac{s_{0k}y_k}{\sigma_n^2} = \dfrac{2}{n_0} \lim\limits_{\substack{\Delta t \to 0 \\ N \to \infty}} s_{0k}y_k \Delta t = \dfrac{2}{n_0} \int_0^T s_0(t)y(t)\,\mathrm{d}t \\[4mm] \lim\limits_{\substack{\Delta t \to 0 \\ N \to \infty}} \sum_{k=1}^{N} \dfrac{s_{1k}^2}{2\sigma_n^2} = \dfrac{1}{n_0} \lim\limits_{\substack{\Delta t \to 0 \\ N \to \infty}} s_{1k}^2 \Delta t = \dfrac{1}{n_0} \int_0^T s_1^2(t)\,\mathrm{d}t \\[4mm] \lim\limits_{\substack{\Delta t \to 0 \\ N \to \infty}} \sum_{k=1}^{N} \dfrac{s_{0k}^2}{2\sigma_n^2} = \dfrac{1}{n_0} \lim\limits_{\substack{\Delta t \to 0 \\ N \to \infty}} s_{0k}^2 \Delta t = \dfrac{1}{n_0} \int_0^T s_0^2(t)\,\mathrm{d}t \end{cases}$$

将其代入式(6-24)并按式(6-22)取对数后可写为

$$\ln\lambda(x) = \frac{2}{n_0}\left\{\int_0^T s_1(t)y(t)\ \mathrm{d}t - \int_0^T s_0(t)y(t)\ \mathrm{d}t\right\} - \frac{1}{n_0}\left\{\int_0^T s_1^2(t)\ \mathrm{d}t - \int_0^T s_0^2(t)\ \mathrm{d}t\right\} \underset{D_0}{\overset{D_1}{\gtrless}} \ln\lambda_0$$

(6-25)

令

$$V_T = \frac{n_0}{2}\ln\lambda_0 + \frac{1}{2}\int_0^T \left[s_1^2(t) - s_0^2(t)\right]\mathrm{d}t$$

(6-26)

称为判决门限电平。于是,式(6-24)可写为

$$\int_0^T s_1(t)y(t)\ \mathrm{d}t - \int_0^T s_0(t)y(t)\ \mathrm{d}t \underset{D_0}{\overset{D_1}{\gtrless}} V_T$$

(6-27)

对于 2PSK 和 2FSK 信号,当 1、0 等概率出现时,$\lambda_0 = 1$,$\ln\lambda_0 = 0$;并且当 1、0 码信号的能量相等时

$$\int_0^T \left[s_1^2(t) - s_0^2(t)\right]\mathrm{d}t = 0$$

可见,对于等概率等能量信号用错误概率最小准则判决时,其判决门限电平 $V_T = 0$。

式(6-27)就是按错误概率最小准则建立的最佳接收机数学表达式,建立结构模型如图 6-4 所示,图中 V_T 称判决门限电平。

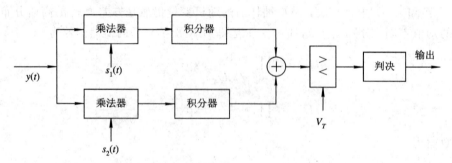

图 6-4 二进制确知信号最佳接收机结构模型

针对以上结果予以讨论:

(1)从最佳接收机结构来看,它是由两路相关器(包括乘法器和积分器)、相加器、比较器和判决器组成的,因此通常称其为相关接收机。

(2)判决门限 V_T 与信号 $s_0(t)$ 和 $s_1(t)$、噪声 $n(t)$、判决准则、先验概率有关,当信号先验等概率、等能量时,$V_T = 0$,接收机判决准则可简化为

$$\int_0^T s_1(t)y(t)\ \mathrm{d}t \underset{D_0}{\overset{D_1}{\gtrless}} \int_0^T s_0(t)y(t)\ \mathrm{d}t$$

(6-28)

其结构模型如图 6-5 所示。

(3)相关器可用匹配滤波器代替(将在 6.4 节介绍)。

(4)判决时刻应选在 T 时刻,如果偏离此时刻,将直接影响判决效果,从而影响接收机最佳性能。

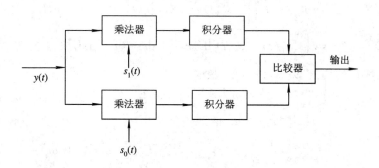

图 6 - 5　二进制确知信号等概率、等能量时的最佳接收机结构模型

2. 二进制确知信号最佳接收机性能

讨论二进制确知信号最佳接收机的性能就是讨论它的误码率。这里将通过对式 (6 - 27) 的分析推导，给出二进制确知信号最佳接收机的误码率表示式。

误码有两种情况，一种是发送端发送 $s_0(t)$ 信号，此时 $y(t) = s_0(t) + n(t)$，而判决时又满足

$$\int_0^T s_1(t)y(t)\,\mathrm{d}t - \int_0^T s_0(t)y(t)\,\mathrm{d}t > V_T$$

$y(t)$ 被判决为 $s_1(t)$，误码率用 $P(s_1/s_0)$ 表示，它表示发送 $s_0(t)$ 条件下，判为出现 $s_1(t)$ 的概率。另一种是发送 $s_1(t)$ 信号，则 $y(t) = s_1(t) + n(t)$，而又满足

$$\int_0^T s_1(t)y(t)\,\mathrm{d}t - \int_0^T s_0(t)y(t)\,\mathrm{d}t < V_T$$

$y(t)$ 被判为 $s_0(t)$，误码率用 $P(s_0/s_1)$ 表示，它表示发送 $s_1(t)$ 条件下，判为出现 $s_0(t)$ 的概率。$P(s_1/s_0)$ 和 $P(s_0/s_1)$ 的分析推导过程相同，下面仅给出 $P(s_1/s_0)$ 的推导过程。

当发送端发出 $s_0(t)$ 时，接收到的波形为 $y(t) = s_0(t) + n(t)$，设式 (6 - 27) 左边为 v_0，则

$$v_0 = \int_0^T [s_1(t) - s_0(t)][s_0(t) + n(t)]\,\mathrm{d}t = \int_0^T [s_1(t) - s_0(t)]n(t)\,\mathrm{d}t - (1-\rho)E$$

$$(6 - 29)$$

其中，$E = \int_0^T s_0^2(t)\,\mathrm{d}t = \int_0^T s_1^2(t)\,\mathrm{d}t$ 是 $s_0(t)$、$s_1(t)$ 的信号能量；ρ 是 $s_0(t)$ 和 $s_1(t)$ 的互相关系数，可表示为

$$\rho = \frac{1}{E}\int_0^T s_0(t)s_1(t)\,\mathrm{d}t \qquad (6 - 30)$$

从以上推导和式 (6 - 27) 可以看出，求发送 $s_0(t)$ 而被判成 $s_1(t)$ 的概率为 $P_{s_0}(s_1)$，也就是求 $v_0 > V_T$ 的概率。因此，只要求出 v_0 的概率密度函数 $f(v_0)$，再对 $f(v_0)$ 在 V_T 到 ∞ 积分，即得 $P(s_1/s_0)$。

因为 $s_0(t)$、$s_1(t)$ 为确知信号，E、ρ 也可求出，$n(t)$ 又是高斯白噪声，故可根据"高斯过程经线性变换后的过程仍为高斯过程"的结论得到 v_0 是一个高斯变量，只要确定了它的均值 $E_{v_0} = m_{v_0}$ 和方差 $D_{v_0} = \sigma_{v_0}^2$，就可写出 $f(v_0)$。

$$E_{v_0} = m_{v_0} = E\left\{\int_0^T [s_1(t) - s_0(t)]n(t)\,\mathrm{d}t - (1-\rho)E\right\}$$

$$= \int_0^T [s_1(t) - s_0(t)]E\{n(t)\}\,\mathrm{d}t - (1-\rho)E$$

因为前已假设噪声的均值 $E\{n(t)\}$ 为 0，故

$$m_{v_0} = -(1-\rho)E \qquad (6-31)$$

$$D_{v_0} = \sigma_{v_0}^2 = E\{[v_0 - m_{v_0}]^2\}$$

$$= \int_0^T \int_0^T [s_1(t) - s_0(t)]^2 E\{n(t)n(t')\}\mathrm{d}t\,\mathrm{d}t'$$

对于高斯白噪声

$$E\{n(t)n(t')\} = \frac{n_0}{2}\delta(t'-t) = \begin{cases} \dfrac{n_0}{2}\delta(0), & t = t' \\ 0, & t \neq t' \end{cases}$$

所以

$$\sigma_{v_0}^2 = \frac{n_0}{2}\int_0^T [s_1(t) - s_0(t)]^2\,\mathrm{d}t = \frac{n_0}{2}[2E - 2E\rho] = n_0(1-\rho)E \qquad (6-32)$$

从而

$$f(v_0) = \frac{1}{\sqrt{2\pi}\sigma_{v_0}}\exp\left\{-\frac{(v_0 - m_{v_0})^2}{2\sigma_{v_0}^2}\right\} \qquad (6-33)$$

$$P_{s_0}(s_1) = \int_{V_T}^{\infty} f(v_0)\,\mathrm{d}v_0 = \int_{V_T}^{\infty} \frac{1}{\sqrt{2\pi}\sigma_{v_0}}\exp\left\{-\frac{(v_0 - m_{v_0})^2}{2\sigma_{v_0}^2}\right\}\mathrm{d}v_0 \qquad (6-34)$$

把式(6-31)、式(6-32)、式(6-26)和式(6-33)代入式(6-34)，化简整理得

$$P_{s_0}(s_1) = \frac{1}{\sqrt{2\pi}}\int_{Z_{T_0}}^{\infty}\exp\left(-\frac{z^2}{2}\right)\mathrm{d}z$$

其中

$$Z = \frac{v_0 + (1-\rho)E}{\sqrt{n_0(1-\rho)E}}$$

$$Z_{T_0} = \frac{\dfrac{n_0}{2}\ln[P(s_0)/P(s_1)] + (1-\rho)E}{\sqrt{n_0(1-\rho)E}}$$

同理，若发送端发出 $s_1(t)$，$y(t) = s_1(t) + n(t)$，设 v_1 等于此时式(6-27)左边，可求得 $P_{s_1}(s_0)$ 为

$$P_{s_1}(s_0) = \frac{1}{\sqrt{2\pi}}\int_{-\infty}^{Z_{T_1}}\exp\left(-\frac{z^2}{2}\right)\mathrm{d}z$$

其中

$$Z_{T_1} = \frac{\dfrac{n_0}{2}\ln\left[\dfrac{P(s_0)}{P(s_1)}\right] + (1-\rho)E}{\sqrt{n_0(1-\rho)E}}$$

满足式(6-27)且等能量的接收机平均误码率为

$$P_e = P(s_0)P_{s_0}(s_1) + P(s_1)P_{s_1}(s_0)$$

$$= P(s_0) \cdot \frac{1}{\sqrt{2\pi}}\int_{Z_{T_0}}^{\infty} \exp\left(-\frac{z^2}{2}\right) \mathrm{d}z + P(s_1) \cdot \frac{1}{\sqrt{2\pi}}\int_{-\infty}^{Z_{T_1}} \exp\left(-\frac{z^2}{2}\right) \mathrm{d}z$$

$$(6-35)$$

下面对式(6-35)进行讨论:

(1) P_e 除了与信号的先验概率 $P(s_0)$、$P(s_1)$ 有关外,还与信号的能量 E、$s_0(t)$ 与 $s_1(t)$ 的相关性、噪声的功率谱密度 n_0 有关,而与 $s_0(t)$、$s_1(t)$ 本身结构无关;

(2) 当 $P(s_0)/P(s_1) = 0$ 或 ∞,即 $P(s_0) = 0$、$P(s_1) = 1$ 或 $P(s_1) = 0$、$P(s_0) = 1$ 时,由式(6-21)看出,P_e 几乎等于零,因为此时意味着接收端预先知道了发送的是什么,故不会有错误发生;

(3) 当 $P(s_0) = P(s_1)$ 时,$Z_{T_0} = Z_{T_1}$,可求得

$$P_e = \frac{1}{2}\,\mathrm{erfc}\sqrt{\frac{(1-\rho)E}{2n_0}} \tag{6-36}$$

此时的 P_e 是最大的,即先验等概率时的误码率大于先验不等概率时的误码率。图6-6画出了式(6-36)所示的曲线,并同时画出了 $P(s_0)/P(s_1) = 10$ 或 0.1 情况下的曲线。实际中,先验概率 $P(s_0)$、$P(s_1)$ 不易确知,故常选择先验等概率的假设,并按图6-5设计最佳接收机结构。

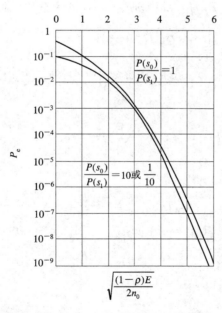

图6-6　P_e 与 $\sqrt{(1-\rho)E/2n_0}$ 的关系曲线

3. 几种二进制确知信号的性能

从图6-6可见,E 增加或者 n_0 减小都可使 P_e 减小,即接收质量得到改善。另一个影响 P_e 的因素是互相关系数 ρ,它代表信号 $s_0(t)$ 和 $s_1(t)$ 之间的相关程度,可定义为

$$\rho = \frac{1}{E}\int_0^T s_0(t)s_1(t)\,\mathrm{d}t \tag{6-37}$$

其中，E 为信号 $s_0(t)$ 和 $s_1(t)$ 的平均能量。下面以第 5 章介绍过的 2ASK、2FSK 和 2PSK 为例，讨论它们信号之间的相关程度 ρ，并由此给出先验等概率时，以最佳接收机形式接收信号的错误概率 P_e，从中也可以看出二进制确知信号的最佳形式应为 $\rho = -1$ 的形式。

1) 2ASK 信号

设 2ASK 信号为

$$s_0(t) = 0$$
$$s_1(t) = A\,\cos\omega_c t \quad (0 \leqslant t \leqslant T)$$

则可求得

$$\rho = 0$$
$$E = \frac{1}{2}\int_0^T (A\,\cos\omega_c t)^2 \,\mathrm{d}t = \frac{A^2 T}{4}$$

先验等概时的误码率表示式为式(6-36)，代入 ρ、E 得

$$P_e = \frac{1}{2}\,\mathrm{erfc}\sqrt{\frac{E}{2n_0}} = \frac{1}{2}\,\mathrm{erfc}\sqrt{\frac{A^2 T}{8n_0}} \tag{6-38}$$

2) 2FSK 信号

设 2FSK 信号为

$$s_0(t) = A\,\cos\omega_1 t$$
$$s_1(t) = A\,\cos\omega_2 t \quad (0 \leqslant t \leqslant T)$$

选择角频率为 $\omega_2 - \omega_1 = n\pi/T$，$\omega_2 + \omega_1 = m\pi/T$，$m$、$n$ 为整数，可以求得

$$\rho = \frac{1}{E}\int_0^T s_0(t)s_1(t)\,\mathrm{d}t = 0$$
$$E = \int_0^T (A\,\cos\omega_1 t)^2 \,\mathrm{d}t = \int_0^T (A\,\cos\omega_2 t)^2 \,\mathrm{d}t = \frac{A^2 T}{2}$$

把 ρ、E 代入式(6-36)得

$$P_e = \frac{1}{2}\,\mathrm{erfc}\sqrt{\frac{E}{2n_0}} = \frac{1}{2}\,\mathrm{erfc}\sqrt{\frac{A^2 T}{4n_0}} \tag{6-39}$$

3) 2PSK 信号

设 2PSK 信号为

$$s_0(t) = A\,\cos\omega_c t$$
$$s_1(t) = -A\,\cos\omega_c t = -s_0(t) \quad (0 \leqslant t \leqslant T)$$

则可求得

$$\rho = \frac{1}{E}\int_0^T s_0(t)s_1(t)\,\mathrm{d}t = -1$$
$$E = \int_0^T s_0^2(t)\,\mathrm{d}t = \int_0^T s_1^2(t)\,\mathrm{d}t = \frac{A^2 T}{2}$$

把 ρ、E 代入式(6-36)得

$$P_e = \frac{1}{2}\,\mathrm{erfc}\sqrt{\frac{E}{n_0}} = \frac{1}{2}\,\mathrm{erfc}\sqrt{\frac{A^2 T}{2n_0}} \tag{6-40}$$

4) 讨论

(1) 由于 erfc(·)是递减函数，因此，就式(6-38)、式(6-39)和式(6-40)之间相比

较而言，抗噪声性能最好的是 $\rho=-1$ 的信号形式，它被称做二进制确知信号的最佳形式。

（2）2ASK 和 2FSK 信号的 $\rho=0$，但 2ASK 信号的平均能量仅是 2FSK 的一半，因此，当 2ASK 非零码和 2FSK 信号的振幅相等时，2ASK 的抗噪声性能比 2FSK 的抗噪声性能差，具体地说是差 3 dB。

（3）在数字通信中，2PSK 信号的 $\rho=-1$，2FSK 信号的 $\rho=0$。因此，这两种信号最佳接收时的错误概率 $P_e(2PSK)<P_e(2FSK)$。

由以上分析可见，在二进制确知信号的通信中，2PSK 信号是最佳的信号形式之一，而 2FSK 信号次之，2ASK 信号最差。但要注意，说 2PSK 信号形式是最佳的，并不意味着前面介绍的相应解调系统就是最佳的接收系统，这是因为在那里的解调系统并非是按最佳接收机的结构设计的。

4. 实际接收机与最佳接收机比较

把由第 5 章所得到的二进制数字调制系统相干接收误码率公式与本节得到二进制确知信号最佳接收的误码率公式进行比较，发现在公式形式上它们是一样的，如表 6-1 所示。

表 6-1 实际接收机与最佳接收机性能比较

名称	实际接收机相干解调	最佳接收机	备　注
2PSK	$P_e=\dfrac{1}{2}\text{erfc}\sqrt{r}$	$P_e=\dfrac{1}{2}\text{erfc}\sqrt{\dfrac{E}{n_0}}$	r 既是 1 码的信噪功率比，也是 1、0 码的平均信噪功率比
2FSK	$P_e=\dfrac{1}{2}\text{erfc}\sqrt{\dfrac{r}{2}}$	$P_e=\dfrac{1}{2}\text{erfc}\sqrt{\dfrac{E}{2n_0}}$	E 既是 1 码一个周期内的能量，也是 1、0 码一个周期内的平均能量
2ASK	$P_e=\dfrac{1}{2}\text{erfc}\sqrt{\dfrac{r}{4}}$	$P_e=\dfrac{1}{2}\text{erfc}\sqrt{\dfrac{E_1}{4n_0}}$	r 是 1 码的信噪功率比，E_1 是 1 码一个周期内的能量

在 $s(t)$ 和 n_0 相同的条件下，对于实际接收机来说，平均信噪功率比 r 可表示为

$$r=\frac{P}{N}=\frac{P}{n_0 B} \tag{6-41}$$

其中，B 是接收端带通滤波器带宽，它让信号顺利通过；噪声功率 N 是噪声在带通滤波器通带内形成的功率。

对于最佳接收机，由于 $E=PT$，故 E/n_0 可表示为

$$\frac{E}{n_0}=\frac{PT}{n_0}=\frac{P}{n_0\left(\dfrac{1}{T}\right)} \tag{6-42}$$

要使实际接收误码率等于最佳接收误码率，从表 6-1 可见，必须要 $r=E/n_0$，也即 $B=1/T$。$1/T$ 是基带数字信号的重复频率，对于矩形脉冲波形而言，$1/T$ 是频谱的第一个零点。为了使实际接收机的带通滤波器让信号顺利通过以便减少波形失真，一般需要让第二个零点之内的基带信号频谱成分通过，因此，带通滤波器的带宽 B 约为 $4/T$。此时，为了获得相同误码性能，实际接收系统的信噪比要比最佳接收系统的信噪比大。因此，只要是二元频带调制系统，因为频带利用率 $\eta<1$，即 $E/n_0>P/N=r$，所以在相同输入条件下，

实际接收机的性能比最佳接收的差。

5. 多进制确知信号最佳接收机结构及性能

设先验等概率、等能量、相互正交的多进制信号为 $\{s_1(t), s_2(t), \cdots, s_m(t)\}$，则利用先验等概率的二进制确知信号最佳接收机的讨论结果，有

$$\int_0^T y(t)s_i(t)\,\mathrm{d}t > \int_0^T y(t)s_j(t)\,\mathrm{d}t \text{ 判为 } s_i \quad (i, j = 1, 2, \cdots, m, i \neq j) \tag{6-43}$$

由式(6-43)画出多进制确知信号的最佳接收机结构模型如图6-7所示。

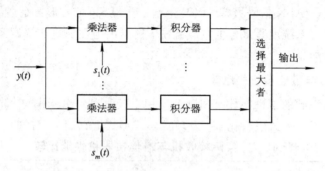

图6-7　多进制确知信号的最佳接收机结构

多进制确知信号性能分析的思路是：在满足式(6-43)的条件下，先求出发 s_i 不出错的概率 P_c，则平均误码率 $P_e = 1 - P_c$。可以证明

$$P_e = 1 - P_c = 1 - \frac{1}{\sqrt{2\pi}} \int_{-\infty}^{\infty} \left[\int_{-\infty}^{y+\left(\frac{2E}{n_0}\right)^{\frac{1}{2}}} \frac{1}{\sqrt{2\pi}} \exp\left(-\frac{z^2}{2}\right) \mathrm{d}z \right]^{m-1} \exp\left(-\frac{y^2}{2}\right) \mathrm{d}y$$

$$\tag{6-44}$$

可见，P_e 不仅与 E/n_0 有关，还与进制数 m 有关，在相同 P_e 的情况下，所需信号能量随 m 的增大而减小。

6.3.2　随相信号的最佳接收

相位随机变化(简称"随相")的信号也有最佳接收的问题，分析思路与6.2节相仿，这里略去分析过程，仅给出最佳接收机结构和误码率表示式。

1. 二进制随相信号的最佳接收机

设到达接收机两个等概率出现的随相信号为

$$\left.\begin{array}{l} s_1(t, \varphi_1) = A_0 \cos(\omega_1 t + \varphi_1) \\ s_2(t, \varphi_2) = A_0 \cos(\omega_2 t + \varphi_2) \end{array}\right\} \tag{6-45}$$

其中，ω_1 与 ω_2 为两个使信号满足"正交"的载频；φ_1 与 φ_2 是每个信号的唯一参数，它们在观测时间 $(0, T)$ 内的取值服从均匀分布。$s_1(t, \varphi_1)$ 与 $s_2(t, \varphi_2)$ 的持续时间为 $(0, T)$，且能量相等，即

$$\int_0^T s_1^2(t, \varphi_1)\,\mathrm{d}t = \int_0^T s_2^2(t, \varphi_2)\,\mathrm{d}t = E$$

接收机接收到的波形 $y(t)$ 为

$$y(t) = \begin{cases} s_1(t, \varphi_1) + n(t) \\ s_2(t, \varphi_2) + n(t) \end{cases}$$

则根据错误概率最小准则建立的二进制随相信号最佳接收机为

$$\begin{cases} M_1 > M_2, \text{判为 } s_1 \text{ 出现} \\ M_1 < M_2, \text{判为 } s_2 \text{ 出现} \end{cases} \tag{6-46}$$

其中

$$M_1 = (X_1^2 + Y_1^2)^{1/2}$$

$$X_1 = \int_0^T y(t) \cos\omega_1 t \, dt$$

$$Y_1 = \int_0^T y(t) \sin\omega_1 t \, dt$$

而

$$M_2 = (X_2^2 + Y_2^2)^{1/2}$$

$$X_2 = \int_0^T y(t) \cos\omega_2 t \, dt,$$

$$Y_2 = \int_0^T y(t) \sin\omega_2 t \, dt$$

按式(6-46)可建立二进制随相信号的最佳接收机的结构如图 6-8 所示。

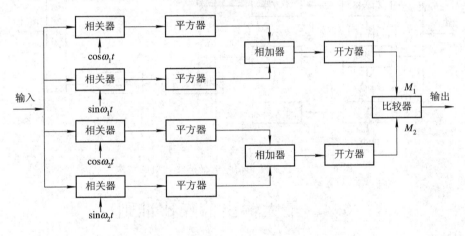

图 6-8 二进制随相信号的最佳接收机的结构

仿照对二进制确知信号的性能分析，可得满足式(6-46)条件的误码率 P_e 为

$$P_e = \frac{1}{2} \exp\left\{-\frac{h^2}{2}\right\} \tag{6-47}$$

其中，$h^2 = E_b/n_0$，E_b 表示信号每比特的能量。式(6-47)表明，等概率、等能量及相互正交的二进制随相信号的最佳接收机误码率，仅与归一化输入信噪比(E_b/n_0)有关。上述最佳接收机及其误码率也是确知信号的非相干接收机和误码率。因为随相信号的相位带有由信道引入的随机变化，所以在接收端不可能采用相干接收方法。换句话说，相干接收只适用于相位确知的信号。对于随相信号而言，非相干接收已经是最佳的接收方法了。

2. 多进制随相信号的最佳接收机

设接收机输入端有 m 个先验等概率、互不相交及等能量的随相信号 $s_1(t, \varphi_1)$，$s_2(t, \varphi_2)$，$\cdots$，$s_m(t, \varphi_m)$。那么，在接收机输入端收到的波形为

$$y(t) = \begin{cases} s_1(t, \varphi_1) + n(t) \\ s_2(t, \varphi_2) + n(t) \\ \vdots \\ s_m(t, \varphi_m) + n(t) \end{cases} \quad t \in (0, T)$$

仿照式(6-46)，可得最佳接收机为

$$M_i > M_j, \qquad i、j = 1, 2, \cdots, m，但 j \neq i 判为 s_i 出现 \tag{6-48}$$

其中

$$M_i = \sqrt{X_i^2 + Y_i^2} = \left\{ \left[\int_0^T y(t) \cos\omega_i t \ dt \right]^2 + \left[\int_0^T y(t) \sin\omega_i t \ dt \right]^2 \right\}^{1/2}$$

$$M_j = \sqrt{X_j^2 + Y_j^2} = \left\{ \left[\int_0^T y(t) \cos\omega_j t \ dt \right]^2 + \left[\int_0^T y(t) \sin\omega_j t \ dt \right]^2 \right\}^{1/2}$$

按式(6-48)画出的多进制随相信号的最佳接收机的结构如图 6-9 所示。

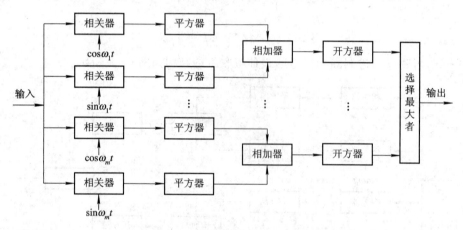

图 6-9 多进制随相信号的最佳接收机的结构

6.4 最大输出信噪比准则

最佳接收机中的相关器可用匹配滤波器代替，这就是最佳接收机的匹配滤波器形式。本节将首先介绍匹配滤波器，再介绍由匹配滤波器形成的最佳接收机的结构。

6.4.1 匹配滤波器

符合最大信噪比准则的最佳线性滤波器称为匹配滤波器，它在检测数字信号和雷达信号中具有特别重要的意义。因为在数字信号和雷达信号检测中，我们主要关心的是在噪声背景中能否正确地判断信号是否存在。因此当信号和噪声加到滤波器输入端时，希望滤波器能够在噪声中最有利地来识别信号，这就是要使滤波器输出端在判决时刻取得最大信噪比，才可以取得最好的检测性能。这样，获得最大输出信噪比的最佳线性滤波器就具有重要的实际意义。为了实现接收输出最大信噪比这一目标，匹配滤波器设计的基本条件为：

（1）接收端要事先明确知道，发送端以何种形状的波形发送"1""0"码或多元符号；

（2）接收端针对各波形，分别提供与其相适配的接收电路，并且各唯一对应适配一种传输的信号波形，能使输出信噪比达到最大值，判决风险最小；

（3）对于经信道传输后的未知相位的已调波，有利于正确匹配接收。

下面我们根据最大信噪比准则，来研究匹配滤波器。

设有一个线性滤波器，如图 6-10 所示。图中输入为 $x(t)=s(t)+n(t)$，假定噪声的功率谱密度为 $n_0/2$ 的白噪声，信号 $s(t)\leftrightarrow S(\omega)$，则输出为 $y(t)=s_o(t)+n_o(t)$，线性滤波器的传输函数为 $H(\omega)\leftrightarrow h(t)$。

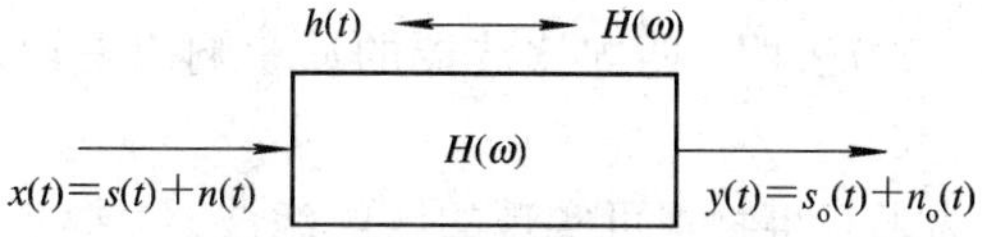

求在上述最大输出信噪比准则下的最佳线性滤波器的传输函数 $H(\omega)$。

图 6-10　线性滤波器方框图

根据最大输出信噪比准则，我们只要求出在某时刻 t_0 输出信号功率 $|s_o(t_0)|^2$ 和输出噪声功率 N_o，并让输出信噪比 $r_o=|s_o(t_0)|^2/N_o$ 为最大，此时的 $H(\omega)$ 即为所需的匹配滤波器传输函数。

$$|s_o(t_0)|^2 = \left|\frac{1}{2\pi}\int_{-\infty}^{\infty} H(\omega)S(\omega)e^{j\omega t_0}\ d\omega\right|^2$$

$$N_o = \frac{1}{2\pi}\int_{-\infty}^{\infty} |H(\omega)|^2\cdot\frac{n_0}{2}\ d\omega$$

$$r_o = \frac{|s_o(t_0)|^2}{N_o} = \frac{\left|\dfrac{1}{2\pi}\int_{-\infty}^{\infty} H(\omega)S(\omega)e^{j\omega t_0}\ d\omega\right|^2}{\dfrac{n_0}{4\pi}\int_{-\infty}^{\infty} |H(\omega)|^2\ d\omega} \tag{6-49}$$

为了求得 r_o 最大，可通过变分法或许瓦兹不等式来解决。许瓦兹不等式可表示为

$$\left|\frac{1}{2\pi}\int_{-\infty}^{\infty} X(\omega)Y(\omega)\ d\omega\right|^2 \leqslant \frac{1}{2\pi}\int_{-\infty}^{\infty} |X(\omega)|^2\ d\omega\cdot\frac{1}{2\pi}\int_{-\infty}^{\infty} |Y(\omega)|^2\ d\omega \tag{6-50}$$

只要满足条件 $X(\omega)=Y^*(\omega)$，式（6-50）不等式变为等式。现把式（6-50）用到式（6-49）中去，且假设

$$X(\omega) = H(\omega), \quad Y(\omega) = S(\omega)e^{j\omega t_0}$$

则在满足 $H(\omega)=S^*(\omega)e^{-j\omega t_0}$ 条件时，式（6-49）可表示成

$$\begin{aligned}
r_{omax} &= \frac{\dfrac{1}{2\pi}\int_{-\infty}^{\infty} |S(\omega)e^{j\omega t_0}|^2\ d\omega\cdot\dfrac{1}{2\pi}\int_{-\infty}^{\infty} |S^*(\omega)e^{-j\omega t_0}|^2\ d\omega}{\dfrac{n_0}{4\pi}\int_{-\infty}^{\infty} |S^*(\omega)e^{-j\omega t_0}|^2\ d\omega} \\
&= \frac{\dfrac{1}{2\pi}\int_{-\infty}^{\infty} |S(\omega)|^2\ d\omega\cdot\dfrac{1}{2\pi}\int_{-\infty}^{\infty} |S^*(\omega)|^2\ d\omega}{\dfrac{n_0}{4\pi}\int_{-\infty}^{\infty} |S^*(\omega)|^2\ d\omega} \\
&= \frac{1}{\pi n_0}\int_{-\infty}^{\infty} |S(\omega)|^2\ d\omega = \frac{2E}{n_0}
\end{aligned} \tag{6-51}$$

其中，$E = \dfrac{1}{2\pi}\int_{-\infty}^{\infty} |S(\omega)|^2\ d\omega$ 是信号的总能量。

从以上推导可见，只有当 $H(\omega)=k\cdot S^*(\omega)e^{-j\omega t_0}$ 时，$r_o=r_{omax}$，且 $r_{omax}=2E/n_0$。$H(\omega)=k\cdot S^*(\omega)e^{-j\omega t_0}$ 就是匹配滤波器的传输函数。下面通过 $H(\omega)$ 的傅里叶反变换，来研究匹配滤波器的冲激响应 $h(t)$。

$$h(t) = \frac{1}{2\pi}\int_{-\infty}^{\infty} H(\omega)e^{j\omega t}\, \mathrm{d}\omega = \frac{1}{2\pi}\int_{-\infty}^{\infty} S^*(\omega)e^{-j\omega(t_0-t)}\, \mathrm{d}\omega$$

设 $s(t)$ 为实函数，则 $S^*(\omega) = S(-\omega)$，因此

$$h(t) = \frac{1}{2\pi}\int_{-\infty}^{\infty} S(-\omega)e^{-j\omega(t_0-t)}\, \mathrm{d}\omega = k \cdot s(t_0 - t) \tag{6-52}$$

式(6-52)表明，匹配滤波器的冲激响应是输入信号 $s(t)$ 的镜像信号 $s(-t)$ 在时间上再平移 t_0。

为了获得物理可实现的匹配滤波器，要求在 $t < 0$ 时，$h(t) = 0$，故式(6-52)可写为

$$h(t) = \begin{cases} k \cdot s(t_0 - t), & t > 0 \\ 0, & t < 0 \end{cases} \tag{6-53}$$

或

$$\begin{cases} s(t_0 - t) = 0, & t < 0 \\ s(t) = 0, & t > t_0 \end{cases} \tag{6-54}$$

式(6-54)的条件表明，物理可实现的匹配滤波器的输入端信号 $s(t)$ 必须在它输出最大信噪比的时刻 t_0 之后消失(等于零)，或者说物理可实现的 $h(t)$ 的最大信噪比时刻应选在信号消失时刻之后的某一时刻。若设某信号 $s(t)$ 的消失时刻为 t_1，则只有选 $t_0 \geqslant t_1$ 时，$h(t)$ 才是物理可实现的，一般希望 t_0 小些，故通常选择 $t_0 = t_1$。

我们已经求得了 $H(\omega) \leftrightarrow h(t)$，那么信号 $s(t)$ 通过 $H(\omega) \leftrightarrow h(t)$，其输出信号波形 $s_o(t)$ 为

$$s_o(t) = \int_{-\infty}^{\infty} h(t-\tau)s(t_0-\tau)\, \mathrm{d}\tau = k \cdot R_s(t-t_0) \tag{6-55}$$

可见，匹配滤波器输出信号的波形是输入信号的自相关函数 $k \cdot R_s(t-t_0)$，当 $t = t_0$ 时，其值为输入信号的总能量 E。

总结以上关于匹配滤波器的讨论，有以下结论：

(1) 最大信噪比准则下的匹配滤波器可表示为 $H(\omega) = k \cdot S^*(\omega)e^{-j\omega t_0}$ 或 $h(t) = k \cdot s(t_0 - t)$，其中 t_0 为最大信噪比时刻，t_0 应选在信号结束时刻之后；

(2) t_0 时刻的最大信噪比 $r_{omax} = 2E/n_0$；

(3) 匹配滤波器输出信号 $s_o(t) = k \cdot R_s(t_0 - t)$。

【例 6.1】 输入信号为单个矩形脉冲，求匹配滤波器的 $h(t)$ 及 $s_o(t)$。设单个矩形脉冲为

$$s(t) = \begin{cases} 1, & 0 \leqslant t \leqslant T \\ 0, & \text{其他} \end{cases}$$

其波形如图 6-11(a)所示。根据 $s(t)$，可设 $t_0 = T$，$k = 1$，则可得

信号的频谱为

$$S(\omega) = \int_{-\infty}^{\infty} s(t)e^{-j\omega t}\, \mathrm{d}t = \frac{1}{j\omega}(1 - e^{-j\omega \tau})$$

匹配滤波器的传输特性为

$$H(\omega) = \frac{1}{j\omega}(e^{j\omega \tau} - 1)e^{-j\omega t_0}$$

冲激响应为

$$h(t) = s(T-t) = \begin{cases} 1, & 0 \leqslant t \leqslant T \\ 0, & \text{其他} \end{cases}$$

其波形如图 6 - 11(b)所示。

输出信号 $s_o(t)$ 为

$$s_o(t) = s(t) * h(t) = \begin{cases} t, & 0 \leqslant t \leqslant T \\ 2T-t, & T \leqslant t \leqslant 2T \end{cases}$$

其波形如图 6 - 11(c)所示。

表面上看，$h(t)$ 的形状和信号 $s(t)$ 的形状一样。实际上，$h(t)$ 的形状是 $s(t)$ 的波形以 $t=T/2$ 为轴线反转而来的。由于 $s(t)$ 的波形对称于 $t=T/2$，所以反转后波形不变。

这时，匹配滤波器可由图 6 - 11(d)来实现，这是因为 $(1/j\omega)$ 是理想积分器的传输特性，而 $e^{-j\omega\tau}$ 是延迟 τ 网络的传输特性。

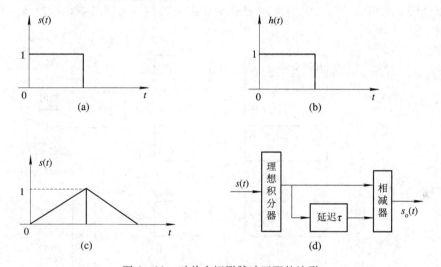

图 6 - 11 对单个矩形脉冲匹配的波形

(a) 单个矩形脉冲；(b) 冲激响应；(c) 输出信号；(d) 匹配滤波器

6.4.2 匹配滤波器组成的最佳接收机

以二进制确知信号最佳接收机式(6 - 28)或图 6 - 5 为例，若 $y(t)$ 通过 $s_1(t)$ 的匹配滤波器 $h(t)=s_1(T-t)$，输出波形为

$$y(t) * h(t) = \int_0^T y(t-\tau)s_1(T-\tau)\,\mathrm{d}\tau$$

设 $T-\tau=t'$，则

$$y(t) * h(t) = \int_0^T y(t-T+t')s_1(t')\,\mathrm{d}t'$$

若抽样判决时刻选在 $t=T$，则上式为

$$y(t) * h(t) = \int_0^T y(t')s_1(t')\,\mathrm{d}t'$$

这正好是 $y(t)$ 通过 $s_1(t)$ 相关器的输出，因此匹配滤波器可代替相关器。先验等概率的二进制确知信号最佳接收机的匹配滤波器结构形式如图 6 - 12(a)所示，同理可得 m 进制的最

佳接收机的匹配滤波器结构形成如图 6-12(b)所示。

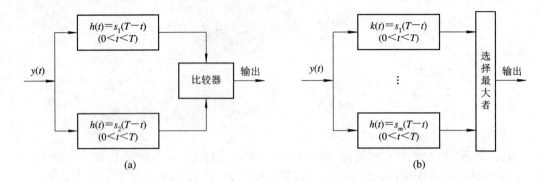

图 6-12 确知信号最佳接收机的匹配滤波器结构形式

(a) 二进制；(b) m 进制

可以证明，随相信号的二进制及 m 进制最佳接收机的匹配滤波器结构形式如图 6-13 (a)(b)所示。

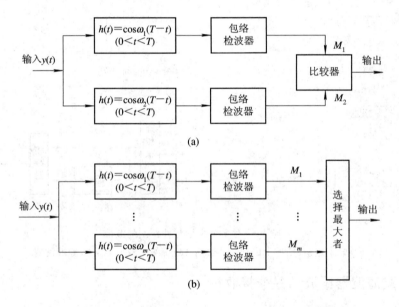

图 6-13 随相信号最佳接收机的匹配滤波器结构形式

(a) 二进制；(b) m 进制

6.5 数字基带系统的最佳化

基带系统在数字通信系统中有重要的代表性，因而对其讨论的结果就带有一定的普遍性。那么，怎样的基带系统才能称为"最佳"呢？在这里，我们仍然采用错误概率最小准则来衡量。在前面的章节中已经指出，基带系统的错误率受随机噪声和码间干扰的影响，但这两种"干扰"的影响有不同的特点。因此，最佳基带系统可定义为能够消除码间干扰且抗噪声性能最理想(错误概率最小)的系统。

本节将在理想信道和非理想信道两种情况下，分别讨论最佳基带系统。

6.5.1　理想信道下的最佳基带系统

理想信道是指 $C(\omega)=1$ 或常数的情况。通常当信道的通频带比信号频谱宽得多，以及信道经过精细均衡时，它就接近具有"理想信道特性"。若 $C(\omega)=1$，则 $H(\omega)=G_T(\omega)\cdot G_R(\omega)$，且满足

$$H_{eq}(\omega)=\sum_i H\left(\omega+\frac{2\pi i}{T_b}\right)=\begin{cases}T_b, & |\omega|\leqslant\dfrac{\pi}{T_b}\\[2mm]0, & |\omega|>\dfrac{\pi}{T_b}\end{cases}$$

无码间串扰条件。

因此，$C(\omega)=1$ 情况下的最佳基带系统主要讨论的是在 $H(\omega)=G_T(\omega)G_R(\omega)$ 已确定情况下的 $G_T(\omega)$ 和 $G_R(\omega)$。

在加性高斯白噪声下，要使系统的错误概率最小，就要使 $G_R(\omega)$ 满足下式：

$$G_R(\omega)=G_T^*(\omega)e^{-j\omega t_0} \tag{6-56}$$

考虑到 $H(\omega)=G_T(\omega)G_R(\omega)$，可得联合方程

$$\begin{cases}H(\omega)=G_T(\omega)G_R(\omega) & (1)\\ G_R(\omega)=G_T^*(\omega)e^{-j\omega t_0} & (2)\end{cases} \tag{6-57}$$

式(6-57)(1)抽样时刻为 $t=0$，而式(6-57)(2)抽样时刻为 $t=t_0$，统一式(6-57)(1)(2)的抽样时刻为 $t=0$，则可将式(6-57)(2)中的延迟因子 $e^{-j\omega t_0}$ 去掉，得

$$\begin{cases}H(\omega)=G_T(\omega)G_R(\omega)\\ G_R(\omega)=G_T^*(\omega)\end{cases} \tag{6-58}$$

由此解得

$$|G_R(\omega)|=|H(\omega)|^{\frac{1}{2}}$$

由于 $G_R(\omega)$ 的相移网络可任意选择，故选择一个适当的相移网络，使下式成立：

$$G_R(\omega)=H^{\frac{1}{2}}(\omega) \tag{6-59}$$

代入式(6-58)得

$$G_T(\omega)=H^{\frac{1}{2}}(\omega) \tag{6-60}$$

当 $H(\omega)$ 满足无码间串扰条件，且 $G_T(\omega)=G_R(\omega)=H^{\frac{1}{2}}(\omega)$ 时的基带系统是理想信道的最佳基带系统，其框图如图 6-14 所示。

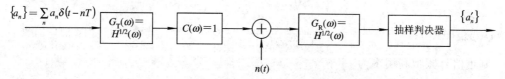

图 6-14　理想信道下最佳基带系统的框图

6.5.2　非理想信道下的最佳基带系统

非理想信道的 $C(\omega)$ 不为常数，其总传输特性 $H(\omega)=G_T(\omega)C(\omega)G_R(\omega)$。当信号通过特性不完善的信道时，一方面要受到噪声的干扰，另一方面还将引起码间串扰，这势必会

造成系统误码率的增加。若 $H(\omega)$ 满足无码间串扰的条件，并假设 $G(\omega)\cdot C(\omega)$ 为已知，让 $G_R(\omega)$ 按 $G_T(\omega)C(\omega)$ 的特性设计，仿照 $C(\omega)$ 为常数时的分析，得

$$G_R(\omega) = G_T^*(\omega)C^*(\omega) \tag{6-61}$$

此时

$$H(\omega) = G_T(\omega)C(\omega)G_R(\omega) = |G_T(\omega)|^2 |C(\omega)|^2 \tag{6-62}$$

若 $H(\omega)$ 不能满足无码间串扰的条件，则应在基带系统 $G_R(\omega)$ 后加上均衡器 $T(\omega)$（例如，第 5 章的时域横向滤波器），使 $H(\omega) = G_T(\omega)C(\omega)G_R(\omega)T(\omega)$ 无码间串扰。根据式 (6-62)，此时的 $T(\omega)$ 为

$$T(\omega) = \frac{T_b}{\sum\limits_i \left[\left| G_T\left(\omega + \dfrac{2\pi i}{T_b}\right) \right|^2 \left| C\left(\omega + \dfrac{2\pi i}{T_b}\right) \right|^2 \right]} \tag{6-63}$$

非理想信道下最佳基带系统的框图如图 6-15 所示。

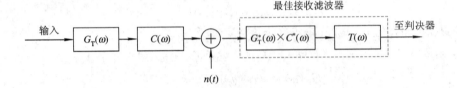

图 6-15 非理想信道下最佳基带系统的框图

6.5.3 基带二元数字信号的最佳接收误码率

1) 单极性不归零信号

设单极性不归零信号 $s_1(t) = A$，$E_b = A^2 T_b$，$s_2(t) = 0$，比特平均能量为 $A^2/2$，$\rho_{12} = 0$ 为正交系统。由 $V_{b_0} = A/2$ 可得其误码率为

$$P_e = \frac{1}{2}\,\mathrm{erfc}\left(\sqrt{\frac{E_b}{4n_0}}\right) = \frac{1}{2}\,\mathrm{erfc}\left(\frac{1}{2}\sqrt{\frac{E_b}{n_0}}\right)$$

2) 双极性不归零信号

设双极性不归零信号 $s_1(t) = A/2$，$s_2(t) = -A/2$，所以 $\rho_{12} = -1$ 为超正交系统，$V_{b_0} = 0$，由 $E_b = A^2 T_b/4$ 可得其误码率为（利用最佳接收——匹配滤波器）

$$P_e = \frac{1}{2}\,\mathrm{erfc}\left(\sqrt{\frac{(1-\rho)E_b}{2n_0}}\right) = \frac{1}{2}\,\mathrm{erfc}\left(\sqrt{\frac{E_b}{n_0}}\right)$$

E_b/n_0 与信噪比 $r = \dfrac{P}{N} = \dfrac{A^2}{n_0 B_B} = \dfrac{A^2}{n_0\left[(1+\alpha)R_b/2\right]}$ 是相同量纲。其中，B_B 是基带信号带宽。

基带信号频带利用率为

$$\eta_B = \frac{R_b}{B_B} = \frac{2}{1+\alpha} \geqslant 1\ ((\mathrm{b/s})/\mathrm{Hz})$$

所以

$$\frac{E_b}{n_0} \leqslant r = \frac{E_b}{n_0}\frac{R_b}{B_B} = \eta_B\frac{E_b}{n_0}$$

以上比较表明，只有在基带数字信号传输时，E_b/n_0 才不大于信噪比 r，且

$$r = \left(\frac{2}{1+\alpha}\right)\frac{E_b}{n_0} = (1 \sim 2)\frac{E_b}{n_0}$$

其中，α 为基带脉冲信号频谱滚降系数，$0 < \alpha \leqslant 1$。

本 章 小 结

噪声和数字信号混合波形的接收是一个统计接收问题。从统计的观点看，数字通信系统可用一个统计模型来表述，如图 6 - 3 所示。

最佳接收机是在某种准则下的最佳接收机，是高斯信道数字信号传输的一种手段，本章着重分析了错误概率最小准则的最佳接收机。当噪声是高斯白噪声时，错误概率最小准则为

$$\lambda(y) = \frac{f(Y/H_1)}{f(Y/H_0)} \mathop{\gtrless}_{D_0}^{D_1} \frac{P(H_0)}{P(H_1)} = \lambda_0$$

二进制确知信号的最佳接收机的判决准则为

$$\begin{cases} \int_0^T s_1(t)y(t)\ \mathrm{d}t - \int_0^T s_0(t)y(t)\ \mathrm{d}t < V_T, \text{判为 } D_0 \\ \int_0^T s_1(t)y(t)\ \mathrm{d}t - \int_0^T s_0(t)y(t)\ \mathrm{d}t > V_T, \text{判为 } D_1 \end{cases}$$

其中

$$V_T = \frac{n_0}{2}\left\{\ln\left[\frac{P(s_0)}{P(s_1)}\right] + \frac{1}{n_0}\int_0^T\left[s_1^2(t) - s_0^2(t)\right]\ \mathrm{d}t\right\}$$

先验等概率等能量时，$V_T = 0$，从而判决准则为

$$\begin{cases} \int_0^T s_1(t)y(t)\ \mathrm{d}t < \int_0^T s_0(t)y(t)\ \mathrm{d}t, \text{判为 } D_0 \\ \int_0^T s_1(t)y(t)\ \mathrm{d}t > \int_0^T s_0(t)y(t)\ \mathrm{d}t, \text{判为 } D_1 \end{cases}$$

此时接收机的误码率可表示为

$$P_e = \frac{1}{2}\ \mathrm{erfc}\sqrt{\frac{(1-\rho)E}{2n_0}}$$

其中，$\rho = \dfrac{1}{E}\displaystyle\int_0^T s_0(t)s_1(t)\ \mathrm{d}t$ 是互相关系数。由 P_e 的表示式可见，二进制确知信号的最佳形式是 $\rho = -1$。一般来说，数字调制信号的实际接收性能比最佳接收的性能差。

二进制随相信号的最佳接收机可表示为

$$\begin{cases} M_1 > M_2, & \text{判为 } s_1 \text{ 出现} \\ M_1 < M_2, & \text{判为 } s_2 \text{ 出现} \end{cases}$$

其中

$$\begin{cases} M_1 = (X_1^2 + Y_1^2)^{1/2}, \text{ 而 } X_1 = \int_0^T y(t)\ \cos\omega_1 t\ \mathrm{d}t; Y_1 = \int_0^T y(t)\ \sin\omega_1 t\ \mathrm{d}t \\ M_2 = (X_2^2 + Y_2^2)^{1/2}, \text{ 而 } X_2 = \int_0^T y(t)\ \cos\omega_2 t\ \mathrm{d}t; Y_2 = \int_0^T y(t)\ \sin\omega_2 t\ \mathrm{d}t \end{cases}$$

其误码率可表示为

$$P_e = \frac{1}{2} \exp\left\{-\frac{E_b}{2n_0}\right\}$$

多进制确知信号和随相信号的最佳接收机可仿照二进制得到。

匹配滤波器是最大信噪比准则下建立起的最佳线性滤波器，其传输函数 $H(\omega)$ 为

$$H(\omega) = S^*(\omega)e^{-j\omega t_0}$$

冲激响应 $h(t) \leftrightarrow H(\omega)$ 为

$$h(t) = S(t_0 - t)$$

物理可实现的匹配滤波器，t_0 应该大于或等于信号结束时刻。t_0 时刻最大输出信噪比为

$$r_{\text{omax}} = \frac{2E}{n_0}$$

其中

$$E = \frac{1}{2\pi}\int_{-\infty}^{\infty} |s(\omega)|^2 \, d\omega$$

匹配滤波器可代替最佳接收机中的相关器。

最佳数字基带系统是指消除了码间串扰而抗噪性能最理想（P_e 最小）的系统。在 $C(\omega)=1$ 或常数的理想信道中，$H(\omega)=G_T(\omega)G_R(\omega)$ 满足无码间串扰条件，且 $G_R(\omega)=G_T(\omega)=H^{1/2}(\omega)$。在 $C(\omega)$ 不为常数的非理想信道中，$G_R(\omega)=G_T^*(\omega)C^*(\omega)$，$G_R(\omega)$ 后级连的横向滤波器 $T(\omega)$ 满足

$$T(\omega) = \frac{T_b}{\sum_i \left[\left|G_T\left(\omega+\frac{2\pi i}{T_b}\right)\right|^2 \left|C\left(\omega+\frac{2\pi i}{T_b}\right)\right|^2\right]}$$

思考与练习 6

6-1 什么是错误概率最小准则？

6-2 设信号

$$\begin{cases} s_1(t) = A\sin\omega_1 t, & 0 \leqslant t \leqslant T \\ s_2(t) = 0, & 0 \leqslant t \leqslant T \end{cases}$$

接收机输入端高斯噪声功率谱密度为 n_0（W/Hz），试求最佳接收机的结构及误码率表示式（用 A、n_0、T 表示）。

6-3 设 2FSK 信号为

$$\begin{cases} s_1(t) = A\sin\omega_1 t \\ s_2(t) = A\sin\omega_2 t \end{cases} \quad (0 \leqslant t \leqslant T)$$

且 ω_1 与 ω_2 相互正交，$s_1(t)$ 和 $s_2(t)$ 等概出现：

（1）试求构成匹配滤波器形式的最佳接收机；

（2）若接收机输入端高斯噪声功率谱密度为 $n_0/2$，试求系统的误码率公式。

6-4 设 PSK 方式的最佳接收机与实际接收机有相同的输入信噪比 E/n_0，如果 $E/n_0=10$ dB，实际接收机的带通滤波器带宽为 $(6/T)$ Hz，问两种接收机的误码性能相差多少？

6-5 在图 6-16(a) 中，设系统输入信号为 $s(t)$，$h_1(t)$、$h_2(t)$ 为冲激响应，它们的波形分别如图 6-16(b) 所示。试绘图解出 $h_1(t)$ 及 $h_2(t)$ 的输出波形，并说明 $h_1(t)$ 及 $h_2(t)$ 是否是 $s(t)$ 的匹配滤波器。

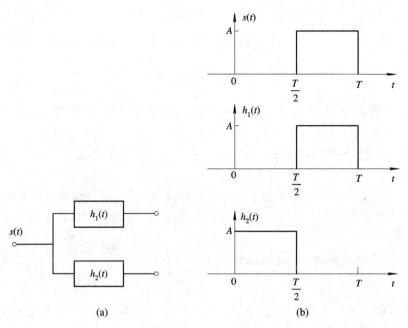

图 6-16 6-5 题图

(a) 框图；(b) 波形

6-6 设到达接收机输入端的二进制信号码元 $s_1(t)$ 及 $s_2(t)$ 的波形如图 6-17 所示，输入高斯噪声功率谱密度为 $n_0/2(\mathrm{W/Hz})$：

(1) 画出匹配滤波器形式的最佳接收机结构；

(2) 确定匹配滤波器的单位冲激响应及可能的输出波形；

(3) 求系统的误码率。

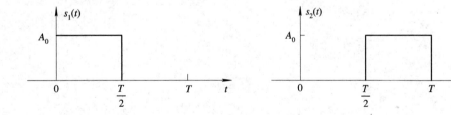

图 6-17 6-6 题图

6-7 在高斯白噪声下最佳接收二进制信号 $s_1(t)$ 及 $s_2(t)$，这里

$$\begin{cases} s_1(t) = A\sin(\omega_1 t + \varphi_1) \\ s_2(t) = A\sin(\omega_2 t + \varphi_2) \end{cases} \quad (0 \leqslant t \leqslant T)$$

其中，在 $(0, T)$ 内 ω_1 与 ω_2 满足正交要求；φ_1 及 φ_2 分别是服从均匀分布的随机变量：

(1) 试构成匹配滤波器形式的最佳接收机结构；

(2) 求系统的误码率。

6-8　什么是最佳基带系统？

6-9　什么是理想信道？在这种信道下最佳基带系统的结构具有什么特点？

6-10　什么是非理想信道？在这种信道下最佳基带系统的结构具有什么特点？

6-11　设理想信道基带传输系统的总特性满足下式

$$H_{eq}(\omega) = \begin{cases} \sum_i H\left(\omega + \dfrac{2\pi i}{T_b}\right) = T_b & |\omega| \leqslant \dfrac{\pi}{T_b} \\ 0 & |\omega| > \dfrac{\pi}{T_b} \end{cases}$$

信道高斯噪声的功率谱密度为 $n_0/2\,(\mathrm{W/Hz})$，信号的可能电平为 L，即 $0，2d，\cdots$，$2(L-1)d$ 等概出现。计算：

（1）接收滤波器输出噪声功率。

（2）系统最小误码率。

6-12　某二进制数字基带传输系统由发送滤波器、信道和接收滤波器等组成，已知发"0"和"1"的概率分别为 0.3 和 0.7，是单极性基带波形，系统总的传输函数为

$$H(\omega) = G_T(\omega)C(\omega)G_R(\omega) = \begin{cases} T & |\omega| \leqslant \dfrac{2\pi}{T} \\ 0 & |\omega| > \dfrac{2\pi}{T} \end{cases}$$

噪声 $n(t)$ 是双边功率谱密度为 $n_0/2(\mathrm{W/Hz})$、均值为 0 的高斯白噪声，信道 $C(\omega)=1$。

（1）要使系统最佳化，试问 $G_T(\omega)$ 与 $G_R(\omega)$ 应如何选择？

（2）该系统无码间干扰的最高码元传输速率为多少？

（3）试求该系统的最佳判决门限和最小误码率。

6-13　设 PSK 方式的最佳接收机与实际接收机有相同的输入信噪比 E_b/n_0，如果 $E_b/n_0 = 10\ \mathrm{dB}$，实际接收机的带通滤波器带宽为 $6/T$，T 为码元宽度，则两种接收机的误码性能相差多少？

第 7 章　模拟信号的数字传输

【教学要点】

了解：增量调制（ΔM）；自适应差分脉冲编码调制；语音压缩编码。

熟悉：抽样定律。

掌握：脉冲编码调制（PCM）。

重点、难点：PCM 原理。

　　模拟信号数字传输的关键是模/数转换和数/模转换，简记为 A/D 和 D/A 变换。本章将以语音编码为例，介绍模拟信号数字化的有关原理和技术。模拟信号数字化的方法有很多种，目前采用最多的是信号波形的 A/D 变换方法（波形编码），它直接把时域波形变换为数字序列，接收恢复的信号质量好。此外，A/D 变换的方法还有参量编码，它利用信号处理技术，在频率域或其他正交变换域中提取特征参量，再变换成数字代码，其比特率比波形编码低，但接收端恢复的信号质量不够好。这里主要介绍波形编码。

　　实用的波形编码方法有脉冲编码调制（PCM）和增量调制（ΔM）。

7.1　抽　样　定　律

7.1.1　抽样的概念

　　抽样是把时间上连续的模拟信号变成一系列时间上离散的抽样值的过程。相反，在接收端能否由此样值序列重建原信号，正是抽样定理所要解决的问题。

　　抽样定理的大意是，如果对一个频带有限的时间连续的模拟信号进行抽样，当抽样速率达到一定数值时，那么根据它的抽样值就能重建原信号。也就是说，若要传输模拟信号，不一定要传输模拟信号本身，而只需传输按抽样定理得到的抽样值即可。因此，抽样定理是模拟信号数字化的理论依据。

　　根据信号是低通型的还是带通型的，抽样定理分为低通抽样定理和带通抽样定理；根据用来抽样的脉冲序列是等间隔的还是非等间隔的，又分为均匀抽样定理和非均匀抽样定理；根据抽样的脉冲序列是冲激序列还是非冲激序列，又可分为理想抽样定理和实际抽样定理。

　　语音信号不仅在幅度取值上是连续的，而且在时间上也是连续的。设模拟信号的频率范围为 $f_0 \sim f_m$，带宽 $B = f_m - f_0$。如果 $f_0 < B$，则称之为低通型信号，例如语音信号就是低通型信号；若 $f_0 \geqslant B$，则称之为带通型信号，例如载波 12 路群信号（频率范围为 60～

108 kHz)、载波 60 路群信号(频率范围为 312~552 kHz)等就属于带通型信号。要使语音信号数字化,首先要在时间上对语音信号进行离散化处理,这一处理过程是由抽样来完成的。

所谓抽样,就是每隔一定时间间隔 T,抽取模拟信号的一个瞬间幅度值(样值)。抽样是由抽样门来完成的,在抽样脉冲 $s(t)$ 的控制下,抽样门闭合或断开,如图 7-1 所示。

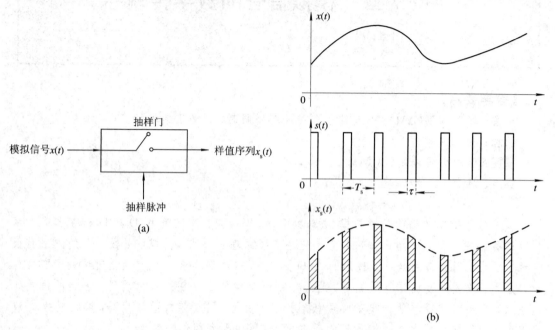

图 7-1　抽样的物理过程
(a) 抽样结构模型;(b) 波形

每当有抽样脉冲时,抽样门开关闭合,从其输出中取出一个模拟信号的样值;当抽样脉冲幅度为零时,抽样门开关断开,其输出为零(假设抽样门等效为一个理想开关)。

在图 7-1 中,输入的低通信号用 $x(t)$ 表示,一般是连续信号;输出信号用 $x_s(t)$ 表示,它是一个在时间上离散了的已抽样信号。设在抽样周期 T_s 时间内,抽样门开关闭合时间为 τ,断开时间为 $(T_s-\tau)$。可见,$x_s(t)$ 是一个周期为 T_s、宽度为 τ 的脉冲序列,脉冲的幅度在开关接通的时间内正好与 $x(t)$ 的幅度相同。

$x_s(t)$ 与 $x(t)$ 的波形关系可以用如下数学式表示:

$$x_s(t) = x(t)s(t) \tag{7-1}$$

这个关系可以用图 7-2(a)所示的乘法器表示,其中,$s(t)$ 是一个周期性开关函数,称为抽样函数,相当于线性调制器乘法器中用的载波,这是一个非连续波,并且是脉冲波形,因此也称其为脉冲载波。

采用开关抽样器时,脉冲载波可以表示为

$$s(t) = C_0 + \sum_{k=1}^{\infty} C_k \cos k\omega_s t$$

已抽样信号可以表示为

$$x_s(t) = C_0 x(t) + \sum_{k=1}^{\infty} C_k x(t) \cos k\omega_s t$$

相应地,已抽样信号频谱可以表示为

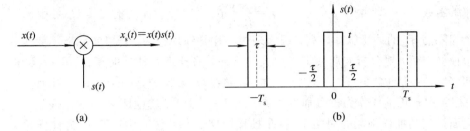

图 7 - 2　乘法器实现抽样过程

（a）抽样器可以看做乘法器；（b）开关函数 $s(t)$ 的波形

$$X_s(\omega) = C_0 X(\omega) + \frac{1}{2} \sum_{\substack{k=-\infty \\ k \neq 0}}^{\infty} C_k X(\omega - k\omega_s)$$

由此可见，脉冲载波调制与线性连续正弦载波调制有所不同。正弦载波调制时，频谱 $X_s(\omega)$ 集中在 ω_s 的两旁，而脉冲载波调制时，频谱 $X_s(\omega)$ 不只是集中在 ω_s 两旁，而是分布在 $k\omega_s(k=0,1,2,\cdots)$ 两旁。

按照抽样波形的特征，可以把抽样分为三种：

（1）自然抽样。像前面用开关抽样器那种抽样，$x_s(t)$ 在抽样时间以内的波形与 $x(t)$ 的波形完全一样，因此称为自然抽样。由于 $x(t)$ 是随时间变化的，因此 $x_s(t)$ 在抽样时间 t 以内的波形也是随时间变化的，即同一个取样间隔内幅度不是平直的，而是变化的，因此自然抽样也称为曲顶抽样，以便和下面要讲到的平顶抽样相区分。图 7 - 3(b) 画出了自然抽样得到的波形。

（2）平顶抽样。平顶抽样的抽样脉冲在抽样时间 τ 内的幅度保持不变，因此抽样结果虽然在不同抽样时间间隔内的幅度不同，但在同一个抽样间隔内的幅度不变，是平直的，因此称为平顶抽样，其波形如图 7 - 3(c) 所示。

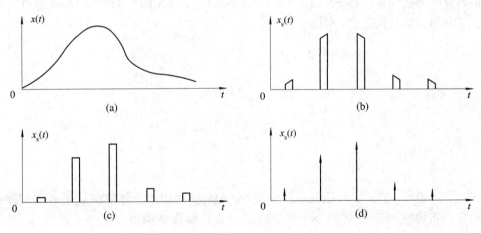

图 7 - 3　抽样信号的波形

（a）未抽样；（b）自然抽样；（c）平顶抽样；（d）理想抽样

（3）理想抽样。理想抽样在原理上和自然抽样差不多，只是此时抽样函数 $s(t)$ 用一个周期冲激函数代替，即此时 $s(t) = s_\delta(t) = \sum_{k=-\infty}^{\infty} \delta(t-kT_s)$，此时输出 $x_s(t)$ 可用 $x_\delta(t)$ 表示，是一个间隔为 T_s 的冲激脉冲序列。因为理想抽样是纯理论的，所以实际上不能实现。但引入理想抽样以后，对分析问题会带来很大的方便，另外理想抽样时得出的一些结论，对于用周期窄脉冲(脉冲宽度 $\tau \ll T_s$ 时)作为抽样函数 $s(t)$ 来说却是一个很好的近似。正因为这样，我们将把理想抽样作为重点加以讨论。图 7-3(d) 是理想抽样得到的波形。

上面提到的抽样函数的周期 T_s 就是抽样周期，其倒数 $f_s = 1/T_s$ 称为抽样频率，每秒钟抽样的次数称为抽样速率，其数值与 f_s 相同。但要注意，这里的抽样速率与码元速率不是同一概念，原因是一个抽样值在编码时可能编好几位码。

用周期函数作为抽样函数时，抽样点在时间上必然是均匀分布的，因此这种抽样称为均匀抽样。

7.1.2 低通信号的抽样定律

关于模拟信号的连续波形的时间离散化，早在 20 世纪初期到中期，已先后由著名的通信理论先驱奈奎斯特、香农和科捷尔尼可夫进行了立论与研究，并形成了低通信号与带通信号抽样定理。

低通信号抽样定理在时域的表述为：带限为 f_m 的时间连续信号 $x(t)$，若以速率 $f_s \geqslant 2f_m$ 进行均匀抽样，则 $x(t)$ 将被所得到的抽样值完全地确定，或者说可以通过这些抽样值无失真地恢复原信号 $x(t)$。

抽样定理告诉我们，若抽样速率 $f_s < 2f_m$ 就会产生失真，这种失真称为折叠(或混叠)失真。

现从频域角度予以证明。

设抽样脉冲序列 $s_\delta(t)$ 是周期为 T_s 的单位冲激脉冲序列，抽样后输出信号可表示为 $x_s(t)$，信号的傅立叶变换对有 $x(t) \leftrightarrow X(\omega)$，$x_s(t) \leftrightarrow X_s(\omega)$，$s_\delta(t) \leftrightarrow S_\delta(\omega)$，根据 $x_s(t) = x(t) s_\delta(t)$ 的关系式，利用频域卷积公式，可以得到

$$
\begin{aligned}
X_s(\omega) &= \frac{1}{2\pi} \big[X(\omega) * S_\delta(\omega) \big] \\
&= \frac{\omega_s}{2\pi} \Big[X(\omega) * \sum_{k=-\infty}^{\infty} \delta(\omega - k\omega_s) \Big] \\
&= f_s \sum_{k=-\infty}^{\infty} X(\omega - k\omega_s) \\
&= \frac{1}{T_s} \sum_{k=-\infty}^{\infty} X(\omega - k\omega_s)
\end{aligned}
\tag{7-2}
$$

式(7-2)说明，抽样后的样值序列频谱 $X_s(\omega)$ 是由无限多个分布在 ω_s 各次谐波左右的上下边带所组成的，而其中位于 $n=0$ 处的频谱就是抽样前的语音信号频谱 $X(\omega)$ 的本身(只差一个系数 $1/T_s$)。图 7-4 为理想抽样信号及其相应的频谱示意图。

由图可知，样值序列的频谱被扩大了(即频率成分增多了)，但样值序列中含原始语音的信息，因此对语音信号进行抽样处理是可行的。抽样处理后不仅便于量化、编码，同时又对语音信号进行了时域压缩，为时分复用创造条件。在接收端为了能恢复原始语音信号，必须要求位于 ω_s 处的下边带频谱能与语音信号频谱分开。

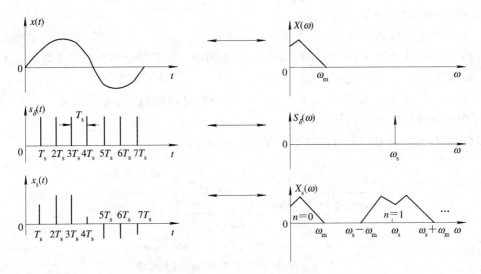

图 7-4　理想抽样信号及其相应的频谱示意图

设原始语音信号的频带限制在 $0 \sim f_m$（f_m 为语音信号的最高频率），由图 7-5 可知，在接收端，只要用一个低通滤波器把原始语音信号（频带为 $0 \sim f_m$）滤出，就可获得原始语音信号的重建。但要获得语音信号的重建，从图 7-5(b)可知，就必须使 f_m 与 $(f_s - f_m)$ 之间有一定宽度的防卫带，否则，f_s 的下边带将与原始语音信号的频带发生重叠而产生失真，见图 7-5(c)。这种失真所产生的噪声称为折叠噪声。

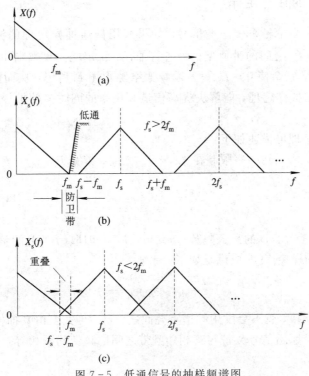

图 7-5　低通信号的抽样频谱图
(a) 信号频谱；(b) $f_s > 2f_m$ 时抽样信号的频谱；
(c) $f_s < 2f_m$ 时抽样信号的频谱

这里归纳出以下三条结论：

(1) 理想抽样得到的 $X_s(\omega)$ 具有无穷大的带宽。

(2) 只要抽样频率 $f_s \geqslant 2f_m$，$X_s(\omega)$ 中 k 值不同的频谱函数就不会出现重叠的现象。

(3) $X_s(\omega)$ 中 $k=0$ 时的成分是 $X(\omega)/T_s$，与 $X(\omega)$ 的频谱函数只差一个系数 $1/T_s$。因此，只要用一个带宽 B 满足 $f_m \leqslant B \leqslant f_s - f_m$ 的理想低通滤波器，就可以取出 $X(\omega)$ 的成分，不失真地恢复出 $x(t)$ 的波形。

理想抽样信号恢复的全过程模型可用图 7-6 示出。

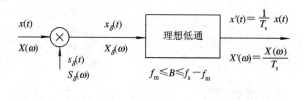

图 7-6　理想抽样信号恢复的全过程模型

语音信号的最高频率限制在 3400 Hz，这时满足抽样定理的最低的抽样频率应为 $f_{smin} = 6800$ Hz，为了留有一定的防卫带，CCITT 规定语音信号的抽样频率为 $f_s = 8000$ Hz，这样就留出了 $8000 - 6800 = 1200$ Hz 作为滤波器的防卫带。

应当指出，抽样频率 f_s 不是越高越好，f_s 太高时，将会降低信道的利用率，所以只要能满足 $f_s > 2f_m$，并有一定频宽的防卫带即可。

7.1.3　带通信号的抽样定律

实际中遇到的许多信号是带通型信号。如果采用低通抽样定理的抽样速率 $f_s \geqslant 2f_m$，对频率限制在 f_0 与 f_m 之间的带通型信号进行抽样，肯定能满足频谱不混叠的要求。但这样选择的 f_s 太高了，它会使 $0 \sim f_0$ 一大段频谱空隙得不到利用，从而降低了信道的利用率。运用带通信号的抽样定理，能解决提高信道利用率的同时又使抽样后的信号频谱不混叠这个问题。

带通均匀抽样定理可描述如下：

一个带通信号 $x(t)$，其频率限制在 f_0 与 f_m 之间，带宽 $B = f_m - f_0$，则必需的最小抽样速率为

$$f_{smin} = \frac{2f_m}{n+1} \tag{7-3}$$

其中，n 是一个不超过 f_0/B 的最大整数，$n = (f_0/B)_1$，即取 (f_0/B) 的整数。

一般情况下，抽样速率 f_s 应满足如下关系：

$$\frac{2f_m}{n+1} \leqslant f_s \leqslant \frac{2f_0}{n} \tag{7-4}$$

只要满足关系式 (7-4)，就不会发生频谱重叠问题，$x(t)$ 可完全由其抽样值来确定。

如果进一步要求原始信号频带与其相邻频带之间的频带间隔相等，则可按如下公式选择抽样速率 f_s：

$$f_s = \frac{2}{2n+1}(f_0 + f_m) \tag{7-5}$$

【例 7.1】　某带通型信号的频带为 12.5 kHz～17.5 kHz，$B = 5$ kHz。确定其抽样速

率 f_s。

解　假若选取 $f_s = 2f_m = 35\ \text{kHz}$，则样值序列的频谱不会发生重叠现象，如图 $7-7$(a) 所示。但在频谱中从 $0 \sim f_0$ 频带有一段空隙，没有被充分利用，这样信道利用率不高。

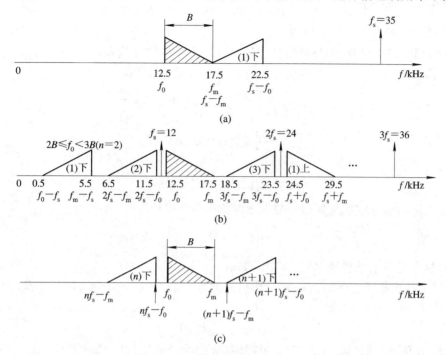

图 7-7　带通型信号样值序列的频谱

(a) $f_s = 2f_m = 35\ \text{kHz}$；(b) $f_s = 12\ \text{kHz}$；(c) $nB \leqslant f_0 < (n+1)B$

为了提高信道利用率，当 $f_0 \geqslant B$ 时，可将 n 次下边带 $[nf_s - B]$ 移到 $0 \sim f_0$ 频段的空隙内，这样既不会发生重叠现象，又能降低抽样频率，从而减少了信道的传输频带。图 $7-7$(b) 的抽样频率 f_s 就是根据上述原则安排的（图中只画出了正频谱）。由图 $7-7$(b) 可知，由于信号带宽 $B = 5\ \text{kHz}$，它满足了 $2B < 3B$ 的条件，因此，选择 $f_s = 12\ \text{kHz}$（小于 $2f_m$）时，可在 $0 \sim f_0$ 频段内安排两个下边带：(1) 一次下边带 $f_s - [B] = 0.5 \sim 5.5\ \text{kHz}$；(2) 二次下边带 $2f_s - [B] = 6.5 \sim 11.5\ \text{kHz}$。原始信号频带（$12.5 \sim 17.5\ \text{kHz}$）的高频侧是三次下边带（$18.5 \sim 23.5\ \text{kHz}$）以及一次上边带（$24.5 \sim 29.5\ \text{kHz}$）。由此可见，采用 $f_s < 2f_m$ 也能有效避免信号频谱产生重叠现象。

从图 $7-7$(b) 中分析的结果，可归纳出如下两点结论：

(1) 与原始信号（$f_0 \sim f_m$）可能重叠的频带都是下边带。

(2) 当 $nB \leqslant f_0 < (n+1)B$ 时，在原始信号频带（$f_0 \sim f_m$）的低频侧，可能重叠的频带是 n 次下边带；在高频侧可能重叠的频带为 $n+1$ 次下边带。

图 $7-7$(c) 是一般情况，从图中可知，为了不发生频带重叠，抽样频率 f_s 应满足下列条件：

$$nf_s - f_0 \leqslant f_0, \quad 即\ f_{s\max} \leqslant \frac{2f_0}{n}$$

$$(n+1)f_s - f_m \geqslant f_m, \quad 即\ f_{s\min} \geqslant \frac{2f_m}{n+1}$$

故

$$\frac{2f_{\mathrm{m}}}{n+1} \leqslant f_{\mathrm{s}} \leqslant \frac{2f_0}{n}$$

$$nB \leqslant f_0 < (n+1)B \qquad (n \text{ 取 } f_0/B \text{ 的整数}) \qquad (7-6)$$

这就是带通均匀抽样定理的一般表达式。

【**例 7.2**】 试求载波 60 路群信号（312～552 kHz）的抽样频率。

解 信号带宽 $\qquad B = f_{\mathrm{m}} - f_0 = 552 - 312 = 240 \text{ kHz}$

$$n = \left[\frac{f_0}{B}\right]_{\mathrm{I}} = \left[\frac{312}{240}\right]_{\mathrm{I}} = [1.3]_{\mathrm{I}} = 1$$

$$f_{\mathrm{smin}} \geqslant \frac{2f_{\mathrm{m}}}{n+1} = 552 \text{ kHz}$$

$$f_{\mathrm{smax}} \leqslant \frac{2f_0}{n} = 624 \text{ kHz}$$

当要求原始信号频带与其相邻频带之间的频带间隔相等时，有

$$f_{\mathrm{s}} = \frac{2}{2n+1}(f_0 + f_{\mathrm{m}}) = 576 \text{ kHz}$$

所以，60 路群信号的抽样频率应为 576 kHz。

图 7-8 是根据 $f_{\mathrm{smin}} = 2f_{\mathrm{m}}/(n+1)$ 作出的曲线。可以看出：对带通信号来说，抽样速率最小值在 $2B$ 和 $4B$ 之间，即

$$2B \leqslant f_{\mathrm{smin}} \leqslant 4B \qquad (7-7)$$

取值随 f_0/B 值不同而异。当 f_0/B 为整数时，f_{smin} 为最低值 $2B$，其他情形均大于 $2B$，且当 f_0 远大于 B 时，无论 f_{s} 是否为 B 的整数倍，抽样速率均近似取 $2B$。

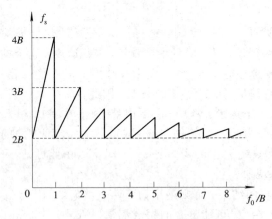

图 7-8 带通信号的最低抽样速率

7.2 模拟信号的脉冲调制

第 3 章中讨论的连续波调制是以连续振荡的正弦信号作为载波的。然而，正弦信号并非是唯一的载波形式，利用时间上离散的脉冲序列作为载波，同样可获得已调信号，这就是模拟信号脉冲调制。脉冲调制就是以时间上离散的脉冲序列作为载波，用模拟基带信号 $x(t)$ 去控制脉冲序列的某参数，使其按 $x(t)$ 的规律变化的调制方式。通常，按基带信号改

变脉冲参量(幅度、宽度和位置)的不同,把脉冲调制又分为脉冲振幅调制(PAM)、脉冲宽度调制(PDM)和脉冲位置调制(PPM),其波形如图 7 - 9 所示。虽然这三种信号在时间上都是离散的,但受调量变化是连续的,因此也都属于模拟信号。

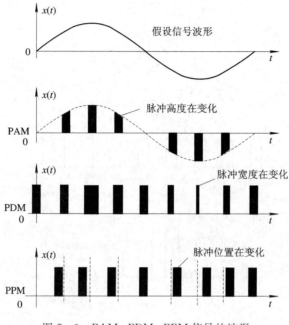

图 7 - 9　PAM、PDM、PPM 信号的波形

7.2.1　脉冲振幅调制(PAM)

1. 自然抽样的脉冲调幅

自然抽样又称曲顶抽样,抽样后的脉冲幅度(顶部)随被抽样信号 $x(t)$ 变化,或者说保持了 $x(t)$ 的变化规律。自然抽样的 PAM 原理框图及其波形如图 7 - 10 所示,图中抽样脉冲 $s(t)$ 是一个具有一定宽度的任意的周期脉冲序列。

图 7 - 11 示出了自然抽样的 PAM 波形及频谱。设模拟基带信号 $x(t)$ 的波形及频谱如图 7 - 11(a)所示。脉冲载波 $s(t)$ 是高度为 1、宽度为 τ、周期为 T_s 的矩形窄脉冲序列,T_s 是按抽样定理确定的,这里取 $T_s = 1/(2f_m)$。$s(t)$ 的波形及频谱如图 7 - 11(b)所示,则自然抽样 PAM 信号 $x_s(t)$ 为 $x(t)$ 与 $s(t)$ 的乘积,即

$$x_s(t) = x(t)s(t)$$

其中,$s(t)$ 的频谱表达式为

$$S(\omega) = \frac{2\pi\tau}{T_s} \sum_{k=-\infty}^{\infty} \text{Sa}\left(\frac{k\omega_s\tau}{2}\right)\delta(\omega - k\omega_s)$$

则自然抽样的 PAM 信号 $x_s(t)$ 的频谱表达式为

$$X_s(\omega) = \frac{1}{2\pi}\left[X(\omega) * S(\omega)\right] = \frac{1}{2\pi}\left[X(\omega) * \frac{2\pi\tau}{T_s} \sum_{k=-\infty}^{\infty} \text{Sa}\left(\frac{k\omega_s\pi}{2}\right)\delta(\omega - k\omega_s)\right]$$

$$= \frac{\tau}{T_s} \sum_{k=-\infty}^{\infty} \text{Sa}\left(\frac{k\omega_s\tau}{2}\right)X(\omega - k\omega_s) \tag{7 - 8}$$

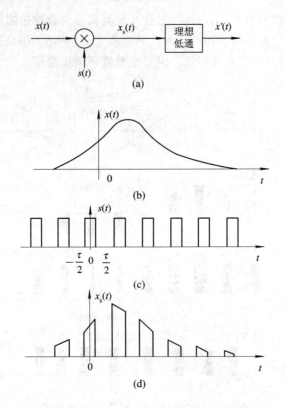

图 7 - 10　自然抽样的 PAM 原理框图及其波形

(a) 原理框图；(b) $x(t)$ 波形；(c) $s(t)$ 波形；(d) $x_s(t)$ 波形

自然抽样的 PAM 信号波形及频谱如图 7 - 11(c) 所示。

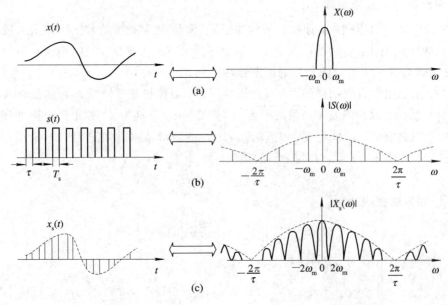

图 7 - 11　自然抽样的 PAM 信号波形及频谱

(a) $x(t)$ 波形及频谱；(b) $s(t)$ 波形及频谱；(c) $x_s(t)$ 波形及频谱

由自然抽样 PAM 信号频谱图可以看出，它与理想抽样的频谱非常相似，也是由无限多个间隔为 $\omega_s = 2\omega_m$ 的 $X(\omega)$ 频谱之和组成的。其中，由 $k = 0$ 得到的频谱函数为 $(\tau/T_s)X(\omega)$，与原信号谱 $X(\omega)$ 只差一个比例常数 (τ/T_s)，因而可以用低通滤波器从 $X_s(\omega)$ 中滤出 $X(\omega)$，从而恢复出基带信号 $x(t)$。

自然抽样与理想抽样的比较：

（1）自然抽样与理想抽样中的抽样过程以及信号恢复的过程是完全相同的，差别只是 $s(t)$ 用得不同。

（2）自然抽样中 $X_s(\omega)$ 包络的总趋势是随 $|f|$ 上升而下降，因此带宽是有限的，而理想抽样的带宽是无限的。在图 7 - 11 中，$s(t)$ 为矩形脉冲序列时，包络的总趋势按 Sa 曲线下降，带宽与 τ 有关。τ 越大，带宽越小；τ 越小，带宽越大。

（3）τ 的大小要兼顾通信中对带宽和脉冲宽度这两个互相矛盾的要求。通信中一般对信号带宽的要求是越小越好，因此要求 τ 大；但通信中为了增加时分复用的路数而要求 τ 小，显然二者是矛盾的。

2. 平顶抽样的脉冲调幅

平顶抽样又叫瞬时抽样，它与自然抽样的不同之处在于抽样后信号中的脉冲均具有相同的形状——顶部平坦的矩形脉冲，矩形脉冲的幅度即为瞬时抽样值。

恢复原基带信号 $x(t)$，通常采用以下两种方式：

（1）在脉冲形成电路之后加一修正网络，修正网络的传输函数在信号的频带范围内满足 $1/Q(\omega)$，修正后的信号通过理想低通滤波器便可无失真地恢复出原基带信号 $x(t)$。其原理方框图如图 7 - 12 所示。

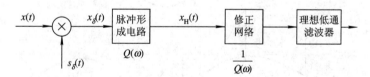

图 7 - 12　用修正网络恢复平顶抽样信号的原理方框图

（2）在脉冲形成电路之后加一理想抽样，理想抽样后的信号通过理想低通滤波器便可无失真地恢复出原基带信号 $x(t)$。其原理方框图如图 7 - 13 所示。

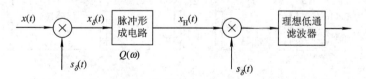

图 7 - 13　用理想抽样恢复平顶抽样信号的原理方框图

在实际应用中，恢复信号的低通滤波器也不可能是理想的，因此考虑到实际滤波器可能实现的特性，抽样速率 f_s 要比 $2f_m$ 选的大一些，一般 $f_s = (2.5 \sim 3)f_m$。

例如，语音信号的频率一般为 $300 \sim 3400$ Hz，抽样速率 f_s 一般取 8000 Hz。

以上按自然抽样和平顶抽样均能构成 PAM 通信系统，也就是说可以在信道中直接传输抽样后的信号，但由于它们的抗干扰能力差，因此目前很少采用。

7.2.2　脉冲宽度调制（PDM）

脉冲宽度调制（PDM）简称脉宽调制，与 PAM 不同，其等幅的脉冲序列以抽样时刻各 $x(kT_s)$ 的离散值与该载波脉冲序列对应位脉冲的宽度成正比。于是，宽度不同的、间隔为 T_s 的已调序列就荷载了相应的抽样值 $x(kT_s)$ 的信息。

图 7-14 示出了产生 PDM 和 PPM 信号的波形图。形成 PDM 信号的方法如下：

（1）产生均匀间隔为信号抽样间隔 T_s 的锯齿波或三角波脉冲序列作为载波序列；

（2）待传输的模拟信号 $x(kT_s)$ 与脉冲序列相加；

（3）限幅—放大。

通过上述步骤得到的抽样时刻 kT_s 对应宽度不等的均匀脉冲序列即为 PDM 波形。由于锯齿波设计的形式，PDM 的前沿为固定点，而后沿移动量则表示 $x(kT_s)$ 的大小，因此 PDM 又称脉沿调制（本例为后沿调制）。同样，可以产生前沿调制或利用正三角形的双沿调制，中心位置在底宽不等的中心调制。

当接收解调时，并不难将各点的不同宽度简单地转为 PAM，然后进行低通滤波，恢复原信号。

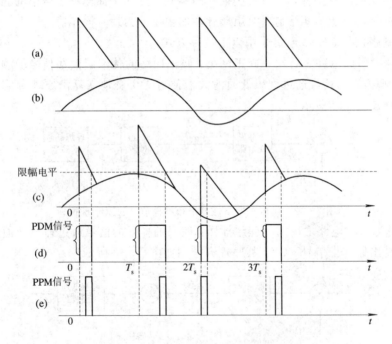

图 7-14　PDM 和 PPM 信号的波形图
(a) 三角波脉冲序列；(b) 待传输的模拟信号；
(c) 叠加信号；(d) PDM 信号；(e) PPM 信号

7.2.3　脉冲位置调制（PPM）

脉冲位置调制（PPM）简称脉位调制，它以均匀间隔为信号抽样间隔的等幅脉冲序列作为载波，使各脉冲位置在不同方向移位的大小与信号样本值 $x(kT_s)$ 对应成正比。

其实，PPM 信号实现方式与 PDM 没有本质差别。可以将图 7-14(c) 的不等宽度的已调锯齿波,经过一个门限检测器——过零检测,取其后沿位置并形成极窄的脉冲,就得到了 PPM 信号,如图 7 - 14(e)所示。

PPM 模拟脉冲信号目前在光调制和光信号处理技术中广泛应用。

7.3　脉冲编码调制(PCM)

脉冲编码调制简称脉码调制,其系统原理框图如图 7 - 15 所示。首先,在发送端进行波形编码,有抽样、量化和编码三个基本过程,这里把模拟信号变换为二进制数字信号。通过数字通信系统进行传输后,在接收端进行相反的变换,由译码器和低通滤波器完成,这里把数字信号恢复为原来的模拟信号。

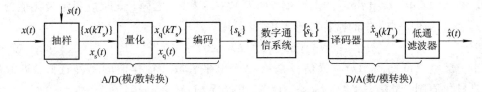

图 7 - 15　脉冲编码调制的系统原理框图

抽样原理在前面已经讲过,即对模拟信号进行周期性的扫描,把时间上连续的信号变成时间上离散的信号。我们要求经过抽样的信号应包含原信号的所有信息,即能无失真地恢复出原模拟信号,抽样速率的下限由抽样定理确定。

量化是把经抽样得到的瞬时值进行幅度离散,即指定 Q 个规定的电平,把抽样值用最接近的电平表示。

编码是用二进制码组表示有固定电平的量化值。实际上量化是在编码过程中同时完成的。图 7 - 16 是 PCM 单路抽样、量化、编码波形图。

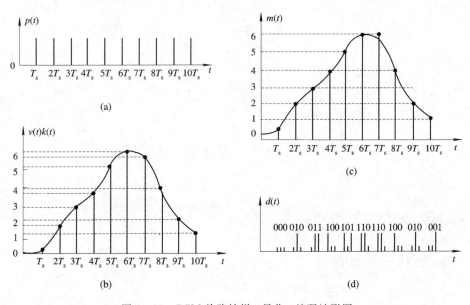

图 7 - 16　PCM 单路抽样、量化、编码波形图
(a) 抽样脉冲;(b) PCM 抽样;(c) PCM 量化;(d) PCM 编码

7.3.1　量化

模拟信号经过抽样后，虽然在时间上离散了，幅度取值是任意的、无限的（即连续的），但是，抽样值脉冲序列的幅度仍然取决于输入的模拟信号，它仍属于模拟信号，不能直接进行编码。因此就必须对它进行变换，使其在幅度取值上离散化，这就是量化的目的。量化的物理过程可通过图 7 - 17 表示的例子加以说明，其中，$x(t)$ 是模拟信号；抽样速率 $f_s = 1/T_s$；抽样值用"·"表示。第 k 个抽样值为 $x(kT_s)$，$m_1 - M_Q$ 表示 Q 个电平（这里 $Q = 7$），它们是预先规定好的，相邻电平间距离称为量化间隔，用"Δ"表示。x_i 表示第 i 个量化电平的终点电平，那么量化应该是

$$x_q(kT_s) = m_i, \qquad x_{i-1} \leqslant x(kT_s) \leqslant x_i \tag{7-9}$$

例如，图 7 - 17 中，$t = 4T_s$ 时的抽样值 $x(4T_s)$ 在 x_5 和 x_6 之间，此时按规定量化值为 m_6。量化器输出是图 7 - 17 中的阶梯波形 $x_q(t)$，其中，

$$x_q(t) = x_q(kT_s), \qquad kT_s \leqslant t \leqslant (k+1)T_s \tag{7-10}$$

由上面结果可见，$x_q(t)$ 阶梯信号是用 Q 个电平去取代抽样值的一种近似，近似的原则就是量化原则。量化电平数越大，$x_q(t)$ 就越接近 $x(t)$。

$x_q(kT_s)$ 与 $x(kT_s)$ 的误差称为量化误差，根据量化原则，量化误差不超过 $\pm\Delta/2$，而量化级数目越多，Δ 值越小，量化误差也越小。量化误差一旦形成，在接收端无法去掉，它与传输距离、转发次数无关，又称为量化噪声。

衡量量化性能好坏的最常用指标是量化信噪功率比（P_q/N_q），其中，P_q 表示 $x_q(kT_s)$ 产生的功率；N_q 表示由量化误差产生的功率。（P_q/N_q）越大，说明量化性能越好。

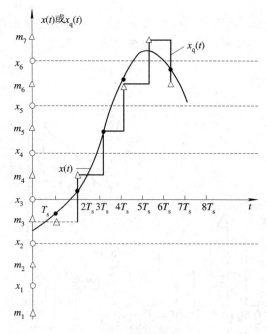

图 7 - 17　量化的物理过程

1. 均匀量化

量化间隔相等的量化称为均匀量化，图 7 - 17 即是均匀量化的例子。下面较为详细地

讨论均匀量化的量化特性、量化误差功率和量化信噪比。

1）量化特性

量化特性是指量化器的输入、输出特性。均匀量化的量化特性是等阶距的梯形曲线。图 7－18 中示出了两种常用的均匀量化特性，其中图 7－18（b）为"中间上升"型量化器特性，其原点出现在阶梯函数上升部分中点；图 7－18（c）为"中间水平"型量化器特性，其原点出现在阶梯形函数水平部分中点。二者的区别仅在于输入为空闲噪声时输出电平有无变化，中间上升适用于语音编码。

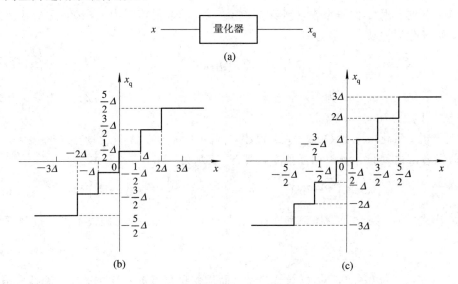

图 7－18　两种常用的均匀量化特性

（a）量化器方框图；（b）"中间上升"型量化器特性；（c）"中间水平"型量化器特性

2）量化误差功率

（1）量化误差。前面已经谈到，量化误差是量化器输入、输出的差别，在不同的输入工作区，误差显示出两种不同的特性，如图 7－19 所示。

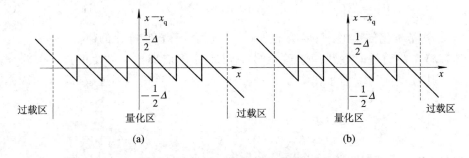

图 7－19　量化误差曲线

（a）中间水平型；（b）中间上升型

第一个工作区域是锯齿形特性的量化误差区，在这一区域内，量化误差受量化间隔大小的制约，这个区域由量化器的动态范围确定，通常也称为量化区或线性工作区。量化器的正确运用是设法调节输入信号，使其动态范围与量化器的动态范围相匹配，可由增益控制系统来完成。

第二个工作区域为非量化误差区，这个区域的误差特性是线性增长的，这个区也称为过载区或饱和区。这种误差比量化误差大，对重建信号有很坏的影响。

(2) 量化误差功率。量化误差功率应包括未过载噪声功率和过载量化噪声功率两部分，需分别加以计算。

对于随机输入信号来说，量化误差功率不仅与 Δ 有关，还与模拟输入信号的概率分布有关。如果在某一量化间隔内，$x(kT_s)$ 出现的少，则必然在此范围内出现的量化噪声功率小。由于落在某一量化间隔内的模拟信号的概率不同，所以应计算平均的量化噪声功率。

设输入模拟信号 x 的概率密度函数是 $f_x(x)$，x 的取值范围为 (a,b)，且设不会出现过载量化，则量化误差功率 N_q 为

$$N_q = E\{(x-x_q)^2\} = \int_a^b (x-x_q)^2 f_x(x)\,\mathrm{d}x = \sum_{i=1}^Q \int_{x_{i-1}}^{x_i} (x-m_i)^2 f_x(x)\,\mathrm{d}x \quad (7-11)$$

其中，Q 为量化电平数；m_i 为第 i 个电平，可表示为 $m_i = (x_{i-1}+x_i)/2$；x_i 为第 i 个量化间隔的终点，可表示为 $x_i = a + i\Delta$。

一般来说，量化电平数 Q 很大，Δ 很小，因而可认为在 Δ 量化间隔内不变，以 p_i 表示，且假设各层之间量化噪声相互独立，则 N_q 表示为

$$N_q = \sum_{i=1}^Q \int_{x_{i-1}}^{x_i} (x_i-m_i)^2 p_i\,\mathrm{d}x = \frac{\Delta^2}{12}\sum_{i=1}^Q p_i\Delta = \frac{\Delta^2}{12} \quad (7-12)$$

其中，p_i 代表第 i 个量化间隔概率密度；Δ 为均匀量化间隔。因为假设不出现过载现象，故式 $(7-12)$ 中 $\sum_{i=1}^Q p_i\Delta = 1$。

从式 $(7-12)$ 可以看出，N_q 仅与 Δ 有关，而均匀量化 Δ 是给定的，故无论抽样值大小，均匀量化 N_q 都是相同的。

3) 量化信噪比

量化信噪比是衡量量化性能好坏的指标，其中，式 $(7-11)$ 给出了量化噪声功率，按照上面给出的条件，可得出量化信号功率 P_q 为

$$P_q = E(x_q^2) = \int_a^b x_q^2 f_x(x)\,\mathrm{d}x = \sum_{i=1}^Q m_i^2 \int_{x_{i-1}}^{x_i} f_x(x)\,\mathrm{d}x \quad (7-13)$$

P_q/N_q 就是量化信噪比，只要给出 $f_x(x)$，就可计算出信噪比的值。

【例 7.3】 在测量时往往用正弦信号来判断量化信噪比。若设正弦信号为 $x(t) = A_m\cos\omega t$，则 $P_q = A_m^2/2$。若量化幅度范围为 $-V \sim +V$，且信号不过载（即 $A_m < V$），则量化信噪比为

$$\frac{P_q}{N_q} = \frac{A_m^2/2}{\Delta^2/12} = \frac{V^2/2}{\Delta^2/12}\left(\frac{A_m}{V}\right)^2$$

把 $\Delta = 2V/Q$ 代入上式，且设 Q 电平需 k 位二进制代码表示（即 $2^k = Q$），则

$$\frac{P_q}{N_q} = \frac{3}{2}2^{2k}\left(\frac{A_m}{V}\right)^2 = 6k + 1.7 + 20\lg\frac{A_m}{V} \ (\mathrm{dB}) \quad (7-14)$$

当 $A_m = V$ 时，得到正弦测试信号量化信噪比为

$$\left[\frac{P_q}{N_q}\right]_{\max} = 6k + 1.7 \ (\mathrm{dB}) \quad (7-15)$$

由式 $(7-14)$、式 $(7-15)$ 可知，每增加一位编码，量化信噪比就提高 6 dB。

4) 均匀量化的缺点

如上所述, 均匀量化时其量化信噪比随信号电平的减小而下降。产生这一现象的原因就是均匀量化时的量化级间隔 Δ 为固定值, 而量化误差不管输入信号的大小, 其值均在 $(-\Delta/2, \Delta/2)$ 内变化。故大信号时量化信噪比大, 小信号时量化信噪比小。对于语音信号来说, 小信号出现的概率要大于大信号出现的概率, 这就使平均信噪比下降。同时, 为了满足一定的信噪比输出要求, 输入信号应有一定范围(即动态范围), 由于小信号信噪比明显下降, 也使输入信号的范围减小。要改善小信号量化信噪比, 可以采用量化间隔非均匀的方法, 即非均匀量化。

2. 非均匀量化

非均匀量化是一种在整个动态范围内量化间隔不相等的量化, 在信号幅度小时, 量化级间隔划分得小; 信号幅度大时, 量化级间隔也划分得大, 以提高小信号的信噪比, 适当减少大信号信噪比, 使平均信噪比提高, 从而获得较好的小信号接收效果。

实现非均匀量化的方法之一是采用压缩扩张(压扩)技术, 如图 7 - 20 所示。它的基本思想是在均匀量化之前先让信号经过一次压缩处理, 对大信号进行压缩而对小信号进行较大的放大(见图 7 - 20(b))。信号经过这种非线性压缩电路处理后, 改变了大信号和小信号之间的比例关系, 大信号的比例基本不变或变得较小, 而小信号相应地按比例增大, 即"压大补小"。这样, 对经过压缩器处理的信号再进行均匀量化, 量化的等效结果就是对原信号进行非均匀量化。接收端将收到的相应信号进行扩张, 以恢复原始信号原来的相对关系。扩张特性与压缩特性相反, 该电路称为扩张器。

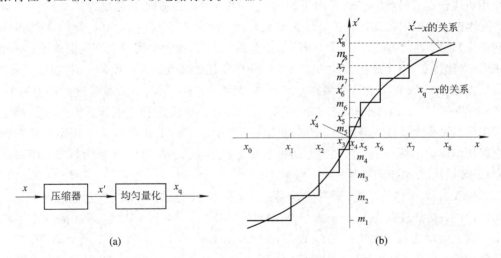

(a)　　　　　　　　　　(b)

图 7 - 20　非均匀量化原理

(a) 非均匀量化方框图; (b) 关系曲线

在 PCM 技术的发展过程中, 曾提出许多压扩方法。目前, 数字通信系统中采用两种压扩特性: 一种是以 μ 作为参数的压扩特性, 称 μ 律压扩特性; 另一种是以 A 作为参数的压缩特性, 叫 A 律压缩特性, 下面进行介绍。

1) μ 律与 A 律压缩特性

μ 律和 A 律归一化压缩特性表示式分别为

μ 律：

$$y = \pm \frac{\ln(1 + \mu \mid x \mid)}{\ln(1 + \mu)}, \quad -1 \leqslant x \leqslant 1 \qquad (7-16)$$

A 律：

$$y = \begin{cases} \dfrac{Ax}{1 + \ln A}, & 0 \leqslant \mid x \mid \leqslant \dfrac{1}{A} \\[3mm] \pm \dfrac{1 + \ln \mid x \mid}{1 + \ln A}, & \dfrac{1}{A} < \mid x \mid \leqslant 1 \end{cases} \qquad (7-17)$$

其中，x 为归一化输入；y 为归一化输出；A、μ 为压缩系数。对 A 特性求导可得 $A = 87.6$ 时的值为

$$\frac{\mathrm{d}y}{\mathrm{d}x} = \begin{cases} 16, & 0 \leqslant \mid x \mid \leqslant \dfrac{1}{A} \\[3mm] \dfrac{0.1827}{x}, & \dfrac{1}{A} < \mid x \mid \leqslant 1 \end{cases} \qquad (7-18)$$

当 $x = 1$ 时，放大量缩小为 0.1827，显然大信号比小信号下降很多，这样就起到了压缩的作用。对于 μ 律也有类似的结论。

目前广泛应用数字电路来实现压扩律，这就是数字压扩技术。

2）数字压扩技术

（1）数字压扩技术。这是一种通过大量的数字电路形成若干段折线，并用这些折线来近似 A 律或 μ 律压扩特性，从而达到压扩目的的方法。

用折线作压扩特性，它既不同于均匀量化的直线，也不同于对数压扩特性的光滑曲线。虽然总的来说用折线作压扩特性是非均匀量化的，但它既有非均匀量化（不同折线有不同斜率），又有均匀量化（在同一折线的小范围内）。有两种常用的数字压扩技术：一种是 13 折线 A 律压扩，它的特性近似 $A = 87.6$ 的 A 律压扩特性；另一种是 15 折线 μ 律压扩，其特性近似 $\mu = 255$ 的 μ 律压扩特性。13 折线 A 律主要用于英、法、德等欧洲各国的 PCM 30/32 路基群中，我国的 PCM 30/32 路基群也采用 13 折线 A 律压缩律。15 折线 μ 律主要用于美国、加拿大和日本等国的 PCM—24 路基群中。CCITT 建议 G.711 规定上述两种折线近似压缩律为国际标准，且在国际间数字系统相互联接时，要以 A 律为标准。因此这里仅介绍 13 折线 A 律压缩特性。

（2）13 折线 A 律的产生。具体方法是：在 x 轴 0～1 范围内，以 1/2 递减规律分成 8 个不均匀的段，其分段点为 1/2、1/4、1/8、1/16、1/32、1/64 和 1/128。形成的 8 个不均匀段由小到大依次为：1/128，1/128，1/64，1/32，1/16，1/8，1/4 和 1/2。其中第一、第二两段长度相等，都是 1/128。上述 8 段之中，每一段都要再均匀地分成 16 等份，每一等份就是一个量化级。注意：在每一段内，这些等份（即 16 个量化级）长度是相等的，但是，在不同的段内，这些量化级又是不相等的。因此，输入信号的取值范围 0 至 1 总共被划分为 $16 \times 8 = 128$ 个不均匀的量化级。可见，用这种分段方法就可使输入信号形成一种不均匀量化分级，它对小信号分得细，最小量化级（第一、二段的量化级）为 $(1/128) \times (1/16) = 1/2048$，对大信号的量化级分得粗，最大量化级为 $1/(2 \times 16) = 1/32$。一般最小量化级为一个量化单位，用 Δ 表示，可以计算出输入信号的取值范围 0 至 1 总共被划分为 2048Δ。对 y 轴也分成 8 段，不过是均匀地分成 8 段。y 轴的每一段又均匀地分成 16 等份，每一等

份就是一个量化级。于是 y 轴的区间(0，1)就被分为 128 个均匀量化级，每个量化级均为 1/128，如图 7-21 所示。

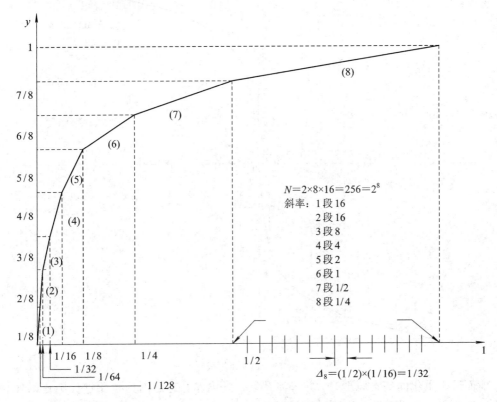

图 7-21　13 折线 A 律压扩特性

将 x 轴的 8 段和 y 轴的 8 段各相应段的交点连接起来，于是就得到由 8 段直线组成的折线。由于 y 轴是均匀分为 8 段的，每段长度为 1/8，而 x 轴是不均匀分成 8 段的，每段长度不同，因此，可分别求出 8 段直线线段的斜率(图 7-21 中给出)。

可见，第 1、2 段斜率相等，因此可看成一条直线段，实际上得到 7 条斜率不同的折线。以上分析是对正方向的情况。由于输入信号通常有正、负两个极性，因此，在负方向上也有与正方向对称的一组折线。因为正方向上的第 1、2 段与负方向的第 1、2 段具有相同的斜率，于是我们可将其连成一条直线段，因此，正、负方向总共得到 13 段直线，由这 13 段直线组成的折线，称为 13 折线，如图 7-22 所示。

由图 7-22 可见，第 1、2 段斜率最大，越往后斜率越小，因此 13 折线是逼近压缩特性的，具有压缩作用。13 折线可用式(7-17)表示，由于第 1、2 段斜率为 16，根据式(7-18)知 $A=87.6$，因此，这种特性称为 $A=87.6$ 的 13 折线压扩律，或简称 A 律。

由图 7-22 还可以看出，这时的压缩和量化是结合进行的，即用不均匀量化的方法达到了压缩的目的，在量化的同时就进行了压缩，因此不必再用专用的压缩器进行压缩。此外，经过 13 折线变换关系之后，将输入信号量化为 2×128 个离散状态(量化级)，因此，可用 8 位二进制码直接加以表示。

采用 15 折线 μ 律非均匀量化，并编 8 位码时，同样可以达到电话信号的要求而有良好的质量。

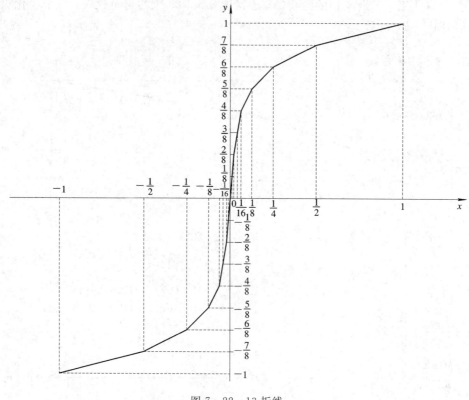

图 7-22 13 折线

前面讨论量化的基本原理时，并未涉及量化的电路；这是因为量化过程不是以独立的量化电路来实现的，而是在编码过程中实现的，故其原理电路框图将在编码中讨论。

7.3.2 编码和译码

已知模拟信号经过抽样量化后，还需要进行编码处理，才能使离散样值形成更适宜的二进制数字信号形式进入信道传输，这就是 PCM 基带信号。接收端将 PCM 信号还原成模拟信号的过程称为译码。

1. 编码原理

这里仅讨论常用的逐次反馈型编码，并说明编码原理。

1）编码码型

在 PCM 中常用折叠二进制码作为编码码型。折叠码是目前 13 折线 A 律 PCM30/32 路设备所采用的码型。折叠码的第 1 位码代表信号的正、负极性，其余各位表示量化电平的绝对值。

目前，国际上普遍采用 8 位非线性编码。例如，PCM30/32 路终端机中最大输入信号幅度对应 4096 个量化单位（最小的量化间隔称为一个量化单位），在 4096 单位的输入幅度范围内，被分成 256 个量化级，因此须用 8 位码表示每一个量化级。用于 13 折线 A 律特性的 8 位非线性编码的码组结构如表 7-1 所示。

表 7-1 码 组 结 构

极性码	段落码			段内码			
M_1	M_2	M_3	M_4	M_5	M_6	M_7	M_8

在表 7-1 中，第 1 位码 M_1 的数值"1"或"0"分别代表信号的正、负极性，称为极性码。从折叠二进制码的规律可知，对于两个极性不同，但绝对值相同的样值脉冲，用折叠码表示时，除极性码 M_1 不同外，其余几位码是完全一样的。因此在编码过程中，只要将样值脉冲的极性判出后，编码器便是以样值脉冲的绝对值进行量化和输出码组的。这样只要考虑 13 折线中对应于正输入信号的 8 段折线就行了。这 8 段折线共包含 128 个量化级，正好用剩下的 7 位码 $(M_2，\cdots，M_8)$ 就能表示出来。

第 2～4 位码，即 $M_2 M_3 M_4$，称为段落码。8 段折线用 3 位码就能表示。具体划分如表 7-2 所示。注意：段落码的每一位不表示固定的电平，只是用 $M_2 M_3 M_4$ 的不同排列码组表示各段的起始电平。这样，就把样值脉冲属于哪一段先确定下来了，以便很快地定出样值脉冲应纳入到这一段内的哪个量化级上。

表 7-2　段　落　码

段落序号	段　落　码		
	M_2	M_3	M_4
8	1	1	1
7	1	1	0
6	1	0	1
5	1	0	0
4	0	1	1
3	0	1	0
2	0	0	1
1	0	0	0

第 5～8 位码，即 $M_5 M_6 M_7 M_8$，称为段内码。每一段中的 16 个量化级就是用这 4 位码表示的，段内码具体的分法如表 7-3 所示。由表 7-3 可见，4 位段内码的变化规律与段落码的变化规律相似。

表 7-3　段　内　码

电平序号	段内码				电平序号	段内码			
	M_5	M_6	M_7	M_8		M_5	M_6	M_7	M_8
15	1	1	1	1	7	0	1	1	1
14	1	1	1	0	6	0	1	1	0
13	1	1	0	1	5	0	1	0	1
12	1	1	0	0	4	0	1	0	0
11	1	0	1	1	3	0	0	1	1
10	1	0	1	0	2	0	0	1	0
9	1	0	0	1	1	0	0	0	1
8	1	0	0	0	0	0	0	0	0

这样，一个信号的正负极性用 M_1 表示，幅度在一个方向（正或负）有 8 个大段，用 $M_2M_3M_4$ 表示，具体落在某段落内的电平上，用 4 位段内码 $M_5M_6M_7M_8$ 表示。表 7-4 列出了 13 折线 A 律每一个量化段的起始电平 I_{si}、量化间隔 Δ_i、段落码（$M_2M_3M_4$）以及段内码（$M_5M_6M_7M_8$）的权值（对应电平）。

表 7-4 13 折线 A 律幅度码与其对应电平

量化段序号 $i=1\sim8$	电平范围 （Δ）	段落码			段落起始电平 $I_{si}(\Delta)$	量化间隔 $\Delta_i(\Delta)$	段内码对应权值（Δ）			
		M_1	M_2	M_3			M_5	M_6	M_7	M_8
8	1024~2048	1	1	1	1024	64	512	256	128	64
7	512~1024	1	1	0	512	32	256	128	64	32
6	256~512	1	0	1	256	16	128	64	32	16
5	128~256	1	0	0	128	8	64	32	16	8
4	64~128	0	1	1	64	4	32	16	8	4
3	32~64	0	1	0	32	2	16	8	4	2
2	16~32	0	0	1	16	1	8	4	2	1
1	0~16	0	0	0	0	1	8	4	2	1

2）编码原理

图 7-23 是逐次比较型编码器原理图。它由抽样保持、全波整流、极性判决、比较器及本地译码器等组成。

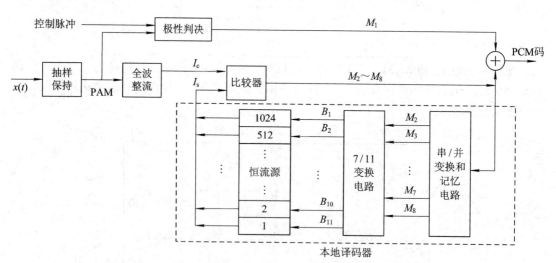

图 7-23 逐次比较型编码器原理图

抽样后的模拟 PAM 信号，须经保持展宽后再进行编码。保持后的 PAM 信号仍为双极性信号，将该信号经过全波整流变为单极性信号。对此信号进行极性判决，编出极性码 M_1。当信号为正极性时，极性判决电路输出"1"码，反之输出"0"码。比较器通过比较样值电流 I_c 和标准电流 I_s，从而对输入信号抽样值实现非线性（即压扩）量化和编码。每比较一次，输入一位二进制代码，且当 $I_c>I_s$ 时，输出"1"码；反之输出"0"码。

由于 13 折线法中用 7 位二进制码代表段落码和段内码,所以对一个信号的抽样值需要进行 7 次比较,每次所需的标准电流均由本地译码器提供。

除 M_2 码外,$M_3 \sim M_8$ 码的判定值是与先行码的状态有关的。所以本地解码器产生判定值时,要把先行码的状态反馈回来。先行码(反馈码)$M_2 \sim M_8$ 串行输入串/并变换和记忆电路,变为并行码输出。这里要强调的是:对于先行码(已编好的码),$M_i (i=3,\cdots,8)$ 有确定值 0 或 1;对于当前码(正准备编的码),M_i 取值为 1;对于后续码(尚未编的码),M_i 取值为 0。开始编码时,M_2 取值为 1,$M_3 \sim M_8$ 取值为 0,意味着 $I_s = 128\Delta$,即对应着 8 个段落的中点值。

在判定输出码时,第 1 次比较应先确定信号 I_c 是属于 8 大段的上 4 段还是下 4 段,这时权值 I_s 是 8 段的中间值 $I_s = 128\Delta$,I_c 落在上 4 段,$M_2 = 1$;I_c 落在下 4 段,$M_2 = 0$;第 2 次比较要确定第 1 次比较时 I_s 在 4 段的上两段还是下两段,当 I_c 在上两段时,$M_3 = 1$,否则,$M_3 = 0$;同理用 M_4 为"1"或"0"来表示 I_c 落在两段的上一段还是下一段。可以说,段落码编码的过程是确定 I_c 落在 8 段中的哪一段,并用这段起始电平表示 I_s 的过程。

段内码的编码过程与段落码相似,即决定 I_c 落在某段 16 等份中的哪一间隔内,并用这个间隔的起始电平表示 I_s,直至编出 $M_5 \sim M_8$。下面举例说明。

【例 7.4】　已知抽样值为 $+635\Delta$,要求按 13 折线 A 律编出 8 位码。

解　第 1 次比较:信号 I_c 为正极性,$M_1 = 1$。

第 2 次比较:串/并变换输出 $M_2 \sim M_8$ 码为 100 0000,本地译码器输出为

$$I_{s2} = 128\Delta$$
$$I_c = 635\Delta > I_{s2} = 128\Delta$$
$$M_2 = 1$$

第 3 次比较:串/并变换输出 $M_2 \sim M_8$ 码为 110 0000,本地译码器输出为

$$I_{s3} = 512\Delta$$
$$I_c = 635\Delta > I_{s3} = 512\Delta$$
$$M_3 = 1$$

第 4 次比较:串/并变换输出 $M_2 \sim M_8$ 码为 111 0000,本地译码器输出为

$$I_{s4} = 1024\Delta$$
$$I_c = 635\Delta < I_{s4} = 1024\Delta$$
$$M_4 = 0$$

第 5 次比较:串/并变换输出 $M_2 \sim M_8$ 码为 110 1000,本地译码器输出为

$$I_{s5} = 512\Delta + \frac{1024\Delta - 512\Delta}{16} \times 8 = 768\Delta$$

其中,$\dfrac{1024\Delta - 512\Delta}{16} = 32\Delta$,表示 $M_2 M_3 M_4 = 110$ 处在第 7 段的量化间隔。

$$I_c = 635\Delta < I_{s5} = 768\Delta$$
$$M_5 = 0$$

第 6 次比较:串/并变换输出 $M_2 \sim M_8$ 码为 110 0100,本地译码器输出为

$$I_{s6} = 512\Delta + 32\Delta \times 4 = 640\Delta$$
$$I_c = 635\Delta < I_{s6} = 640\Delta$$
$$M_6 = 0$$

第 7 次比较：串/并变换输出 $M_2 \sim M_8$ 码为 110 0010，本地译码器输出为

$$I_{s7} = 512\Delta + 32\Delta \times 2 = 576\Delta$$

$$I_c = 635\Delta > I_{s7} = 576\Delta$$

$$M_7 = 1$$

第 8 次比较：串/并变换输出 $M_2 \sim M_8$ 码为 110 0011，本地译码器输出为

$$I_{s8} = 512\Delta + 32\Delta \times 3 = 608\Delta$$

$$I_c = 635\Delta > I_{s8} = 608\Delta$$

$$M_8 = 1$$

结果编码码字为 1 110 0011，量化误差为 $635\Delta - 608\Delta = 27\Delta$。

根据上面的分析，编码器输出的码字实际对应的电平应为 608Δ，称为编码电平，也可以按照下面公式计算：

$$I_s = I_{si} + (2^3 M_5 + 2^2 M_6 + 2^1 M_7 + 2^0 M_8)\Delta_i \qquad (7-19)$$

也就是说，编码电平等于样值信号所处段落的起始电平与该段内量值电平之和。

本地译码器中的 7/11 变换电路就是线性码变换器，因为采用非均匀量化的 7 位非线性码，因此可以等效变换为 11 位线性码。恒流源有 11 个基本权值电流支路，需要 11 个控制脉冲来控制，所以必须经过变换，把 7 位码变成 11 位码，其实质就是完成非线性到线性之间的变换。恒流源用来产生各种标准电流值 I_s。

【例 7.5】 编码输出为 11100011，量化电平为 608Δ，用 11 位线性码表示不包括极性码在内的 7 位码应为 01001100000。

将非线性 7 位幅度码变换成线性 11 位或 12 位(用在接收译码器中)幅度码，它们的变换关系可用表 7-5 表示。

表 7-5 13 折线 A 律非线性码与线性码间的关系

量化段序号	段落标志	非线性码(幅度码)							线性码(幅度码)											
		起始电平 (Δ)	段落码			段内码的权值(Δ)				B_1	B_2	B_3	B_4	B_5	B_6	B_7	B_8	B_9	B_{10}	B_{11}	B_{12}^*
			M_2	M_3	M_4	M_5	M_6	M_7	M_8	1024	512	256	128	64	32	16	8	4	2	1	$\Delta/2$
8	C_8	1024	1	1	1	512	256	128	64	1	M_5	M_6	M_7	M_8	1*	0	0	0	0	0	0
7	C_7	512	1	1	0	256	128	64	32	0	1	M_5	M_6	M_7	M_8	1*	0	0	0	0	0
6	C_6	256	1	0	1	128	64	32	16	0	0	1	M_5	M_6	M_7	M_8	1*	0	0	0	0
5	C_5	128	1	0	0	64	32	16	8	0	0	0	1	M_5	M_6	M_7	M_8	1*	0	0	0
4	C_4	64	0	1	1	32	16	8	4	0	0	0	0	1	M_5	M_6	M_7	M_8	1*	0	0
3	C_3	32	0	1	0	16	8	4	2	0	0	0	0	0	1	M_5	M_6	M_7	M_8	1*	0
2	C_2	16	0	0	1	8	4	2	1	0	0	0	0	0	0	1	M_5	M_6	M_7	M_8	1*
1	C_1	0	0	0	0	8	4	2	1	0	0	0	0	0	0	0	M_5	M_6	M_7	M_8	1*

注：① $M_5 \sim M_8$ 码以及 $B_1 \sim B_{12}$ 码下面的数值为该码的权值。

② B_{12}^* 与 1* 项为接收端解码时的 $\Delta_i/2$ 补差项，为 12 位线性码；在发送端编码时，该两项均为零，为 11 位线性码。

3）PCM 信号的码元速率和传输信道带宽

由于 PCM 信号要用 k 位二进制代码表示一个抽样值，因此传输它所需的信道带宽比信号 $x(t)$ 的带宽大得多。

（1）码元速率。设 $x(t)$ 为低通信号，最高频率为 f_m，抽样速率 $f_s \geqslant 2f_m$，如果量化电平数为 Q，采用 M 进制代码，则每个量化电平需要的代码数为 $k = \log_M Q$，因此码元速率为 kf_s。一般采用二进制代码，$M = 2$，$k = \mathrm{lb}Q$，则 $f_b = f_s \mathrm{lb}Q$。

（2）传输 PCM 信号所需的最小带宽。抽样速率的最小值 $f_s = 2f_m$，因此最小码元传输速率为 $f_b = 2f_m \cdot k$，此时所具有的传输信道带宽有两种：

$$B_{PCM} = \frac{f_b}{2} = \frac{kf_s}{2} \quad \text{（理想低通传输）} \tag{7-20}$$

$$B_{PCM} = f_b = kf_s \quad \text{（升余弦传输）} \tag{7-21}$$

以常用的 $k = 8$，$f_s = 8$ kHz 为例，采用升余弦传输特性的 $B_{PCM} = 8 \times 8000 = 64$ kHz，显然比直接传输模拟信号的带宽（4 kHz）要大得多。

2. 译码原理

译码的作用是把收到的 PCM 信号还原成相应的 PAM 信号，即实现数/模变换（D/A 变换）。13 折线 A 律译码器原理方框图如图 7-24 所示。它与图 7-23 中的本地译码器很相似，所不同的是增加了极性控制部分和带有寄存读出的 7/12 位码变换电路，下面简单介绍这两部分电路。

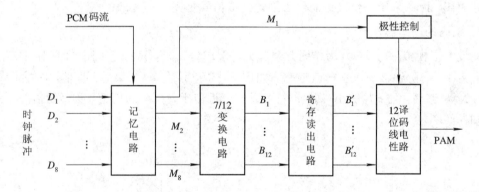

图 7-24　13 折线（A 律）译码器原理方框图

极性控制部分的作用是根据收到的极性码 M_1 是"1"还是"0"来辨别 PCM 信号的极性，使译码后的 PAM 信号的极性恢复成与发送端相同的极性。

7/12 变换电路是将 7 位非线性码转变为 12 位线性码。在编码器的本地译码电路中采用 7/11 位码变换，使得量化误差有可能大于本段落量化间隔的一半，如在例 7.4 中，量化误差为 27Δ，大于 16Δ。为使量化误差均小于段落内量化间隔的一半，译码器的 7/12 变换电路使输出的线性码增加一位码，人为地补上半个量化间隔，以改善量化信噪比。

【例 7.6】 例 7.4 中的 7 位非线性码 1100011 变为 12 位线性码为 010011100000，PAM 输出应为 608Δ + 16Δ = 642Δ，此时量化误差为 635Δ - 624Δ = 11Δ。

解码电平也可以按照下式计算：

$$I_D = I_{cq} + \frac{\Delta_i}{2} \tag{7-22}$$

即解码电平等于编码电平加上量化间隔 Δ_i 的一半。最终的解码误差为

$$e_D = | I_D - I_c | \qquad (7-23)$$

即解码误差等于解码电平与样值电平的差的绝对值。

寄存读出电路是将输入的串行码在存储器中寄存起来，待全部接收后再一起读出，然后送入解码网络。这实质上是进行串/并变换。

7.4 增量调制(ΔM)

增量调制简称 ΔM(或 DM)，在军事和工业部门的专用通信网和卫星通信中得到广泛应用。增量调制比起脉冲编码调制方式具有一些突出的优点，例如在低比特率时，ΔM 的量化信噪比高于 PCM；ΔM 的抗误码性能好，且编译码设备简单等。

7.4.1 简单增量调制

在 PCM 中，将模拟信号的抽样量化值进行二进制(也可采用多进制)编码。为了减小量化噪声，需要较长的码(通常对语音信号采用 8 位码)，因此编码设备较复杂。而 ΔM 只用一位二进制码就可实现模/数转换，这比 PCM 简单得多。

显然，一位二进制码只能代表两种状态，当然不可能直接去表示模拟信号的抽样值，但是它可以表示相邻抽样值的相对大小，而相邻抽样值的相对变化同样能反映出模拟信号的变化规律，因此采用一位二进制码去描述模拟信号是完全可能的。

1. 编码的基本思想

假设一个模拟信号 $x(t)$(为作图方便起见，令 $x(t) \geqslant 0$)，我们可以用一时间间隔为 Δt，幅度差为 $\pm\sigma$ 的阶梯波 $x'(t)$ 去逼近它，如图 7-25 所示。只要 Δt 足够小，即抽样频率 $f_s = 1/\Delta t$ 足够高，且 σ 足够小，则 $x'(t)$ 可以相当近似于 $x(t)$。我们把 σ 称做量阶，$\Delta t = T_s$ 称为抽样间隔。

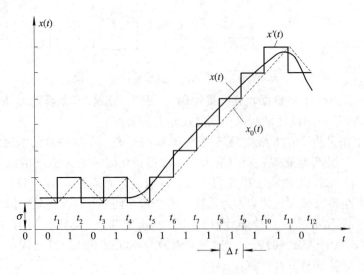

图 7-25 用阶梯或锯齿波逼近模拟信号

$x'(t)$逼近 $x(t)$ 的物理过程是这样的：在 t_1 时刻用 $x(t_1)$ 与 $x'(t_{1-})$（t_{1-} 表示 t_1 时刻前某瞬间）比较，倘若 $x(t_1)>x'(t_{1-})$，则让 $x'(t)$ 上升一个量阶 σ，同时 ΔM 调制器输出二进制"1"码；在 t_2 时刻，用 $x(t_2)$ 与 $x'(t_{2-})$ 比较，若 $x(t_2)<x'(t_{2-})$，则让 $x'(t)$ 下降一个量阶 σ，同时 ΔM 调制器输出二进制"0"码；同理，在 t_3 时刻，$x'(t)$ 上升 σ，ΔM 调制器输出"1"码……

这样图 7-25 的 $x(t)$ 就可得到二进制代码序列为 010101111110…。总结以上过程，我们把上升一个量阶 σ 用 1 码表示，下降一个量阶用 0 码表示。

除了用阶梯波 $x'(t)$ 去近似 $x(t)$ 以外，也可以用图 7-25 中的锯齿波 $x_0(t)$ 去近似 $x(t)$。当 $x(t_i)(i=1,2,3,\cdots)$ 大于 $x_0(t_{i-})$ 时，$x_0(t)$ 按斜率 $\sigma/\Delta t$ 上升 σ，直到下一个抽样时刻，ΔM 调制器输出 1 码；当 $x(t_i)$ 小于 $x_0(t_{i-})$ 时，$x_0(t)$ 按斜率 $-\sigma/\Delta t$ 下降 σ，直到下一个抽样时刻，ΔM 调制器输出 0 码。可以看出，用 1 码表示正斜率，用 0 码表示负斜率，以获得二进制码序列。

2. 译码的基本思想

与编码相对应，译码也有两种情况。一种是收到 1 码上升一个量阶 σ（跳变），收到 0 码下降一个量阶 σ（跳变），这样把二进制代码经过译码变成 $x'(t)$ 这样的阶梯波。另一种是收到 1 码后产生一个正的斜变电压，在 Δt 时间内均匀上升一个量阶；收到一个 0 码产生一个负的斜变电压，在 Δt 时间内均匀下降一个量阶 σ。这样，二进制码经过译码后变为如 $x_0(t)$ 这样的锯齿波。考虑电路上实现的简易程度，一般都采用后一种方法。这种方法可用一个简单 RC 积分电路把二进制码变为 $x_0(t)$ 波形，如图 7-26 所示。

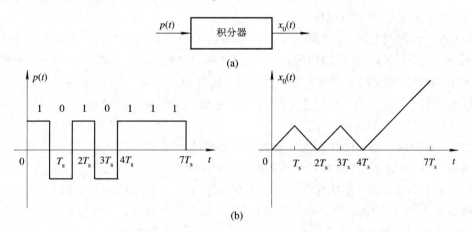

图 7-26　简单 ΔM 译码原理图
(a) 积分电路；(b) 波形

3. 简单增量调制系统框图

从简单 ΔM 调制解调的基本思想出发，我们可组成简单 ΔM 系统原理方框图，如图 7-27 所示。发送端由相减器、放大限幅器、定时判决器、本地译码器（发端译码器）等组成，见图 7-27(a)。相减器是用来比较 $x(t)$ 与 $x_0(t)$ 大小的，定时判决器按 $x(t)-x_0(t)>0$ 输出 1、$x(t)-x_0(t)<0$ 输出 0 的原则进行判决，$x_0(t)$ 由本地译码器产生。实际上，实用调制方框图还要复杂些，如图 7-27(b)所示。接收端的核心电路应该是积分器，但实际电路框图还应有码型变换和低通。

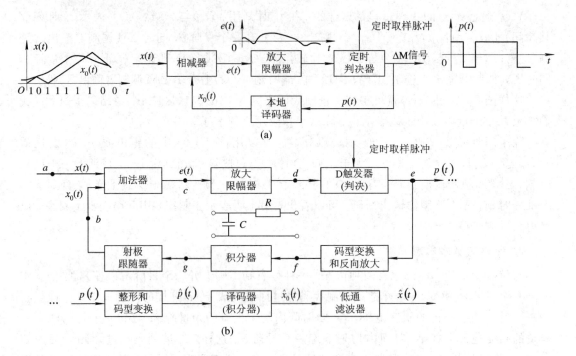

图 7-27 简单 ΔM 系统原理方框图

（a）发送端组成；（b）实际组成原理框图

下面我们结合波形加以说明。

（1）放大和限幅电路。相减器在这里用多级放大和限幅电路代替，在放大器输入端加上 $x(t)$ 和 $-x_0(t)$，起到相减的作用，经过放大，$e(t)=k[x(t)-x_0(t)]$；为了让判决器更好地工作，$e(t)$ 经放大限幅变成正负极性电压，只要 $x(t)-x_0(t)>0$，d 点为一较大的近似固定的正电平，反之 $x(t)-x_0(t)<0$，d 点为一较大的近似固定的负电压。图 7-28 中画出了简单增量调制各点的波形。

（2）定时判决电路。它由 D 触发器和定时取样脉冲完成判决任务。定时取样脉冲是时间间隔为 T_s 的窄脉冲，在定时脉冲作用时刻，d 点电压为正，触发器呈高电位，相当于 1 码；反之 d 点为负，触发器呈低电位，相当于 0 码。e 点波形（即 $p(t)$）如图 7-28(f)所示，它是单极性的。1 码的高电位一般约为几伏特；0 码时是低电位，一般为零点几伏特。$p(t)$ 作为 ΔM 信号可直接送到线路上传输，或者经过极性变换电路变为双极性码后再传输，此外，$p(t)$ 送到本地译码器产生 $-x_0(t)$。

（3）本地译码器。它由码型变换和反相放大、积分器和射极跟随器等三部分组成。由于 $p(t)$ 是单极性的，因此加到积分器前一定要变为双极性信号，这就是需要码型变换的原因。反向放大一方面把双极性信号放大，另一方面使它反相，这样经积分就得到 $-x_0(t)$。积分器一般用时间常数较大的 RC 充放电电路，这样可以得到近似锯齿波的斜变电压。积分器后面的射极器是把积分器和放大器分开，保证积分器输出端有较高的阻抗。f 点和 g 点的波形也在图 7-28 中。g 点和 b 点的波形是一样的。

积分器的时间常数 RC 选得越大，充电放电的直线线性越好，但 RC 太大时，在 T_s 时间内上升（或下降）的量阶 σ 变小，一般选择在$(15\sim30)T_s$ 比较合适。

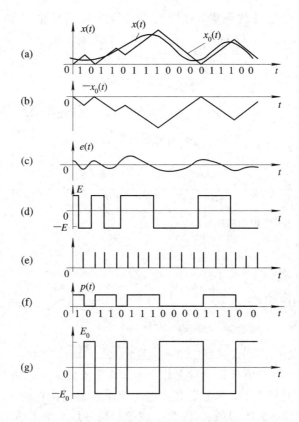

图 7-28　简单增量调制各点波形

(a) $x(t)$、$x_0(t)$ 的波形；(b) $-x_0(t)$ 的波形(即 b、g 点的波形)；(c) $e(t)$ 的波形(即 c 点的波形)；
(d) d 点的波形；(e) 定时取样脉冲；(f) e 点的波形；(g) f 点的波形

(4) 解调器。解调器也是接收端译码器。当收到 $p(t)$ 后经码型变换和整形及积分器得到 $\hat{x}_0(t)$，再通过低通滤去量化误差的高频成分，恢复出 $\hat{x}(t)$。

$\hat{x}(t)$ 和 $p(t)$ 的区别是经过信道传输有误码，$\hat{x}_0(t)$ 和 $x_0(t)$ 的区别是误码造成的。经过低通后得到的 $\hat{x}(t)$ 不但包含量化误差，还包含误码所产生的失真。

4. 简单增量调制的带宽

从编码的基本思想可知，每抽样一次，传输一个二进制码元，因此，码元传输速率为 $f_b=f_s$，ΔM 的调制带宽 $B_{\Delta M}=f_s=f_b(Hz)$。

7.4.2　增量调制的过载特性与编码的动态范围

1. 增量调制系统的量化误差

增量调制系统中的误差，根据积分器惰性元件 C 是否能跟上外来信号变化分成两种：

(1) 一般量化误差。像图 7-28 所示量化过程，当本地译码器为积分器时，量化误差 $e(t)=x(t)-x_0(t)$ 是一个随机过程，如图 7-28(c)所示，它总在 $-\sigma$ 到 σ 范围内变化，这种误差称为一般量化误差。

(2) 过载量化误差。当信号 $x(t)$ 变化的速度很快，以致于积分器电容充放电跟不上

$x(t)$的变化时，就会产生过载现象，此时的误差称为过载量化误差，如图 7 - 29 所示。$|e(t)|$ 会大大超出 σ，而不能限制在 $-\sigma$ 到 σ 的范围内变化。

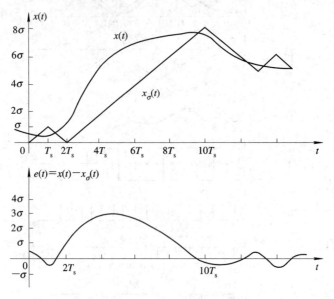

图 7 - 29　过载时的波形

发生过载现象时，量化信噪比急剧恶化，实际应用中要防止出现过载现象。由于 $x(t)$ 变化的速率表现在它的斜率上，积分器充放电的速率也表现在它的斜率上，因此防止过载的办法是让斜变电压斜率的绝对值 σ/T_s 大于或等于信号最大斜率的绝对值，即

$$\frac{\sigma}{T_s} \geqslant \left| \frac{\mathrm{d}x(t)}{\mathrm{d}t} \right|_{\max}$$

或

$$\sigma f_s \geqslant \left| \frac{\mathrm{d}x(t)}{\mathrm{d}t} \right|_{\max} \tag{7-24}$$

从防止过载出发，σf_s 要选得大些，但 σ 不能太大，否则一般量化误差会增大。因此只有使 f_s 适当大一些，但 f_s 太大会使码元速率增大，信号带宽增大，故要合理选择 f_s 和 σ。对于军用通信，节省频带比较重要，为使带宽小些，f_s 要选得小些，如对于语音信号，f_s 选择 32 kHz。

2. 过载特性

设本地译码器为简单 RC 回路，输入端所加双极性信号电压绝对值为 E，则在 $T_s = \Delta t$ 时间内充放电变化的高度即为 σ，可以算出

$$\sigma = \frac{E}{RC}T_s = \frac{E}{RCf_s} \tag{7-25}$$

即

$$\sigma f_s = \frac{E}{RC} \tag{7-26}$$

当 E、R、C 给定后，积分器变化斜率就是一定的了。下面举例说明。

设 $x(t) = A \sin\omega_k t$，此时信号斜率为

$$\frac{\mathrm{d}x(t)}{\mathrm{d}t} = A\omega_k \cos\omega_k t$$

不过载且信号又是最大的条件为

$$\sigma f_s \geqslant A\omega_k \qquad\qquad (7-27)$$

则

$$A_{max} = \frac{\sigma f_s}{\omega_k} = \frac{E}{2\pi RC f_k} \qquad\qquad (7-28)$$

是正弦信号最大振幅,式(7-28)即为振幅过载特性。式(7-28)表明,在 E、R、C 一定时,或者在量阶 σ 和 f_s 一定时,过载电压与输入信号频率 f_k 成反比,即信号频率增大一倍,增量 A_{max} 下降 1/2。用分贝表示,就是每倍频程以 6 dB 速率下降,这样就使得信号在高频段上的调制信噪比下降。

3. 动态范围

前面已讨论了避免过载的最大信号振幅 A_{max},现在我们来研究能开始编码的最小信号振幅 A_{min} 是多少,找出上限 A_{max} 和下限 A_{min} 就可知道编码的动态范围。

当输入信号 $x(t)$ 为变化极缓慢的信号时,输出码序列 $p(t)$ 为一系列 0、1 交替码,如图 7-30 所示。

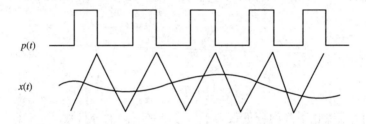

图 7-30　$x(t)$ 为极缓慢信号时的 $p(t)$

设在 t_0 时刻

$$e(t_0) = x(t_0) - x_0(t_0) = \frac{\sigma}{2} > 0$$

则判决器输出 $p(t)$ 在 t_0 时刻由 0 变为 1。在 t_0 之后,$x_0(t)$ 将在 $-\sigma/2$ 的基础上产生一正斜变电压,到 t_1 时刻,$x_0(t)$ 上升到 $\sigma/2$,此时 $e(t_1)<0$,$p(t)$ 输出 0 码。$x_0(t)$ 在 t_1 之后将在 $\sigma/2$ 基础上产生一负斜变电压,到 t_2 时刻,$x_0(t)$ 又下降到 $\sigma/2$,此时 $e(t_2)>0$,$p(t)$ 又输出 1 码。$x_0(t)$ 则为三角波,幅度为 $\sigma/2$。

7.4.3　增量调制的抗噪声性能

对于增量调制系统的抗噪声性能,我们仍用系统的输出信号噪声功率比来表征它。系统的噪声成分有两种,即量化噪声与加性噪声。由于这两种噪声是互不相关的,因此可以先分别讨论,最后再合在一起,构成总的信号噪声功率比。

1. 量化信噪比

从前面的分析可知,量化误差有两种,即一般量化误差和过载量化误差,由于在实际应用中都是防止工作到过载区域,因此这里仅考虑一般量化噪声。

一般量化噪声的幅度总在 $(-\sigma, \sigma)$ 内,若在此区域内量化噪声为均匀分布,则未经过低通滤波器的噪声功率为

$$N'_q = \int_{-\sigma}^{\sigma} \left(\frac{e^2}{2\sigma} \right) de = \frac{\sigma^2}{3} \tag{7-29}$$

它与信号幅度无关。经过低通(设其截止频率为 f_L)滤波器后的噪声功率应为

$$N_q = \frac{\sigma^2}{3} \left(\frac{f_L}{f_s} \right) \tag{7-30}$$

其中, f_L/f_s 是可通过低通的噪声分量比值。

设信号工作于临界状态,则对于频率为 f_k 的正弦信号来说,信号功率 $P_0 = A_{max}^2/2$ 为最大值。把 $A_{max} = (\sigma f_s)/\omega_k$ 代入得

$$P_0 = \frac{\sigma^2 f_s^2}{8\pi^2 f_k^2} \tag{7-31}$$

因而得最大量化信噪比为

$$\left(\frac{P_0}{N_q} \right)_{max} = \frac{3f_s^3}{8\pi^2 f_k^2 f_L} = 0.04 \frac{f_s^3}{f_k^2 f_L} \tag{7-32}$$

式(7-32)说明了在临界时最大信噪比与抽样频率 f_s、信号频率 f_k 的关系。由于语音信号的幅度是变化的,当信号幅度小于 A_{max} 时,信噪比将下降。设信号幅度为 A,则有

$$\frac{P_0}{N_q} = \frac{A^2/2}{N_q} = \frac{A_{max}^2/2}{N_q} \frac{A^2}{A_{max}^2}$$

用分贝形式可表示为

$$\left(\frac{P_0}{N_q} \right)_{dB} = \left(\frac{P_0}{N_q} \right)_{maxdB} + 20 \lg \frac{A^2}{A_{max}^2} \tag{7-33}$$

式(7-33)说明,信噪比下降的分贝数等于信号电平下降的分贝数。

2. 误码信噪比

加性噪声会引起数字信号的误码,接收端由于误码而造成的误码噪声功率 N_e 为

$$N_e = \frac{2\sigma^2 P_e f_2}{\pi^2 f_1} \tag{7-34}$$

其中, f_1 为低通滤波器低端截止频率; P_e 为系统误码率。把 N_e 代入误码信噪比 P_0/N_e 中得

$$\frac{P_0}{N_e} = \frac{f_1 f_s}{16 P_e f_k^2} \tag{7-35}$$

由式(7-35)看出,在 f_s、 f_k、 f_1 给定的情况下,系统误码信噪比与 P_e 成反比。由以上给出的 N_q 和 N_e 可得出总信噪比为

$$\frac{P_0}{N_0} = \frac{P_0}{N_q + N_e} = \frac{f_s}{f_k^2 \left(\frac{8\pi^2 f_L}{3f_s^2} + \frac{16P_e}{f_1} \right)} = \frac{3f_1 f_s^3}{8\pi^2 f_1 f_L f_k^2 + 48 P_e f_s^2 f_k^2} \tag{7-36}$$

3. PCM 与 ΔM 系统的性能比较

这里仅对 PCM 和 ΔM 两种方式的抗噪能力作一简要说明,目的是进一步了解两种调制方式的相对性能。

在误码可忽略以及信道传输速率相同的条件下,PCM 与 ΔM 系统的比较曲线如图7-31 所示。由图可看出,如果 PCM 系统的编码位数小于 4,则它的性能比低通截止频率 $f_1 = 3000$ Hz、信号频率 $f_k = 1000$ Hz 的 ΔM 系统的差,如果 $k > 4$,则随着 k 的增大,PCM

相对于 ΔM 来说，其性能越来越好。

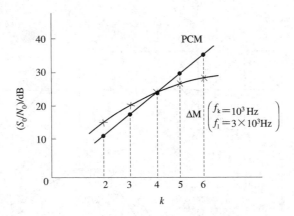

图 7-31　忽略 P_e 时 PCM 与 ΔM 的比较曲线

在考虑误码时，由于 ΔM 每一位误码仅表示造成 $\pm\sigma$ 的误差，而 PCM 的每一位误码会造成较大的误差（例如，处于最高位的码元将代表 2^{n-1} 个量化级的数值），因此误码对 PCM 系统的影响要比 ΔM 系统严重些。这就是说，为了获得相同的性能，PCM 系统将比 ΔM 系统要求有更低的误码率。

7.5　改进型增量调制

从前面的分析可知，简单增量调制的主要缺点是动态范围小和小信号时量化信噪比低。造成这些缺点的原因是量阶 σ 是固定不变的量，因此，改进型是从改变量阶大小考虑的。如果大信号（或信号斜率大）时能增大量阶，小信号（或信号斜率小）时能减小量阶，则编码的动态范围就可以增加，并能提高小信号时的量化信噪比。这里主要介绍常用的总和增量调制（Δ-Σ）、自适应增量调制（ADM）、脉码增量调制（DPCM）及自适应脉码调制（ADPCM）的原理及特点。

7.5.1　总和增量调制（Δ-Σ 调制）

1. Δ-Σ 调制的工作原理

从前面对过载特性的分析知道，输入信号的最大振幅 A_{max} 与其工作频率成反比。由于语音信号的功率谱密度从 700～800 Hz 开始下降较快，每倍频下降 8～10 dB，因此，与过载特性能很好地匹配。但是，在实际应用时，为了提高清晰度，要对语音信号的高频分量进行提升，即预加重。加重后的语音信号功率谱密度在 300～3400 Hz 范围内近似于平坦特性，这样反而与过载特性不匹配了，容易产生过载现象。

改进的办法是对 $x(t)$ 信号先积分，然后进行简单增量调制，这种方法称为总和增量调制。为了从物理意义上说明这种改进的方法，作图 7-32，图中 $x(t)$ 的高低频率成分都很丰富。用简单增量时，$x_0(t)$ 跟不上 $x(t)$ 的急剧变化，出现严重过载失真，而当 $x(t)$ 缓慢变化时，如果幅度变化在 $\pm\sigma/2$ 以内，将出现连续 10 交替码，这段时间幅度变化信息也将丢失。如果我们对图 7-32(a) 中的 $x(t)$ 先进行积分，积分后的 $x(t)$ 信号如图 7-32(b) 所示，这时原来急剧变化时的过载现象和缓慢变化时的信息丢失问题都将克服。

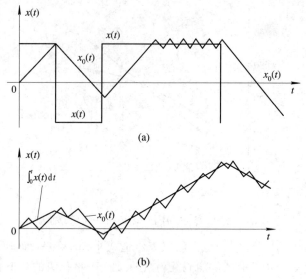

图 7-32 Δ-Σ 调制的工作波形

(a) 积分前；(b) 积分后

2. Δ-Σ 调制的方框图

从上面的讨论可知，Δ-Σ 调制与 ΔM 的区别在于发送端先对 $x(t)$ 进行积分，而为了恢复原来信号，接收端要对解调信号进行微分，以抵消积分对信号的影响。由此可以构成图 7-33(a) 的 Δ-Σ 调制系统。

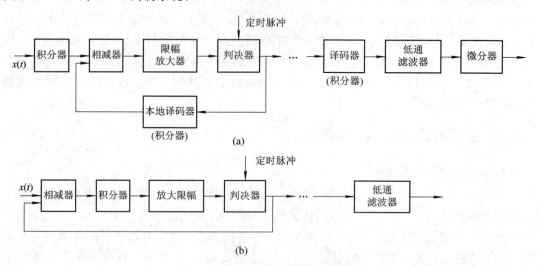

图 7-33 Δ-Σ 调制系统方框图

(a) 有微分器；(b) 无微分器

由于图 7-33(a) 中接收端译码器中有一个积分器，译码后又有一个微分器，微分和积分的作用相互抵消，因此接收端只要有一个低通滤波器即可。另外，发送端在相减器前面有两个积分器，这两个积分器可以合并为一个，放在相减器之后，这样可以得到图 7-33(b) 所示的方框图。但实际应用中，由于积分器是一个很简单的 RC 电路(只有两个元件)，因此往往发送端用图 7 - 33(b)所示电路,接收端只用一个低通滤波器。

3. Δ - Σ 调制的特点

ΔM 调制的代码反映了相邻两个抽样值变化量的正负,这个变化量就是增量,因此称为增量调制。增量又有微分的含义,所以增量调制又称为微分调制。二进制代码携带输入信号的增量信息,或者说携带输入信号的微分信息,故而要将这种信息恢复成输入信号,只需对代码积分即可。

Δ - Σ 调制的代码就不同了,原因是信号先积分,再进行 ΔM 调制,这样 Δ - Σ 调制的代码携带的是信号积分后的微分信息。由于微、积分相互抵消,因此 Δ - Σ 调制的代码还携带的是输入信号的振幅信息。此时接收端只要加一个滤除带外噪声的低通滤波器即可恢复传输信号了。

从过载特性看,前面已得到 ΔM 调制的 A_{max} 为 $A_{max} = \dfrac{\sigma f_s}{2\pi f_k}$,它与 f_k 有关,A_{max} 随信号频率 f_k 的增大而减小,此时信噪比也将减小。

而 Δ - Σ 调制中,由于先对信号进行积分,再进行 ΔM 调制,因此 A_{max} 与 f_k 无关,这样信号频率就不会影响信噪比。也正是由于 Δ - Σ 调制信噪比与 f_k 无关,故对于预加重语音信号比较合适,而预加重语音信号在接收端还要加上去加重电路,这样还可提高信噪比。

对于 ΔM 调制与 Δ - Σ 调制的性能,我们仅给出如图 7 - 34 所示的关系曲线。其中,f_s、f_x、f_k 分别为抽样频率、信号高端截止频率、信号频率;P_0/N_q 为量化信噪比;P_0/N_e 为误码信噪比。

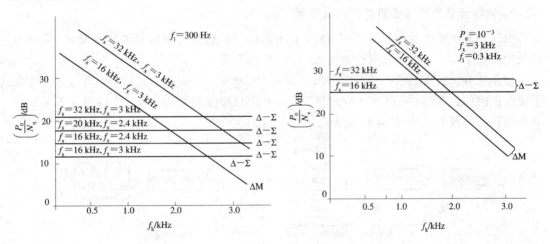

图 7 - 34 P_0/N_q、P_0/N_e 与 f_k 的关系曲线

Δ - Σ 调制系统的动态范围与简单 ΔM 相似,也存在着动态范围小的缺点,要想克服这个缺点,只有使量阶 σ 的大小自动跟随信号幅度的大小来变化。

7.5.2 数字音节压扩自适应增量调制

1. 自适应增量调制(ADM)的基本概念

自适应增量调制是量阶自动跟随信号幅度的大小而变化的调制,具体地说是当大信号时,增大量阶 σ;小信号时,减小量阶 σ。前面已分析了 ΔM 调制的编码范围为 $A_{min} = \sigma/2$ 到

$A_{max} = \sigma f_s / \omega_k$。对于 ADM 调制，大信号时 σ 增大，A_{max} 也增大；小信号时 σ 减小，A_{min} 也减小，这就使编码动态范围增大。此外，对于 ΔM 调制，小信号时，由于 σ 固定不变，量化信噪比比较低；采用 ADM 调制时，小信号时 σ 减小，使量化噪声减小，从而提高小信号量化信噪比。这种提高小信号量化信噪比的方法与 PCM 利用压扩技术实现非均匀量化提高小信号量化信噪比是类似的。

发送端 σ 可变，接收端译码时也要用不同的 σ，这种可变的 σ 在 ADM 调制中随信号的大小(信号斜率的大小)而变。因此方框图的构成应建在 ΔM 的基础上，增加检测信号幅度变化(斜率大小)的电路(提取控制电压电路)和用来控制 σ 变化的电路。

(1) 提取控制电压的两种方法。一种是前向控制，即控制电压直接从输入信号 $x(t)$ 中提取语音信号的斜率，从而控制 σ，斜率大时 σ 增大；反之斜率小时 σ 减小。这种方法需把控制电压与调制后的代码同时传输到接收端，以便接收端译码器对量阶进行调整，故这种方法目前很少应用。另一种是后向控制，控制信息从信码中提取，因此不需专门把控制电压从发送端送到接收端，这种方法目前用得最多。下面介绍的数字音节压扩增量调制就是用后向控制提取控制电压的一个实例。

(2) 控制 σ 变化的两种方法。一种是瞬时压扩式，σ 随信号斜率瞬时变化，这种方法实现起来比较困难。另一种是在一段时间内取平均斜率来控制 σ 的变化，其中用得最多的适合于语音信号的是音节压扩式。音节压扩式是用语音信号一个音节时间内的平均斜率来控制 σ 的变化的，即在一个音节内 σ 保持不变，而不同音节内 σ 是变化的。音节是指语音信号包络变化的一个周期。经大量统计后，这个周期一般约为 10 ms。

2. 数字音节压扩增量调制系统方框图

数字音节压扩增量调制是数字检测、音节压缩与扩张自适应增量调制的简称。数字检测是指用数字电路检测和提取控制电压。

数字音节压扩增量调制系统方框图如图 7-35 所示。与简单 ΔM 比较，收发端均增加了虚线框内的三个部件，即数字检测器、平滑电路和脉幅调制器。这三个部件正是用来完成数字检测和音节压扩的作用。下面扼要说明。

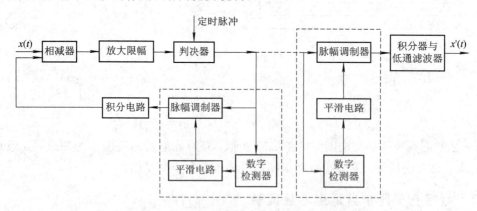

图 7-35　数字音节压扩增量调制系统方框图

(1) 数字检测器。数字检测器是检测信码中连码多少的，连码是连"1"码和连"0"码的统称。连码越多，表明信号斜率的绝对值越大。出现连码时数字检测器将输出一定宽度的脉冲。目前常用的数字检测器有两种：第一种是输入 m 个连码时输出一个码元宽度为 T_b

的脉冲，输入 $m+1$ 个连码时输出一个码元宽度为 $2T_b$ 的脉冲，其余类推；第二种是输入 m 个连码，输出 m 个码元宽度为 mT_b 的脉冲，m 可以是 $2,3,4,\cdots$ 正整数，m 取值不同，压扩特性也不同。另外，m 相同时，这两种不同的数字检测电路的压扩特性也不同，第一种比第二种简单，用得也多。

（2）平滑电路。它的作用是将从数字检测器输出的脉冲平滑，取其平均值。实际应用的平滑电路是时间常数很大（RC 接近 10 ms）的 RC 充放电电路。

（3）脉幅调制器。脉幅调制器的作用有两个：一是将单极性信码 $p(t)$ 变为双极性的脉冲，二是在平滑电路输出电压的作用下改变输出脉冲的幅度。当连"1"码多，且平滑电路输出的电压增大时，输出正脉冲的幅度增大。当连"0"码多，且平滑电路输出的电压增大时，输出负脉冲的幅度增大；反之连码少，平滑电路输出电压减小，输出脉冲的幅度减小。

把上面几个部件的作用与简单增量调制器的原理结合起来，可以得出数字音节压扩增量调制的物理过程：$x(t) \rightarrow |dx(t)/dt|$ 在音节内的平均值增大 $\rightarrow$ 连码增多 $\rightarrow$ 数字检测输出脉冲数目增多 $\rightarrow$ 平滑电路输出在音节内的平均电压增大 $\rightarrow$ 脉幅调制器得到的输入控制电压增大 $\rightarrow$ 脉幅调制器输出脉冲幅度增大 $\rightarrow$ 积分器的 σ 增大。

接收端方框图各部分的工作原理与发送端相同，这里不再赘述。

7.5.3 数字音节压扩 Δ-Σ 调制

把数字音节压扩和总和增量调制结合起来，就形成了应用最多的数字音节压扩 Δ-Σ 调制，其方框图如图 7-36 所示。

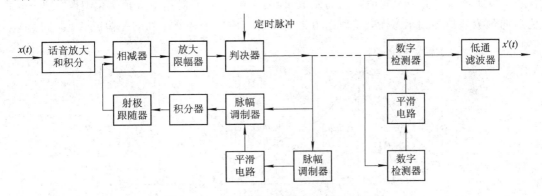

图 7-36 数字音节压扩 Δ-Σ 调制方框图

7.6 自适应差分脉冲编码调制（ADPCM）

7.6.1 差分脉冲编码调制（DPCM）

1. DPCM 方框图

对于有些信号（例如图像信号），由于信号的瞬时斜率比较大，很容易引起过载，因此不能用简单增量调制；另外它也没有像语音信号那种音节特征，因此也不能采用像音节压扩的方法，而只能采用瞬时压扩的方法。但瞬时压扩实现起来比较困难，因此对于那种瞬时斜率比较大的信号应采用一种综合了增量调制和脉冲编码调制两者特点的调制方式，该方式称为差分脉冲编码调制，或称为差值脉码调制（DPCM，Deferential PCM）。

DPCM 系统方框图之一可用图 7-37 表示，其中，图 7-37(a)为调制器，图 7-37(b)为解调器。它与 PCM 的区别是：PCM 是用信号抽样值进行量化、编码后传输的；而 DPCM 是用信号 $x(t)$ 与 $x_q(t)$ 的差值进行量化后再编码的。它与 ΔM 的区别是：ΔM 是用一位二进制码表示增量的；而 DPCM 则是用 n 位二进制码表示增量的。因此 DPCM 是介于 ΔM 和 PCM 之间的一种调制方式。

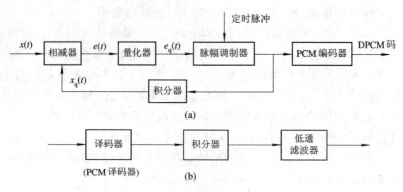

图 7-37 DPCM 系统方框图之一

(a) 调制器；(b) 解调器

2. DPCM 工作原理

差值脉冲编码调制就是利用语音信号的相关性，根据过去的信号样值预测当前时刻的样值，得到当前样值与预测值之间的差值（预测误差），然后对差值进行量化编码。图 7-38 为后向预测差值序列示意图，差值是由当前样值与前一个样值序列的差构成的。

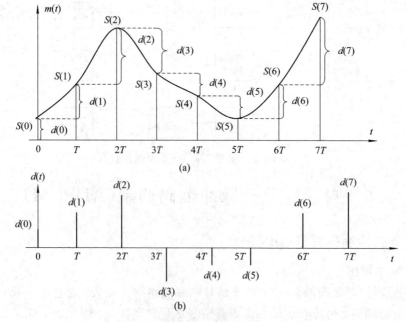

图 7-38 后向预测差值序列示意图

(a) 样值序列；(b) 差值序列

一阶后向预测 DPCM 系统的原理方框图如图 7-39 所示。其中，$S(n)$ 表示模拟信号的样值。在发送端，首先根据前面的抽样值预测当前时刻的样值，得到当前样值与预测值之间的差值，然后对差值进行量化编码；接收端将差值序列还原成样值序列。

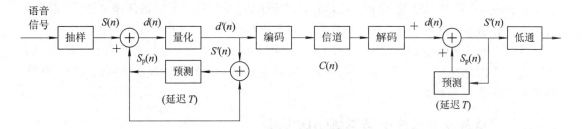

图 7 - 39　一阶后向预测 DPCM 系统的原理方框图

从图 7 - 39 中可以看出，与 PCM 相比，DPCM 多了一个预测器。在一阶后向预测 DPCM 通信中，发端和收端都必须通过预测器从量化差值序列中预测出样值序列。

预测器输出的预测值与其输入抽样值之间的关系满足

$$S_p(n) = \sum_{i=1}^{k} a_i S'(n)_{k-i} \qquad (7-37)$$

其中，a_i 和 k 是预测器的参数；$S_p(n)$ 是预测器将前 k 个抽样值加权求和而得到的。

量化器的输入为预测误差 $d(n) = S(n) - S_p(n)$，输出为量化后的预测误差 $d'(n)$。将 $d'(n)$ 编成二进码元系列，通过信道送至接收端，同时反馈至预测器的输入端，与预测值 $S_p(n)$ 相加形成预测器的输入信号 $S'(n)$。

接收端的预测器、累加器和发送端相同。两个累加器的输入均为预测误差 $d'(n)$，若信道传送无误，则两个累加器的输入相同。

从图 7 - 39 可以看出，DPCM 的量化误差等于量化器的量化误差。

DPCM 的信噪比为

$$\frac{P}{N} = 10 \lg\left(\frac{P_s}{P_n}\right) = 10 \lg\left(\frac{P_s}{P_d} \cdot \frac{P_d}{P_n}\right) = 10 \lg\left(\frac{P_s}{P_d}\right) + 10 \lg\left(\frac{P_d}{P_n}\right) \qquad (7-38)$$

其中，P_s 为样值信号功率；P_d 为差值信号功率；P_n 为量化噪声功率。$10 \lg\left(\frac{P_d}{P_n}\right)$ 是 PCM 的量化信噪比，$10 \lg\left(\frac{P_s}{P_d}\right)$ 定义为加入了预测差值结构后，系统信噪比获得的增益，称为预测增益 G_p。也就是说，DPCM 与 PCM 相比，其信噪比改善了 $10 \lg\left(\frac{P_s}{P_d}\right)$ dB。

合理的选择预测规律，差值功率 P_d 就能远小于信号功率 P_s，G_p 就会大于 1，从而系统获得增益。当 G_p 远大于 1 时，意味着 DPCM 系统的量化信噪比远大于量化器的量化信噪比。若我们要求 DPCM 和 PCM 系统具有相同的信噪比，则可以降低对量化器信噪比的要求，即可减少量化级数、减少二进码位数、压缩信号带宽。DPCM 系统的信噪比取决于预测增益和量化信噪比，对 DPCM 的研究也就是对预测增益和量化信噪比的研究。

实验表明，经过 DPCM 调制后的信号，其传输的比特率比起 PCM 来说大大地压缩了。例如，对于有较好图像质量的情况，每一抽样值只需 4 比特就够了。此外，在相同比特速率条件下，则 DPCM 比 PCM 信噪比可改善 14～17 dB。与 ΔM 相比，由于它增多了量化级，因此在改善量化噪声方面优于 ΔM 调制。DPCM 的缺点是易受到传输线路噪声的干扰,在抑制信道噪声方面不如 ΔM。

3. DPCM 的性能特点

实验表明,经过 DPCM 调制后的信号,其传输的比特率比 PCM 的压缩了很多。例如,对于有较好图像质量的情况,每一抽样值只需 4 比特就够了。此外,在相同比特速率条件下,DPCM 的信噪比比 PCM 的可改善 14~17 dB。与 ΔM 相比,由于它增多了量化级,因此在改善量化噪声方面优于 ΔM 调制。DPCM 的缺点是易受到传输线路噪声的干扰,在抑制信道噪声方面不如 ΔM。

7.6.2 自适应差分脉冲编码调制(ADPCM)

为了进一步提高 DPCM 方式的质量,更多的是采用自适应差值脉冲编码调制(ADPCM,Adaptive DPCM)。ADPCM 把自适应技术和差值脉冲编码调制技术结合起来,在保证通信质量的基础上进一步压缩数码率。

所谓自适应,指系统能够自动地改变量化间隔,使预测误差电平大时增大量化阶距,误差电平小时缩短量化阶距,即使量化间隔 $\Delta(t)$ 跟随输入信号的方差而变化,使不同大小的信号平均量化误差最小。

与 PCM 相比,可以大大压缩数码率和传输带宽,从而增加通信容量。用 32 kb/s 数码率,基本满足 64 kb/s 比特率的语音质量要求。因此,CCITT 建议 32 kb/s 的 ADPCM 为长途传输中的一种新型国际通用的语言编码方法。ADPCM 有两种方案,一种是预测固定,量化自适应;另一种是兼有预测自适应和量化自适应。

1. 自适应量化

DPCM 与 ΔM 的区别在于 ΔM 用一位二进制码表示差值 $e(t)$,而 DPCM 用一组二进制码表示 $e(t)$。自适应量化的基本思想是让量化阶距(量化电平范围)、分层电平能够自适应于量化器输入的 $e(t)$ 的变化,从而使量化误差最小。现有的自适应量化方案有两类:一类是其量化阶距由输入信号本身估值,这种方案称为前馈(向)自适应量化器;另一类是其阶距根据量化器输出来进行自适应调整,或等效地用输出编码信号进行自适应调整,这类自适应量化方案称为反馈(后向)自适应量化器。

前向自适应量化的优点是估值准确;其缺点是阶距信息要与语音信息一起送到接收端解码器,否则接收端无法知道发送端该时刻的量阶值,另外,阶距信息需要若干比特的精度,因而前向自适应量化不宜采用瞬时自适应量化方案。

后向自适应量化的优点是接收端不需要阶距信息,因为此信息可从接收信号中提取,另一优点是可采用音节或瞬时或者两者兼顾的自适应量化方式;其缺点是因量化误差而影响其估值的准确度,但自适应动态范围愈大,导致影响程度也愈小。后向自适应量化目前被广泛采用。这两种自适应的量化都比 DPCM 性能改善 10~12 dB。

2. 自适应预测

在前面介绍的 ΔM 系统和 DPCM 系统中,都是用前后两个样值的差值 $e(t)$ 进行量化编码的,这种仅用前面一个样值求 $e(t)$ 的情况称为一阶预测。实际信号中其样值前后是有一定关联的,如采用前面若干个样值作为参考来推算 $e(t)$,这就是高阶预测。为了在接收端根据 $e(t)$ 的编码产生下一个输入样值的准确估计,可以对前面所有样值的有效信息冗余度进行加权求和，这里的加权系数又称为预测系数。自适应预测的基本思想是使预测系数的改变与输入信号的幅度值相匹配，从而使预测误差 $e(t)$ 为最小值，这样预测的编码范围可减小，可在相同编码位数的情况下提高信噪比。

在自适应预测中采用了两项措施：一是增加用于预测的过去样值的数量；二是使分配给过去每一个样值的加权系数是可调的。

自适应预测也有前馈型和反馈型两种。图 7－40 给出了反馈型（后向型）兼有自适应量化与自适应预测的 ADPCM 原理框图。后向型自适应预测系数 $a(n)$ 是从重建后的信号 $s'(n)$ 中估算出来的。

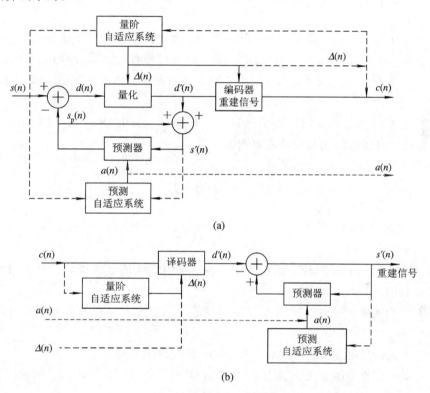

(a)

(b)

图 7－40　反馈型（后向型）兼有自适应量化与自适应预测的 ADPCM 原理框图

(a) 编码；(b) 译码

对语音信号来讲，ADPCM 系统的量阶及预测系数可调整为一个音节周期，在两次调整之间，其值保持固定不变。由于采用了自适应措施，量化失真、预测误差均比较小，因而传送 32 kb/s 比特率即可获得传送 64 kb/s 的系统的通信质量。

本 章 小 结

模拟信号在数字通信系统中的传输，首先必须把模拟信号转变为数字信号，转换的方法有脉冲编码调制和增量调制等。

抽样定理是实现各种脉冲调制的理论基础。对低通信号进行抽样时，抽样频率必须大于或者至少等于被抽样信号频率的两倍，这时接收端才有可能无失真地恢复出原来的信号。

抽样的方式有理想抽样、自然抽样和平顶抽样。采用理想抽样和自然抽样时，利用一个截止频率等于信号最高频率的低通滤波器就可以恢复出原来的信号。采用平顶抽样时还必须考虑频率均衡问题。

脉冲编码调制是目前最常用的模拟信号数字传输方法之一，它将模拟信号变换为编码的数字信号。变换的过程要经过抽样、量化和编码三个步骤。由于量化过程中不可避免地会引入一定误差，因此会带来量化噪声。为了减小量化噪声，提高小信号的信噪比，扩大动态范围，通常采用压扩技术。如果增加量化级数，也可以使量化噪声减小，但此时码位数要增加，要求系统带宽相应增大，设备也会复杂。实际中，PCM 信号的带宽 B 等于码元的传输速率。

增量调制实际上是仅保留一位码的脉冲编码调制，这一位码反映信号的增量是正还是负，也就是说，增量调制是斜率跟踪编码。增量调制同样存在着量化噪声，而且当发生过载现象时会出现较大的过载量化噪声。为了防止过载现象，增量调制必须采用比较高的抽样频率。

DPCM 是对信号相邻样值的差值进行量化和编码。ADPCM 是在 DPCM 基础上发展起来的，它具有自适应量化与自适应预测的功能。

思考与练习 7

7-1 试画出 PCM 通信的原理方框图，标出各点波形，并简述 PCM 通信的基本过程。

7-2 PAM 和 PCM 有什么区别？PAM 信号和 PCM 信号属于什么类型的信号？（指模拟信号和数字信号）

7-3 自然抽样、平顶抽样和理想抽样在波形、实现方法以及频谱结构上都有什么区别？

7-4 对基带信号 $g(t)=\cos 2\pi t+2\cos 4\pi t$ 进行理想抽样。

(1) 为了在接收端能不失真地从已抽样信号 $g_s(t)$ 中恢复出 $g(t)$，抽样间隔应如何选取？

(2) 若抽样间隔取为 0.2 s，试画出已抽样信号的频谱图。

7-5 已知基带信号 $g(t)=2a/(t^2+a^2)$，a 为正实常数。若允许损失 0.01 的能量，则该信号的传输带宽是多少？如果先对该信号进行带限处理，则最小抽样速率是多少？

7-6 已知信号 $x(t)=10\cos(20\pi t)\cos(200\pi t)$ 以 250 次每秒速率抽样，

(1) 试求出抽样信号频谱；

(2) 由理想低通滤波器从抽样信号中恢复 $x(t)$，试确定滤波器的截止频率；

(3) 对 $x(t)$ 进行抽样的奈奎斯特速率是多少？

7-7 设模拟信号的频谱为 $1\sim5$ kHz，求满足抽样定理时的抽样速率 f_s。若 $f_s=8$ kHz，试画出抽样信号的频谱，并说明会出现什么现象？

7-8 设载波基群频谱分布在 $60\sim108$ kHz，求满足抽样定理时的抽样速率 f_s 并画出抽样信号的频谱。

7-9 什么叫量化和量化噪声？量化噪声是怎样产生的，它与哪些因素有关？什么叫量化信噪比，它与哪些因素有关？

7-10 什么是均匀量化和非均匀量化？均匀量化有什么优缺点？非均匀量化的基本原理是怎样的，它能克服均匀量化的什么缺点？

7-11 什么是13折线法？它是怎样实现非均匀量化的？它与一般的 μ 律、A 律曲线有什么区别和联系？

7-12 设信号 $x(t)=9+A\cos\omega t$，其中 $A \leqslant 10$ V。若 $x(t)$ 被均匀量化为 41 个电平，试确定所需的二进制码组的位数 k 和量化间隔 Δv。

7-13 已知处理语音信号的对数压缩器的特性为 $y=\ln(1+\mu x)/\ln(1+\mu)$（其中，$x$、$y$ 均为归一值），

(1) 画出当 $\mu=0$、10、100 时的压缩特性草图；

(2) 画出相应的扩张特性（先求扩张特性表示式）；

(3) 说明压缩与扩张特性随 μ 值的变化规律。

7-14 设一在 0~4 V 范围内变化的输入信号如图 7-43(b)所示，它作用在图 7-43(a)所示方框图的输入端，编为两位自然二进制码。假设抽样间隔为 1 s，量化特性如图 7-43(c)所示，试画出 a、b、c 点处的波形（设 c 点信号为单极性）。

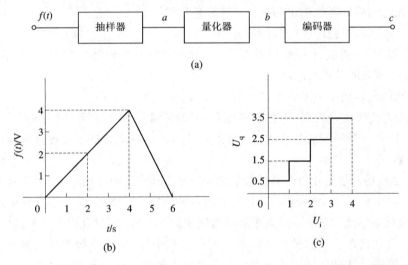

图 7-43 7-14 题图

(a) 方框图；(b) 输入信号；(c) 量化特性

7-15 试比较折叠码和自然二进制码的优缺点。

7-16 极性码、段落码、段内码的作用是什么？

7-17 线性编码和非线性编码有什么区别？

7-18 试画出一个完整的 PCM 系统方框图，定性画出图中各点波形，并简要说明方框中各部分的作用。

7-19 设 PCM 系统中信号最高频率为 f_x，抽样频率为 f_s，量化电平数目为 Q，码位数为 k，码元速率为 f_b。

(1) 试述它们之间的相互关系；

(2) 试计算 8 位（$k=8$）PCM 数字电话的码元速率和需要的最小信道带宽。

7-20 某语音信号 $x(t)$ 按 PCM 方式传输，设 $x(t)$ 的频率范围为 0~4 kHz，取值范

围为$-3.2\sim3.2$ V，对其进行均匀量化，量化间隔为 0.006 25 V。

　　(1) 若按奈奎斯特速率对 $x(t)$ 信号进行抽样，量化器输出二进制编码信号的传输速率为多少？传输系统所需的最小带宽是多少？

　　(2) 同理，量化器输出四进制编码信号的传输速率为多少？传输系统所需的最小带宽是多少？

　　(3) 若信号在取值范围内具有均匀分布规律，传输系统所需的最小带宽是多少？

　　7-21　为了将带宽为 10 kHz，动态范围要求 40 dB 的高质量音频信号数字化，采用 PCM 调制、均匀量化，抽样富裕量考虑为 20％，为使最小量化信噪比达到 50 dB，数字信号数码率应为多少？

　　7-22　采用 13 折线 A 律编译码电路，设最小量化级为 1Δ，已知抽样脉冲值为 $+635\Delta$。

　　(1) 试求此时编码器的输出码组，并计算量化误差；

　　(2) 写出对应该 7 位码(不包括极性码)的均匀量化 11 位码。

　　7-23　设 13 折线 A 律编码器的过载电平为 5 V，输入抽样脉冲的幅度为 -0.9375 V，若最小量化级为 2 个单位，最大量化级的分层电平为 4096 个单位。

　　(1) 求此时的编码器的输出码组，并计算量化误差；

　　(2) 写出接收端对应的 12 位线性码。

　　7-24　采用 13 折线 A 律编译码电路，设接收端收到的码组为 01010011，最小量化单位为 1Δ，段内码采用折叠二进制码。

　　(1) 试问译码器输出为多少单位？

　　(2) 写出对应于该 7 位码(不包括极性码)的均匀量化 11 位码和 12 位码。

　　7-25　简述增量调制的基本原理，画出线性 ΔM 的原理方框图及各点波形图，并说明其工作过程。

　　7-26　ΔM 的一般量化噪声和过载量化噪声是怎样产生的？如何防止过载噪声的出现？

　　7-27　对信号 $f(t)=A\sin2\pi f_0 t$ 进行简单 ΔM 调制，若量化阶 σ 和抽样频率选择得既保证不过载，又保证不致因信号振幅太小而使增量调制不能编码，试证明此时要求 $f_c>\pi f_0$。

　　7-28　为什么在一般情况下 ΔM 系统的抽样频率比 PCM 系统的高得多？

　　7-29　简述 ΔM 的各种改进形式，它们都是为解决什么矛盾而产生的？

　　7-30　试对 ΔM 与 PCM 的工作原理、系统组成、应用场合及主要优缺点做简要分析对比，将分析结果列表并做说明。

　　7-31　设简单增量调制系统的量化阶 $\sigma=50$ mV，抽样频率为 32 kHz，求当输入信号为 800 Hz 的正弦波时，允许的最大振幅为多少？

　　7-32　在 Δ-Σ 调制系统中，设输入信号分别为 $f_1(t)=A\sin\omega_1 t$ 和 $f_2(t)=A\sin\omega_2 t$ ($\omega_1\neq\omega_2$)，试证明积分后的信号 $g_1(t)$ 和 $g_2(t)$ 的最大斜率均为 A，并与简单 ΔM 的情况进行比较。

　　7-33　DPCM 的性能特点是什么？将其与 PCM、ΔM 的性能特点进行比较。

第 8 章　多路复用与数字复接

【教学要点】

熟悉：准同步数字体系(PDH)。

掌握：时分多路复用(TDM)。

重点、难点：数字复接技术。

在实际通信中，信道上往往允许多路信号同时传输。解决多路信号传输问题的方法是信道复用技术。将多路信号在发送端合并后通过信道进行传输，然后在接收端分开并恢复为原始各路信号的过程称为复接和分接。

常用的复用方式有频分复用、时分复用和码分复用等。数字复接技术就是在多路复用的基础上把若干个小容量低速数字流合并成一个大容量的高速数字流，并通过高速信道传输到接收端后再分开，从而完成整个数字大容量传输的过程。

8.1　时分多路复用(TDM)原理

在数字通信中，模拟信号的数字传输或数字基带信号的多路传输一般都采用时分多路复用(TDM，Time Division Multiplexing)方式来提高系统的传输效率。

8.1.1　TDM 基本原理

在模拟信号的数字传输中，抽样定律告诉我们，一个频带限制在 0 到 f_m 以内的低通模拟信号 $x(t)$，可以用时间上离散的抽样值来传输，抽样值中包含有 $x(t)$ 的全部信息。当抽样频率 $f_s \geqslant 2f_m$ 时，可以从已抽样的输出信号中用一个带宽为 $f_m \leqslant B \leqslant f_s - f_m$ 的理想低通滤波器不失真地恢复出原始信号。

由于单路抽样信号在时间上离散的相邻脉冲间有很大的空隙，因此，在空隙中插入若干路其他抽样信号，只要各路抽样信号在时间上不重叠并能区分开，那么一个信道就有可能同时传输多路信号，达到多路复用的目的。这种多路复用称为时分多路复用(TDM)。

下面以 PAM 为例说明 TDM 原理。

假设有 N 路 PAM 信号进行时分多路复用，系统框图及波形如图 8-1 所示。各路信号首先通过相应的低通滤波器(LPF)使之变为带限信号，然后送到抽样电子开关，电子开关每 T_s 秒将各路信号依次抽样一次，这样 N 个样值按先后顺序错开插入抽样间隔 T_s 之内，最后得到的复用信号是 N 个抽样信号之和，其波形如图 8-1(e)所示。各路信号脉冲间隔为 T_s，各路复用信号脉冲的间隔为 T_s/N。由各个消息构成单一抽样的一组脉冲叫做一帧，一帧中相邻两个脉冲之间的时间间隔叫做时隙，未被抽样脉冲占用的时隙叫做保护时间。

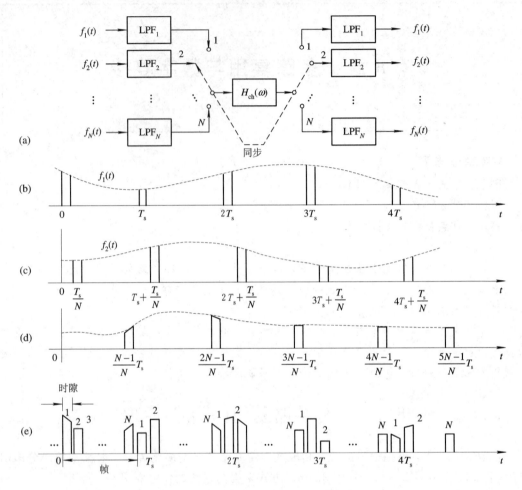

图 8-1 TDM 系统框图及波形

(a) TDM 系统框图；(b) 第 1 路抽样信号；
(c) 第 2 路抽样信号；(d) 第 N 路抽样信号；(e) N 路抽样信号之和

在接收端，合成的多路复用信号由与发送端同步的分路转换开关区分不同路的信号，把各路信号的抽样脉冲序列分离出来，再用低通滤波器恢复各路所需要的信号。

多路复用信号可以直接送到某些信道传输，或者经过调制变换成适合于某些信道传输的形式再进行传输。传输接收端的任务是将接收到的信号经过解调或经过适当的反变换后恢复出原始多路复用信号。

8.1.2 TDM 信号的带宽及相关问题

1. 抽样速率 f_s、抽样脉冲宽度 τ 和复用路数 N 的关系

按照抽样定理，抽样速率 $f_s \geqslant 2f_m$，以语音信号 $x(t)$ 为例，通常 f_s 取为 8 kHz，即抽样周期 $T_s = 125~\mu s$，抽样脉冲的宽度 τ 要比 125 μs 还小。

对于 N 路时分复用信号，在抽样周期 T_s 内要顺序地插入 N 路抽样脉冲，而且各个脉冲间要留出一些空隙作保护时间。若取保护时间 t_g 和抽样脉冲宽度 τ 相等，这样抽样脉冲的宽度 $\tau = T_s/2N$，N 越大，τ 就越小，但 τ 不能太小。因此，时分复用的路数也不能太多。

2. 信号带宽 B 与路数 N 的关系

时分复用信号的带宽有不同的含义，一般情况下是从信号本身具有的带宽来考虑的。理论上讲，TDM 信号是一个窄脉冲序列，它应具有无穷大的带宽，但其频谱的主要能量集中在 $0 \sim 1/\tau$ 以内。因此，从传输主要能量的观点考虑，有

$$B = \frac{1}{\tau} \sim \frac{2}{\tau} = 2Nf_s \sim 4Nf_s \qquad (8-1)$$

从另一方面考虑，如果我们不是传输复用信号的主要能量，也不要求脉冲序列的波形不失真，只要求传输抽样脉冲序列的包络。因为抽样脉冲的信息携带在幅度上，所以，只要幅度信息没有损失，那么脉冲形状的失真就无关紧要。

根据抽样定律，一个频带限制在 f_m 的信号，只要有 $2f_m$ 个独立的信息抽样值，就可用带宽 $B = f_m$ 的低通滤波器恢复原始信号。N 个频带都是 f_m 的复用信号，它们的独立对应值为 $2Nf_m = Nf_s$。如果将信道表示为一个理想的低通滤波器，为了防止组合波形丢失信息，传输带宽必须满足

$$B \geqslant \frac{Nf_s}{2} = Nf_m \qquad (8-2)$$

式(8-2)表明，N 路信号时分复用时，每秒 Nf_m 中的信息可以在 $Nf_s/2$ 的带宽内传输。总的来说，带宽 B 与 Nf_s 成正比。对于语音信号，抽样速率 f_s 一般取 8 kHz，因此，路数 N 越大，带宽 B 就越大。

式(8-2)中的 Nf_m 与频分复用 SSB 所需要的带宽 $N\omega_m$ 是一致的。

3. 时分复用信号仍然是基带信号

时分复用后得到的总和信号仍然是基带信号，只不过这个总和信号的脉冲速率是单路抽样信号的 N 倍，即

$$f = Nf_s \qquad (8-3)$$

这个信号可以通过基带传输系统直接传输，也可以经过频带调制后在频带传输信道中进行传输。

4. 时分复用系统必须严格同步

在 TDM 系统中，发送端的转换开关与接收端的分路开关必须严格同步，否则系统就会出现紊乱。实现同步的方法与脉冲调制的方式有关，具体方法详见第 9 章相关内容。

8.1.3　TDM 与 FDM 的比较

1. 关于复用原理

FDM 用频率来区分同一信道上同时传输的信号，各信号在频域上是分开的，而在时域上是混叠在一起的。

TDM 在时间上区分同一信道上依次传输的信号，各信号在时域上是分开的，而在频域上是混叠在一起的。

FDM 与 TDM 各路信号在频谱和时间上的特性比较如图 8-2 所示。

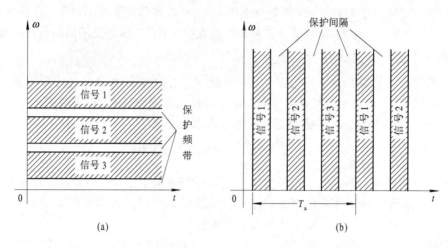

图 8-2　FDM 与 TDM 各路信号在频谱和时间上的特性比较
(a) FDM；(b) TDM

2. 关于设备复杂性

就复用部分而言，FDM 设备相对简单，TDM 设备较为复杂；就分路部分而言，TDM 信号的复用和分路都是采用数字电路来实现的，通用性和一致性较好，比 FDM 的模拟滤波器分路简单、可靠，而且 TDM 中的所有滤波器都是相同的滤波器。FDM 中要用到不同的载波和不同的带通滤波器，因而滤波设备相对复杂。

总的来说，TDM 的设备要简单些。

3. 关于信号间干扰

在 FDM 系统中，信道的非线性会在系统中产生交调失真和高次谐波，引起话间串扰，因此，FDM 对线性的要求比单路通信时要严格得多；在 TDM 系统中，多路信号在时间上是分开的，因此，对线性的要求与单路通信时的一样，对信道的非线性失真要求可降低，系统中各路间的串话现象比 FDM 的要少。

4. 关于传输带宽

从前面关于 FDM 及 TDM 对信道传输带宽的分析可知，两种系统的带宽是一样的，N 路复用时对信道带宽的要求都是单路的 N 倍。

码分复用(CDM)不同于 FDM 和 TDM，CDM 中各路信息是用各自不同的编码序列来区分的，它们均占有相同的频段和时间。

8.1.4　时分复用的 PCM 通信系统

PCM 和 PAM 的区别在于 PCM 要在 PAM 的基础上经过量化和编码，把 PAM 中的一个抽样值量化后编为 k 位二进制代码。图 8-3 表示一个 3 路 TDM—PCM 方框图。

图 8-3(a)为发送端方框图。语音信号经过放大和低通滤波后得 $x_1(t)$、$x_2(t)$、$x_3(t)$；然后经过抽样得 3 路 PAM 信号 $x_{s1}(t)$、$x_{s2}(t)$、$x_{s3}(t)$，它们在时间上是分开的，由各路发定时取样脉冲控制。3 路 PAM 信号一起加到量化和编码器上进行编码，每个 PAM 信号的抽样脉冲经量化后编为 k 位二进制代码。编码后的 PCM 代码经码型变换，变为适合于信道传输的码型，然后经过信道传到接收端。

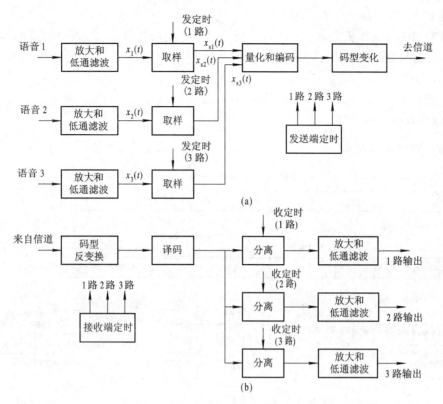

图 8 - 3　TDM—PCM 方框图

(a) 发送端方框图；(b) 接收端方框图

图 8 - 3(b) 为接收端方框图。接收端收到信码后首先经过码型反变换，然后加到译码器进行译码，译码后是 3 路合在一起的 PAM 信号，再经过分离电路把各路 PAM 信号区分出来，最后经过放大和低通滤波还原为语音信号。

TDM—PCM 的信号代码在每一个抽样周期内有 Nk 个，N 为路数，k 为每个抽样值编码时编的码位数。因此码元速率为 $Nkf_s = 2Nkf_m(\text{Baud})$，实际应用带宽为 $B = Nkf_s$。

8.1.5　PCM 30/32 路典型终端设备

PCM 30/32 路端机在脉冲调制多路通信中是一个基群设备。它可组成高次群，也可独立使用，与市话电缆、长途电缆、数字微波系统和光纤等传输信道连接，作为有线或无线电话的时分多路终端设备。

在交换局内，外加适当的市话出入中继器接口后，可与步进制、纵横制等各式交换机接口，用做市内或长途通信。

PCM 30/32 路端机除提供电话外，通过适当接口，还可以用于传输数据、载波电报、书写电话等其他数字信息业务。

前面所介绍的 PCM 30/32 路端机性能，是按 CCITT 的有关建议设计的，其主要指标均符合 CCITT 标准。

1. 基本特性

话路数目：30。

抽样频率：8 kHz。

压扩特性：折线压扩律 $A=87.6$，13 折线 A 律，编码位数 $k=8$，采用逐次比较型编码器，其输出为折叠二进制码。

每帧时隙数：32。

总数码率：$8\times32\times8000=2048$ kb/s。

2. 帧与复帧结构

帧与复帧结构见图 8 - 4。

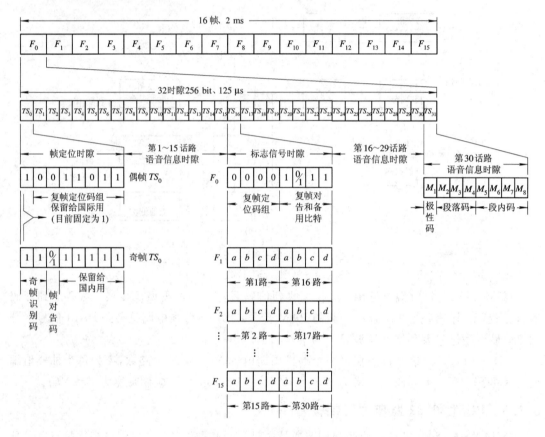

图 8 - 4 帧与复帧结构

(1) 时隙分配。在 PCM 30/32 路的制式中，抽样周期为 $1/8000=125\mu$s，它被称为一个帧周期，即 125 μs 为一帧。一帧内要时分复用 32 路，每路占用的时隙为 $125/32=3.9\ \mu$s，称为 1 个时隙。因此一帧有 32 个时隙，按顺序编号为 TS_0，TS_1，…，TS_{31}。时隙的使用分配为

① $TS_1\sim TS_{15}$、$TS_{17}\sim TS_{31}$ 为 30 个话路时隙。

② TS_0 为帧同步码，监视码时隙。

③ TS_{16} 为信令(振铃、占线、摘机等各种标志信号)时隙。

(2) 话路比特的安排。每个话路时隙内要将样值编为 8 位二元码，每个码元占 $3.9\ \mu$s/8＝488 ns，称为 1 比特，编号为 1～8。第 1 比特为极性码，第 2～4 比特为段落码，第 5～8 比特为段内码。

（3）TS_0 时隙的比特分配。为了使收发两端严格同步，每帧都要传送一组特定标志的帧同步码组或监视码组。帧同步码组为"0011011"，占用偶帧 TS_0 的第 2～8 码位。第 1 比特供国际通信用，不使用时发送"1"码。奇帧比特分配为第 3 位为帧失步告警用，以 A_1 表示，同步时送"0"码，失步时送"1"码。为避免奇帧 TS_0 的第 2～8 码位出现假同步码组，第 2 位码规定为监视码，固定为"1"，第 4～8 位码为国内通信用，目前暂定为"1"。

（4）TS_{16} 时隙的比特分配。若将 TS_{16} 时隙的码位按时间顺序分配给各话路传送信令，需要用 16 帧组成一个复帧，分别用 F_0，F_1，…，F_{15} 表示，复帧周期为 2 ms，复帧频率为 500 Hz。复帧中各子帧的 TS_{16} 分配如下。

① F_0 帧：1～4 码位传送复帧同步码"0000"；第 6 码位传送复帧失步对局告警信号 A_2，同步为"0"，失步为"1"；5、7、8 码位传送"1"码。

② F_1～F_{15} 各帧的 TS_{16} 前 4 比特传 1～15 话路的信令信号，后 4 比特传 16～30 话路的信令信号。

3. PCM 30/32 路设备方框图

图 8-5 给出了 PCM 30/32 路设备方框图。它是按群路编译码方式画出的。基本工作过程是将 30 路抽样序列合成后再由一个编码器进行编码。由于大规模集成电路的发展，编码和译码可做在一个芯片上，称单路编译码器。目前厂家生产的 PCM 30/32 路系统几乎都是由单路编译码器构成的。这时每话路的相应样值各自编成 8 位码以后再合成总的话音码流，然后再与帧同步码和信令码汇总，经码型变换后再发送出去。单路编译码片构成的 PCM 30/32 路方框图见图 8-6。

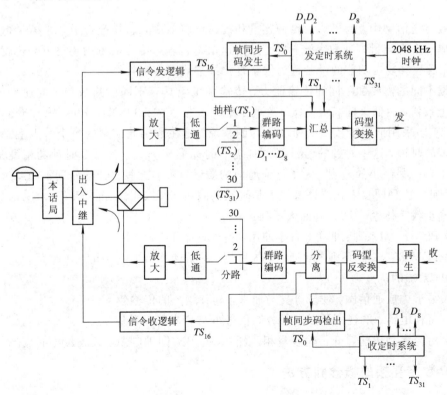

图 8-5　PCM 30/32 路设备方框图

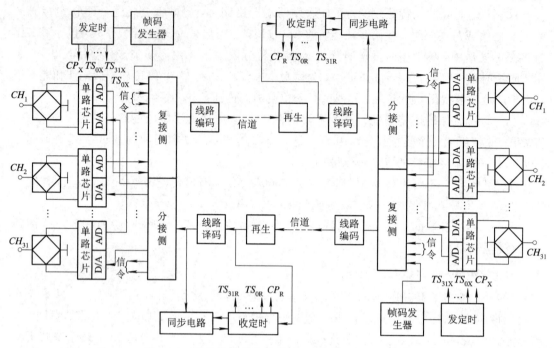

图 8-6　单路编译码片构成的 PCM 30/32 路方框图

8.2　准同步数字体系(PDH)

在数字通信网中，为了扩大传输容量和提高传输效率，总是把若干个小容量低速数字流合并成一个大容量高速数字流，再通过高速信道传输，传到对方后再分开，这就是数字复接。完成数字复接功能的设备称为数字复接终端或数字复接器。

根据不同的需要和不同的传输能力，传输系统应具有不同话路数和不同速率的复接，形成一个系列，由低级向高级复接，这就是准同步数字体系(PDH, Plesiochronous Digital Hierarchy)。采用准同步数字系列(PDH)的系统，是在数字通信网的每个节点上都分别设置高精度的时钟，这些时钟的信号都具有统一的标准速率。尽管每个时钟的精度都很高，但总还是有一些微小的差别。为了保证通信的质量，要求这些时钟的差别不能超过规定的范围。因此，这种同步方式严格来说不是真正的同步，所以叫做"准同步"。

准同步数字体系(PDH)有两大系列：

(1) PCM24 路系列：北美、日本使用，基群速率 1.544 Mb/s。

(2) PCM 30/32 路系列：欧洲、中国使用，基群速率 2.048 Mb/s。

PDH 系统的优点：

(1) 易于构成通信网，便于分支与插入，具有较高的传输效率。

(2) 可视电话、电视信号以及频分制信号可与高次群相适应。

(3) 可与多种传输媒介传输容量相匹配，如电缆、同轴电缆、微波、波导、光纤等。

8.2.1　数字复接的概念和方法

PDH 复用方法与数字复接方法是不同的。

　　PDH 复用方法是直接将多路信号编码复用。基群 30/32 路就是例子，但对高次群不适合。高次编码速率快，对编码器元件精度要求高，不易实现。所以，高次群一般不采用。

　　数字复接方法是将几个低次群在时间的空隙上迭加合成高次群。

　　图 8 - 7 是数字复接系统的方框图。从图中可见，数字复接设备包括数字复接器和数字分接器，数字复接器是把两个以上的低速数字信号合并成一个高速数字信号的设备；数字分接器是把高速数字信号分解成相应的低速数字信号的设备。一般把两者做成一个设备，简称数字复接器。

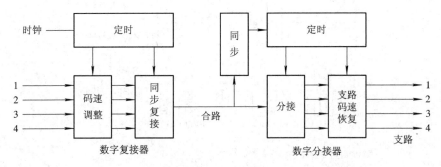

图 8 - 7　数字复接系统方框图

　　数字复接器由定时单元、码速调整单元和同步复接单元组成；分接器由同步、定时、分接和支路码速恢复单元组成。

　　在数字复接器中，复接单元输入端上各支路信号必须是同步的，即数字信号的频率与相位完全是确定的关系。只要使各支路数字脉冲变窄，将相位调整到合适位置，并按照一定的帧结构排列起来，即可实现数字合路复接功能。如果复接器输入端的各支路信号与本机定时信号是同步的，则称为同步复接器；如果不是同步的，则称为异步复接器；如果输入支路数字信号与本机定时信号标称速率相同，但实际上有一个很小的容差，则这种复接器称为准同步复接器。

　　在图 8 - 7 中，码速调整单元的作用是把各准同步的输入支路的数字信号的频率和相位进行必要调整，以形成与本机定时信号完全同步的数字信号。若输入信号是同步的，那么只需调整相位。

　　复接的定时单元受内部时钟或外部时钟控制，产生复接需要的各种定时控制信号。调整单元及同步复接单元受定时单元控制，合路数字信号和相应的时钟同时送给分接器。分接器的定时单元受合路时钟控制，因此它的工作节拍与复接器定时单元同步。

　　分接器定时单元产生的各种控制信号与复接定时单元产生的各种控制信号类似。同步单元从合路信号中提出帧定时信号，用它再去控制分接器的定时单元。同步分接单元受分接定时单元控制，把合路分解为支路数字信号。受分接器定时单元控制的恢复单元把分解出的数字信号恢复出来。

　　数字复接的特点：复接后速率提高了，但各低次群的编码速率没有变。

8.2.2　同步复接与异步复接

1. 数字复接的实现

数字复接实现的方法有两种：按位复接和按字复接。

1）按位复接

图 8－8(b)是四路集群信号按位复接的示意图。

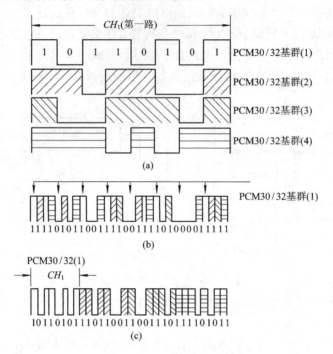

图 8－8　数字复接示意图

（a）一次群(基群)；（b）二次群(按位复接)；（c）二次群(按字复接)

（1）按位复接的方法：每次复接各低次群的一位编码形成高次群。

（2）按位复接的结果：复接后每位码的间隔是复接前各支路的 4 分之 1，即高次群的速率提高到复接前的 4 倍。

（3）按位复接的特点：复接电路存储量小，简单易行，PDH 中大量使用。

（4）按位复接的不足：破坏了一个字节的完整性，不利于以字节（即码字）为单位的处理和交换。

2）按字复接

图 8－8(c)是四路信号按字复接的示意图。

（1）按字复接的方法：每次复接按低次群的一个码字形成高次群。

（2）按字复接的特点：每个支路都要设置缓冲存储器，要求有较大的存储容量，保证一个字的完整性，有利于按字处理和交换，同步 SDH 中大多采用这种方法。

2. 数字复接的同步

数字复接同步解决以下两个问题：

（1）同步：被复接的几个低次群数码率相同。

（2）复接：不同系统的低次群往往数码率不同，原因是各晶体振荡频率不相同。

不同步带来的问题是：如果直接将这样几个低次群进行复接，就会产生重叠和错位，在接收端不可能完全恢复。图 8－9 是两路信号不同步产生重叠和错位的示意图。

可以得出结论：数码速率不同的低次群信号不能直接复接，同步就意味着使各低次群数码率相同，且符合高次群帧结构的要求。

数字复接同步是系统与系统的同步，亦称为系统同步。

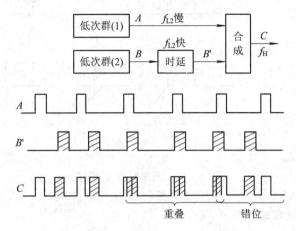

图 8-9　两路信号不同步产生重叠和错位示意图

3. 同步复接

同步复接是由一个高稳定的主时钟来控制被复接的几个低次群，使这几个低次速的数码率统一在主时钟的频率上，可直接复接。同步复接方法的缺点是一旦主时钟发生故障，相关的通信系统将全部中断，所以它只限于局部地区使用。

1）码速变换与恢复

（1）码速变换。码速变换是为使复接器、分接器正常工作，在码流中插入附加码，使系统不仅码速相等，而且能够在接收端分接。

（2）附加码。附加码有对端告警码、邻站监测、勤务联系等公务码。

（3）移相。移相的作用是在复接之前进行延时处理。

（4）缓冲存储器。缓冲存储器用于完成码速变换和移相。

码速恢复是码速变换的反过程。

例如，将一次群复接成二次群，如图 8-10 所示。

★ 二次群速率：8448 kb/s；

★ 基群变换速率：8448/4＝2112 kb/s；

★ 码速变换：为插入附加码留下空位且将码速由 2048 kb/s 提高到 2112 kb/s；

★ 插入码之后的子帧长度：$L_s=(2112\times10^3)\times T=(2112\times10^3)\times(125\times10^{-6})=264$ 比特；

★ 插入比特数：L_s-256（原来码）$=264-256=8$ 比特；

★ 插入 8 比特的平均间隔（按位复接）：$256/8=32$ 比特；

★ 码速恢复：去掉发送端插入的码元，将各支路速率由 2112 kb/s 还原成 2048 kb/s。

分接过程（慢写快读）：

★ 写入：基群 2048 kb/s；

★ 读出：2112 kb/s；

★ 起始：读 pulse 滞后写 pulse 将近一个周期；

★ 第 32 次读：读写几乎同时；

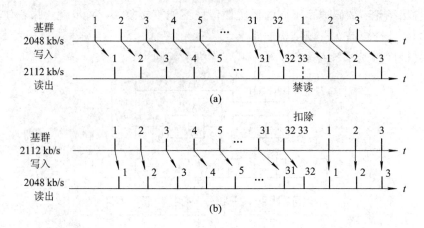

图 8-10 码速变换与恢复

(a) 复接端；(b) 分接端

★ 第 33 次读：没有写入脉冲，这时空一个比特。

周而复始，每 32 位加插一个空位，构成 2112 kb/s 速率。

分接过程（快写慢读）：

★ 写入：2112 kb/s；

★ 读出：2048 kb/s；

★ 起点：读写几乎同时；

★ 第 33 位读：读到写入信号 32 位。

分接器已知信号 33 位是插入码位，写入时扣除了该处一个写入脉冲，从而在写入第 33 位后的第一位后，此脉冲应该是下一周期的第一个读出脉冲。如此循环下去，2112 kb/s 恢复成了 2048 kb/s。

同步复接系统结构的发送部分示意图如图 8-11 所示。

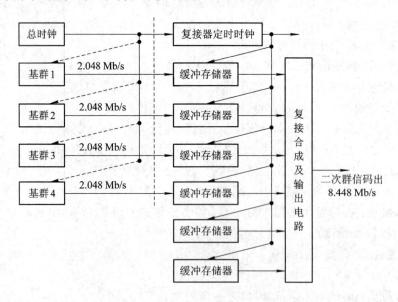

图 8-11 同步复接系统结构发送部分示意图

同步复接系统结构的接收部分示意图如图 8 - 12 所示。

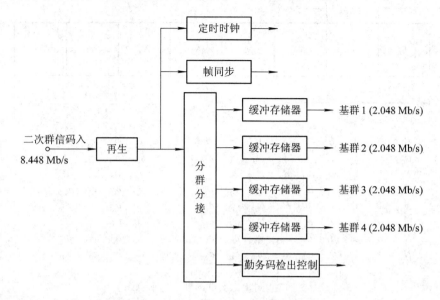

图 8 - 12　同步复接系统结构接收部分示意图

同步复接系统复接端的作用：

① 时钟一致，支路时钟、复接时钟来自同一时钟源；

② 各支路码率严格相等(2048 kb/s)；

③ 缓冲存储器完成各支路的码速变换；

④ 复接合成完成各支路合路并在所留空位插入附加码(包括帧同步码)。

同步复接系统分接端的作用：

① 时钟从码流中提取，产生复接定时；

② 帧同步完成收发间步调一致；

③ 分群分接分开四个支路信号，并检出公务码；

④ 缓冲存储器扣除各自支路附加码，恢复原信号。

2) 同步二次群的帧结构

同步二次群的帧结构示意图如图 8 - 13 所示。

★ 同步二次群的一帧共有八段：N_1、N_2、N_3、N_4、N_5、N_6、N_7、N_8；

★ 二次群的一帧长：125 μs，可分为八段；

★ 每段长：125÷8＝15.625 μs；

★ 每段内信码(四个基群)：(256/8)×4＝128 码元；

★ 每段插入 4 个码元，每段信码共：128＋4＝132 码元；

★ 一帧码元共有：132×8＝1056 码元；

★ 一帧共插码元：4×8＝32 码元；

★ N_1：插 1101，N_5：插 0010—二次群帧同步码为 11010010；

★ N_2、N_4、N_6、N_8：α_1、α_2、α_3、α_4 速率为 $\dfrac{4\,(\text{bit})}{125\,(\mu\text{s})}=32$ kb/s，供四路勤务电话使用；

★ N_7：勤务电话呼叫码；

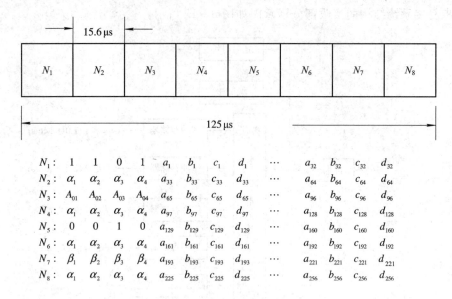

图 8-13 同步二次群的帧结构示意图

★ N_3：A_{01}—二次群对端告警码（正常"0"，失步"1"）；A_{02}—数据用；A_{03}—待定；A_{04}—待定；

★ a、b、c、d：分别为四个基群的码元，一帧共有 $4 \times 32 \times 8 = 1024$ 原基群码元（不包含附加码）。

4. 异步复接

各低次群各自使用自己的时钟，由于各时钟不一致，因此各低次群的数码率不完全相同（不同步），需要码速调整，使它们同步后再进行复接。PDH 大多采用这种复接方法。图 8-14 是异步复接与分接示意图。

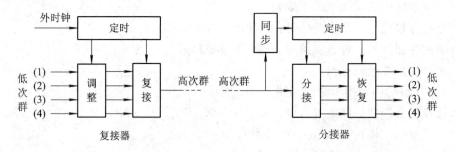

图 8-14 异步复接与分接示意图

数字复接器的作用是：把四个低次群（支路）合成一个高次群。

数字复接器的组成：

① 定时系统——提供统一的时钟给设备；

② 码速调整——使各支路码速一致，即同步（分别调整）；

③ 复接单元——将低次群合成高次群。

数字分接器的作用是：把高次群分解成原来的低次群。

数字分接器的组成：

① 定时单元——从接收信号中提取；

② 同步单元——使分接器时钟与复接器基准时钟同频、同相，达到同步；

③ 分接单元——将合路的高次群分离成同步支路信号；

④ 恢复系统——恢复各支路信号为原来的低次群。

例如，采用正码速调整与恢复，将 2048 kb/s 调为 2112 kb/s 的原理图如图 8-15 所示。

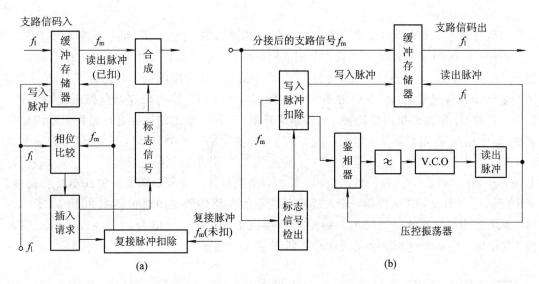

图 8-15 正码速调整与恢复

(a) 复接端；(b) 分接端

① 码速调整装置：各支路单独调整，将准同步码流变成同步码流。

② 准同步码流：标称数码率相同，瞬时数码率不同的码流。

③ 缓冲存储器：码速调整的主体。

④ f_1——写入脉冲的频率等于输入支路的数码率。

⑤ f_m——读出脉冲的频率等于缓冲存储器支路信码输出速率。因为是正码速，所以 $f_m > f_1$。

⑥ 复接过程：f_1 送相位比较（与 f_m 比较，f_m 起始滞后一个周期）→ f_m 复接脉冲送扣除电路（扣除与否由插入请求决定，请求时扣除；否则不扣除），已扣除的 f_m 送相位比较（与 f_1 比较），且作读出脉冲 → 缓冲器输出的 f_m 码流有空闲（扣除造成），防止空读 → 插入请求使标志信号合成插入 → 合成电路将 f_m 和标志信号合在一起。

⑦ 相位比较：当 f_1 和 f_m 相位几乎相同时，有输出。

⑧ 码速恢复装量：将分接后的每一个同步码流恢复成原来的支路码流。

⑨ 恢复过程："标志信号检出"，有信号时输出 → "写入脉冲 f_m 扣除"扣除 1 比特 → 扣除的写入脉冲将缓存输入的支路信号"插入"比特去除 → 压控振荡器将扣除比特的 f_m 平滑，并均匀其脉冲频率，使之为 f_1 → 此 f_1 作为读出脉冲取出缓冲存储器中的信号，使得支路信码为 f_1。

5. 码速调整

异步复接中的码速调整技术可分为正码速调整、正/负码速调整和正/零/负码速调整三种。其中正码速调整应用最为普遍。正码速调整的含义是使调整以后的速率比任一支路可能出现的最高速率还要高。例如，二次群码速调整后每一支路速率均为 2112 kb/s，而一次群调整前的速率在 2048 kb/s 上下波动，但总不会超过 2112 kb/s。

根据支路码速的具体变化情况，适当地在各支路插入一些调整码元，使其瞬时码速都达到 2112 kb/s（这个速率还包括帧同步、业务联络、控制等码元），这是正码速调整的任务。码速恢复过程则把因调整速率而插入的调整码元及帧同步码元等去掉，恢复出原来的支路码流。

正码速调整的具体实施，总是按规定的帧结构进行的。例如，PCM 二次群异步复接时就是按图 8-16 所示的帧结构实现的。图 8-16(a) 是复接前各支路进行码速调整的帧结构，其长为 212 bit，共分成 4 组，每组都是 53 个比特，第 1 组的前 3 个比特 F_{11}、F_{12}、F_{13} 用于帧同步和管理控制，后 3 组的第一个比特 C_{11}、C_{12}、C_{13} 作为码速调整控制比特，第 4 组第 2 比特 V_1 作为码速调整比特。具体做的时候，在第 1 组的结尾处进行是否需要调整的判决（即比相），若需要调整，则在 C_{11}、C_{12}、C_{13} 位置上插入 3 个"1"码，V_1 仅仅作为速率调整比特，不带任何信息，故其值可为"1"，也可为"0"；若不需调整，则在 C_{11}、C_{12}、C_{13} 位置上插入 3 个"0"码，V_1 位置仍传送信码。那么，是根据什么来判断需要调整或不需要调整。这个问题可用图 8-16 来说明，输入缓冲存储器的支路信码是由时钟频率 2048 kHz 写入的，而从缓冲存储器读出信码的时钟是由复接设备提供的，其值为 2112 kHz。由于写入慢、读出快，在某个时刻就会把缓冲存储器读空。

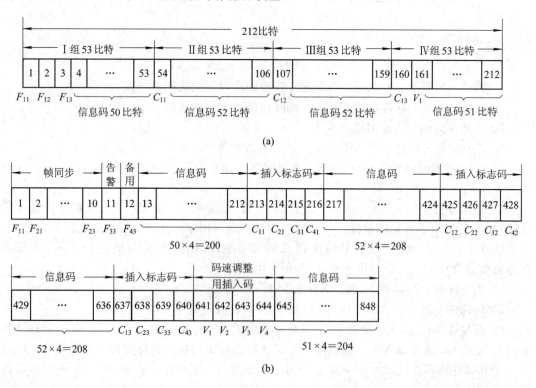

图 8-16　异步复接二次群帧结构

(a) 基群支路插入码及信息码分配；(b) 二次群帧结构

一次群插入码和信息码分配如图 8-16(a)所示。

★ 1～3 位：$F_{11}F_{12}F_{13}$ 分别表示同步、告警、备用码；

★ 4～53 位：信息比特 50 位；

★ 55～106 位：信息比特 52 位；

★ 108～159 位：信息比特 52 位；

★ 162～212 位：信息比特 51 位；

★ 54 位、107 位、160 位：C_{11}、C_{12}、C_{13} 分别为标志位；

★ 161 位：插入或信息码。

以上共 212 位＝信息位 205(6)＋插入比特 7(6)。

异步复接二次群帧结构如图 8-16(b)所示。

★ 帧周期：100.38；

★ 帧长：212×4＝848 比特(包括(最少)信息码：205×4＝820 比特；(最多)插入码：7×4＝28 比特)；

★ 开始 1～10 位：

$F_{11}F_{21}F_{31}F_{41}F_{12}F_{22}F_{32}F_{42}F_{13}F_{23}$＝1111010000——帧同步码；

★ 11 位：F_{33}——告警码(1 比特)；

★ 12 位：F_{43}——备用码(1 比特)；

★ 213～216 位、425～428 位、637～640 位——插入标志码；

★ 641～644 位：信息码或插入码；

★ 131～212 位、217～424 位、429～636 位、645～848 位：信息码，(最少)205×4＝848 比特。

接收端分接过程就是去除发端插入的码元，叫做"消插"或"去塞"。

判断基群 161 位有无插入的方法为"三中取二"：当各路三标志有两个以上"1"，则有 V_i 插入；当各路三标志有两个以上"0"，则无 V_i 插入。

正确判断概率为：误码率为 P_e，正确率为 $1-P_e$；一个错两个对的概率(有三种情况)为 $3P_e(1-P_e)^2$；三个全对的概率为 $(1-P_e)^3$。

总正确判断概率为：$3P_e(1-P_e)^2+(1-P_e)^3=1-3P_e^2+2P_e^3$。

通过图 8-17 中的比相器，可以做到缓存器快要读空时发出一指令，命令 2112 kHz 时钟停读一次，使缓冲存储器中的存储量增加，而这一次停读就相当于使图 8-16(a)的 V_1 比特位置没有置入信码，而只是一位作为码速调整的比特。图 8-16(a)帧结构的意义就是每 212 比特比相一次，即作一次是否需要调整的判决。判决结果需要停读，V_1 就是调整比特；不需要停读，V_1 就仍然是信码。这样一来，就把在 2048 kb/s 上下波动的支路码流都变成同步的 2112 kb/s 码流。

在复接器中，每个支路都要经过正码速的调整。由于各支路的读出时钟都是由复接器提供的同一时钟 2112 kHz，所以经过这样调整，就使 4 个支路的瞬时数码率都相同，即均为 2112 kb/s，故一个复接帧长为 8448 比特，其帧结构如图 8-16(b)所示。

图 8-16(b)是由图 8-16(a)所示的 4 个支路比特流按比特复接的方法复接起来而得到的。所谓按比特复接，就是将复接开关每旋转一周，在各个支路取出一个比特。也有按字复接的，即开关旋转一周，在各支路上取出一个字节。

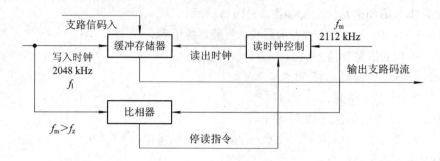

图 8-17 正码速调整原理

在分接端码速恢复时，就要识别 V_1 到底是信码还是调整比特：如果是信码，将其保留；如果是调整比特，就将其舍弃。这可通过 C_{11}、C_{12}、C_{13} 来决定。因为复接时已约定，若比相结果无须调整，则 $C_{11}C_{12}C_{13}$ 为 000；若比相结果要调整，则 $C_{11}C_{12}C_{13}$ 为 111，所以码速恢复时，根据 $C_{11}C_{12}C_{13}$ 是 111 还是 000 就可以决定 V_1 应舍去还是应保留。

从原理上讲，要识别 V_1 是信码还是调整比特，只要1位码就够了。这里用3位码主要是为了提高可靠性。如果用1位码，这位码传错了，就会导致对 V_1 的错误处置。例如，用"1"表示有调整，"0"表示无调整，经过传输若"1"错成"0"，就会把调整比特错当成信码；反之，若"0"错成"1"，就会把信码错当成调整比特而舍弃。现在用3位码，采用大数判决，即"1"的个数比"0"多就认定是3个"1"码；反之，则认定为3个"0"码。这样，即使传输中错一位码，也能正确判别 V_1 的性质。

在大容量通信系统中，高次群失步必然会引起低次群的失步。所以为了使系统能可靠工作，四次群异步复接调整控制比特 C_j 为5个，五次群的 C_j 为6个比特(二、三次群都是3个比特)。这样安排的结果，由于误码而导致对 V_1 比特的错误处理的概率就会更小，从而保证大容量通信系统的稳定可靠工作。

8.2.3　PCM 高次群数字复接

国际上两大系列的准同步数字体系构成更高速率的二、三、四、五次群，如表 8-1 所示。

表 8-1　准同步数字体系速率系列和复用路数

		一次群(基群)	二次群	三次群	四次群	五次群
T体系	北美	T1 24 路 1.544 Mb/s	T2 96(24×4)路 6.312 Mb/s	T3 672(96×7)路 44.736 Mb/s	T4 4032(672×6)路 274.176 Mb/s	T5 8064(4032×2)路 560.160 Mb/s
	日本			T3 480(96×5)路 32.064 Mb/s	T4 1440(480×3)路 97.728 Mb/s	T5 5760(1440×4)路 397.200 Mb/s
E体系	欧洲 中国	E1 30 路 2.048 Mb/s	E2 120(30×4)路 8.448 Mb/s	E3 480(120×4)路 34.368 Mb/s	E4 1920(480×4)路 139.264 Mb/s	E5 7680(1920×4)路 565.148 Mb/s

在表 8-1 中，二次群(以 30/32 路作为一次群为例)的标准速率 8448 kb/s＞2048×

$4 = 8192$ kb/s。其他高次群复接速率也存在类似问题。这些多出来的码元是用来解决帧同步、业务联络以及控制等问题的。

复接后的大容量高速数字流,可以通过电缆、光纤、微波、卫星等信道传输。光纤将取代电缆,卫星利用微波段传输信号,因此,大容量的高速数字流主要是通过光纤和微波来传输的。经济效益分析表明,二次群以上用光纤、微波传输都是合算的。

基于 30/32 路系列的数字复接体系(E 体系)的结构图如图 8-18 所示。

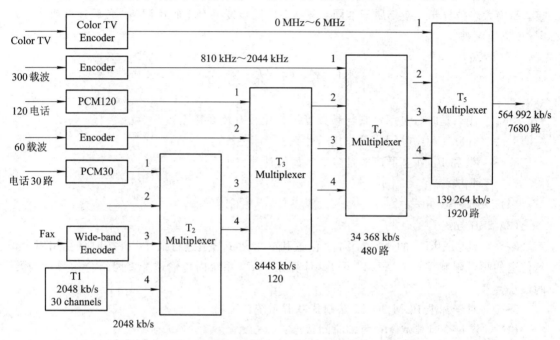

图 8-18　PCM 30/32 路系列数字复接体系(E 体系)

目前,复接器、分接器采用了先进的通信专用的超大规模集成芯片 ASIC,所有数字处理均由 ASIC 完成。其优点是设备体积小,功耗低(每系统功耗仅 13 W),增加了可靠性,减少了故障率,同时具有计算机监测接口,便于集中维护。

对高次群接口码型的要求与基带传输时对码型要求类似。线路与机器、机器与机器的接口必须使用协议的同一种码型。

一至四次群接口速率与码型如表 8-2 所示。

表 8-2　群接口速率与码型

群路等级	一次群(基群)	二次群	三次群	四次群
接口速率(kb/s)	2048	8448	34 368	139 264
接口码型	HDB$_3$	HDB$_3$	HDB$_3$	CMI

本 章 小 结

TDM 多用于数字通信之中。TDM 是指数字基带信号传输中各路信号按不同的时隙进行传输,其频域特性是混叠的。TDM 信号的带宽与取样速率及复用路数有关,TDM 系统需要严格的同步。总的来说，TDM系统使用数字逻辑器件，且对滤波器特性要求不高，应用较为广泛。

准同步数字体系（PDH）对不同话路数和不同速率进行复接，形成一个系列。有两者PDH传输制式，一种是30/32路制式，中国和欧洲一些国家使用；另一种是24路制式，日本和北欧一些国家使用。

根据复接器输入支路数字信号是否与本地定时信号同步，可分为同步复接和异步复接，而绝大多数异步复接都属于准同步复接。准同步复接有正码速调整、负码速调整和正/零/负码速调整。

思 考 与 练 习 8

8-1　什么是时分复用？它与频分复用相比较有什么特点？

8-2　时分复用中帧同步的作用是什么？

8-3　32路PCM基群速率是多少？如何计算？

（1）AM方式；

（2）DSB-SC方式；

（3）SSB方式。

8-4　设以8 kHz的速率对24个信道和一个同步信道进行抽样，并按时分复用组合，每信道的频带限制在3.3 kHz以下。试计算在PAM系统内传输这个多路组合信号所需要的最小带宽。

8-5　对于标准PCM 30/32路制式基群系统：

（1）计算每个时隙宽度和每帧时间宽度；

（2）计算信息传输速率和每比特时间宽度。

8-6　采用PCM 24路复用系统，每路抽样速率 $f_s=8$ kHz，每组样值用8 bit表示，每帧共有24个时隙，并加1 bit作为帧同步信号。试求每路时隙宽度与总群路的数码率。

8-7　设有24路最高频率 $f_m=4$ kHz的PCM系统，若抽样后量化级数为128，每帧增加1 bit作为帧同步信号，试求传输频带宽度及信息速率为多少？若有30路最高频率 $f_m=4$ kHz的PCM系统，抽样后量化级数为256，若插入两路同步信号，每路8 bit，重新求传输带宽和信息速率为多少？

8-8　对12路语音信号（每路信号的最高频率为4 kHz）进行抽样和时分复用，将所得脉冲用PCM基带系统传输，信号占空比为1。

（1）抽样后信号按8级量化，求PCM系统的信号带宽及最小信道带宽；

（2）若抽样后信号按128级量化，求PCM系统的信号带宽及最小信道带宽。

8-9　试比较FDM、TDM、WDM、CDM的特点，指出各自的优点和应用情况。

8-10　说明FDM与FDMA、TDM与TDMA以及CDM与CDMA之间的区别和联系。

8-11　移动通信系统中的多址通信技术有什么意义？常用的多址技术有哪些？并说明它们的特点。

8-12　简述数字复接原理。

8 - 13　数字复接器和分接器的作用是什么？

8 - 14　准同步复接和同步复接的区别是什么？

8 - 15　为什么数字复接系统中二次群的速率不是一次群（基群）的 4 倍？

8 - 16　采用什么方法形成 PDH 高次群？

8 - 17　为什么复接前首先要解决同步问题？

8 - 18　数字复接的方法有哪几种？PDH 采用哪一种？

8 - 19　为什么同步复接要进行码速变换？简述同步复接中的码速变换与恢复过程。

8 - 20　异步复接中的码速调整与同步复接中的码速变换有什么不同？

8 - 21　异步复接码速调整过程中，每个一次群在 $100.38\ \mu s$ 内插入几个比特？

8 - 22　异步复接二次群的数码率是如何算出的？

8 - 23　为什么说异步复接二次群一帧中最多有 28 个插入码？

8 - 24　什么叫 PCM 零次群？PCM 一至四次群的接口码型分别是什么？

8 - 25　SDH 的特点有哪些？

8 - 26　SDH 帧结构分哪几个区域？各自的作用是什么？

8 - 27　由 STM - 1 帧结构计算出：

(1) STM - 1 的速率；

(2) SOH 的速率；

(3) AU - PTR 的速率。

8 - 28　STM - 1 帧结构中，C - 4 和 VC - 4 的容量分别占百分之多少？

8 - 29　简述 139.264 Mb/s 支路信号复用映射进 STM - 1 帧结构的过程。

8 - 30　映射的概念是什么？

8 - 31　定位的概念是什么？指针调整的作用是什么？

8 - 32　码速变换与码速调整有什么异同点？

8 - 33　异步复接二次群的数码率是如何计算的？

8 - 34　为什么说异步复接二次群一帧中最多插入 28 个插入码？

8 - 35　PCM 一至四次群的接口码型是什么？

8 - 36　同步复接二次群一帧中有 4 比特的传输勤务电话的呼叫码，计算其传输速率。

8 - 37　重叠和错位的概念有何区别？

8 - 38　将 1000010100000000001 编成 HDB_3 码。

8 - 39　将 100111010 编成 CMI 码。

8 - 40　STM - 1 的传输速率是多少？最大容量是多少个 2M 口？

8 - 41　VC - 12 含有多少个 2M 口？传输速率是多少？

8 - 42　C - 12 传输速率是多少？TU - 12 传输速率是多少？

8 - 43　画出 2.048 Mb/s 支路的异步映射图。

8 - 44　画出 VC - 4 到 STM - 1 的映射图。

8 - 45　画出下列各种容器的结构图并计算出其速率：

(1) C - 4：周期为 125 μs，结构为 260×9 字节。

(2) C - 3：周期为 125μs，结构为 84×9 字节。

(3) C - 2：复帧周期为 500 μs，结构为 4×(12×9-2) 字节。

(4) C-12：复帧周期为 500 μs，结构为 $4 \times (4 \times 9 - 2)$ 字节。

(5) C-11：复帧周期为 500 μs，结构为 $4 \times (3 \times 9 - 2)$ 字节。

8-46　画出下列各种虚容器的结构图并计算出其速率：

(1) VC-4：周期为 125 μs，结构为 261×9 字节。

(2) VC-3：周期为 125 μs，结构为 85×9 字节。

(3) VC-2：复帧周期为 500 μs，结构为 $4 \times (12 \times 9 - 1)$ 字节。

(4) VC-12：复帧周期为 500 μs，结构为 $4 \times (4 \times 9 - 1)$ 字节。

(5) VC-11：复帧周期为 500 μs，结构为 $4 \times (3 \times 9 - 1)$ 字节。

8-47　画出下列各种 TU 和 AU 的结构图并计算出其速率：

(1) AU-4：周期为 125 μs，结构为 $261 \times 9 + 9$ 字节。

(2) AU-3：周期为 125 μs，结构为 $87 \times 9 + 3$ 字节。

(3) TU-3：复帧周期为 125 μs，结构为 $85 \times 9 + 3$ 字节。

(4) TU-2：复帧周期为 500 μs，结构为 $4 \times (4 \times 9)$ 字节。

(5) TU-12：复帧周期为 500 μs，结构为 $4 \times (4 \times 9)$ 字节。

(6) TU-11：复帧周期为 500 μs，结构为 $4 \times (3 \times 9)$ 字节。

第 9 章 同 步 原 理

【教学要点】

了解：载波同步技术；网同步技术。

熟悉：群同步技术。

掌握：位同步技术。

重点、难点：位同步技术的实现。

通信是收、发双方的事情，要使接收端和发送端的设备在时间上协调一致地工作，就必然涉及同步问题。在数字通信系统以及某些采用相干解调的模拟通信系统中，同步是一个重要的技术问题。本章将讨论同步的基本工作原理、实现方法及其性能指标。

9.1 概 述

数字通信的一个重要特点就是通过时间分割来实现多路复用，即时分多路复用。在通信过程中，信号的处理和传输都是在规定的时隙内进行的。为了使整个通信系统有序、准确、可靠地工作，收、发双方必须有一个统一的时间标准。这个时间标准就是靠定时系统去完成收、发双方时间的一致性，即同步。同步系统的性能将直接影响通信的质量，甚至会影响通信能否正常进行。为了解决同步问题，除了在通信设备中要相应地增加硬件和软件外，还时常需要在信号中增加使接收端同步所需的信息。这意味着可能需要为传输同步信息而增加传输时间和传输能量。这也是为解决同步问题所付出的代价，而此代价所换取的好处则是使接收端的性能改善，使最终得到的误码率下降。可以形象地讲，如果电源是数字通信设备和系统的血液，那么，同步系统就是数字通信设备和系统的神经。

9.1.1 不同功用的同步

同步按照其功用来区分，有载波同步、位同步(码元同步)、群同步(帧同步)和网同步等。

1. 载波同步

数字调制系统的性能是由解调方式决定的。在调制解调系统中，当采用相干解调(又称同步检测)时，接收端必须恢复出与发送端同频同相的载波，即相干载波。在接收端恢复这一相干载波的过程称为载波同步。载波同步是实现相干解调的先决条件。

2. 位同步

位同步又称码元同步。不管是基带传输，还是频带传输(相干或非相干解调)，都需要位同步。因为在数字通信系统中，消息是由一连串相继的信号码元序列传递的，解调时常需知道每个码元的起止时刻，以便在恰当的时刻进行码元的判决和再生。这些码元通常均具有相同的持续时间。由于传输信道的不理想，以一定速率传输到接收端的基带数字信号必然是混有噪声和干扰的失真了的波形。为了从该波形中恢复出原始的基带数字信号，就要对它进行取样判决。因此，要在接收端产生一个"码元定时脉冲序列"，这个码元定时序列的重复频率和相位(位置)要与接收码元的一致，以保证如下两点：

(1) 接收端的定时脉冲重复频率和发送端的码元速率相同；

(2) 取样判决时刻对准最佳取样判决位置。

这个码元定时脉冲序列称为"码元同步脉冲"或"位同步脉冲"。

我们把位同步脉冲与接收码元的重复频率和相位的一致称为码元同步或位同步，而把位同步脉冲的取得称为位同步提取。

3. 群同步

群同步又称为帧同步，它包含字同步、句同步、分路同步。对于数字信号传输来说，有了载波同步就可以利用相干解调解调出含有载波成分的基带信号包络，有了位同步就可以从不甚规则的基带信号中判决出每一个码元信号，形成原始的基带数字信号。然而，这些数字信号是按照一定的数据格式传送的，若干个码元代表一个字母(符号、数字)，而若干个字母组成一"字"，若干"字"组成一"句"，若干"句"构成一帧，从而形成群的数字信号序列。要在接收端正确地恢复出原来的信息，就必须识别出句或帧的起始时刻，否则接收端无法正确恢复出原来的信息。

在数字时分多路通信系统中，各路信码都安排在指定的时隙内传送，以形成一定的帧结构。在接收端为了正确地分离各路信号，首先要识别出每帧的起始时刻，从而找出各路时隙的位置。也就是说，接收端必须产生与字、句和帧起止时间相一致的定时信号。我们称获得这些定时序列的过程为帧(字、句、群)同步。比如在 PCM 30/32 电话系统中，在一个采样间隔内，发送第 1 路到第 30 路的语言编码，构成一帧。这个按次序排队的一串码字不断地发送出去，在接收端必须区分哪个是第一路的码字，哪个是第二路的码字。为了使接收端能够正确区分每一帧的起止位置，在发送端必须提供每帧的起止标记，而在接收端检测并获得这一标志的过程就是帧同步。

4. 网同步

通信网也有模拟网和数字网之分。在一个数字通信网中，往往需要把各个方向传来的信码，按它们的不同目的进行分路、合路和交换。为了有效地完成这些功能，必须实现网同步。随着数字通信的发展，特别是计算机通信的发展，多点(多用户)之间的通信和数据交换构成了数字通信网，信息在网络中传输。为了保障数字通信网能够稳定可靠地进行通信和数据交换，全网必须有一个统一的时间标准时钟，即整个网络必须要同步工作。实现整个网的同步称为通信网的网同步。

9.1.2　不同传输方式的同步

同步按照获取和传输同步信息方式的不同，可分为外同步和自同步。

1. 外同步

外同步又称辅助信息同步。它在正常传输的信息中附加或插入同步用的辅助信息，以达到在接收端提取同步信息的目的。常用的外同步法是由发送端发送专门的同步信息,接收端再把这个专门的同步信息检测出来作为同步信号的方法。

2. 自同步

发送端不发送专门的同步信息,而接收端设法从收到的信号中提取同步信息的方法,称为自同步。由于外同步需要传输独立的同步信号,因此,要付出额外的功率和频带。在实际应用中,二者都有采用。在载波同步中,两种同步方法都有采用,而自同步用得较多,原因是它可以把全部的功率和带宽分配给信号传输;在位同步中,大多采用自同步法,外同步法也有采用;而在群同步中,一般都采用外同步法。

无论采用哪种同步方式,对正常的信息传输来说都是必要的,只有收发之间建立了同步才能开始传输信息,所以,同步是进行信息传输的必要和前提条件。同步误差小、相位抖动小以及同步建立时间短、保持时间长等为同步的主要指标。这些指标是系统正常工作的前提,否则就会使数字通信设备的抗干扰性能下降,误码增加。如果同步丢失(或失步),将会使整个系统无法工作。因此,在数字通信同步系统中,要求同步信息传输的可靠性高于信号传输的可靠性。

9.2　载波同步技术

载波同步的方法通常有两种:直接法(自同步法)和插入导频法(外同步法)。

直接法是从接收信号中提取同步载波的方法。它可分为非线性变换-滤波法和特殊锁相环法两种。有些信号不含有载波分量,但如果采用非线性变换-滤波法,可首先对接收到的已调信号进行非线性处理,以得到相应的载频分量;然后,再用窄带滤波器或锁相环进行滤波,从而滤除调制谱与噪声引入的干扰。用直接法提取载波分量的另一个途径是采用特殊的锁相环,这种特殊锁相环具有从已调信号中消除调制和滤除噪声的功能,所以能鉴别接收已调信号中被抑制了的载波分量与本地 VCO 输出信号之间的相位误差,从而恢复出相应的相干载波。通常采用的特殊环路有:同相-正交环、逆调制环、判决反馈环和基带数字处理载波跟踪环等。

在抑制载波系统中无法从接收信号中直接提取载波如 DSB、VSB 和等概的 2PSK 本身都不含有载波分量,或即使含有一定的载波分量,也很难从已调信号中分离出来。为了获取载波同步信息,可以采取插入导频的方法。插入导频是指在已调信号的频谱中额外插入一个低功率的线状谱,以便接收端作为载波同步信号加以恢复的方法,此线状谱对应的正弦波称为导频信号。插入导频法也可以分为两种:一种是在频域插入,即在发送信息的频谱中或频带外插入相关的导频;另一种是在时域插入,即在一定的时段上传送载波信息。

对载波同步的要求是:发送载波同步信息所占的功率应尽量小,频带应尽量窄。载波同步的具体实现方案与它所采用的数字调制方式有着一定的关系。也就是说,具体采用哪一种载波同步方法,应视具体的调制方式而定。

9.2.1　非线性变换-滤波法

1. 平方变换法

平方变换法适合于抑制载波的双边带信号。图 9-1 是平方变换法提取同步载波成分的方框图。假设输入信号是 2PSK 信号，其已调信号为 $x(t)\cos\omega_c t$，同时有加性高斯白噪声，经过带通滤波器以后滤除了带外噪声。其中，信号 $x(t)\cos\omega_c t$ 经过平方律部件后输出 $e(t)$ 为

$$e(t) = [x(t)\cos\omega_c t]^2 = \frac{1}{2}x^2(t) + \frac{1}{2}x^2(t)\cos2\omega_c t \qquad (9-1)$$

式(9-1)的第二项$(\cos2\omega_c t)/2$ 中含有二倍频 $2\omega_c$ 成分，经过中心频率为 $2f_c$ 的窄带滤波器以后就可取出 $2f_c$ 的频率成分。这就是对已调信号进行非线性变换的结果。实际上，对于 2PSK 信号，$x(t)$ 是双极性矩形脉冲，设 $x(t)=\pm1$，则 $x^2(t)=1$，这样，已调信号 $x(t)\cos\omega_c t$ 经过非线性变换的平方律部件后得

$$e(t) = \frac{1}{2} + \frac{1}{2}\cos2\omega_c t \qquad (9-2)$$

由此可知，从 $e(t)$ 中很容易通过窄带滤波器取出 $2f_c$ 的频率成分，再经过一个二分频器就可得到 f_c 的频率成分，这就是所需要的同步载波。如果二分频电路处理不当，将会使 f_c 信号倒相，造成的结果就是"相位模糊"，即"反向工作"。对 2DPSK 则不存在相位模糊的问题。

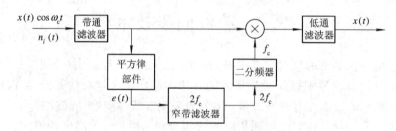

图 9-1 平方变换法提取同步载波成分方框图

2. 平方环法

为了改善平方变换的性能，使恢复的相干载波更为纯净，常常在非线性处理之后加入锁相环。具体做法是在平方变换法的基础上，把窄带滤波器改为锁相环，其原理方框图如图 9-2 所示，这样实现的载波同步信号的提取就是平方环法。由于锁相环具有良好的跟踪、窄带滤波和记忆功能，平方环法比一般的平方变换法的性能更好，因此，平方环法提取载波得到了广泛的应用。

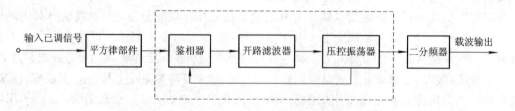

图 9-2 平方环法提取载波同步信号的方框图

3. 关于相位模糊问题的讨论

从图 9-2 所示的方框图中可以看出，由 $2f_c$ 窄带滤波器得到的是 $\cos2\omega_c t$，经过二分频以后得到的可能是 $\cos\omega_c t$，也可能是 $\cos(\omega_c t + \pi)$。这种相位的不确定性称为相位模糊或

相位含糊。相位模糊对模拟通信系统的影响不大，这是因为耳朵听不出相位的变化。但对于数字通信来说情况就不同了，相位不同将使解调后的码元反相，对于 2PSK 信号就可能出现"反向工作"的问题，因此要采用 2DPSK 系统。

9.2.2 特殊锁相环法

特殊锁相环法也属于直接提取（载波）法，通常有同相-正交环法、逆调制环法和判决反馈环法等。这里主要介绍同相-正交环法。

1. 同相-正交环法（科斯塔斯环法）

1）方框图及工作原理

科斯塔斯（Costas）环也是利用锁相环提取载频的，但它不需要对信号预先做平方处理，并且可以直接得到输出解调信号。这种方法的原理框图如图 9 - 3 所示。在这种环路中，压控振荡器提供两路相互正交的载波，与输入的二相 PSK 信号分别在同相和正交两个鉴相器中进行鉴相，经低通滤波器后得到 v_5、v_6，再送到一个乘法器相乘，去掉 v_5、v_6 中的数字信号，得到反映 VCO 与输入载波相位之差的误差控制信号 v_7。

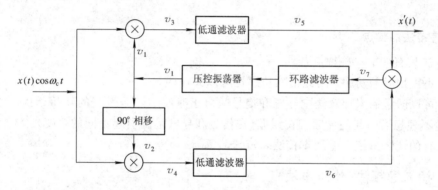

图 9 - 3　同相-正交环法原理框图

假定环路已锁定，若不考虑噪声，则环路的输入信号为

$$x(t) = \cos\omega_c t \tag{9-3}$$

同相与正交两鉴相器的本地参考信号分别为

$$\begin{cases} v_1 = \cos(\omega_c t + \theta) \\ v_2 = \cos(\omega_c t + \theta - 90°) = \sin(\omega_c t + \theta) \end{cases} \tag{9-4}$$

那么输入信号与 v_1、v_2 相乘后得

$$\begin{cases} v_3 = x(t)\,\cos\omega_c t \cdot \cos(\omega_c t + \theta) = \dfrac{1}{2}x(t)[\cos\theta + \cos(2\omega_c t + \theta)] \\ v_4 = x(t)\,\cos\omega_c t \cdot \sin(\omega_c t + \theta) = \dfrac{1}{2}x(t)[\sin\theta + \sin(2\omega_c t + \theta)] \end{cases} \tag{9-5}$$

经过低通滤波器后分别得

$$\begin{cases} v_5 = \dfrac{1}{2}x(t)\,\cos\theta \\ v_6 = \dfrac{1}{2}x(t)\,\sin\theta \end{cases} \tag{9-6}$$

v_5、v_6 经过乘法器后得

$$v_7 = v_5 \cdot v_6 = \frac{1}{4} x^2(t) \sin\theta \cos\theta = \frac{1}{8} x^2(t) \sin 2\theta$$

$$\approx \frac{1}{8} x^2(t) \cdot 2\theta = \frac{1}{4} x^2(t) \cdot \theta \tag{9-7}$$

这个电压经过环路滤波器以后控制 VCO，使它与 ω_c 同频，相位只差一个很小的 θ。此时，$v_1 = \cos(\omega_c t + \theta)$ 就是要提取的同步载波，而 $v_5 = \frac{1}{2} x(t) \cos\theta \approx \frac{1}{2} x(t)$ 就是解调器的输出。

2) 同相-正交环法的优缺点

科斯塔斯环法的优点有两个：一是科斯塔斯环工作在 ω_c 频率上，比平方环工作频率低，且不用平方器件和分频器；二是当环路正常锁定后，同相鉴相器的输出就是所需要解调的原数字序列。因此，这种电路具有提取载波和相干解调的双重功能。

科斯塔斯环法的缺点是电路较复杂以及存在着相位模糊的问题。初看起来这种方法中没有二分频器，似乎没有相位模糊问题，但仔细分析起来却同样存在相位模糊问题。因为当 $v_1 = \cos(\omega_c t + \theta + 180°)$ 时，经过计算得到的 v_7 也是 $(x^2(t)/8) \sin 2\theta$，因此 v_1 的相位也不确定。

2. 直接法的特点

直接法具有如下一些特点：

（1）不占用导频功率，因此信噪功率比可以大一些。

（2）可以防止插入导频法中导频和信号间由于滤波不好而引起的互相干扰，也可以防止因信道不理想而引起的导频相位误差（在信号和导频范围引起不同的畸变）。

（3）有的调制系统不能用直接法，如 SSB 系统。

9.2.3　插入导频法(外同步法)

插入导频法主要用于接收信号频谱中没有离散载频分量，且在载频附近频谱幅度很小的情况。有些信号中没有载波成分，如 DSB 信号、2PSK 信号等，这些信号可以用直接法（自同步法）提取同步载波，也可以用插入导频法（外同步法）；有的信号（如 VSB 信号）虽然含有载波但不易取出，对于这种信号可以用插入导频法；有的信号（如 SSB 信号）既没有载波又不能用直接法提取载波，此时只能用插入导频法。因此，我们有必要对插入导频法进行介绍。

1. 在 DSB 信号中插入导频

插入导频的位置应该在信号频谱为 0 的位置，否则导频与已调信号频谱成分会重叠在一起，接收时不易取出。对于模拟调制的信号，如双边带语音和单边带语音等信号，在载波 f_c 附近信号频谱为 0；但对于 2PSK 和 2DPSK 等数字调制的信号，在 f_c 附近的频谱不但有，而且比较大，因此对于这样的数字信号，在调制以前应先对基带信号 $x(t)$ 进行相关编码。相关编码的作用是把图 9-4(a) 所示的基带信号频谱函数变为图 9-4(b) 所示的频谱函数，这样经过双边带调制以后可以得到图 9-4(c) 所示的频谱函数。此时，在 f_c 附近频谱函数很小，且没有离散谱，这样可以在 f_c 处插入频率为 f_c 的导频（这里仅画出正频域）。

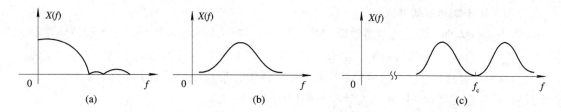

图 9 - 4 几种信号的正频域频谱图

(a) 相关编码前的频谱；(b) 相关编码后的频谱；

(c) 双边带调制后的频谱

由正向频谱可以看出，由于插入的这个导频与传输的上下边带是不重叠的，接收端容易通过窄带滤波器提取导频作为相干载波。在 DSB 发射机中插入导频的方框图如图 9 - 5 所示。图中除正常产生双边带信号外，振荡器的载波经移相 $\pi/2$ 网络产生一个正交的导频信号，二者叠加成输出信号。显然

$$u_o(t) = Ax'(t) \sin\omega_c t - a \cos\omega_c t$$

由于 $x'(t)$ 中无直流成分，因此 $Ax'(t) \sin\omega_c t$ 中无 f_c 成分，而 $a \cos\omega_c t$ 是插入的正交载波（导频）。

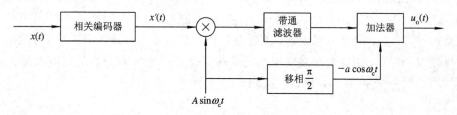

图 9 - 5 在 DSB 发射机中插入导频的方框图

接收机中的解调采用相干解调器，其方框图如图 9 - 6 所示。

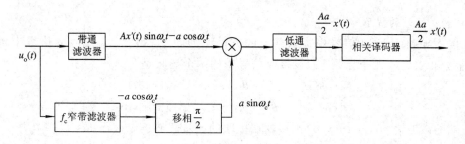

图 9 - 6 相干解调器

假设接收到的信号就是 $u_o(t)$，$u_o(t)$ 中的导频经过 f_c 窄带滤波器滤出来，再经过移相 $\pi/2$ 电路后得 $a \sin\omega_c t$，$u_o(t)$ 与 $a \sin\omega_c t$ 加到乘法器输出，即

$$[Ax'(t) \sin\omega_c t - a \cos\omega_c t] \cdot (a \sin\omega_c t) = Aax'(t) \sin^2\omega_c t - a^2 \sin\omega_c t \cdot \cos\omega_c t$$

$$= \frac{1}{2}Aax'(t) - \frac{1}{2}Aax'(t) \cos 2\omega_c t - \frac{1}{2}a^2 \sin 2\omega_c t$$

经过低通滤波器以后，得 $Aax'(t)/2$。

2. 在残留边带信号中插入导频

1) 残留边带频谱的特点

以下边带为例，残留边带滤波器应具有如图 9-7 所示的传输特性。f_c 为载波频率，从 $(f_c - f_m)$ 到 f_c 的下边带频谱绝大部分可以通过，而上边带信号的频谱 f_c 到 $(f_c + f_r)$ 只有小部分通过。这样，当基带信号为数字信号时，残留边带信号的频谱中包含有载频分量 f_c，而且 f_c 附近都有频谱，因此插入导频不能位于 f_c。

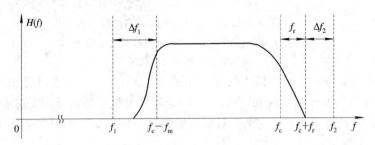

图 9-7　残留边带频谱

2) 插入导频 f_1、f_2 的选择

由于 f_c 附近有信号分量，所以，如果直接在 f_c 处插入导频，那么，该导频必然会受到 f_c 附近信号的干扰。由图 9-7 可以看出 f_1 和 f_2 不能与 $(f_c - f_m)$ 和 $(f_c + f_r)$ 靠得太近，太近不易滤出 f_1 和 f_2，但也不能太远，太远会占用过多频带。然而，可以在信号频谱之外插入两个导频 f_1 和 f_2，使它们在接收端经过某些变换后产生所需要的 f_c。假设两导频与信号频谱两端的间隔分别为 Δf_1 和 Δf_2，如图 9-7 所示，则

$$f_1 = (f_c - f_m) - \Delta f_1 \qquad (9-8)$$
$$f_2 = (f_c + f_r) + \Delta f_2 \qquad (9-9)$$

其中，f_r 是残留边带信号形成滤波器滚降部分占用带宽的一半；f_m 为基带信号的最高频率。

3) 载波信号的提取

在插入导频的 VSB 信号中提取载波的方框图如图 9-8 所示。接收的信号中包含有 VSB 信号和 f_1、f_2 两个导频。假设接收信号中的两个导频是

$$\begin{cases} \cos(\omega_1 t + \theta_1), \theta_1 \text{ 为第一导频的初相} \\ \cos(\omega_2 t + \theta_2), \theta_2 \text{ 为第二导频的初相} \end{cases}$$

若发送端的载波为 $\cos(\omega_c t + \theta_c)$，则接收端提取的同步载波也应该是 $\cos(\omega_c t + \theta_c)$。

如果两个导频经信道传输后，它们和已调信号中的载波都产生了频偏 $\Delta \omega(t)$ 和相偏 $\theta(t)$，那么提取出的载波也应该有相同频偏和相偏，才能达到真正的相干解调。从图 9-8 中我们可以看出，带通滤波器仅让 VSB 信号通过，而 f_1、f_2 被滤除。下面的两个窄带滤波器恰好让 f_1 和 f_2 分别通过，将 f_1 和 f_2 相乘后，得到一个频率成分较复杂的信号

$$v_1 = \cos[\omega_1(t) + \Delta \omega(t)t + \theta_1 + \theta(t)] \cdot \cos[\omega_2 t + \Delta \omega(t)t + \theta_2 + \theta(t)] \qquad (9-10)$$

将这一信号再经过一个 $(f_2 - f_1)$ 的低通滤波器，得到仅含有 $(f_2 - f_1)$ 的信号

$$v_2 = \frac{1}{2} \cos[2\pi(f_r + \Delta f_2)q \cdot t + \theta_2 - \theta_1] \qquad (9-11)$$

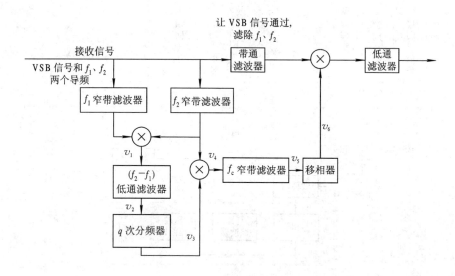

图 9 - 8　在插入导频的 VSB 信号中提取载波的方框图

其中

$$q = 1 + \frac{f_m + \Delta f_1}{f_r + \Delta f_2} \tag{9-12}$$

将其再 q 次分频，得到信号

$$v_3 = a \cos[2\pi(f_r + \Delta f_2)t + \theta_q] \tag{9-13}$$

再将 v_3 与 f_2 相乘，又得到 v_4 信号，v_4 信号中含有载频成分，于是将其进行窄带滤波，得到信号

$$f_c = \frac{1}{2}a \cos[\omega_c t + \Delta\omega(t)t + \theta(t) + \theta_2 - \theta_q] \tag{9-14}$$

将这一信号进行适当的相位调整，就得到了我们最终所需要的载波信号

$$v_6 = \frac{a}{2} \cos[\omega_c t + \Delta\omega(t)t + \theta_c + \theta(t)] \tag{9-15}$$

这种插入导频法在提取同步载波时，由于使用了 q 次分频器，因此也有相位模糊问题。

3. 时域中插入导频法

除了在频域中插入导频的方法以外，还有一种在时域中插入导频以传送和提取同步载波的方法。时域中插入导频法中对被传输的数据信号和导频信号在时间上加以区别，例如按图9-9(a)那样分配。把一定数目的数字信号分作一组，称为一帧。在每一帧中，除有一定数目的数字信号外，在 $t_0 - t_1$ 的时隙中传送位同步信号，在 $t_1 - t_2$ 的时隙内传送帧同步信号，在 $t_2 - t_3$ 的时隙内传送载波同步信号，而在 $t_3 - t_4$ 时间内才传送数字信息，以后各帧都如此。这种在时域插入导频只是在每帧的一小段时间内才作为载频标准的，其余时间是没有载频标准的。在接收端用相应的控制信号将载频标准取出以形成解调用的同步载波。但是由于发送端发送的载波标准是不连续的，在一帧内只有很少一部分时间存在，因此如果用窄带滤波器取出这个间断的载波是不能应用的。对于这种在时域中插入导频方式的载波提取，往往采用锁相环路，其方框图如图 9-9(b)所示。

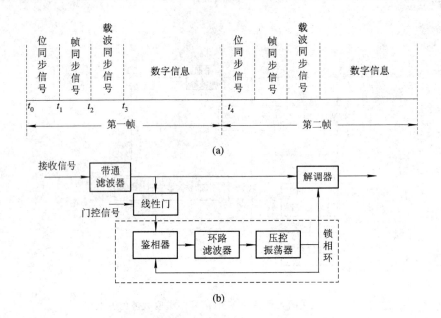

图 9 - 9 时域中插入导频法

（a）信号分配示意图；（b）采用锁相环路的方框图

4. 插入导频法的特点

插入导频法具有以下一些特点：

（1）有单独的导频信号，一方面可以提取同步载波，另一方面可以利用它作为自动增益控制。

（2）有些不能用直接法提取同步载波的调制系统只能用插入导频法。

（3）插入导频法要多消耗一部分不带信息的功率，因此，与直接法比较，在总功率相同的条件下信噪功率比还要小一些。

9.2.4 载波同步系统的性能指标

载波同步系统的主要性能指标有效率、精度、同步建立时间和同步保持时间。这些指标与提取的电路、信号及噪声的情况有关。当采用性能优越的锁相环提取载波时，这些指标主要取决于锁相环的性能，如稳态相位误差就是锁相环的剩余误差，即

$$\theta_e = \frac{\Delta\omega}{K_V}$$

其中，$\Delta\omega$ 为压控振荡角频率与输入载波角频率之差；K_V 是环路直流总增益。随机相差 σ_φ 实际是由噪声引起的输出相位抖动，它与环路等效噪声带宽 B_L 及输入噪声功率谱密度等有关。B_L 的大小反映了环路对输入噪声的滤除能力，B_L 越小，σ_φ 越小。同步建立时间 t_s 具体表现为锁相环的捕捉时间，而同步保持时间 t_c 具体表现为锁相环的同步保持时间。

1. 效率

为获得同步，载波信号应尽量少地消耗发送功率。在这方面，直接法由于不需要专门发送导频，因此是高效率的，而插入导频法由于插入导频要消耗一部分发送功率，因此效率要低一些。载波同步追求的就是高效率。

2. 精度

精度是指提取的同步载波与需要的载波标准比较，应该有尽量小的相位误差。如需要的同步载波为 $\cos\omega_c t$，提取的同步载波为 $\cos(\omega_c t + \Delta\varphi)$，$\Delta\varphi$ 就是相位误差，$\Delta\varphi$ 应尽量小。通常 $\Delta\varphi$ 又分为稳态相位误差 θ_e 和随机相位误差 σ_φ 两部分，即

$$\Delta\varphi = \theta_e + \sigma_\varphi$$

稳态相位误差与提取的电路密切相关，而随机相位误差则是由噪声引起的。

(1) 稳态相位误差主要是指载波信号通过同步信号提取电路以后，在稳态下所引起的相位误差。用不同方式提取载波同步信号，所引起的稳态相位误差就有所不同，我们期望 $\Delta\varphi$ 越小越好。

(2) 随机相位误差是由随机噪声的影响而引起的同步信号的相位误差。实际上，随机相位误差的大小也与载波提取电路的形式有关，不同形式就会有不同的结果。例如使用窄带滤波器提取载波同步，假设所使用的窄带滤波器为一个简单的单调谐回路，其品质因数为 Q，在考虑稳态相位误差 $\Delta\varphi$ 时，我们希望 Q 值小，而保证较小的稳态相位误差；但在考虑随机相位误差时，我们却希望 Q 值高，以减小随机相位误差。可见，这两种情况对 Q 值的要求是有矛盾的。因此，我们在选择载波提取电路时，要合理地选择参数，照顾主要因素，使相位误差减小到尽可能小的程度，以确保载波同步的高精度。

3. 同步建立时间(t_s)

t_s 是指从开机或失步到同步所需要的时间。这样对 t_s 的要求是越短越好，从而同步建立得快。

4. 同步保持时间(t_c)

t_c 是指同步建立后，若同步信号小时，系统还能维持同步的时间。这样对 t_c 的要求是越长越好，从而一旦建立同步以后就可以保持较长的时间。

9.3　位 同 步 技 术

9.3.1　位同步的概念

位同步是数字通信中非常重要的一种同步技术。

1. 位同步与载波同步的区别

位同步是指在接收端的基带信号中提取码元定时的过程。位同步与载波同步是截然不同的两种同步方式。在模拟通信中，没有位同步的问题，只有当接收机采用同步解调时才有载波同步的问题。但在数字通信中，一般都有位同步的问题。不论基带传输还是频带传输，在非相干解调中，不论是数字信号还是模拟信号都不需要同步载波；只有在相干解调中，才有同步载波提取的问题。

另外，在基带信号传输中也不需要同步载波的提取，这是因为基带传输时没有载波调制和解调的问题。载波同步信号一般要从频带信号中提取；而位同步信号一般可以在解调后的基带信号中提取，只有在特殊情况下才直接从频带信号中提取。

2. 对位同步信号的要求（即位同步信号的功用）

对位同步信号的要求有两方面：一是使收信端的位同步脉冲频率和发送端的码元速率相同；二是使收信端在最佳接收时刻对接收码元进行抽样判决。在一般接收时可在码元的中间位置抽样判决，而在最佳接收时则在码元的终止时刻抽样判决。

3. 位同步方法的分类

与载波同步方法相似，位同步方法也有直接法（自同步法）和插入导频法（外同步法）两种，而且直接法中也有滤波法和锁相法。

9.3.2 插入导频法（外同步法）

在无线通信中，数字基带信号一般都采用不归零的矩形脉冲，并以此对高频载波作各种调制。解调后得到的也是不归零的矩形脉冲，其码元速率为 f_b，码元宽度为 T_b。这种信号的功率谱在 f_b 处为 0，例如，双极性码的功率谱密度如图 $9-10(a)$ 所示，此时可以在 f_b 处插入位定时导频。

如果将基带信号先进行相关编码，经相关编码后的功率谱密度如图 $9-10(b)$ 所示，此时可在 $f_b/2$ 处插入位定时导频，接收端取出 $f_b/2$ 以后，经过二倍频得到 f_b。

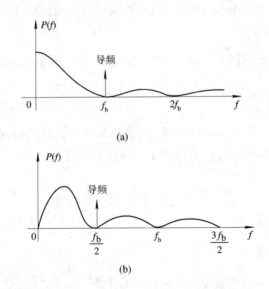

图 $9-10$ 双极性码的功率谱密度

(a) 相关编码前；(b) 相关编码后

图 $9-11(a)(b)$ 分别画出了发送端和接收端插入和提取位定时导频的方框图。首先在发送端要注意插入导频的相位，使导频相位对于数字信号在时间上具体有如下关系：当信号为正、负最大值（即取样判决时刻）时，导频正好是零点。这样避免了导频对信号取样判决的影响。但即使在发送端做了这样的安排，接收端仍要考虑抑制导频的问题，这是因为对信道的均衡不一定完善，即所有频率的时延不一定相等，因而信号和导频在发送端所具有的时间关系会受到破坏。

由接收端抑制插入导频的方框图 $9-11(b)$ 可以看出，窄带滤波器取出的导频 $f_b/2$ 经过移相和倒相后，再经过相加器把基带数字信号中的导频成分抵消。由窄带滤波器取出导

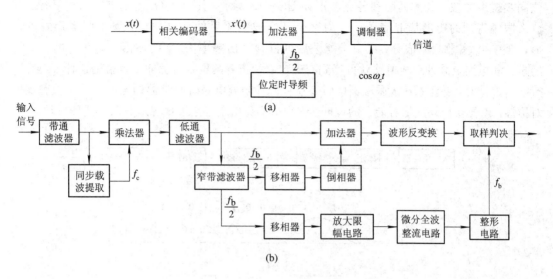

图 9-11 插入和提取位定时导频的方框图
(a) 发送端；(b) 接收端

频 $f_b/2$ 的另一路经过移相和放大限幅、微分全波整流、整形等电路，产生位定时脉冲，微分全波整流电路起到倍频器的作用。因此，虽然导频是 $f_b/2$，但定时脉冲的重复频率变为与码元速率相同的 f_b。图中的两个移相器都是用来消除窄带滤波器等引起的相移的，这两个移相器可以合用。

外同步法还有包络调制法及时域插入位同步法等。所谓包络调制法，就是用位同步信号的某种波形(通常采用外余弦脉冲波形)对已调相载波进行附加的幅度调制，使其包络随着位同步波形而变化，在接收端利用包络检波器和窄带滤波器就可以分离出位同步信号。所谓时域插入位同步法，是指在传送数字信息信号之前先传送位同步信息。同步信息不同于数字信息，在接收端首先鉴别出位同步信息，形成位同步基准。

9.3.3 自同步法

自同步法是运用同步提取电路完成同步信号的提取的。从功能上讲，该同步提取电路一般都由两部分组成：第一部分是非线性变换处理电路，它的作用是使接收信号或解调后的数字基带信号经过非线性变换处理后含有位同步频率分量或位同步信息；第二部分是窄带滤波器或锁相环路，它的作用是滤除噪声和其他谱分量，提取纯净的位同步信号。有一些特殊的锁相环可以同时完成上述两部分电路的功能。

1. 从基带数字信号中提取同步信息

1) 微分、全波整流滤波法

通常的基带数字信号是不归零的脉冲序列，如果传输系统的频率是不受限制的，则解调电路输出的基带数字信号是比较好的方波。于是可以采用微分、全波整流的方法将不归零序列变换成归零序列，然后用窄带滤波器来滤取位同步线谱分量。由于一般传输系统的频率总是受限的，因此解调电路输出的基带数字信号不可能是方波。所以在微分、全波整流电路之前通常加一放大限幅器，用它来形成方波。微分、全波整流滤波法是一种常规的位同步提取方法，其方框图和各点波形如图 9-12 所示，其中，$s(t)$ 为基带输入信号；v_1 为放大限幅得到的矩形基带信号；v_2 为微分及全波整流后的信号波形，属于归零形式的波形，含有 f_b 离散频率成分；经窄带滤波后可得到输出频率为 f_b 的波形，如图中的 v_3；再经过移相电路及脉冲形成电路就可得到有确定起始位置的位定时脉冲 v_4。采用这种方案在进行电路设计时，要注意放大限幅器的过零点性能和微分电路时间参数的选择以及全波整流的对称性，以便获得幅度尽可能大的位同步分量，避免由于电路不理想造成的干扰和抖动。

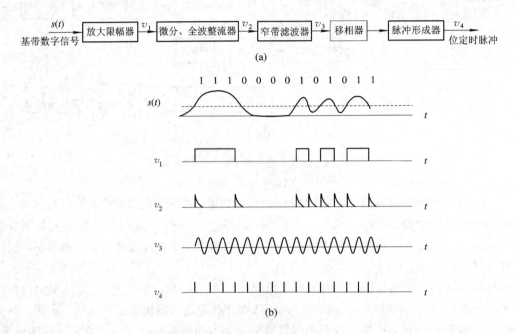

图 9-12　微分、全波整流滤波法方框图及各点波形
(a) 方框图；(b) 波形图

2) 从延迟解调的基带信号中滤取位同步分量

频带受限的相对移相的 PSK 信号经延迟解调后，其频谱中就包含有位同步分量，这是因为在二相相对移相系统中，任何一个码的载波相位都是以它前一个码的载波相位为参考的。对于连 1 码，每个码的载波都有 $180°$ 的相位反转。由于传输频带是受限的，在相位反转处就会产生包络的"陷落"，经过延迟解调后，就在基带信号的下半部波形上形成了"凹陷"。而对于连 0 码，载波没有相位反转，所以下半部分不会出现"凹陷"。正是下半部波形上的"凹陷"，使得延迟解调的基带信号中含有位同步分量。从延迟解调的基带信号中提取位同步分量的方框图和波形如图 9-13 所示。图中窄带滤波器前端的信号应是经过延迟解调而得到的基带数字信号。图中的后半部分对位同步信号的处理与上一方法基本相同，不同之处是首先取出信号中"凹陷"部分含有位同步信息的成分 v_2。

3) 延迟相乘滤波法

对于频带不受限的方波基带信号或频带受限的基带信号，预先经过了方波形成电路将其变成了方波，可以采用延迟相乘滤波法来提取位同步信号。因为基带信号 $s(t)$ 和延迟相乘基带信号 $s(t-\tau)$ 相乘后，就能产生归零的窄脉冲序列，所以经过窄带滤波器就能滤出位同步线谱分量。此法的原理方框图及波形如图 9-14 所示。

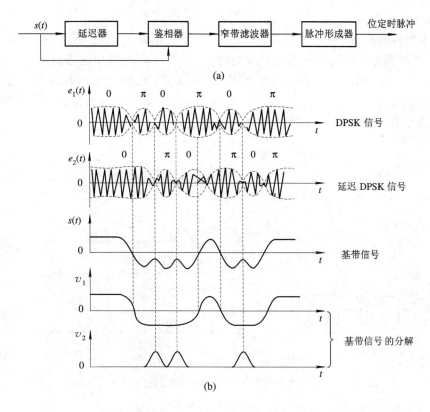

图 9 - 13　从延迟解调的基带信号中提取位同步分量的方框图和波形

（a）方框图；（b）波形图

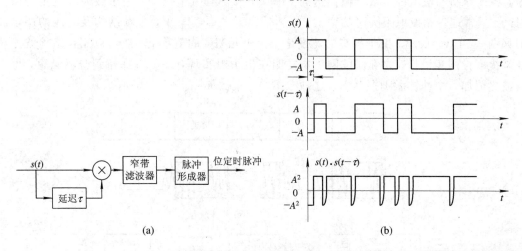

图 9 - 14　延迟相乘滤波法的原理方框图及波形

（a）方框图；（b）波形图

2. 从已调信号中提取位同步信息

从中频已调信号中提取位同步信息的方法，在数字微波中继通信和数字卫星通信系统中也常采用。从解调基带信号中提取位同步信息要求先恢复载波同步，而从中频已调信号中提取位同步信息则可以和提取载波同步信息一起进行。下面介绍两种提取位同步信息的方法。

1）包络检波滤波法

（1）采用包络检波滤波法从频带受限的中频 PSK 信号中提取位同步信息。由于频带受限的中频 PSK 信号在相位反转点处形成幅度的"陷落"，因此采用包络检波滤波法来提取位同步信息。这种方法的方框图和波形如图 9–15 所示。已调中频 PSK 信号经过包络检波后获得包络信号 $s(t)$，$s(t)$ 减去 v_1 后可以得到 v_2。v_2 是具有一定脉冲形状的归零码序列，它含有位同步的线谱分量，可以用窄带滤波器滤取之。

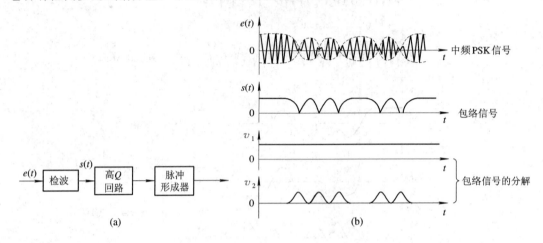

图 9–15　从中频 PSK 信号中提取位同步信息的方框图和波形

（a）方框图；（b）波形图

（2）采用包络检波滤波法从报头中提取位同步信息。在时分多址数字卫星通信系统中，各地球站的信息都是按子帧传送的。每一子帧都有一个报头，用于载波和位定时恢复时间。通常地球站发射报头时功率大，发射信息部分时功率小，分帧结构及对应的调幅波形如图 9–16(a) 所示。由于报头的宽度是一个码元宽度的整数倍，故可以用包络检波滤波法来提取位同步信号。为确保位同步恢复能在报头内实现，并一直保持到分帧结束，可在滤波之前加一个冲击激励振荡器。这种方案的方框图如图 9–16(b) 所示。

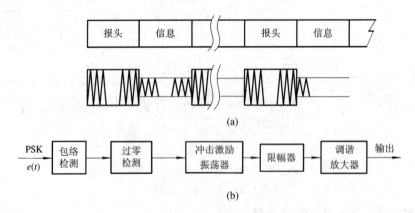

图 9–16　从报头中提取位同步信息

（a）分帧结构及对应的调幅波形；（b）方框图

2）延迟相干滤波法

当中频滤波器的带宽远大于信号频谱宽度或由于在中频放大器中采用了对称限幅器而将包络削平时，无法采用包络检波滤波法来提取位同步信息。

在这种频带不受限的情况下，采用延迟相干滤波法从中频 PSK 信号中提取位同步信息是一种可行的方案，其方框图和波形图如图 9-17 所示。这里延迟时间为 τ，$\tau < T_s$。从波形图中可以看出，经移相的中频二相 PSK 信号 $e_1(t)$ 和经过延迟 τ 时间的信号 $e_2(t)$ 在相位检波器中相乘后，得到一组脉冲宽度为 τ 的归零序列 $v(t)$，它包含有位同步频率分量，可以用窄带滤波器滤取。

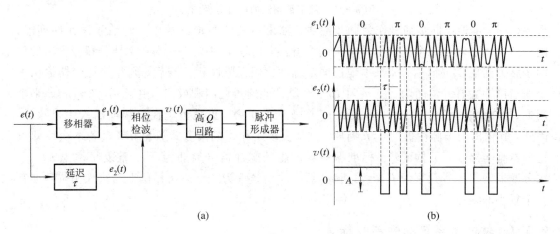

图 9-17　延迟相干滤波法

(a) 方框图；(b) 波形图

很显然，$v(t)$ 归零脉冲序列所含位同步分量的大小与归零脉冲的幅度和宽度有关，而脉冲的宽度决定延迟时间 τ，脉冲的幅度在一定的延迟时间 τ 的情况下和移相器的移相值 φ 有关。当 $\tau \to T_s$ 时，$v(t)$ 将变为非归零码，它将不再含有位同步分量；当 $\tau \to 0$ 时，$v(t)$ 的每个宽度趋于零，它含的位同步分量也将趋于无穷小。可见，在 $0 \sim T_s$ 之间，延迟时间 τ 有最佳值，它能使 $v(t)$ 中的位同步分量达到最大值。实际上，当 τ 值等于码元长度 T_s 的一半（即 $T_s/2$）时，所含的位同步分量达到最大值。所以采用延迟相干滤波法从频带不受限的中频 PSK 信号中提取位同步信息时，应该选取延迟时间等于码长 T_s 的 1/2。

3. 锁相法提取位同步信号

前面介绍的滤波法中的窄带滤波器可以用简单谐振电路等滤波电路，也可以用锁相环路。用锁相环路替代一般窄带滤波器以提取位同步信号的方法就是锁相法。锁相法的基本原理是在接收端利用一个相位比较器，比较接收码元与本地码元定时（位定时）脉冲的相位，若两者相位不一致，即超前或滞后，就会产生一个误差信号，通过控制电路去调整定时脉冲的相位，直至获得精确的同步为止。在数字通信中，常用数字锁相法，其原理方框图如图 9-18 所示。

由图 9-18 可知，由晶体振荡器组成的高稳定度标准源产生的信号，经形成网络获得周期为 T_0 和周期为 T_0 但相位滞后 $T_0/2$ 的两列脉冲序列 u_1 和 u_2。u_1 通过常开门和或门，加到分频器，经分频形成本地位同步脉冲序列。为了与发送端时钟同步，分频器输出信号与接收到的码元序列同时加到相位比较器进行比相。如果二者完全同步，此时比相器没有

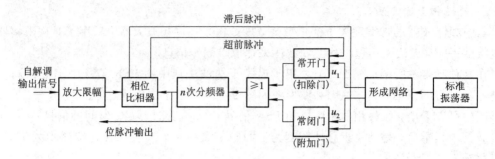

图 9-18 数字锁相法的原理方框图

误差信号，本地位同步信号作为同步时钟。如果本地位同步信号相位超前于码元序列时，则相位比较器输出一个超前脉冲去关闭常开门，扣除 u_1 中的一个脉冲，使分频器输出的位同步脉冲滞后 $1/n$ 周期；如果本地位同步脉冲比码元脉冲相位滞后，则相位比较器输出一个滞后脉冲去打开常闭门，使 u_2 中的一个脉冲能通过此门和或门，由于 u_1 和 u_2 相差半个周期，因此 u_2 中的一个脉冲插入到 u_1 中不产生重叠。正是由于在分频前插入一个脉冲，因此，其输出同步脉冲提前 $1/n$ 周期，这就实现了相位的离散式调整，经过若干次后即可达到本地与接收码元的同步。标准振荡器产生的脉冲信号周期为 T_0，重复频率为 nf_1，n 次分频器输出信号频率为 f_1，经过调整后其输出频率为 f_b，但在相位上与输入相位基准有一个很小的误差。

9.3.4 位同步系统的性能指标

位同步系统的性能与载波同步系统的性能类似，它的性能指标除了效率（直接由提取方法决定，插入导频法效率低于直接法）以外，主要有相位误差（精度）、同步建立时间、同步保持时间和同步带宽。下面分别加以讨论。

1. 相位误差

位同步信号的平均相位和最佳取样点的相位之间的偏差称为静态相差。静态相差越小，误码率越低。

对于用数字锁相法提取位同步信号而言，相位误差主要是由于位同步脉冲的相位在跳变地调整时所引起的。因此调整一次，相位改变 $2\pi/n$（n 是分频器的分频次数），故最大的相位误差为 $2\pi/n$，用角度表示为 $360°n$。若用时间差 T_e 来表示相位误差，因每码元的周期为 T，故得

$$T_e = \frac{T}{n} \tag{9-16}$$

可见，n 越大，最大的相位误差越小。

2. 同步建立时间

同步建立时间即为失去同步后重建同步所需的最长时间。通常要求同步建立的时间要短。为了求这个最长时间，令位同步脉冲的相位与输入信号码元的相位相差 $T/2$ 秒，而锁相环每调整一步仅为 T/n 秒，故所需最大的调整次数为

$$N = \frac{T/2}{T/n} = \frac{n}{2} \tag{9-17}$$

　　由于接收码元是随机的，对二进制码而言，相邻两个码元(01、10、11、00)中，有或无过零点的情况各占一半。我们在前面所讨论的两种数字锁相法中都是从数据过零点中提取作比相用的基准脉冲的，因此平均来说，每两个脉冲周期($2T$)可能有一次调整，所以同步建立时间为

$$t_s = 2TN = nT(\text{s}) \tag{9-18}$$

3. 同步保持时间

　　同步建立后，一旦输入信号中断，或者遇到长连 0 码、长连 1 码，由于接收码元没有了过零脉冲，锁相系统没有输入相位基准而不起作用，此时收、发双方的固有位定时重复频率 f 和 f_1(由晶体振荡器决定)存在误差，因此接收端同步信号的相位就会逐渐发生漂移，时间越长，相位漂移越大，直至漂移量达到某一基准的最大值，就算失真。从含有位同步信息的接收信号建立开始到位同步提取输出的正常位同步信号中断为止的这段时间，称为位同步保持时间。

　　显然，同步保持时间越长越好。

4. 同步带宽

　　同步带宽是指位同步频率与码元速率之差。如果这个频差超过一定的范围，就无法使接收端位同步脉冲的相位与输入信号的相位同步，达不到同步的目的。

　　因此，要求同步带宽越小越好。

9.4　群同步(帧同步)技术

　　载波同步解决了同步解调问题，把频带信号解调为基带信号。而位同步确定了数字通信中各个码元的抽样判决时刻，即把每个码元加以区别，使接收端得到一连串的码元序列。这一连串的码元序列代表一定的信息，通常由若干个码元代表一个字母(或符号、数字)，而由若干个字母组成一个字，若干字组成一个句。在传输数据时则把若干个码元组成一个码组。群同步的任务就是在位同步的基础上识别出数字信息群(字、句、帧)的起始时刻，使接收设备的群定时与接收到的信号中的群定时处于同步状态。

　　数字信号的结构在进行系统设计时都是事先安排好的，字、句、帧都是由一定的码元数组成的，因此，字、句、帧的周期都是码元长度的整数倍。所以接收端在恢复出位同步信号之后，经过对位同步脉冲分频就很容易获得与发送端字、句、帧同频的相应的群定时信号。不过，这样并没有完全解决群同步的问题，虽然重复频率相同了，但它们的起始时刻还没有与接收信号中的字、句、帧的起始时刻对齐，也就是说还有一个相位标准问题，所以发送端应向接收端传送群同步信息来完成这一标准。这就是群同步技术需要解决的问题。

　　实现群同步的方法一般可以分为两类：第一类方法是在发送的数字信号序列中插入群同步脉冲或群同步码作为群(字、句、帧)的起始标志，这类方法称为外同步法；第二类方法是利用数字信号序列本身的特性来恢复群同步信号，例如某些具有纠错能力的抗干扰编码具有这种特性，这种方法称为自同步法。本章只介绍外同步法。

9.4.1 对群同步系统的基本要求

群同步问题实质上是一个对群同步标志进行检测的问题。群同步系统通常应满足以下基本要求：

（1）正确建立同步的概率要大，即漏同步概率要小，错误同步或假同步的概率要小；

（2）捕获时间要短，即同步建立的时间要短；

（3）稳定地保持同步，采取保持措施，使同步保持时间持久稳定；

（4）在满足群同步性能要求的条件下，群同步码的长度应尽可能短些，这样可以提高信息传输效率。

在通信设备中同步系统的工作稳定可靠是十分重要的，但数字信号在传输过程中会因出现误码而影响同步。其中，一种是由信道噪声等引起的随机误差，此类误码造成群同步码的丢失往往是一种假失步现象，在满足一定误码率条件下，此种假失步系统能自动地迅速恢复正常，同步系统此时并不动作；另一种是突发干扰造成的误码，当出现突发干扰或传输信道性能劣化时，往往会造成码元大量丢失，使同步系统因连续检不出群同步码而处于真失步状态。此时，同步系统必须重新捕捉，从恢复的码流中捕捉群同步码，重新建立同步。为了使群同步系统具有识别假失步的能力，特别引入了前方保护时间的概念。前方保护时间是指从第一个同步码丢失起到同步系统进入捕捉状态为止的一段时间。

在同步系统处于捕捉状态后，要从码流中重新检出同步码以完成群同步。但是，无论选择何种同步码型，信息码流中都有可能出现与同步码图案相同的码组，而造成同步动作，这种码组称为伪同步码。若群同步系统不能识别伪同步码，将导致系统进入误同步状态，使整个通信系统不稳定。为了避免进入伪同步而引入了后方保护时间的概念。后方保护时间是指从同步系统捕捉到第一个真同步码到进入同步状态的一段时间。前方保护时间和后方保护时间的长短与同步码的插入方式有关。

9.4.2 起止式同步法

数字电传机中广泛使用起止式同步法。它用 5 个码元代表一个字母（或符号等），在每个字母开始时，先发送一个码元宽度的负值脉冲，再传输 5 个单元编码信息，接着再发送一个宽度为 1.5 个码元的正值脉冲。开头的负值脉冲称为"起脉冲"，它起着同步的作用；末尾的正值脉冲称为"止脉冲"，它使得在下一个字母开始传送之前产生一个间歇。接收端就是根据 1.5 个码元宽度的正电平第一次转换到负电平这一特殊规律来确定一个字的起始位置的，从而实现了群同步。一个字母实际上由图 9-19 所示的占有 7.5 个码元宽度的波形组成。

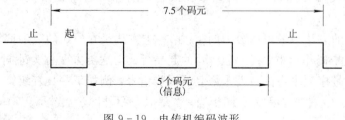

图 9-19　电传机编码波形

由于这种同步方式中的止脉冲宽度与码元宽度不一致，因此会给同步数字传输带来不便。另外，在这种起止式同步方式中，7.5 个码元中只有 5 个码元用于传输信息，所以效率较低。但起止同步法有简单易行的优点。

9.4.3　连贯式插入法

连贯式插入法又称为集中插入法。这种方法就是将帧同步码以集中的形式插入到信息码流一帧的开始处。此方法的关键是要找出作为群同步码组的特殊码组，这个特殊码组，一方面在信息码元序列中不易出现以便识别，另一方面识别器也要尽量简单。最常用的群同步码组是巴克码或其他码型。例如，在 PCM 30/32 路系统中，群同步的方式采用的就是连贯式插入法，它们的码型是"0011011"。连贯式插入法的优点是能够迅速地建立群同步。下面重点论述巴克码。

1. 巴克码

巴克码是一种具有特殊规律的二进制码组，是有限长的非周期序列。它的特殊规律是：若一个 n 位的巴克码 $\{x_1, x_2, x_3, \cdots, x_n\}$ 的每个码元 x_i 只可能取值 $+1$ 或 -1，则必然满足条件

$$R(j) = \sum_{i=1}^{n-j} x_i x_{i+j} = \begin{cases} n, & j = 0 \\ 0, +1, -1, & 0 < j < n \end{cases} \tag{9-19}$$

其中，$R(j) = \sum_{i=1}^{n-j} x_i x_{i+j}$ 称为局部自相关函数。目前已找到的巴克码组如表 9-1 所示，表中"$+$"表示 $+1$，"$-$"表示 -1。

表 9-1　巴 克 码 组

位 数 n	巴 克 码 组
2	$+ +$；$- +$
3	$+ + -$
4	$+ + + -$；$+ + - +$
5	$+ + + - +$
7	$+ + + - - + -$
11	$+ + + - - - + - - + -$
13	$+ + + + + - - + + - + - +$

以 $n = 7$ 为例，它的局部自相关函数如下：

当 $j = 0$ 时，$R(1) = \sum_{i=1}^{7} x_i^2 = 1 + 1 + 1 + 1 + 1 + 1 + 1 = 7$；

当 $j = 1$ 时，$R(1) = \sum_{i=1}^{6} x_i x_{i+1} = 1 + 1 - 1 + 1 - 1 - 1 = 0$；

当 $j = 2$ 时，$R(2) = \sum_{i=1}^{5} x_i x_{i+2} = 1 - 1 - 1 - 1 + 1 = -1$。

同样可以求出 $j=3,4,5,6,7$ 以及 $j=-1,-2,-3,-4,-5,-6,-7$ 时 $R(j)$ 的值为

$$j=0, \qquad\qquad R(1)=7$$
$$j=\pm1,\pm3,\pm5,\pm7, \qquad R(j)=0$$
$$j=\pm2,\pm4,\pm6, \qquad\qquad R(j)=-1$$

根据这些值，可以作出 7 位巴克码的 $R(j)$ 与 j 的关系曲线，见图 9-20。

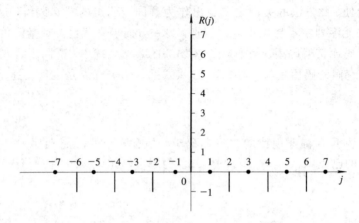

图 9-20 7 位巴克码的 $R(j)$ 与 j 的关系曲线

由图 9-20 可以看出，自相关函数在 $j=0$ 时具有尖锐的单峰特性。局部自相关函数具有尖锐的单峰特性正是连贯式插入群同步码组的主要要求之一。

2. 巴克码识别器

仍以 7 位巴克码为例。用 7 级移位寄存器、相加器和判决器就可以组成一个巴克码识别器，如图 9-21 所示。7 级移位寄存器的 1、0 按照 1110010 的顺序接到相加器，接法与巴克码的规律一致。当输入码元加到移位寄存器时，如果图中某移位寄存器进入的是 1 码，则该移位寄存器的 1 端输出为 +1，0 端输出为 -1；反之，若某移位寄存器进入的是 0 码，则该移位寄存器的 1 端输出为 -1，0 端输出为 +1。

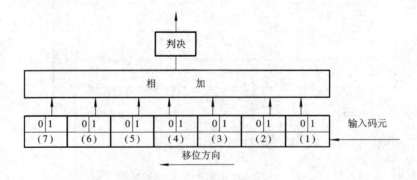

图 9-21 7 位巴克码识别器

实际上，巴克码识别器是对输入的巴克码进行相关运算的。当一帧信号到来时，首先进入识别器的是群同步码组，只有当 7 位巴克码在某一时刻正好全部进入 7 位寄存器时，7 个移位寄存器输出端都输出 +1，相加后的最大输出为 +7，其余情况相加结果均小于

+7。对于数字信息序列，几乎不可能出现与巴克码组相同的信息，故识别器的相加输出也只能小于+7。若判别器的判决门限电平定为+6，那么就在 7 位巴克码的最后一位 0 进入识别器时，识别器输出一个同步脉冲表示一群的开头。一般情况下，信息码不会正好都使移位寄存器的输出为+1，因此实际上更容易判定巴克码全部进入移位寄存器的位置。

9.4.4　间歇式插入法

间歇式插入法又称为分散插入法，它是将群同步码以分散的形式插入信息码流中的。这种方式比较多地用在多路数字电路系统中。间歇式插入的示意图如图 9-22 所示，群同步码均匀地分散插入在一帧之内。帧同步码可以是 1、0 交替码型。例如，在 24 路 PCM 系统中，一个抽样值用 8 位码表示，此时 24 路电话都抽样一次共有 24 个抽样值、192 个信息码元。192 个信息码元作为一帧，在这一帧插入一个群同步码元，这样一帧共有 193 个码元。接收端检出群同步信息后，再得出分路的定时脉冲。

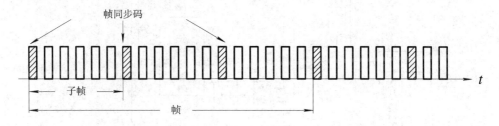

图 9-22　间歇式插入的示意图

间歇式插入法的缺点是当失步时，同步恢复时间较长，如果发生了群失步，则需要逐个码位进行比较检验，直到重新收到群同步的位置才能恢复群同步。此法的另一缺点是设备较复杂，它不像连贯式插入法那样将群同步信号集中插入在一起，而是要将群同步在每一子帧里插入一位码，这样群同步码编码后还需要加以存储。

9.4.5　群同步的保护

在数字通信系统中，由于噪声和干扰的影响，当有误码存在时，就会有漏同步的问题；另外，由于信息码中也可能偶然出现群同步码，这样就会产生假同步的问题。为此，要增加群同步的保护措施，以提高群同步性能。下面着重讲述连贯式插入法中的群同步保护问题。

最常用的保护措施是将群同步的工作划分为两种状态，即捕捉态和维持态。要提高群同步的工作性能，就必须要求漏同步概率 P_1 和假同步概率 P_2 都要低，但这一要求与对识别器判决门限的选择是矛盾的。因为在群同步识别器中，只有降低判决门限电平，才能减少漏同步，但是为了减少假同步，只有提高判决门限电平。因此，我们把同步过程分为两种不同的状态，以便在不同状态对识别器的判决门限电平提出不同的要求，从而达到降低漏同步和假同步的目的。

捕捉态：判决门限提高，判决器容许群同步码组中最大错码数会下降，假同步概率 P_2 就会下降。

维持态：判决门限降低，判决器容许群同步码组中最大错码数会上升，漏同步概率 P_1

就会下降。

连贯式插入法群同步保护的原理图如图 9-23 所示。在同步未建立时，系统处于捕捉态，状态触发器 C 的 Q 端为低电平，此时同步码组识别器的判决电平较高，因而减小了假同步的概率。一旦识别器有输出脉冲，由于触发器的 $\overline{Q}$ 端此时为高电平，于是经或门使与门 1 有输出。与门 1 的一路输出至分频器使之置"1"，这时分频器就输出一个脉冲加至与门 2，该脉冲还分出一路经过或门又加至与门 1。与门 1 的另一路输出加至状态触发器 C，使系统由捕捉态转为维持态，这时 Q 端变为高电平，打开与门 2，分频器输出的脉冲就通过与门 2 形成群同步脉冲输出，因而同步得以建立。

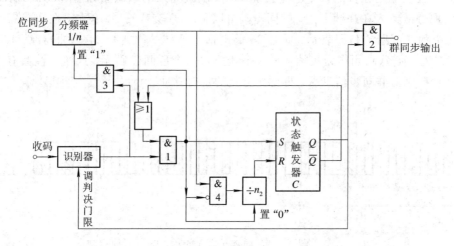

图 9-23 连贯式插入法群同步保护原理图

同步建立以后，系统处于维持态。为了提高系统的抗干扰和抗噪声的性能以减小漏同步概率，具体做法就是利用触发器在维持态时 Q 端输出高电平去降低识别器的判决门限电平。另外，同步建立以后，若在分频器输出群同步脉冲的时刻，识别器无输出，则可能是系统真的失去同步，也可能是由偶然的干扰引起的，只有连续出现 n_2 次这种情况才能认为真的失去同步。这时与门 1 连续无输出，经"非"后加至与门 4 的便是高电平，分频器每输出一脉冲，与门 4 就输出一脉冲。这样连续 n_2 个脉冲使"$\div n_2$"电路计满，随即输出一个脉冲至状态触发器 C，使状态由维持态转为捕捉态。当与门 1 不是连续无输出时，"$\div n_2$"电路未计满就会被置"0"，状态就不会转换，因此增加了系统维持态时的抗干扰能力。

同步建立以后，信息码中的假同步码组也可能使识别器有输出而造成干扰，然而在维持态下，这种假识别的输出与分频器的输出是不会同时出现的，因而这时与门 1 就没有输出，故不会影响分频器的工作，因此这种干扰对系统没有影响。

9.4.6 群同步系统的性能指标

本章在开头就对群同步系统提出了具体要求，这些要求基本反映了群同步系统的性能情况。群同步实质上就是要正确地检测群同步的标志问题，防止漏检，同时还要防止错检。群同步系统建立时间应该尽量短，并且在群同步建立后应有较强的抗干扰能力。通常用群同步可靠性(包括漏同步概率 P_1、假同步概率 P_2)和群同步平均建立时间 t_s 以及群同步的效率来衡量这些性能。

1. 群同步可靠性

群同步可靠性受两个因素的影响：第一，由于干扰的存在，接收的同步码组中可能出现一些错误码元，从而使识别器漏识别已发出的同步码组，出现这种情况的概率称为漏同步概率，记为 P_1；第二，在接收的数字信号序列中，也可能在表示信息的码元中出现与同步码组相同的码组，它被识别器识别出来误认为是同步码组而形成假同步信号，出现这种情况的概率称为假同步概率，记为 P_2。这两种概率是衡量群同步可靠性的主要指标。

为使漏同步概率下降，例如在连贯式插入法中，要识别群同步信号而不致产生漏同步，可将识别器的判决门限电平由 $+6\,\mathrm{V}$ 降为 $+4\,\mathrm{V}$，这样在同步码组中存在一个错误码元时，仍可识别出来。但是，这样就会使假同步的概率增大，因为任何仅与同步码组有一码元差别的消息码组，都可以被当作同步码组识别出来。所以，P_1 与 P_2 这两个指标之间是矛盾的，判决门限的选值必须兼顾二者的要求。

设 P_e 为码元错误概率，n 为同步码组的码组元数，m 为判决器容许码组中的错误码元最大数，则同步码组码元 n 中所有不超过 m 个错误码元的码组都能被识别器识别。因而，未漏同步概率为

$$\sum_{r=0}^{m} C_n^r P_e^r (1-P_e)^{n-r}$$

故得漏同步概率为

$$P_1 = 1 - \sum_{r=0}^{m} C_n^r P_e^r (1-P_e)^{n-r} \tag{9-20}$$

假同步概率 P_2 的计算就是计算信息码元中能被判为同步码组的组合数与所有可能的码组数之比。设二进制信息码中 1、0 码等概率出现，$P(1)=P(0)=0.5$，则由该二进制码元组成 n 位码组的所有可能的码组数为 2^n 个，而其中能被判为同步码组的组合数也与 m 有关。若 $m=0$，只有 C_n^0 个码组能识别；若 $m=1$，则有 $C_n^0 + C_n^1$ 个码组能识别，其余类推。写成普遍式，信息码中可被判为同步码组的组合数为

$$\sum_{r=0}^{m} C_n^r$$

由此可得假同步概率的普遍式为

$$P_2 = \frac{1}{2^n} \sum_{r=0}^{m} C_n^r \tag{9-21}$$

【例 9.1】　设群同步码组中的码元数 $n=7$，系统的误码率 $P_e=10^{-3}$，当最大错码数 $m=1$ 时，试求其可靠性指标。

解　漏同步概率为

$$P_1 = 1 - \sum_{r=0}^{1} C_7^r (1-10^{-3})^{7-r} \times 10^{-3}$$

$$= 1 - (1-10^{-3})^7 \times 10^{-3} - 7 \times (1-10^{-3})^6 \times 10^{-3}$$

$$\approx 2.1 \times 10^{-5}$$

假同步概率为

$$P_2 = \frac{1}{2^7} \sum_{r=0}^{1} C_7^r = \frac{1}{2^7}(1+7) = 6.3 \times 10^{-2}$$

从式$(9-20)$和式$(9-21)$以及例 9.1 可以看出，当 m 增大时，P_1 减小很快，而 P_2 在增加；当 n 增大时，P_1 在增加，而 P_2 减小很快。因此 P_1 和 P_2 总是有矛盾的，对 m 和 n 的选择要兼顾对 P_1 和 P_2 的要求。

2. 群同步平均建立时间 t_s

对于连贯式插入法，假设漏同步和假同步都不出现，在最不利的情况下，实现帧同步最多需要一帧时间。设每帧的码元数为 N，每码元的时间宽度为 T_b，则一帧的时间为 NT_b。在建立同步的过程中，如出现一次漏同步，则建立时间要增加 NT_b；如出现一次假同步，建立时间也要增加 NT_b。因此，帧同步的平均建立时间为

$$t_s = (1 + P_1 + P_2)NT_b \qquad (9-22)$$

对于分散式插入法，其平均建立时间经过分析计算可得

$$t_s \approx N^2 T_b \qquad (9-23)$$

帧同步平均建立时间越短，通信的效率越高，通信的性能就越好。因此，我们希望帧同步的平均建立时间越短越好。

将连贯式平均建立时间 t_s（见式$(9-22)$）和分散式平均建立时间 t_s（见式$(9-23)$）进行比较，就可以看出，连贯式插入同步的 t_s 比分散方法的 t_s 要短得多，因而在数字传输系统中被广泛应用。

另外，要提高通信的效率，无论是连贯式还是分散式插入法帧同步，都应该减少帧同步的插入次数和帧同步码的长度，使其减少到最小程度。当然，这一切要求都是在满足帧同步性能的前提下提出来的。

群同步一旦建立，就要有相应的保护措施，这一保护措施也是根据群同步的规律而提出来的，既要保证较低的假同步概率，也要保证较低的漏同步概率。前面的保护电路对此已做了说明。

9.5 网同步技术

载波同步、位同步和群同步主要解决的是点对点之间的通信问题，但实际通信中，往往需要在许多信点之间实现数字信息的相互交换与复接以构成通信网，这就有必要在通信网内建立一个网同步系统，以保证通信网正常可靠运行。网同步实际上就是在网内建立一个统一的时间标准。

在第 5 章中，我们曾经讨论过数字复接技术，其过程需要合路器和分路器来完成，合路器的作用是将多个速率较低的数据流合为一个速率较高的数据流，分路器的作用是将高速数据流分离为一个速率较低的数据流图，要完成多点之间数字信息的相互交换和复接就离不开网同步系统。

保证通信网中各个支路都有共同的时钟信号，是网同步的任务。实现网同步的方法主要有两大类：一类是全网同步系统，即在通信网中使各站的时钟彼此同步，各地的时钟频率和相位都保持一致。完成这种方式的主要方法有主从同步法和相互同步法。另一类是准同步系统，也称独立时钟法，即在各站均采用高稳定性的时钟，相互独立，允许其速率偏差在一定的范围之内，在转接设备中设法把各支路输入的数码流进行调整和处理之后，使之变成相互同步的数码流，变异步为同步，即所谓准同步工作。实现这种方式的方法也有

两种：码速调整法和水库法。

9.5.1 全网同步系统

1. 主从同步法

图9-24是一个主从同步方式的示意图，在通信网内设立了一个主站，它备有一个高稳定度的主时钟源，主时钟源产生的时钟将会按照图中箭头所示的方向逐站传送至网内的各站，因而保证网内各站的频率和相位都相同。

由于主时钟到各站的传输线路长度不等，会使各站引入不同的时延，因此，各站都须设置时延调整电路，以补偿不同的时延，使各站的时钟不仅频率相同，相位也一致。

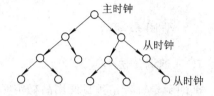

图9-24 主从同步方式示意图

由于主时钟到各站的传输线路长度不等，将会在各站产生不同的时延。所以，必须在各个站(交换局)设置时延调整电路，一般采用锁相技术将本局时钟频率和相位锁定在基准主时钟上，使全网各交换节点时钟都与基准主时钟同步。

目前，公用网中实际使用的主时钟主要有下列三种类型：

(1) 铯原子钟。

(2) 石英晶体振荡器。

(3) 铷原子钟。

在主从同步方式中，节点从时钟有三种工作模式：

(1) 正常工作模式。

(2) 保持模式。

(3) 自由运行模式。

主从同步方式一般采用等级制，目前ITU-T将时钟划分为四级：

(1) 一级时钟——基准主时钟，由G.811建议规范；

(2) 二级时钟——转接局从时钟，由G.812建议规范；

(3) 三级时钟——端局从时钟，也由G.812建议规范；

(4) 四级时钟——数字小交换机(PBX)、远端模块或SDH网络单元从时钟，由G.81S建议规范。

从主从同步方式拓扑结构可以看出，此方式有一个关键节点，就是主时钟。一旦主时钟发生故障，将导致整个通信系统崩溃。而且中间站局的故障也会影响后继站的工作。当然，主从同步方式相对比较简单、易行、经济，在小型数字通信系统中应用比较广泛。

2. 相互同步法

为了克服主从同步法过分依赖主时钟源的缺点，让网内各站都有自己的时钟，并将数字网高度互连实现同步，从而消除了仅有一个时钟可靠性差的缺点。各站的时钟频率都锁定在各站固有振荡频率的平均值上，这个平均值称为网频率，从而实现网同步。这是一个相互控制的过程，当网中某一站发生故障时，网频率将平滑地过渡到一个新的值，其余各站仍能正常工作，因此提高了通信网工作的可靠性。这种方法的缺点是每一站的设备都比较复杂。相互同步方式示意图如图 9-25 所示。

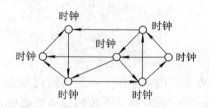

图 9-25 相互同步方式示意图

9.5.2 准同步系统

1. 码速调整法

准同步系统各站各自使用高稳定时钟，不受其他站的控制，它们之间的时钟频率允许有一定的容差。这样各站送来的数码流首先进行码速调整，使之变成相互同步的数码流，即对本来是异步的各路数码进行码速调整。

图 9-26 为数字网写入/读出示意图，可用在码速调制中。

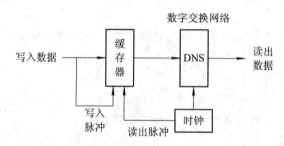

图 9-26 数字网写入/读出示意图

（1）当写入速率大于读出速率时，将会造成存储器溢出，致使输入信息比特丢失（即漏读）。如图 9-27(a) 所示。对于同步系统而言，利用这种漏读的效果可把高速率的时钟调制到一个低速率时钟上来。

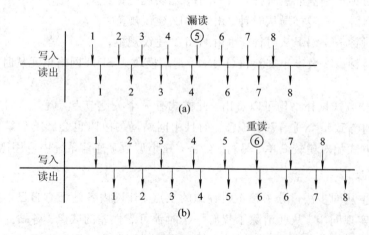

图 9-27 漏读、重读现象示意图（图中 ↓ 表示 1 个比特）
(a) 快写慢读；(b) 慢写快读

（2）当写入速率小于读出速率时，可能会造成某些比特被读出两次，即重复读出（重读）。如图 9 - 27（b）所示。利用这种重读的效果可把低速率的时钟调制到一个高速率时钟上来。

码速调整的主要优点是各站可工作于准同步状态，而无须统一时钟，故使用起来灵活、方便，这对大型通信网有着重要的实用价值。

2. 水库法

水库法是依靠在各交换站设置极高稳定度的时钟源和容量大的缓冲存储器，使得在很长的时间间隔内不发生"取空"或"溢出"的现象。容量足够大的存储器就像水库一样，既很难将水抽干，也很难将水库灌满。因而可用作水流量的自然调节，故称为水库法。

现在来计算存储器发生一次"取空"或"溢出"现象的时间间隔 T。设存储器的位数为 $2n$，起始为半满状态，存储器写入和读出的速率之差为 $\pm\Delta f$，则有

$$T = \frac{n}{\Delta f} \tag{9-24}$$

设数字码流的速率为 f，相对频率稳定度为 s，并令

$$s = \frac{|\pm\Delta f|}{f} \tag{9-25}$$

则

$$fT = \frac{n}{s} \tag{9-26}$$

式（9 - 26）是水库法进行计算的基本公式。

【例 9.2】 设 $f = 512$ kb/s，并设 $s = 10^{-9}$，需要使 T 不小于 24 小时，则利用水库法基本公式（9 - 26）可求出 $n = 45$ 位。

显然，这样的设备不难实现。若采用更高稳定度的振荡器，例如镓原子振荡器，其频率稳定度可达 5×10^{-11}。因此，可在更高速率的数字通信网中采用水库法作网同步。但水库法每隔一个相当长的时间总会发生"取空"或"溢出"现象，所以每隔一定时间要对同步系统校准一次。

本 章 小 结

本章介绍了数字通信网的几种同步方式。在通信系统中，同步具有相当重要的地位。同步技术分为载波同步、位同步、群同步和网同步等。本章对这四类同步方式分别进行了讨论，讲述了各类同步系统的基本原理和性能。

载波同步的目的是为了解决同步解调问题，把频带信号解调为基带信号，而且只有在相干解调时，才需要提出同步载波的问题。载波同步的解决方法可以分为插入导频法和直接法两类，一般后者使用较多。最常用的直接提取方法是平方变换法、平方环法和同相正交环法。

位同步的目的是使每个码元得到最佳的解调和判决。位同步技术在数字通信中一般都要用到，不论是基带传输还是频带传输。位同步信号一般可以从解调后的基带信号中提取，位同步脉冲控制抽样判决器判决的最佳时刻，以便恢复出原始数字序列。位同步的方

法有外同步法和自同步法两种，外同步法就是插入导频法，自同步法主要有滤波法和锁相法。一般而言，自同步法应用较多。外同步法需要另外专门传输位同步信息，自同步法则是从信号码元中提取其包含的位同步信息。

群同步的目的是能够正确地将接收码元序列分组，使接收信息能够被正确理解。群同步技术与位同步技术有一定的联系，这是因为群信号是由若干个位信号组成的。因此，只要有了位同步信号，经若干次分频后就可以得到群同步脉冲的频率；只要将群同步脉冲的起始相位与群信号的"起头"和"结尾"的时刻对准，就解决了群同步的问题。最常用的群同步方法就是外同步法，包括连贯式插入法和间歇式插入法。连贯式插入法最常用的码组是巴克码。

网同步技术解决的是多点之间的信息传输问题，它是在网内建立一个统一的时间标准，以保障全网正常运行。

无论采用哪种同步方式，对正常的信息传输来说，都是必要的。只有收发之间建立了同步才能准确地传输信息。因此，要求同步信息传输的可靠性高于信号传输的可靠性。

思考与练习 9

9-1 数字通信系统的同步有哪几种？它们各有几种同步的方法？

9-2 有了位同步，为什么还要群同步？试举一个不要群同步的模拟信号数字传输的例子。

9-3 载波提取电路有哪几种？各有什么特点？

9-4 载波同步提取中为什么会出现相位模糊问题？它对模拟和数字通信各有什么影响？在本章中讲到的几种载波同步提取方法中，哪些有相位模糊问题？

9-5 在载波提取和位同步提取中广泛采用锁相环路。与其他提取电路相比，它有哪些优越性？

9-6 插入导频法用在什么场合？插入导频为什么要用正交载波？

9-7 单边带信号能否用自同步法提取同步载波？

9-8 对抑制载波的双边带信号、残留边带信号和单边带信号，用插入导频法实现载波同步时，所插入的导频信号形式有何异同点？

9-9 同步载波的频偏 $\Delta\omega$ 和相位偏移对通信质量有什么影响？

9-10 已知单边带信号的表示式为

$$s_{\text{SSB}}(t) = f(t) \cos\omega_c t \mp \hat{f}(t) \sin\omega_c t$$

试问能否用平方环提取所需要的载波信号？为什么？

9-11 数字锁相环由哪几个主要部件组成？主要功能是什么？

9-12 用插入法时，发送端位定时的相位怎样确定？接收端又是怎样防止位定时导频对信号的干扰的？

9-13 位同步的主要性能指标是什么？在用数字锁相法的位同步系统中，这些指标都与哪些因素有关？

9-14 位同步系统中相位误差 $|\theta_e|$ 对数字通信的性能有什么影响？

9-15 试述群同步与位同步的主要区别（指使用的场合上）。群同步能不能直接从信息中提取(也就是说能否用自同步法)?

9-16 对于一个时分多路复用的数字通信系统,是否只提取帧同步信号而不用位同步信号? 试做简要说明。

9-17 简述巴克码识别器的工作原理。

9-18 为什么连贯式同步建立的时间比间歇式同步建立的时间短?

9-19 什么是假帧同步? 什么是假失步? 它们是如何引起的? 怎样克服?

9-20 已知单边带信号为 $x_s(t) = x(t)\cos\omega_c t + x(t)\sin\omega_c t$,试证明不能用图 9-2 所示的平方变换法提取同步载波。

9-21 用单谐振电路作为滤波器提取同步载波,已知同步载波频率为 1000 kHz,回路 $Q = 100$,把达到稳定值 40% 的时间作为同步建立时间和同步保持时间,求载波同步的建立时间 t_s 和保持时间 t_c。

9-22 用单谐振电路作为滤波器提取同步载波,已知同步载波频率为 1000 kHz,回路 $Q = 100$,把达到稳定值 40% 的时间作为同步建立时间和同步保持时间,求载波同步的建立时间和保持时间 t_s 和 t_c。

9-23 传输速率为 1 kb/s 的一个通信系统,设误码率 $P_e = 10^{-4}$,群同步采用连贯式插入的方法,同步码组的位数 $n = 7$,试分别计算 $m = 0$ 和 $m = 1$ 时漏同步概率 P_1 和假同步概率 P_2 各为多少? 若每群中的信息位数为 153,估算群同步的平均建立时间。

9-24 已知 5 位巴克码组为(11101),其中"1"用 $+1$ 表示,"0"用 -1 表示。

(1) 试确定该巴克码的局部自相关函数,并用图表示;

(2) 若用该巴克码作为帧同步码,画出接收端识别器的原理框图。

9-25 若 7 位巴克码组的前后全为"1"序列加于图 9-21 的码元输入端,且各移位寄存器的初始状态均为 0,试画出识别器的输出波形。

9-26 若 7 位巴克码组的前后全为"0"序列加于图 9-21 的码元输入端,且各移位寄存器的初始状态均为 0,试画出识别器的输出波形。

9-27 设某数字传输系统中的群同步采用 7 位长的巴克码(1110010),采用连贯式插入法:

(1) 试画出群同步码识别器原理方框图;

(2) 若输入二进制序列为 01011100111100100,试画出群同步码识别器输出波形(设判决门限电平为 4.5 V);

(3) 若码元错误概率为 P_e,识别器判决门限电平为 4.5 V,试求该识别器的假同步概率。

9-28 PCM 七位巴克码(1110010)前后为数字码流,设"1""0"码等概率出现,且误码率为 P_e。求假同步概率(设 $m = 0$)和漏同步概率。

9-29 一个数字通信网采用水库法进行码速调制,已知数据速率为 32 Mb/s,存储器的容量为 $2n = 200$ bit,时钟的频率稳定度为

$$\left| \pm \frac{\Delta f}{f} \right| = 10^{-10}$$

试计算每隔多少时间需对同步系统校正一次。

第 10 章 差错控制编码

【教学要点】

　了解：检错与纠错；卷积码。

　熟悉：循环码；简单差错控制码。

　掌握：线性分组码。

　重点、难点：线性分组码的形成；卷积码的概念。

　差错控制编码又称信道编码、可靠性编码、抗干扰编码或纠错码，它是提高数字信号传输可靠性的有效方法之一。

10.1 概　　述

10.1.1 信源编码与信道编码

　在数字通信中，根据不同的目的，编码可分为信源编码和信道编码。信源编码是为了提高数字信号的有效性以及为了使模拟信号数字化而采取的编码。信道编码是为了降低误码率和提高数字通信的可靠性而采取的编码。

　数字信号在传输过程中，加性噪声、码间串扰等都会产生误码。为了提高系统的抗干扰性能，可以加大发射功率，降低接收设备本身的噪声以及合理选择调制、解调方法等，此外，还可以采用信道编码技术。

　正如第 1 章在通信系统模型中所述，信源编码是去掉信源的多余度；而信道编码是按一定的规则加入多余度，具体地讲，就是在发送端的信息码元序列中，以某种确定的编码规则加入监督码元，以便在接收端利用该规则进行解码，才有可能发现错误、纠正错误。

10.1.2 差错控制方式

　常用的差错控制方式有三种：检错重发、前向纠错和混合纠错。它们的系统构成如图 10-1 所示，图中有斜线阴影的方框图表示在该端检出错误。

1. 检错重发方式

　检错重发方式又称自动请求重传方式，记做 ARQ(Automatic Repeat reQuest)。先由发送端送出能够发现错误的码，再由接收端判决传输中有无错误产生。如果发现错误，则通过反向信号把这一判决结果反馈给发送端，然后，发送端把接收端认为错误的信息再次

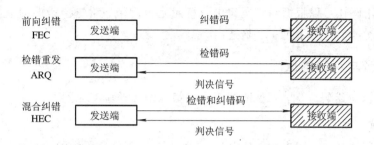

图 10-1　差错控制方式的系统构成

重发，从而达到正确传输的目的。其特点是需要反馈信道，译码设备简单，对突发错误和信道干扰较严重时有效，但实时性差，主要在计算机数据通信中得到应用。

2. 前向纠错方式

前向纠错方式记做 FEC(Forward Error-Correction)。发送端发送能够纠正错误的码，接收端接收到信码后自动地纠正传输中的错误。其特点是单向传输，实时性好，但译码设备较复杂。

3. 混合纠错方式

混合纠错方式记做 HEC(Hybrid Error-Correction)，是 FEC 和 ARQ 方式的结合。发送端发送具有自动纠错同时又具有检错能力的码。接收端接收到码后，检查差错情况，如果错误在码的纠错能力范围以内，则自动纠错；如果超过了码的纠错能力，但能检测出来，则经过反馈信道请求发送端重发。这种方式具有自动纠错和检错重发的优点，可达到较低的误码率，因此近年来得到广泛应用。

另外，按照噪声或干扰的变化规律，可把信道分为三类：随机信道、突发信道和混合信道。恒参高斯白噪声信道是典型的随机信道，其中差错的出现是随机的，而且错误之间是统计独立的。具有脉冲干扰的信道是典型的突发信道，错误是成串、成群出现的，即在短时间内出现大量错误。短波信道和对流层散射信道是混合信道的典型例子，随机错误和成串错误都占有相当大的比例。对于不同类型的信道，应采用不同的差错控制方式。

10.2　检错与纠错

10.2.1　纠错码的分类

纠错码的分类方法如下：

(1) 根据纠错码各码组信息元和监督元的函数关系，纠错码可分为线性码和非线性码。如果函数关系是线性的，即满足一组线性方程式，则称为线性码，否则为非线性码。

(2) 根据上述关系涉及的范围，纠错码可分为分组码和卷积码。分组码的各码元仅与本组的信息元有关；卷积码中的码元不仅与本组的信息元有关，而且还与前面若干组的信息元有关。

(3) 根据码的用途，纠错码可分为检错码和纠错码。检错码以检错为目的，不一定能纠错；而纠错码以纠错为目的，一定能检错。

另外，纠错码还可以根据纠错码组中信息元是否隐蔽、纠（检）错误的类型、码元取值的进制等等来分类，这里不再一一赘述。

10.2.2 检错与纠错的原理

下面我们以分组码为例，来说明纠错码检错和纠错的基本原理。

1. 分组码

分组码一般可用(n, k)表示，其中，k是每组二进制信息码元的数目；n是编码码组的码元总位数，又称为码组长度，简称码长。$n-k=r$为每个码组中的监督码元数目。简单地说，分组码是对每段k位长的信息组以一定的规则增加r个监督元，组成长为n的码字。在二进制情况下，共有2^k个不同的信息组，相应地可得到2^k个不同的码字，称为许用码组；其余2^n-2^k个码字未被选用，称为禁用码组。

在分组码中，非零码元的数目称为码字的汉明（Hamming）重量，简称码重。例如，码字 10110，码重$w=3$。

两个等长码组之间相应位取值不同的数目称为这两个码组的汉明距离，简称码距。例如 11000 与 10011 之间的距离$d=3$。码组集中任意两个码字之间距离的最小值称为码的最小距离，用d_0表示。最小码距是码的一个重要参数，它是衡量码检错、纠错能力的依据。

2. 检错和纠错能力

这里以重复码为例，说明纠错码能够检错或纠错的原理。

若分组码码字中的监督元在信息元之后，而且是信息元的简单重复，则称该分组码为重复码。它是一种简单、实用的检错码，并有一定的纠错能力。例如$(2, 1)$重复码，两个许用码组是 00 与 11，$d_0=2$，接收端译码，出现 01、10 禁用码组时，可以发现传输中的一位错误。如果是$(3, 1)$重复码，两个许用码组是 000 与 111，$d_0=3$，当接收端出现两个或三个 1 时，判为 1，否则判为 0。此时，该码可以纠正单个错误或者检出两个错误。

从上面的例子中，我们可以看出，码的最小距离d_0直接关系着码的检错和纠错能力。任一(n, k)分组码，若要在码字内：

(1) 检测e个随机错误，则要求码的最小距离$d_0 \geqslant e+1$；

(2) 纠正t个随机错误，则要求码的最小距离$d_0 \geqslant 2t+1$；

(3) 纠正t个同时检测$e(e>t)$个随机错误，则要求码的最小距离$d_0 \geqslant t+e+1$。

10.2.3 编码效率

用差错控制编码提高通信系统的可靠性，是以降低有效性为代价换来的。我们定义编码效率R来衡量有效性：

$$R \stackrel{\text{def}}{=\!=} \frac{k}{n} \qquad\qquad (10-1)$$

其中，k是信息元的个数；n为码长。

对纠错码的基本要求是：检错和纠错能力尽量强；编码效率尽量高；编码规律尽量简单。

实际中要根据具体指标要求，保证有一定纠、检错能力和编码效率，并且易于实现。

10.3 简单差错控制码

纠错编码的种类很多,较早出现的、应用较多的大多属于分组码。本节仅介绍其中一些较为常用的简单编码。

10.3.1 奇偶监督码

奇偶监督码是在原信息码后面附加一个监督元,使得码组中"1"的个数是奇数或偶数。或者说,它是含一个监督元,码重为奇数或偶数的 $(n, n-1)$ 系统分组码。奇偶监督码又分为奇监督码和偶监督码。

设码字 $A = [a_{n-1} \quad a_{n-2} \quad \cdots \quad a_1 \quad a_0]$,对偶监督码有

$$a_{n-1} \oplus a_{n-2} \oplus \cdots \oplus a_1 \oplus a_0 = 0 \qquad (10-2)$$

其中,a_{n-1},a_{n-2},$\cdots$,a_1 为信息元;a_0 为监督元。由于该码的每一个码字均按同一规则构成式(10-2),故又称为一致监督码。接收端译码时,按式(10-2)将码组中的码元模二相加,若结果为"0",就认为无错;若结果为"1",就可断定该码组经传输后有奇数个错误。

奇监督码情况与此相似,只是码组中"1"的数目为奇数,即满足条件

$$a_{n-1} \oplus a_{n-2} \oplus \cdots \oplus a_0 = 1 \qquad (10-3)$$

而检错能力与偶监督码相同。

奇偶监督码的编码效率 R 为

$$R = \frac{n-1}{n}$$

10.3.2 水平奇偶监督码

为了提高奇偶监督码的检错能力,特别是克服其不能检测突发错误的缺点,可以将经过奇偶监督的码元序列按行排成方阵,每行为一组奇偶监督码,如表 10-1 所示。发送时按列的顺序传输,接收时仍将码元序列还原为发送时的方阵形式,然后按行进行奇偶校验。

表 10-1　水平奇偶监督码

信息码元	监督码元
1110011000	1
1101001101	0
1000011101	1
0001000010	0
1100111011	1

10.3.3 行列监督码

奇偶监督码不能发现偶数个错误。为了改善这种情况,引入了行列监督码。这种码不仅对水平(行)方向的码元实施奇偶监督,而且对垂直(列)方向的码元也实施奇偶监督。这种码既可以逐行传输,也可以逐列传输。一般地,$L \times M$ 个信息元附加 $L + M + 1$ 个监督

元，组成$(LM+L+M+1，LM)$行列监督码的一个码字（$L+1$行，$M+1$列）。表 10-2 是 $(66，50)$行列监督码的一个码字。

表 10-2　(66，50)行列监督码的一个码字

1100101000	0
0100001101	0
0111100001	1
1001110000	0
1010101010	1
1100011110	0

这种码具有较强的检测能力，它能发现某行或者某列上的奇数个错误和长度不大于行数（或列数）的突发错误，因此在实际应用中广泛采用。

10.3.4　群计数码

把信息码元中"1"的个数用二进制数字表示，并作为监督码元放在信息码元的后面，这样构成的码称为群计数码。例如，一码组的信息码元为 1010111，其中，"1"的个数为 5，用二进制数字表示为"101"，将它作为监督码元附加在信息码元之后，即传输的码组为 1010111 101。群计数码有较强的检错能力，除了同时出现码组中"1"变"0"和"0"变"1"的成对错误外，它能纠正所有形式的错误。

10.3.5　恒比码

码字中 1 的数目与 0 的数目保持恒定比例的码称为恒比码。由于恒比码中，每个码组均含有相同数目的 1 和 0，因此恒比码又称为等重码、定 1 码。这种码在检测时，只要计算接收码元中 1 的数目是否正确，就知道有无错误了。

目前，我国电传通信中普遍采用 3：2 码，又称"5 中取 3"的恒比码，即每个码组的长度为 5，其中有 3 个"1"。这时可能编成的不同码组数目等于从 5 中取 3 的组合数 10，这 10 个许用码组恰好可表示 10 个阿拉伯数字，如表 10-3 所示。而每个汉字又是以 4 位十进制数来表示的。实践证明，采用这种码后，我国汉字电报的差错率大为降低。

表 10-3　3：2 恒比码

数字	码　字
0	01101
1	01011
2	11001
3	10110
4	11010
5	00111
6	10101
7	11100
8	01110
9	10011

目前国际上通用的 ARQ 电报通信系统中，采用 3∶4 码，即"7 中取 3"的恒比码。

10.4　线 性 分 组 码

10.4.1　基本概念

在 (n, k) 分组码中，若每一个监督元都是码组中某些信息元按模二加而得到的，即监督元是按线性关系相加而得到的，则称为线性分组码。或者说，可用线性方程组表述码规律性的分组码称为线性分组码。线性分组码是一类重要的纠错码，应用很广泛。现以 $(7, 3)$ 分组码为例说明线性分组码的意义和特点。

设 $(7, 3)$ 分组码的码字为 $\boldsymbol{A} = [a_6 \quad a_5 \quad a_4 \quad a_3 \quad a_2 \quad a_1 \quad a_0]$，其中，前三位是信息元；后四位是监督元。可以用下列线性方程组来表述这种线性分组码：

$$\begin{cases} a_3 = a_6 \quad\quad + a_4 \\ a_2 = a_6 + a_5 + a_4 \\ a_1 = a_6 + a_5 \\ a_0 = \quad\quad a_5 + a_4 \end{cases} \tag{10-4}$$

式 $(10-4)$ 中各方程是线性无关的。给出信息元 a_6、a_5、a_4 的八个可能的取值，就可以得到 $(7, 3)$ 分组码的八个码字，如表 10-4 所示。

表 10-4　(7, 3) 分组码的八个码字

序号	码　元	
	信息元	监督元
0	000	0000
1	001	1101
2	010	0111
3	011	1010
4	100	1110
5	101	0011
6	110	1001
7	111	0100

我们可以把 (n, k) 线性分组码看成一个 n 维线性空间，每一个码字就是这个空间的一个矢量。n 维线性空间长度为 n 的码组共有 2^n 个，但线性分组码的码字共有 2^k 个，$k < n$。显然，这 2^k 个分组码构成了 n 维线性空间的 k 维线性子空间，它是线性分组码的许用码组，剩余的空间构成的码组是禁用码组。

10.4.2 汉明(Hamming)码

汉明码是一种用来纠正单个错误的线性分组码,已作为差错控制码广泛用于数字通信和数据存储系统中。

一般来说,若码长为 n,信息位为 k,则监督元为 $r=n-k$。如果求用 r 个监督位构造出 r 个监督方程能纠正一位或一位以上错误的线性码,则必须有

$$2^r - 1 \geqslant n \tag{10-5}$$

现以 (n, k) 汉明码为例来说明线性分组码的特点。

在前面讨论奇偶监督码时,如考虑偶监督,则用式(10-2)作为监督方程,而在接收端译码时,实际是按下式计算的:

$$S = a_{n-1} \oplus a_{n-2} \oplus \cdots \oplus a_1 \oplus a_0 \tag{10-6}$$

若 $S=0$,就认为无错;若 $S=1$,就认为有错。我们称式(10-6)为监督方程,S 校正子(校验子)又称伴随式。如果增加一位监督元,就可以写出两个监督方程,计算出两个校正子 S_1 和 S_2。$S_1 S_2$ 为 00 时,表示无错;$S_1 S_2$ 为 01、10、11 时,指示三种不同的错误图样。由此可见,若有 r 位监督元,就可以构成 r 个监督方程,计算得到的校正子有 r 位,可用来指示 $2^r - 1$ 种不同的错误图样,r 位校正子为全零时,表示无错。

设分组码中信息位 $k=4$,又假设该码能纠正一位错码,这时 $d_0 \geqslant 3$,要满足 $2^r - 1 \geqslant n$,取 $r \leqslant 3$,当 $r=3$ 时,$n=k+r=7$,这样就构成了 $(7, 4)$ 汉明码。这里用 $A = [a_6 \ a_5 \ a_4 \ a_3 \ a_2 \ a_1 \ a_0]$ 表示码字,其中,前四位是信息元;后 3 位是监督元。用 S_1、S_2、S_3 表示由三个监督方程得到的三个校正子,三个校正子 S_1、S_2、S_3 指示 $2^3 - 1$ 种不同的错误图样。校正子与错码位置的对应关系如表 10-5 所示。

表 10-5 校正子与错码位置的对应关系

$S_1 \ S_2 \ S_3$	错码位置	$S_1 \ S_2 \ S_3$	错码位置
001	a_0	101	a_4
010	a_1	110	a_5
100	a_2	111	a_6
011	a_3	000	无错

由表 10-5 可知,校正子 S_1 为 1 的错码位置为 a_2, a_4, a_5, a_6;校正子 S_2 为 1 的错码位置为 a_1, a_3, a_5, a_6;校正子 S_3 为 1 的错码位置为 a_0, a_3, a_4, a_6。这样,我们可以写出 3 个监督方程,即

$$S_1 = a_6 \oplus a_5 \oplus a_4 \oplus a_2 \tag{10-7}$$

$$S_2 = a_6 \oplus a_5 \oplus a_3 \oplus a_1 \tag{10-8}$$

$$S_3 = a_6 \oplus a_4 \oplus a_3 \oplus a_0 \tag{10-9}$$

在发送端编码时,a_6、a_5、a_4、a_3 为信息元,由传输的信息决定;而监督元 a_2、a_1、a_0 则由监督方程式(10-7)、式(10-8)、式(10-9)来决定。当三个校正子 S_1、S_2、S_3 均为 0 时,编码组中无错码发生,于是有下列方程组

$$\begin{cases} a_6 \oplus a_5 \oplus a_4 \oplus a_2 = 0 \\ a_6 \oplus a_5 \oplus a_3 \oplus a_1 = 0 \\ a_6 \oplus a_4 \oplus a_3 \oplus a_0 = 0 \end{cases} \qquad (10-10)$$

由式(10-10)可以求得监督元 a_2、a_1、a_0 为

$$\begin{cases} a_2 = a_6 \oplus a_5 \oplus a_4 \\ a_1 = a_6 \oplus a_5 \oplus a_3 \\ a_0 = a_6 \oplus a_4 \oplus a_3 \end{cases} \qquad (10-11)$$

若已知信息元 a_6、a_5、a_4、a_3，则可以直接由式(10-11)计算出监督元 a_2、a_1、a_0。由此得到(7,4)汉明码的 16 个许用码组如表 10-6 所示。

表 10-6　(7,4)汉明码的 16 个许用码组

序　号	码　字		序　号	码　字	
	信 息 元	监 督 元		信 息 元	监 督 元
0	0000	000	8	1000	111
1	0001	011	9	1001	100
2	0010	101	10	1010	010
3	0011	110	11	1011	001
4	0100	110	12	1100	001
5	0101	101	13	1101	010
6	0110	011	14	1110	100
7	0111	000	15	1111	111

在接收端收到每组码后，按监督方程式(10-7)、式(10-8)、式(10-9)计算出 S_1、S_2 和 S_3，如不全为 0，则可按表 10-5 确定误码的位置，然后加以纠正。

汉明码有较高的编码效率，其编码效率为

$$\eta = \frac{k}{n} = \frac{n-r}{n} = 1 - \frac{r}{2^r - 1}$$

10.4.3　监督矩阵

不难看出，上述(7,4)码的最小码距 $d_0 = 3$，它能纠正一个错误或检测两个错误。将式(10-10)所述(7,4)汉明码的三个监督方程式可以改写成如下线性方程组：

$$\begin{cases} 1 \cdot a_6 + 1 \cdot a_5 + 1 \cdot a_4 + 0 \cdot a_3 + 1 \cdot a_2 + 0 \cdot a_1 + 0 \cdot a_0 = 0 \\ 1 \cdot a_6 + 1 \cdot a_5 + 0 \cdot a_4 + 1 \cdot a_3 + 0 \cdot a_2 + 1 \cdot a_1 + 0 \cdot a_0 = 0 \\ 1 \cdot a_6 + 0 \cdot a_5 + 1 \cdot a_4 + 1 \cdot a_3 + 0 \cdot a_2 + 0 \cdot a_1 + 1 \cdot a_0 = 0 \end{cases} \qquad (10-12)$$

这组线性方程可用矩阵形式表示为

$$
\begin{bmatrix} 1 & 1 & 1 & 0 & 1 & 0 & 0 \\ 1 & 1 & 0 & 1 & 0 & 1 & 0 \\ 1 & 0 & 1 & 1 & 0 & 0 & 1 \end{bmatrix} \begin{bmatrix} a_6 \\ a_5 \\ a_4 \\ a_3 \\ a_2 \\ a_1 \\ a_0 \end{bmatrix} = \begin{bmatrix} 0 \\ 0 \\ 0 \end{bmatrix} \tag{10-13}
$$

并简记为

$$
\boldsymbol{H}\boldsymbol{A}^{\mathrm{T}} = 0^{\mathrm{T}} \quad 或 \quad \boldsymbol{A}\boldsymbol{H}^{\mathrm{T}} = 0 \tag{10-14}
$$

其中，$\boldsymbol{A}^{\mathrm{T}}$ 是 $\boldsymbol{A}$ 的转置；0^{T} 是 $0 = [0\ 0\ 0]$ 的转置；$\boldsymbol{H}^{\mathrm{T}}$ 是 $\boldsymbol{H}$ 的转置。

$$
\boldsymbol{H} = \begin{bmatrix} 1 & 1 & 1 & 0 & 1 & 0 & 0 \\ 1 & 1 & 0 & 1 & 0 & 1 & 0 \\ 1 & 0 & 1 & 1 & 0 & 0 & 1 \end{bmatrix} \tag{10-15}
$$

$\boldsymbol{H}$ 称为监督矩阵，一旦 $\boldsymbol{H}$ 给定，信息位和监督位之间的关系也就确定了。$\boldsymbol{H}$ 为 $r \times n$ 阶矩阵，其每行之间是彼此线性无关的。式(10-15)所示的 $\boldsymbol{H}$ 矩阵可分成两部分

$$
\boldsymbol{H} = \begin{bmatrix} 1 & 1 & 1 & 0 & \vdots & 1 & 0 & 0 \\ 1 & 1 & 0 & 1 & \vdots & 0 & 1 & 0 \\ 1 & 0 & 1 & 1 & \vdots & 0 & 0 & 1 \end{bmatrix} = \begin{bmatrix} \boldsymbol{P} & \boldsymbol{I}_r \end{bmatrix} \tag{10-16}
$$

其中，$\boldsymbol{P}$ 为 $r \times k$ 阶矩阵；$\boldsymbol{I}_r$ 为 $r \times r$ 阶单位矩阵。可以写成 $\boldsymbol{H} = \begin{bmatrix} \boldsymbol{P} & \boldsymbol{I}_r \end{bmatrix}$ 形式的矩阵称为典型监督矩阵。

$\boldsymbol{H}\boldsymbol{A}^{\mathrm{T}} = 0^{\mathrm{T}}$，说明 $\boldsymbol{H}$ 矩阵与码字的转置乘积必为 0，可以用来作为判断接收码字 $\boldsymbol{A}$ 是否出错的依据。

10.4.4　生成矩阵

若把监督方程补充为下列方程

$$
\begin{cases} a_6 = a_6 \\ a_5 = \quad\ \ a_5 \\ a_4 = \qquad\quad a_4 \\ a_3 = \qquad\qquad\ \ a_3 \\ a_2 = a_6 + a_5 + a_4 \\ a_1 = a_6 + a_5 \quad\ \ + a_3 \\ a_0 = a_6 \qquad\ \ + a_4 + a_3 \end{cases} \tag{10-17}
$$

则可改写为矩阵形式

$$\begin{bmatrix} a_6 \\ a_5 \\ a_4 \\ a_3 \\ a_2 \\ a_1 \\ a_0 \end{bmatrix} = \begin{bmatrix} 1 & 0 & 0 & 0 \\ 0 & 1 & 0 & 0 \\ 0 & 0 & 1 & 0 \\ 0 & 0 & 0 & 1 \\ 1 & 1 & 1 & 0 \\ 1 & 1 & 0 & 1 \\ 1 & 0 & 1 & 1 \end{bmatrix} \cdot \begin{bmatrix} a_6 \\ a_5 \\ a_4 \\ a_3 \end{bmatrix} \tag{10-18}$$

即

$$\boldsymbol{A}^{\mathrm{T}} = \boldsymbol{G}^{\mathrm{T}} \cdot \begin{bmatrix} a_6 \\ a_5 \\ a_4 \\ a_3 \end{bmatrix} \tag{10-19}$$

变换为
$$\boldsymbol{A} = \begin{bmatrix} a_6 & a_5 & a_4 & a_3 \end{bmatrix} \cdot \boldsymbol{G}$$
其中

$$\boldsymbol{G} = \begin{bmatrix} 1 & 0 & 0 & 0 & 1 & 1 & 1 \\ 0 & 1 & 0 & 0 & 1 & 1 & 0 \\ 0 & 0 & 1 & 0 & 1 & 0 & 1 \\ 0 & 0 & 0 & 1 & 0 & 1 & 1 \end{bmatrix} \tag{10-20}$$

称为生成矩阵，由 $\boldsymbol{G}$ 和信息组就可以产生全部码字。$\boldsymbol{G}$ 为 $k \times n$ 阶矩阵，其各行也是线性无关的。生成矩阵也可以分为两部分，即

$$\boldsymbol{G} = \begin{bmatrix} \boldsymbol{I}_k & \boldsymbol{Q} \end{bmatrix} \tag{10-21}$$

其中

$$\boldsymbol{Q} = \begin{bmatrix} 1 & 1 & 1 \\ 1 & 1 & 0 \\ 1 & 0 & 1 \\ 0 & 1 & 1 \end{bmatrix} = \boldsymbol{P}^{\mathrm{T}} \tag{10-22}$$

$\boldsymbol{Q}$ 为 $k \times r$ 阶矩阵；$\boldsymbol{I}_k$ 为 k 阶单位阵。可以写成式(10-21)形式的 $\boldsymbol{G}$ 矩阵，称为典型生成矩阵。非典型形式的矩阵经过运算也可以化为典型矩阵。

10.4.5　校正子和检错

设发送码组 $\boldsymbol{A} = \begin{bmatrix} a_{n-1} & a_{n-2} & \cdots & a_1 & a_0 \end{bmatrix}$，在传输过程中可能发生误码。接收码组 $\boldsymbol{B} = \begin{bmatrix} b_{n-1} & b_{n-2} & \cdots & b_1 & b_0 \end{bmatrix}$，则收、发码组之差定义为错误图样 $\boldsymbol{E}$，也称为误差矢量，即

$$\boldsymbol{E} = \boldsymbol{B} - \boldsymbol{A} \tag{10-23}$$

其中，$\boldsymbol{E} = \begin{bmatrix} e_{n-1} & e_{n-2} & \cdots & e_1 & e_0 \end{bmatrix}$，且

$$e_i = \begin{cases} 0 & b_i = a_i \\ 1 & b_i \neq a_i \end{cases} \tag{10-24}$$

式(10-23)也可写做

$$\boldsymbol{B} = \boldsymbol{A} + \boldsymbol{E} \tag{10-25}$$

令 $S = BH^T$，S 称为伴随式或校正子

$$S = BH^T = (A + E)H^T = EH^T \tag{10 - 26}$$

由此可见，伴随式 S 与错误图样 E 之间有确定的线性变换关系。接收端译码器的任务就是从伴随式确定错误图样，然后再从接收到的码字中减去错误图样。

上述 $(7, 4)$ 码的伴随式与错误图样的对应关系如表 10 - 7 所示。

表 10 - 7 $(7, 4)$ 码 S 与 E 的对应关系

序　号	错误码位	E	S
		$e_6\ e_5\ e_4\ e_3\ e_2\ e_1\ e_0$	$s_2\ s_1\ s_0$
0	/	0000000	000
1	b_0	0000001	001
2	b_1	0000010	010
3	b_2	0000100	100
4	b_3	0001000	011
5	b_4	0010000	101
6	b_5	0100000	110
7	b_6	1000000	111

从表 10 - 7 中可以看出，伴随式 S 的 2^r 种形式分别代表 A 码无错和 2^r 种有错的图样。

10.4.6　线性分组码的性质

线性分组码是一种群码，对于模二加运算，其性质满足以下几条：

(1) 有封闭性。所谓封闭性是指群码中任意两个许用码组之和仍为一许用码组，这种性质也称为自闭率。

(2) 有零码。所有信息元和监督元均为零的码组，称为零码，即 $A_0 = [0\ \ 0\ \ \cdots\ \ 0]$。任一码组与零码相运算其值不变，即

$$A_i + A_0 = A_i$$

(3) 有负元。一个线性分组码中任一码组即是它自身的负元，即

$$A_i + A_i = A_0$$

(4) 满足结合律。即

$$(A_1 + A_2) + A_3 = A_1 + (A_2 + A_3)$$

(5) 满足交换律。即

$$A_2 + A_3 = A_3 + A_2$$

(6) 最小码距等于线性分组码中非全零码组的最小重量。线性分组码的封闭性表明，码组集中任意两个码组模二相加所得的码组一定在该码组集中，因而两个码组之间的距离必是另一码组的重量。所以，码的最小距离也就是码的最小重量，即

$$d_0 = W_{\min}(A_i), \quad A_i \in [n, k], i \neq 0$$

线性分组码还具有以下特点：

(1) $d(\boldsymbol{A}_1, \boldsymbol{A}_2) \leqslant W(\boldsymbol{A}_1) + W(\boldsymbol{A}_2)$；

(2) $d(\boldsymbol{A}_1, \boldsymbol{A}_2) + d(\boldsymbol{A}_2, \boldsymbol{A}_3) \geqslant d(\boldsymbol{A}_1, \boldsymbol{A}_3)$；

(3) 码字的重量全部为偶数，或者奇数重量的码字数等于偶数重量的码字数。

10.5　循　环　码

循环码是一类重要的线性分组码，它是以现代代数理论为基础建立起来的。

10.5.1　循环特性

循环码的前 k 位为信息码，后 r 位为监督码元，它除了具有线性码的一般性质外，还具有循环性，即循环码组中任一码组循环移位所得的码组仍为一个许用码组。表 10-8 中给出了一种 (7，3) 循环码的全部码组。

表 10-8　(7，3)循环码的全部码组

码组序号	信息元			监督元			
	a_6	a_5	a_4	a_3	a_2	a_1	a_0
0	0	0	0	0	0	0	0
1	0	0	1	0	1	1	1
2	0	1	0	1	1	1	0
3	0	1	1	1	0	0	1
4	1	0	0	1	0	1	1
5	1	0	1	1	1	0	0
6	1	1	0	0	1	0	1
7	1	1	1	0	0	1	0

在代数理论中，为了便于计算，常用码多项式表示码字。$(n，k)$ 循环码码字的码多项式（以降幂顺序排列）为

$$A(x) = a_{n-1}x^{n-1} + a_{n-2}x^{n-2} + \cdots + a_1 x + a_0 \qquad (10-27)$$

表 10-8 中第 4 组码字可用多项式表示为

$$A_4(x) = 1 \cdot x^6 + 0 \cdot x^5 + 0 \cdot x^4 + 1 \cdot x^3 + 0 \cdot x^2 + 1 \cdot x + 1 \cdot x^0$$
$$= x^6 + x^3 + x + 1$$

在循环码中，若 $A(x)$ 是一个长为 n 的许用码组，则 $x^i \cdot A(x)$ 在按模 $x^n + 1$ 运算下，也是一个许用码组。也就是说，一个长为 n 的 $(n，k)$ 分组码，它必定是按模 $x^n + 1$ 运算的一个余式。

10.5.2　生成多项式与生成矩阵

如果一种码的所有码多项式都是多项式 $g(x)$ 的倍式，则称 $g(x)$ 为该码的生成多项

式。在(n,k)循环码中,任意一个码多项式$A(x)$都是最低次码多项式的倍式。

因此,循环码中次数最低的多项式(全 0 码字除外)就是生成多项式$g(x)$。可以证明,$g(x)$是常数项为 1 的$r=n-k$次多项式,是x^n+1的一个因式。

循环码的生成矩阵常用多项式的形式来表示:

$$\boldsymbol{G}(x) = \begin{bmatrix} x^{k-1}g(x) \\ x^{k-2}g(x) \\ \vdots \\ xg(x) \\ g(x) \end{bmatrix} \tag{10-28}$$

其中

$$g(x) = x^r + g_{r-1}x^{r-1} + \cdots + g_1 x + 1 \tag{10-29}$$

例如,表 10-8 中的$(7,3)$循环码,$n=7$,$k=3$,$r=4$,其生成多项式及生成矩阵分别为

$$g(x) = A_2(x) = x^4 + x^2 + x + 1$$

$$\boldsymbol{G}(x) = \begin{bmatrix} x^2 g(x) \\ xg(x) \\ g(x) \end{bmatrix} = \begin{bmatrix} x^6 + 0 + x^4 + x^3 + x^2 + 0 + 0 \\ 0 + x^5 + 0 + x^3 + x^2 + x + 0 \\ 0 + 0 + x^4 + 0 + x^2 + x + 1 \end{bmatrix} \tag{10-30}$$

即

$$\boldsymbol{G} = \begin{bmatrix} 1 & 0 & 1 & 1 & 1 & 0 & 0 \\ 0 & 1 & 0 & 1 & 1 & 1 & 0 \\ 0 & 0 & 1 & 0 & 1 & 1 & 1 \end{bmatrix} \tag{10-31}$$

将式(10-31)变换为典型的生成矩阵(将矩阵中第一行与第三行模二相加后取代第一行),可得到

$$\boldsymbol{G} = \begin{bmatrix} 1 & 0 & 0 & 1 & 0 & 1 & 1 \\ 0 & 1 & 0 & 1 & 1 & 1 & 0 \\ 0 & 0 & 1 & 0 & 1 & 1 & 1 \end{bmatrix} = \begin{bmatrix} \boldsymbol{I}_k & \boldsymbol{P}^{\mathrm{T}} \end{bmatrix} \tag{10-32}$$

将信息元与生成矩阵相乘就可以得到全部码组,即

$$\boldsymbol{A} = \boldsymbol{MG} \tag{10-33}$$

$$A(x) = \begin{bmatrix} a_6 & a_5 & a_4 \end{bmatrix} \boldsymbol{G}(x)$$

$$= \begin{bmatrix} a_6 & a_5 & a_4 \end{bmatrix} \begin{bmatrix} x^2 g(x) \\ xg(x) \\ g(x) \end{bmatrix}$$

$$= (a_6 x^2 + a_5 x + a_4)g(x) \tag{10-34}$$

由此可见,任一循环码$A(x)$都是$g(x)$的倍数,即都可以被$g(x)$整除,而且任一次数不大于$k-1$的多项式乘$g(x)$都是码多项式。

公式(10-34)实际上可以表示为

$$A(x) = m(x)g(x)$$

其中，$m(x)$ 为信息组多项式，其最高次数为 $k-1$。一般而言，知道 $m(x)$ 和 $g(x)$ 就可以生成全部码字。但是由式 $(10-34)$ 直接产生的码字并非系统码，这是因为信息元和监督元没有分开。只有使用典型生成矩阵并按照式 $(10-33)$ 得出的码字才是系统码，或者运用代数算法求出系统循环码。由于循环码的所有码多项式都是 $g(x)$ 的倍数，且最高次数为 $n-1$，因此系统循环码多项式可以表示为

$$A(x) = x^{n-k} \cdot m(x) + [x^{n-k} \cdot m(x)]' \tag{10-35}$$

其中，前一部分代表信息元；后一部分 $[x^{n-k} \cdot m(x)]'$ 代表监督元，它表示 $x^{n-k} \cdot m(x)$ 被 $g(x)$ 除后所得的余式。

上述 $(7,3)$ 循环码的生成多项式 $g(x)$ 是 x^n+1 的一个 $n-k=4$ 的因式，因为

$$x^n + 1 = (x+1)(x^3 + x^2 + 1)(x^3 + x + 1)$$

所以 $n-k=4$ 的因式有两个：

$$(x+1)(x^3 + x^2 + 1) = x^4 + x^2 + x + 1 \tag{10-36}$$

$$(x+1)(x^3 + x + 1) = x^4 + x^3 + x^2 + 1 \tag{10-37}$$

式 $(10-36)$ 和式 $(10-37)$ 都可以作为码生成多项式 $g(x)$。选用的生成多项式不同，产生的循环码的码组也不同。这里的 $(7,3)$ 循环码对应的码生成多项式 $g(x)$ 是式 $(10-36)$，所产生的循环码就是表 $10-8$ 列出的码。

10.5.3　监督多项式与监督矩阵

为了便于对循环码编码，通常还定义监督多项式，令

$$h(x) = \frac{x^n + 1}{g(x)} = x^k + h_{k-1}x^{k-1} + \cdots + h_1 x + 1 \tag{10-38}$$

其中，$g(x)$ 是常数项为 1 的 r 次多项式，是生成多项式；$h(x)$ 是常数项为 1 的 k 次多项式，称为监督多项式。同理可得监督矩阵：

$$\boldsymbol{H}(x) = \begin{bmatrix} x^{n-k-1}h^*(x) \\ \vdots \\ xh^*(x) \\ h^*(x) \end{bmatrix} \tag{10-39}$$

其中

$$h^*(x) = x^k + h_1 x^{k-1} + h_2 x^{k-2} + \cdots + h_{k-1}x + 1$$

是 $h(x)$ 的逆多项式。例如，$(7,3)$ 循环码，其生成多项式为

$$g(x) = x^4 + x^2 + x + 1$$

则

$$h(x) = x^3 + x + 1$$

$$h^*(x) = x^3 + x^2 + 1$$

$$\boldsymbol{H}(x) = \begin{bmatrix} x^6 + x^5 + x^3 \\ x^5 + x^4 + x^2 \\ x^4 + x^3 + x \\ x^3 + x^2 + 1 \end{bmatrix}$$

即

$$H = \begin{bmatrix} 1 & 1 & 0 & 1 & 0 & 0 & 0 \\ 0 & 1 & 1 & 0 & 1 & 0 & 0 \\ 0 & 0 & 1 & 1 & 0 & 1 & 0 \\ 0 & 0 & 0 & 1 & 1 & 0 & 1 \end{bmatrix}$$

10.5.4 编码方法

在编码时，首先要根据给定的 (n,k) 值选定生成多项式 $g(x)$，即应在 x^n+1 的因式中选一个 $r=n-k$ 次多项式作为 $g(x)$。设编码前的信息多项式 $m(x)$ 为

$$m(x) = a_1 + a_2 x + a_3 x^2 + \cdots + a_k x^{k-1} \qquad (10-40)$$

$m(x)$ 的最高幂次为 $k-1$。循环码中的所有码多项式都可被 $g(x)$ 整除，根据这条原则，就可以对给定的信息进行编码。用 x^r 乘以 $m(x)$，得到 $x^r \cdot m(x)$ 的次数小于 n。用 $g(x)$ 去除 $x^r \cdot m(x)$，得到余式 $R(x)$。$R(x)$ 的次数必小于 $g(x)$ 的次数，即小于 $n-k$。将此余式加在信息位之后作为监督位，即将 $R(x)$ 与 $x^r m(x)$ 相加，得到的多项式必为一个码多项式，因为它必能被 $g(x)$ 整除，且商的次数不大于 $k-1$。因此，循环码的码多项式可表示为

$$A(x) = x^r \cdot m(x) + R(x) \qquad (10-41)$$

其中，$x^r \cdot m(x)$ 代表信息位；$R(x)$ 是用 $x^r \cdot m(x)$ 除以 $g(x)$ 得到的余式，代表监督位。

编码电路的主体由生成多项式构成的除法电路以及适当的控制电路组成。$g(x) = x^4 + x^2 + x + 1$ 时，$(7,3)$ 循环码的编码电路如图 10-2 所示。

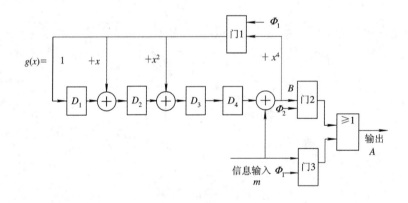

图 10-2 $(7,3)$ 循环码的编码电路

$g(x)$ 的次数等于移位寄存器的级数；$g(x)$ 的 x^0、x^1、x^2、$\cdots$、x^r 的非零系数对应移位寄存器的反馈抽头。首先，移位寄存器清 0，3 位信息元输入时，控制信号 Φ_1 使门 1 和门 3 接通，门 2 断开，信息元一方面送除法器进行运算，另一方面直接输出。接着第 3 次移位脉冲到来时将除法电路运算所得的余数存入移位寄存器。第 4~7 次移位时，输入端送入 4 个 0，门 1 和门 3 断开，Φ_2 控制门 2 接通。这时移位寄存器通过门 2 和或门直接输出监督元，并且附加在信息元的后面，这个监督元取自移位寄存器的除法余数项。当输入信息元为 110 时，输出码组为 110 0101，这就是表 10-8 中的 A_6。具体编码过程如表 10-9 所示。

表 10 - 9　(7，3)循环码的编码过程

移位次序	输入	门 2	门 1 和门 3	移位寄存器				输出
				D_1	D_2	D_3	D_4	
0	/	断	接	0	0	0	0	/
1	1			1	1	1	0	1
2	1	开	通	1	0	0	1	1
3	0			1	0	1	0	0
4	0	接	断	0	1	0	1	0
5	0			0	0	1	0	1
6	0	通	开	0	0	0	1	0
7	0			0	0	0	0	1

10.5.5　解码方法和电路

接收端译码的目的是检错和纠错。由于任一码多项式 $A(x)$ 都应能被生成多项式 $g(x)$ 整除，所以在接收端可以将接收码组 $B(x)$ 用生成多项式去除。当传输中未发生错误时，接收码组和发送码组相同，即 $A(x)=B(x)$，故接收码组 $B(x)$ 必定能被 $g(x)$ 整除。若码组在传输中发生错误，则 $B(x)\neq A(x)$，$B(x)$ 除以 $g(x)$ 时除不尽而有余项，所以，可以用余项是否为 0 来判别码组中有无误码。

对于纠正单个错误，单个错误出现在接收码组首位时的 (7，3) 循环码译码电路如图 10 - 3 所示。由于循环码的伴随式也具有移位特性，因此利用移存器的循环移位就可以纠正任何一位上的单个错误。

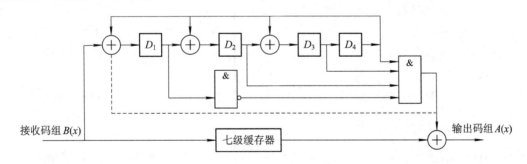

图 10 - 3　(7，3)循环码译码电路

在图 10 - 3 中，接收到的 $B(x)$ 送入七级缓存器，同时还送入 $g(x)$ 除法电路计算伴随式 $S(x)$。经七次移位后，七位码元全部送入缓存器，这时 $B(x)$ 中的首位 b_6 输出，同时 $g(x)$ 除法电路也得到了伴随式 $S(x)$（存放在四个除法电路的移存器里），若首位 b_6 有错，则 D_1、D_2、D_3、D_4 的状态分别为 0、1、1、1。经与门输出 1（纠错信号）和缓存器模二加即可纠正 b_6 的错误，同时该纠错信号也送到 $S(x)$ 计算电路去清 0（图中虚线所示）。其纠错过程如表 10 - 10 所示（接收的码组是表 10 - 8 的 A_1，第一位出错变为"(1)010111"）。

表 10 - 10 (7, 3)循环码的译码过程

移位次序	接收码组	移存器				与门输出	缓存输出	译码输出
		D_1	D_2	D_3	D_4			
0	/	0	0	0	0			
1	(1)	1	0	0	0	0		
2	0	0	1	0	0	0		
3	1	1	0	1	0	0		
4	0	0	1	0	1	0		
5	1	0	0	1	0	0		
6	1	1	0	0	1	0		
7	1	0	1	1	1	1	1	0
8		0	0	0	0	0	0	0
9		0	0	0	0	0	1	1
10		0	0	0	0	0	0	0
11		0	0	0	0	0	1	1
12		0	0	0	0	0	1	1
13		0	0	0	0	0	1	1

10.6 卷 积 码

卷积码又称连环码,是埃里亚斯(Elias)在 1955 年最早提出的。随后,伍成克拉夫(Wozencraft)和梅西(Massey)分别于 1957 年、1963 年先后提出了不同的译码方法,使卷积码从理论走向实用化。而后在 1967 年,维特比(Viterbi)提出了最大似然译码法,并广泛用于现代通信中。

卷积码是一种非分组纠错码,它和分组码有明显的区别。在(n, k)线性分组码中,本组 $r = n-k$ 个监督元仅与本组 k 个信息元有关,而与其他各组无关。也就是说,分组码编码器本身没有记忆性。卷积码则不同,每个(n, k)码段(也称子码,通常较短)内的 n 个码元不仅与该码段内的信息元 k 有关,而且与前面 m 段的信息元有关。m 为编码器的存储器数,卷积码常用符号(n, k, m)表示,其编码效率 $\eta = k/n$。典型的卷积码一般选的 n 和 $k(k < n)$值较小,存储器 m 可取较大值$(m < 10)$,这样可以获得既简单又高性能的信道编码。

10.6.1 卷积码的概念

卷积码的编码器是由一个有 k 个输入位、n 个输出位,且有 m 节移位寄存器构成的有限状态的有记忆系统,其原理图如图 10 - 4 所示。

图 10 - 5 是一个具体卷积码$(2, 1, 2)$的编码器原理图。它由移位寄存器、模二加法器及开关电路组成。

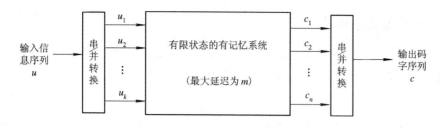

图 10-4 卷积码的编码器原理图

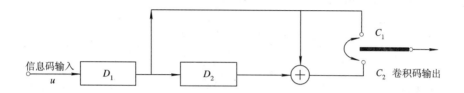

图 10-5 卷积码(2，1，2)的编码器原理图

起始状态各级移位寄存器清 0，即 $D_1 D_2$ 为 00。u 等于当前输入数据，而移位寄存器状态 $D_1 D_2$ 存储以前的数据，输出码字 C_i 由下式确定：

$$\begin{cases} C_1 = u \\ C_2 = D_1 \oplus D_2 \end{cases}$$

当输入数据 $D = u_1$，u_2，$\cdots$，u_i 时，输出码字为 $(C_1 C_2)_1$，$(C_1 C_2)_2$，$\cdots$，$(C_1 C_2)_i$。

从上述的计算可知，每 1 位数据，影响 $(m+1)$ 个输出子码，称 $(m+1)$ 为编码约束度。每个子码有 n 个码元，在卷积码中有约束关系的最大码元长度为 $(m+1) \cdot n$，称为编码约束长度。卷积码(2，1，2)的编码约束度为 3，约束长度为 6。

对于上述卷积码的解码方法可用图 10-6 来完成。设收到的码序列为 $C_1' C_2'$，解码器输入端的电子开关按节拍将 C_1' 和 C_2' 分开并分别送入上端和下端。三个移存器的节拍比码序列推迟一拍：当 C_1' 到达时，D_1、D_2 开始移位，D_3 保持原态不变；当 C_2' 到达时，D_3 开始移位，D_1、D_2 保持原态不变。移存器 D_1、D_2 和模二加电路 1 构成了与发端一样的编码器，从接收的码序列中计算出 C_2'；模二加法器 2 将上端计算得到的 C_2' 与接收到的 C_2' 进行比较，如果两者相同则输出 0，否则输出 1，表明接收的码有错。移存器 D_3、与门和模二加法器 3 共同组成了判决输出电路，如果模二加法器 2 的输出 S(校正子)为 0，模二加法器 3 输出正确码组；如果 S 为 1，表明接收的码有错，与门输出和模二加法器 3 将接收错码予以纠正，得到正确码组。

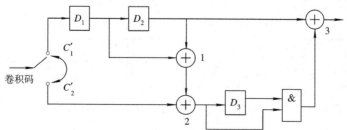

图 10-6 卷积码(2，1，2)解码器

10.6.2 卷积码的图解表示

卷积码同样也可以用矩阵的方法描述，但较抽象。因此，我们采用图解的方法直观描述其编码过程。常用的图解法有三种：树状图、状态图和网格图。

1. 树状图

树状图描述的是在任何数据序列输入时，码字所有可能的输出。有一个$(2，1，2)$卷积码的编码电路如图 $10-7$ 所示，可以画出其树状图如图 $10-8$ 所示。当输入码组为 11010000 时，编码器的工作过程如表 $10-11$ 所示。

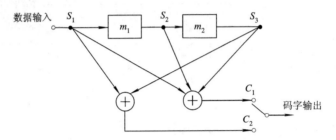

图 $10-7$ $(2，1，2)$卷积码的编码电路

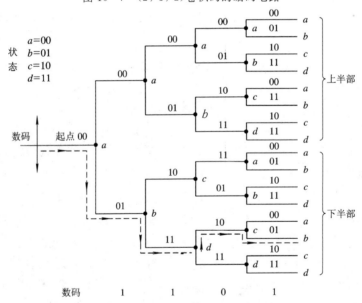

图 $10-8$ $(2，1，2)$卷积码的树状图

表 $10-11$ $(2，1，2)$编码器的工作过程

输入 S_1	1	1	0	1	0	0	0	0
存储 $S_3 S_2$	00	01	11	10	01	10	00	00
输出 $C_1 C_2$	11	01	01	00	10	11	00	00
存储状态	a	b	d	c	b	c	a	a

注：表中存储状态指的是在输入新的码组时，存储器 $m_2 m_1$ 已具有的状态 $S_3 S_2$ 的值，$S_3 S_2 = 00 = a$，$01 = b$，$10 = c$，$11 = d$。

以 $S_1 S_2 S_3 = 000$ 作为起点，用 a、b、c 和 d 分别表示 $S_3 S_2$ 的四种可能状态 00、01、10 和 11。若第一位数据 $S_1 = 0$，输出 $C_1 C_2 = 00$，从起点通过上支路到达状态 a，即 $S_3 S_2 = 00$；若 $S_1 = 1$，输出 $C_1 C_2 = 11$，从起点通过下支路到达状态 b，即 $S_3 S_2 = 01$；依次类推，可得整个树图。输入不同的信息序列，编码器就走不同的路径，输出的码序列也不同。例如，当输入数据为 [1 1 0 1 0] 时，其路径如图 10-8 中虚线所示，并得到输出码序列为 [1 1 0 1 0 1 0 0 …]。该输出码序列与表 10-11 的结果一致。

2. 状态图

除了用树图表示编码器的工作过程外，还可以用状态图来描述。图 10-9 就是该 $(2，1，2)$ 卷积编码器的状态图。

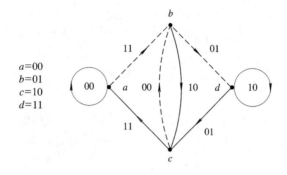

$a = 00$
$b = 01$
$c = 10$
$d = 11$

图 10-9　$(2，1，2)$ 卷积码的状态图

在图 10-9 中有四个节点 a、b、c、d，同样分别表示 $S_3 S_2$ 的四种可能状态。每个节点有两条线离开该节点，其中实线表示输入数据为 0，虚线表示输入数据为 1，线旁的数字即为输出码字。

3. 网格图

网格图也称做篱笆图或格图，它由状态图在时间上展开而得到，如图 10-10 所示。图中画出了所有可能的数据输入时，状态转移的全部可能轨迹，其中实线表示输入数据为 0，虚线表示输入数据为 1，线旁数字为输出码字，节点表示状态。

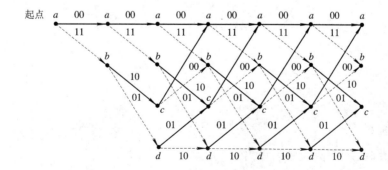

图 10-10　$(2，1，2)$ 卷积码的网格图

以上的三种卷积码的描述方法，不但有助于求解输出码字，了解编码工作过程，而且对研究解码方法也很有用。

10.6.3 卷积码的译码

卷积码的译码可分为代数译码和概率译码两大类。代数译码是利用生成矩阵和监督矩阵来译码的，最主要的方法是大数逻辑译码。概率译码比较实用的有两种：维特比译码和序列译码。目前，概率译码已成为卷积码最主要的译码方法。本节我们将简要讨论维特比译码和序列译码。

1. 维特比译码

维特比译码是一种最大似然译码算法。最大似然译码算法的基本思路是：把接收码字与所有可能的码字比较，选择一种码距最小的码字作为解码输出。由于接收序列通常很长，因此对维特比译码时的最大似然译码做了简化，即它把接收码字分段累接处理，每接收一段码字，计算、比较一次，并保留码距最小的路径，直至译完整个序列。

现以上述$(2,1,2)$卷积码为例说明维特比译码过程。设发送端的信息数据$D=[1\ 1\ 0\ 1\ 0\ 0\ 0\ 0]$，由编码器输出的码字$C=[1\ 1\ 0\ 1\ 0\ 1\ 0\ 0\ 1\ 0\ 1\ 1\ 0\ 0\ 0\ 0]$，接收端接收的码序列$B=[0\ 1\ 0\ 1\ 0\ 1\ 1\ 0\ 1\ 0\ 0\ 1\ 0\ 0\ 1\ 0]$，有四位码元差错。下面参照图$10\text{-}11$的网格图说明译码过程。

如图$10\text{-}11$所示，先选前三个码作为标准，对到达第三级的四个节点的八条路径进行比较，逐步算出每条路径与接收码字之间的累计码距。累计码距分别用括号内的数字标出，对照后保留一条到达该节点的码距较小的路径作为幸存路径，再将当前节点移到第四级，计算、比较、保留幸存路径，直至最后得到到达终点的一条幸存路径，即为解码路径，如图$10\text{-}11$中实线所示。根据该路径，可得到解码结果。

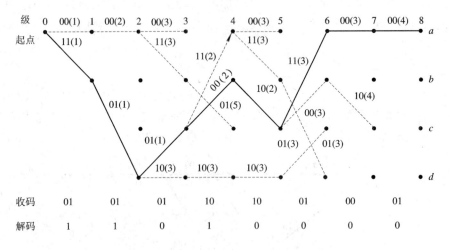

图$10\text{-}11$ 维特比译码的网格图

2. 序列译码

当m很大时，可以采用序列译码法。其过程说明如下。

译码先从码树的起始节点开始，把接收到的第一个子码的n个码元与从起始节点出发的两条分支按照最小汉明距离进行比较，沿着差异最小的分支走向第二个节点。在第二个节点上，译码器仍以同样原理到达下一个节点，依次类推，最后得到一条路径。若接收码组有错，则自某节点开始，译码器就一直在不正确的路径中行进，译码也一直错误。因此，译码器有一个门限值，当接收码元与译码器所走的路径上的码元之间的差异总数超过门限值时，译码器判定有错并且返回，然后试走另一分支。经数次返回后找出一条正确的路径，最后译码输出。

本 章 小 结

所谓误差控制，就是在发送端利用信道编码器在数字信息中增加一些多余码元(多余度)，接收端的信道译码器利用这些码元的内在规律来减少错误。差错控制编码是提高数字传输可靠性的一种技术，当然它是以牺牲数字传输的有效性为代价的。

差错控制的方式有三种，即前向纠错(FFC)方式、检错重发(ARQ)方式以及混合纠错(HEC)方式。它们在不同的通信方式中都得到了广泛应用。

信号的差错类型主要有两类：一是随机差错，即差错是互相独立的、不相关的；二是突发差错，它是成串出现的错误，错误与错误之间有相关性，一个错误往往要影响到后面一串字。在纠错编码技术中，码的设计与错误性质有关。纠正随机错误有效的码，往往纠正突发差错的效果不好，所以要根据错误的性质来设计方案，才会有较好的效果。实际上两种错误在信道上往往是同时并存的，一般是以一种为主进行设计的。如果两种差错同时产生，那就要寻找同时能够纠正两种错误的码。

差错控制编码的类型很多，大致可分为检错码、线性分组码和卷积码。目前应用较多的是一些检错的、线性分组码中的汉明码和循环码，卷积码在新的编码技术中也得到了广泛应用。随着集成电路技术和计算机技术的发展，很多复杂的纠错编码已经进入到实际应用领域。

思考与练习 10

10-1　信道编码与信源编码有什么不同？纠错码能检错或纠错的根本原因是什么？

10-2　差错控制的基本工作方式有哪几种？各有什么特点？

10-3　分组码的检(纠)错能力与最小码距有什么关系？检、纠错能力之间有什么关系？

10-4　二维偶监督码检测随机及突发错误的性能如何？能否纠错？

10-5　线性分组码的最小距离与码的最小重量有什么关系？最小距离的最大值与监督元数目有什么关系？

10-6　汉明码有哪些特点？

10-7　系统分组码的监督矩阵、生成矩阵各有什么特点？相互之间有什么关系？

10-8　伴随式检错及纠错的原理是什么？

10-9　循环码的生成多项式、监督多项式各有什么特点？

10-10　(1) 写出(n, k)系统循环码多项式的表示式。

(2) 已知$(7, 3)$循环码的生成多项式 $g(x) = x^4 + x^2 + x + 1$，若 $m(x)$ 分别为 x^2、1，求其系统码的码字。

10-11　(5，1)重复码若用于检错，能检测出几位错码？若用于纠错，能纠正几位错码？若同时用于检错、纠错，各能检测、纠正几位错码？

10-12　已知八个码组分别为 000000、001110、010101、011011、100011、101101、110110、111000，试求其最小码距 d_0。

10-13　上题所给的码组若用于检错，能检测出几位错码？若用于纠错，能纠正几位错码？若同时用于检错、纠错，试问检错、纠错能力各如何？

10-14　码长 $n=15$ 的汉明码的监督位数 r 应为多少？编码效率 R 多大？试制定伴随式与错误图样的对照表并写出监督码元与信息码元之间的关系式。

10-15　汉明码(7，4)循环的 $g(x)=x^3+x+1$，若输入信息组 0111，试设计该(7，4)码的编码电路及工作过程，并求出对应的输出码组。

10-16　已知线性码的一致校验矩阵为

$$\boldsymbol{H}=\begin{bmatrix}100100110\\101010010\\011100001\\101011101\end{bmatrix}$$

试求其典型校验矩阵。

10-17　有如下所示两个生成矩阵 $\boldsymbol{G}_1$ 和 $\boldsymbol{G}_2$，试说明它们能否生成相同码字。

$$\boldsymbol{G}_1=\begin{bmatrix}1011000\\0101100\\0010110\\0001011\end{bmatrix},\quad \boldsymbol{G}_2=\begin{bmatrix}1000101\\0100111\\0010110\\0001011\end{bmatrix}$$

10-18　已知(7，4)循环码的全部码组为

　　　0000000　0001011　0010110　0011101
　　　0100111　0101100　0110001　0111010
　　　1000101　1001110　1010011　1011000
　　　1100010　1101001　1110100　1111111

试写出该循环码的生成多项式 $g(x)$ 和生成矩阵 $\boldsymbol{G}(x)$，并将 $\boldsymbol{G}(x)$ 化成典型阵。

10-19　已知(7，3)分组码的监督关系式为

$$\begin{cases}x_6&+x_3+x_2+x_1&=0\\x_6&+x_2+x_1+x_0&=0\\x_6+x_5&+x_1&=0\\x_6&+x_4&+x_0&=0\end{cases}$$

求其监督矩阵、生成矩阵、全部码字及纠错能力。

10-20　已知(7，4)循环码的生成多项式 $g(x)=x^3+x+1$，

(1) 求其生成矩阵及监督矩阵；

(2) 写出系统循环码的全部码字。

10-21　已知条件同上题，

(1) 画出编码电路，并列表说明编码过程；

(2) 画出译码电路，并列表说明译码过程。

10－22　已知(15，5)循环码的生成多项式为 $g(x)=x^{10}+x^8+x^5+x^4+x+1$，求该码的生成矩阵，并写出消息码为 $m(x)=x^4+x+1$ 时的码多项式。

10－23　已知(15，7)循环码由 $g(x)=x^8+x^7+x^6+x^4+1$ 生成，问接收码组 $T(x)=x^{14}+x^5+x+1$ 是否需要重发。

10－24　已知(7，3)循环码的检验关系为

$$x_6 \oplus x_3 \oplus x_2 \oplus x_1 = 0$$
$$x_5 \oplus x_2 \oplus x_1 \oplus x_0 = 0$$
$$x_6 \oplus x_5 \oplus x_1 = 0$$
$$x_5 \oplus x_4 \oplus x_0 = 0$$

试求该循环码的检验矩阵和生成矩阵。

10－25　设计一个由 $g(x)=(x+1)(x^3+x+1)$ 生成的(7，3)循环码的编码电路和译码电路。

10－26　一个卷积码编码器包括一个两级移位寄存器(即约束度为3)、三个模二加法器和一个输出复用器，编码器的生成多项式如下：

$$g_1(x) = 1 + x^2$$
$$g_2(x) = 1 + x$$
$$g_3(x) = 1 + x + x^2$$

画出编码器框图。

10－27　一个编码效率 $R=1/2$ 的卷积码编码器如图 10－17 所示，求由信息序列 10111…产生的编码器输出。

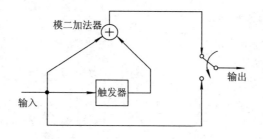

图 10－17　10－27 题图

10－28　图 10－18 所示为编码效率 $R=1/2$、约束长度为 4 的卷积码编码器，若输入的信息序列为 10111…，求产生的编码器输出。

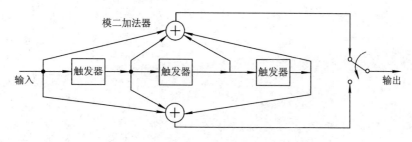

图 10－18　10－28 题图

10－29　画出图 10－18 所示卷积码编码器的树图。绘出对应于信息序列 10111…的通

过树的路由，并把产生的编码器输出和 10-28 题所求得的结果相比较。

10-30 已知 $g_1(x)=x^3+x^2+1$, $g_2(x)=x^2+x+1$, $g_3(x)= x+1$。试分别讨论下列两种情况下，由 $g(x)$ 生成的 7 位循环码的检错和纠错能力。

10-31 已知某 $(7，3)$ 分组码的监督关系为

$$\begin{cases} X_6+X_3+X_2+X_1=0 \\ X_6+X_2+X_1+X_0=0 \\ X_6+X_5+X_1=0 \\ X_6+X_4+X_0=0 \end{cases}$$

求：（1）监督矩阵、生成矩阵；

（2）纠错能力；

（3）编码、译码电路。

第 11 章　伪随机序列及应用

【教学要点】

了解：正交码与伪随机码的区别。

熟悉：伪随机序列的概念、产生与应用。

掌握：m 序列。

重点、难点：m 序列的形成与应用。

在通信系统中，对误码率的测量、通信加密、数据序列的扰码和解码、扩频通信以及分离多径等方面均要用到伪随机序列，伪随机序列的特性对系统的性能有重要的影响，因此，有必要了解和掌握伪随机序列的概念和特性。

11.1　伪随机序列的概念

在通信技术中，随机噪声是造成通信质量下降的重要因素，因而它最早受到人们的关注。如果信道中存在着随机噪声，对于模拟信号来说，输出信号就会产生失真，对于数字信号来说，解调输出就会出现误码。另外，如果信道的信噪比下降，那么信道的传输容量将会受到限制。

人们一方面试图设法消除和减小通信系统中的随机噪声，另一方面也希望获得随机噪声，并充分利用它，以实现更有效的通信。根据香农编码理论，只要信息速率小于信道容量，总可以找到某种编码方法，在码周期相当长的条件下，能够几乎无差错地从受到高斯噪声干扰的信号中复制出原始信号。香农理论还指出，在某些情况下，为了实现更有效的通信，可采用有白噪声统计特性的信号来编码。白噪声是一种随机过程，它的瞬时值服从正态分布，功率谱在很宽的频带内都是均匀的，具有良好的相关特性。

我们知道，可以预先确定并且可以重复实现的序列称为确定序列，可以预先确定而不能重复实现的序列称为随机序列。随机序列的特性和噪声性能类似，因此随机序列又称为噪声序列。具有随机特性，貌似随机序列的确定序列称为伪随机序列，又称为伪随机码或者伪噪声序列(PN 码)。

伪随机序列应当具有类似随机序列的性质。在工程上常用二元{0，1}序列来产生伪噪声码，它具有以下几个特点：

(1) 在随机序列的每一个周期内，0 和 1 出现的次数近似相等。

(2) 每一周期内，长度为 n 的游程(相同码元的码元串)出现的次数比长度为 $n+1$ 的游程次数多一倍。

（3）随机序列的自相关类似于白噪声自相关函数的性质。

11.2   正交码与伪随机码

若 M 个周期为 T 的模拟信号 $s_1(t)$，$s_2(t)$，…，$s_M(t)$ 构成正交信号集合，则有

$$\int_0^T s_i(t)s_j(t)\ \mathrm{d}t = \begin{cases} 常数，& i=j \\ 0， & i\neq j \end{cases} \tag{11-1}$$

设序列周期为 p 的编码中，码元只取值 $+1$ 和 -1，而 x 和 y 是其中两个码组：

$$x=(x_1,\ x_2,\ \cdots,\ x_n)$$
$$y=(y_1,\ y_2,\ \cdots,\ y_n)$$

其中，x_i、$y_i\in(+1,\ -1)$，$i=1,\ 2,\ \cdots,\ n$，则 x 和 y 之间的互相关函数定义为

$$\rho(x,\ y)=\frac{\sum x_i y_i}{p},\quad -1\leqslant \rho \leqslant 1 \tag{11-2}$$

若码组 x 和 y 正交，则有 $\rho(x,\ y)=0$。若互相关系数小于 0，则称为超正交码；若互相关系数为 0 或 -1，则称为双正交码。

如果一种编码码组中任意两者之间的互相关系数都为 0，即码组两两正交，则这种两两正交的编码就称为正交编码。由于正交码各码组之间的相关性很弱，受到干扰后不容易互相混淆，因而正交码具有较强的抗干扰能力。

类似地，对于长度为 p 的码组 x 的自相关函数定义为

$$\rho_x(j)=\sum_{i=1}^n \frac{x_i x_{i+j}}{p} \tag{11-3}$$

对于 $\{0,1\}$ 二进制码，式（11-2）的互相关函数定义可简化为

$$\rho(x,\ y)=\frac{A-D}{A+D}=\frac{A-D}{p} \tag{11-4}$$

其中，A 是 x 和 y 中对应码元相同的个数；D 是 x 和 y 中对应码元不同的个数。

式（11-3）的自相关函数也可表示为

$$\rho_x(j)=\frac{A-D}{A+D}=\frac{A-D}{p} \tag{11-5}$$

其中，A 是码字 x_i 与其位移码字 x_{i+j} 的对应码元相同的个数；D 是对应码元不同的个数。式（11-2）和式（11-3）适用于计算（$+1$，-1）二进制序列的相关系数。对于（0，1）二元序列，其相关系数可用式（11-4）和式（11-5）计算，或将 0、1 分别对应 -1、$+1$，再用式（11-2）和式（11-3）计算。

伪随机码具有白噪声的统计特性，因此，伪随机码定义可写为

（1）凡自相关函数具有

$$\rho_x(j)=\begin{cases} \displaystyle\sum_{i=1}^n \frac{x_i^2}{p}=1， & j=0 \\[3mm] \displaystyle\sum_{i=1}^n \frac{x_i x_{i+j}}{p}=-\frac{1}{p}， & j\neq 0 \end{cases} \tag{11-6}$$

形式的码，称为伪随机码，又称为狭义伪随机码。

（2）凡自相关函数具有

$$\rho_x(j) = \begin{cases} \displaystyle\sum_{i=1}^{n} \frac{x_i^2}{p} = 1, & j = 0 \\ \displaystyle\sum_{i=1}^{n} \frac{x_i x_{i+j}}{p} = a < 1, & j \neq 0 \end{cases} \qquad (11-7)$$

形式的码，称为广义伪随机码。

狭义伪随机码是广义伪随机码的特例。

11.3　伪随机序列的产生

编码理论的数学基础是抽象代数的有限域理论。有限域是指集合 F 中元素个数是有限的，而且满足所规定的加法运算和乘法运算中的交换律、结合律、分配律等。常用的只含 $(0,1)$ 两个元素的二元集 F_2，由于受自封性的限制，这个二元集只有对模二加和模二乘才是一个域。

一般地，对于整数集 $F_p = \{0, 1, 2, \cdots, p-1\}$，若 p 为素数，则对模 p 的加法和乘法来说，F_p 是一个有限域。

可以用移位寄存器作为伪随机码产生器，产生二元域 F_2 及其扩展域 F_{2^m} 中的各个元，其中，m 为正整数。可用域上多项式来表示一个码组，域上多项式定义为

$$f(x) \stackrel{\text{def}}{=\!=} a_0 + a_1 x + a_2 x^2 + \cdots + a_n x^n = \sum_{i=0}^{n} a_i x^i \qquad (11-8)$$

称其为 F 的 n 阶多项式，加号为模二加。式(11-8)中，a_i 是 F 的元，$a_n x^n$ 称为 $f(x)$ 的首项，a_n 是 $f(x)$ 的首项系数。记 F 域上所有多项式组成的集合为 $F(x)$。

若 $g(x)$ 是 $F(x)$ 中的另一多项式

$$g(x) = \sum_{i=0}^{m} b_i x^i \qquad (11-9)$$

如果 $n \geqslant m$，则规定 $f(x)$ 和 $g(x)$ 的模二加为

$$f(x) + g(x) = \sum_{i=0}^{n} (a_i + b_i) x^i \qquad (11-10)$$

其中，$b_{m+1} = b_{m+2} = \cdots = b_n = 0$。规定 $f(x)$ 和 $g(x)$ 的模二乘为

$$f(x) \cdot g(x) = \sum_{i=0}^{n+m} \sum_{j=0}^{i} (a_i \cdot b_{i-j}) x^i \qquad (11-11)$$

若 $g(x) \neq 0$，则在 $F(x)$ 中总能找到一对多项式 $q(x)$（称为商）和 $r(x)$（称为余式），使得

$$f(x) = q(x) g(x) + r(x) \qquad (11-12)$$

其中 $r(x)$ 的阶数小于 $g(x)$ 的阶数。

式(11-12)称为带余除法算式，当余式 $r(x) = 0$ 时，就说明 $f(x)$ 可被 $g(x)$ 整除。

图 11-1 是一个四级移位寄存器，用它可产生伪随机序列。规定移位寄存器的状态是各级存数按从右至左的顺序排列而成的序列，这样的状态叫正状态或简称状态；反之，移位寄存器状态是各级存数按从左至右的顺序排列而成的序列称为反状态。图 11-1 中的反

馈逻辑为

$$a_n = a_{n-3} \oplus a_{n-4} \tag{11-13}$$

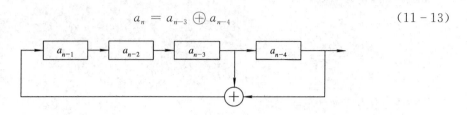

图 11-1　四级移位寄存器

当移位寄存器的初始状态是 1000 时，即 $a_{n-4}=1$，$a_{n-3}=0$，$a_{n-2}=0$，$a_{n-1}=0$，经过一个时钟节拍后，各级状态自左向右移到下一级，末级输出一位数。与此同时，模二加法器输出加到移位寄存器第一级，从而形成移位寄存器的新状态，下一个时钟节拍到来又继续上述过程，末级输出序列就是伪随机序列。在这种条件下，图 11-1 产生的伪随机序列是

$$\{a_{n-4}\} = 100010011010111100010011010101111\cdots$$

这是一个周期长度 $p=15$ 的随机序列。

当图 11-1 的初始状态是 0 状态时，即 $a_{n-4}=a_{n-3}=a_{n-2}=a_{n-1}=0$，移存器的输出是一个 0 序列。四级移存器共有 16 个状态，除去一个 0 状态外，还有 15 个状态。对于图 11-1 来说，只要随机序列的周期达到最大值，这时无论如何改变移存器的初始状态，其输出只改变序列的初相，序列的排序规律不会改变。但是，如果改变图 11-1 四级移存器的反馈逻辑，其输出序列就会发生变化。例如，当反馈逻辑变成

$$a_n = a_{n-2} \oplus a_{n-4} \tag{11-14}$$

时，给定不同的初始状态 1111、0001、1011，可以得到三个完全不同的输出序列

$$111100111100\cdots,\quad 000101000101\cdots,\quad 101101101101$$

它们的周期分别是 6、6 和 3。

由此，我们可以得出以下几点结论：

（1）线性移位寄存器的输出序列是一个周期序列。

（2）当初始状态是 0 状态时，线性移位寄存器的输出是一个 0 序列。

（3）级数相同的线性移位寄存器的输出序列与寄存器的反馈逻辑有关。

（4）序列周期 $p<2^n-1$（n 级线性移位寄存器）的同一个线性移存器的输出还与起始状态有关。

（5）序列周期 $p=2^n-1$ 的线性移位寄存器，改变其初始状态只能改变序列的起始相位，而周期序列排序规律不变。

11.4　m 序　列

根据 11.3 节的叙述，n 级线性移位寄存器能产生的序列最大可能周期是 $p=2^n-1$，这样的序列称为最大长度序列，或称为 m 序列。要获得 m 序列，关键是要找到满足一定条件的线性寄存器的反馈逻辑。

11.4.1　特征多项式

图 11-2 给出了产生 m 序列的线性反馈移位寄存器的一般结构图。它由 n 级移位寄存器与若干模二加法器组成的线性反馈逻辑网络和时钟脉冲发生器(省略未画)连接而成。图中移位寄存器的状态用 a_i 表示($i=0,1\cdots,n-1$);c_i 表示反馈线的连接状态,相当于反馈系数,$c_i=1$ 表示此线接通,参与反馈;$c_i=0$ 表示此线断开,不参与反馈。$c_0=c_n=1$。

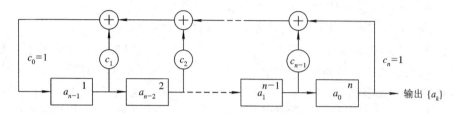

图 11-2　m 序列的线性反馈移位寄存器的一般结构图

1. 线性反馈移位寄存器的递推关系式

递推关系式又称为反馈逻辑函数或递推方程。设图 11-2 所示的线性反馈移位寄存器的初始状态为(a_0　a_1　$\cdots$　a_{n-2}　a_{n-1}),经一次移位线性反馈,移位寄存器左端第一级的输入为

$$a_n = c_1 a_{n-1} + c_2 a_{n-2} + \cdots + c_{n-1} a_1 + c_n a_0 = \sum_{i=1}^{n} c_i a_{n-i}$$

若经 k 次移位,则第一级的输入为

$$a_i = \sum_{i=1}^{n} c_i a_{l-i} \tag{11-15}$$

其中,$l=n+k-1 \geqslant n$,$k=1,2,3,\cdots$。

根据递推关系式(11-15)可见,移位寄存器第一级的输入由反馈逻辑及移位寄存器的原状态所决定。

2. 线性反馈移位寄存器的特征多项式

用多项式 $f(x)$ 来描述线性反馈移位寄存器的反馈连接状态:

$$f(x) = c_0 + c_1 x + \cdots + c_n x^n = \sum_{i=0}^{n} c_i x^i \tag{11-16}$$

式(11-16)称为特征多项式或特征方程。其中,若 x^i 存在,表明 $c_i=1$;否则 $c_i=0$。x 本身的取值并无实际意义,而 c_i 的取值决定了移位寄存器的反馈连接。由于 $c_0=c_n=1$,因此,$f(x)$ 是一个常数项为 1 的 n 次多项式,n 为移位寄存器的级数。

可以证明,一个 n 级线性反馈移位寄存器能产生 m 序列的充要条件是它的特征多项式为一个 n 次本原多项式。若一个 n 次多项式 $f(x)$ 满足下列条件:

(1) $f(x)$ 为既约多项式(即不能分解因式的多项式);

(2) $f(x)$ 可整除(x^p+1),$p=2^n-1$;

(3) 对任何 $q<p$,$f(x)$ 不能整除 x^q+1;

则称 $f(x)$ 为本原多项式。以上内容为我们构成 m 序列提供了理论根据。

11.4.2　m序列产生器

用线性反馈移位寄存器构成 m 序列产生器，关键是由特征多项式 $f(x)$ 来确定反馈线的状态，而且特征多项式 $f(x)$ 必须是本原多项式。

现以 $n=4$ 为例来说明 m 序列产生器的构成。用四级线性反馈移位寄存器产生的 m 序列，其周期为 $p=2^4-1=15$，其特征多项式 $f(x)$ 是 4 次本原多项式，能整除 $(x^{15}+1)$。先将 $(x^{15}+1)$ 分解因式，使各因式为既约多项式，再寻找 $f(x)$：

$$x^{15}+1=(x+1)(x^2+x+1)(x^4+x+1)(x^4+x^3+1)(x^4+x^3+x^2+x+1)$$

其中，4 次既约多项式有 3 个，但由于 $(x^4+x^3+x^2+x+1)$ 能整除 (x^5+1)，故它不是本原多项式。因此找到两个 4 次本原多项式 (x^4+x+1) 和 (x^4+x^3+1)。这里指出本原多项式的逆多项式仍为本原多项式，如 (x^4+x+1) 与 (x^4+x^3+1) 为互逆多项式，即"10011"与"11001"互为逆码。由其中任何一个都可产生 m 序列。用 $f(x)=x^4+x+1$ 构成的 m 序列产生器如图 11 - 3 所示。

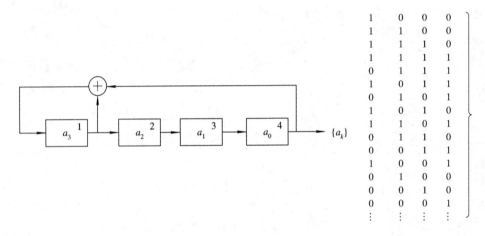

$$
\begin{array}{cccc}
1 & 0 & 0 & 0 \\
1 & 1 & 0 & 0 \\
1 & 1 & 1 & 0 \\
1 & 1 & 1 & 1 \\
0 & 1 & 1 & 1 \\
1 & 0 & 1 & 1 \\
0 & 1 & 0 & 1 \\
1 & 0 & 1 & 0 \\
1 & 1 & 0 & 1 \\
0 & 1 & 1 & 0 \\
0 & 0 & 1 & 1 \\
1 & 0 & 0 & 1 \\
0 & 1 & 0 & 0 \\
0 & 0 & 1 & 0 \\
0 & 0 & 0 & 1 \\
\vdots & \vdots & \vdots & \vdots
\end{array}
$$

图 11 - 3　用 $f(x)=x^2+x+1$ m 序列产生器

设四级移位寄存器的初始状态为 1000，则 $c_4=c_1=c_0=1$，$c_3=c_2=0$，输出序列 $\{a_k\}$ 的周期长度为 15。值得注意的是，移位寄存器的初始状态不能为全 0，否则输出序列就为全 0 了。为此，m 序列产生器中通常有所谓的全 0 排除电路以确保其正常工作。

11.4.3　m序列的性质

1. 均衡特性(平衡性)

m 序列每一周期中 1 的个数比 0 的个数多 1 个。由于 $p=2^n-1$ 为奇数，因而在每一周期中 1 的个数为 $(p+1)/2=2^{n-1}$（偶数），而 0 的个数为 $(p-1)/2=2^{n-1}-1$（奇数）。例如，当 $p=15$ 时，1 的个数为 8，0 的个数为 7；当 p 足够大时，在一个周期中 1 与 0 出现的次数基本相等(均衡)。

2. 游程特性(游程分布的随机性)

我们把一个序列中取值(1 或 0)相同连在一起的元素合称为一个游程。在一个游程中，元素的个数称为游程长度。例如图 11 - 2 中给出的 m 序列

$$\{a_k\} = 0\ 0\ 0\ 1\ 1\ 1\ 1\ 0\ 1\ 0\ 1\ 1\ 0\ 0\ 1 \cdots$$

在其一个周期的 15 个元素中，共有 8 个游程，其中长度为 4 的游程有 1 个，即 1111；长度为 3 的游程有 1 个，即 000；长度为 2 的游程有 2 个，即 11 与 00；长度为 1 的游程有 4 个，即 2 个 1 与 2 个 0。

m 序列的一个周期（$p = 2^n - 1$）中，游程总数为 2^{n-1}。其中，长度为 1 的游程个数占游程总数的 1/2；长度为 2 的游程个数占游程总数的 $1/2^2 = 1/4$；长度为 3 的游程个数占游程总数的 $1/2^3 = 1/8$，依次类推。一般地，长度为 k 的游程个数占游程总数的 $1/2^k = 2^{-k}$，其中 $1 \leqslant k \leqslant (n-1)$。而且，在长度为 k 的游程中，连 1 游程与连 0 游程各占一半，长为 $(n-1)$ 的游程是连 0 游程，长为 n 的游程是连 1 游程。

3. 移位相加特性（线性叠加性）

一个周期为 p 的 m 序列和它的位移序列模二相加后所得的序列仍是该 m 序列的某个位移序列（移位数与 m_r 不同），即仍是周期为 p 的 m 序列。设 m_r 是周期为 p 的 m 序列 m_p 的 r 次延迟移位后的序列，那么

$$m_p \oplus m_r = m_s \tag{11-17}$$

其中，m_s 为 m_p 某次延迟移位后的序列。例如，

$$m_p = 0\ 0\ 0\ 1\ 1\ 1\ 1\ 0\ 1\ 0\ 1\ 1\ 0\ 0\ 1 \cdots$$

m_p 延迟两位后得 m_r，再模二相加，得 m_s：

$$m_r = 0\ 1\ 0\ 0\ 0\ 1\ 1\ 1\ 1\ 0\ 1\ 0\ 1\ 1\ 0 \cdots$$

$$m_s = m_p \oplus m_r = 0\ 1\ 0\ 1\ 1\ 0\ 0\ 1\ 0\ 0\ 0\ 1\ 1\ 1\ 1 \cdots$$

可见，$m_s = m_p \oplus m_r$ 为 m_p 延迟 8 位后的序列。

4. 自相关特性

m 序列具有非常重要的自相关特性。在 m 序列中，常常用 +1 代表 0，用 -1 代表 1。此时定义：设长为 p 的 m 序列，记做

$$a_1, a_2, a_3, \cdots, a_p (p = 2^n - 1)$$

经过 j 次移位后，m 序列为

$$a_{j+1}, a_{j+2}, a_{j+3}, \cdots, a_{j+p}$$

其中，$a_{i+p} = a_i$（以 p 为周期）。把以上两序列的对应项相乘后再相加，利用所得的总和

$$a_1 \cdot a_{j+1} + a_2 \cdot a_{j+2} + a_3 \cdot a_{j+3} + \cdots + a_p \cdot a_{j+p} = \sum_{i=1}^{p} a_i a_{j+i}$$

来衡量一个 m 序列与它的 j 次移位序列之间的相关程度，并把这个总和叫做 m 序列 $(a_1, a_2, a_3, \cdots, a_p)$ 的自相关函数，记做

$$R(j) = \sum_{i=1}^{p} a_i a_{j+i} \tag{11-18}$$

称

$$\frac{1}{p} \sum_{i=1}^{p} a_i a_{j+i} = r_a(j)$$

为 m 序列归一化周期性自相关函数，其中 a 的下标按模 p 运算。

当采用二进制数字 0 和 1 代表码元的可能取值时，式（11-18）可表示为

$$R(j) = \frac{A - D}{A + D} = \frac{A - D}{p} \tag{11-19}$$

其中，A、D 分别是 m 序列与其 j 次移位的序列在一个周期中对应元素相同、不相同的数目，即分别是 $a_i + a_{i+j}$ 等于 0 和 1 的数目。式(11-19)还可以改写为

$$R(j) = \frac{[a_i \oplus a_{i+j} = 0] \text{的数目} - [a_i \oplus a_{i+j} = 1] \text{的数目}}{p} \qquad (11-20)$$

由移位相加特性可知，$a_i \oplus a_{i+j}$ 仍是 m 序列中的元素，所以式(11-20)的分子就等于移位相加后 m 序列中 0 的数目与 1 的数目之差。另外由 m 序列的均衡性可知，在一个周期中 0 比 1 的个数少一个，故得 $A - D = -1$ (j 为非零整数时)或 p (j 为零时)。因此得

$$R(j) = \begin{cases} 1, & j = 0 \\ -\dfrac{1}{p}, & j = \pm 1, \pm 2, \cdots, \pm(p-1) \end{cases} \qquad (11-21)$$

如图 11-4 所示。

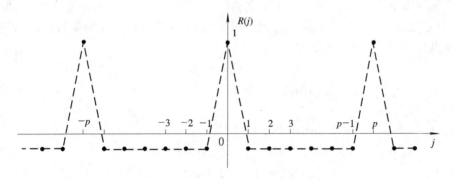

图 11-4　m 序列的自相关函数

m 序列的自相关函数只有两种取值(1 和 $-1/p$)，故它是一种双值自相关序列。$R(j)$ 是一个周期函数，其周期长度与 m 序列的周期 p 相同，即

$$R(j) = R(j + kp) \qquad (11-22)$$

其中，$k = 1, 2, \cdots$；$p = (2^n - 1)$ 为周期；而且 $R(j)$ 是偶函数，即

$$R(j) = R(-j), \quad j = \text{整数} \qquad (11-23)$$

5. 伪噪声特性

我们对一个正态分布白噪声取样，若取样值为正，记为 $+1$；若取样值为负，记为 -1。将每次取样所得极性排成序列，可以写成

$$\cdots, +1, -1, +1, +1, +1, -1, -1, +1, -1, \cdots$$

这是一个随机序列，它具有如下基本性质：

(1) 序列中 $+1$ 和 -1 出现的概率相等。

(2) 序列中长度为 1 的游程约占 1/2，长度为 2 的游程约占 1/4，长度为 3 的游程约占 1/8，依次类推。一般地，长度为 k 的游程约占 $1/2^k$，而且 $+1$、-1 游程的数目各占一半。

(3) 由于白噪声的功率谱为常数，因此其归一化自相关函数为一冲激函数 $\delta(\tau)$。

把 m 序列与上述随机序列比较，当周期长度 p 足够大时，m 序列与随机序列的性质是十分相似的。可见，m 序列是一种伪噪声特性较好的伪随机(PN)序列，且易产生，因此应用十分广泛。

11.5　伪随机序列的应用

　　伪随机序列在通信领域中得到了广泛应用，它可以应用在扩频通信、卫星通信的码分多址以及数字（数据）通信中的加密、扰码、同步、误码率测量等领域中。本书仅对其中一些有代表性的应用做简要介绍。

11.5.1　扩展频谱通信

　　扩展频谱通信系统简称扩频（SS）系统，它将待传送的基带信号在频域上扩展为远远大于原来信号带宽的频谱，再在接收端把已扩展频谱的信号变换到原来信号的频带上，以恢复出原来的基带信号的。数字基带扩展频谱通信系统的模型如图 11－5 所示。

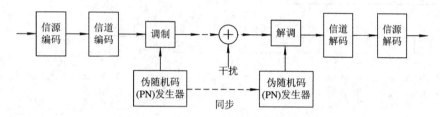

图 11－5　数字基带扩展频谱通信系统的模型

　　扩展频谱技术的理论基础是香农公式。对于具有加性高斯白噪声的连续信道，其信道容量 C 与信道传输带宽 B 及信噪比 P/N 之间的关系可以用下式表示：

$$C = B \, \mathrm{lb}\left(1 + \frac{P}{N}\right) \tag{11－24}$$

　　式（11－24）表明，在保持信息传输速率不变的条件下，信噪比和带宽之间具有互换关系。就是说，可以用扩展信号的频谱作为代价，换取用很低的信噪比来传送信号，同样可以得到很低的差错率。

　　扩频系统有以下特点：

　　（1）有利于加密，防止窃听；

　　（2）抗干扰、抗衰落和抗阻塞能力强；

　　（3）具有选择地址能力，多址通信时频谱利用率高；

　　（4）信号的功率谱密度很低，有利于信号的隐蔽；

　　（5）在扩频信道中可同时容纳大量（瞬时）用户；

　　（6）可以进行高分辨率的测距。

　　扩频通信系统的工作方式有直接序列扩频、跳变频率扩频、跳变时间扩频和混合式扩频，其中，前两种系统用得较多；第三种主要用于雷达系统。

1. 直接序列扩频方式

　　直接序列扩频（Direct Sequence Spread Spectrum，DSSS）又称为直扩（DS），它是用高速率的伪随机序列与信息序列模二加后的序列去控制载波的相位而获得直扩信号的。图 11－6(a)和(b)就是直扩系统的原理方框图和扩频信号传输图。

　　在图 11－6 中，信息码与伪码模二加后产生发送序列，进行 2PSK 调制后输出。这时，

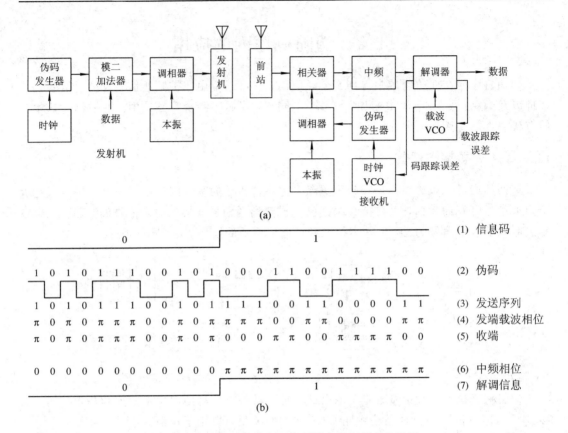

图 11-6 直扩系统的原理方框图和扩频信号传输图
(a)原理方框图;(b)扩频信号传输图

信号能量几乎均匀地分散在很宽的频带内,从而大大降低了传输信号的功率谱密度。在接收端用一个和发射端同步的伪随机码所调制的本地信号,与接收到的信号进行相关处理,相关器输出中频信号经中频电路和解调器,使信号带宽减小,功率谱增大,从而恢复出原信息。

DSSS 提供了传输带宽的瞬时扩展。该方式同其他工作方式比较,实现频谱扩展方便,因此是一种最典型的扩频系统。

2. 跳变频率扩频方式

跳变频率扩频(Frequency Hopping Spread Spectrum,FHSS)又称为跳频(FH),它是用伪码构成跳频指令来控制频率合成器,并在多个频率中进行选择的移频键控。跳频指令由所传信息码与伪随机码模二加的组合来构成,因此,它又称为跳频图案。

跳频系统原理如图 11-7 所示。在发送端信息码与伪码调制后,按不同的跳频图案去控制频率合成器,使其输出频率在信道里随机跳跃地变化。在接收端,为了对输入信号解跳,需要有与发送端相同的本地伪码发生器构成的跳频图案去控制频率合成器,使其输出的跳频信号能在混频器中与接收到的跳频信号差频出一个固定中频信号,经中频放大器后,送到解调器恢复出原信息。

在 FHSS 系统中,根据跳频速率的不同可以分为快跳变(F-FH)和慢跳变(S-FH)两种。

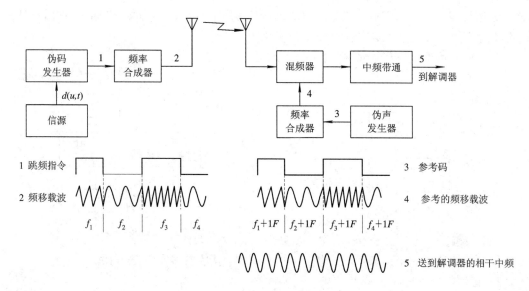

图 11-7 跳频系统原理

3. 跳变时间扩频方式

跳变时间扩频（Time Hopping Spread Spectrum，THSS）又称为跳时（TH），它是用伪码序列来启闭信号的发射时刻和持续时间的。该方式一般和其他方式混合使用。

4. 混合式扩频方式

在实际系统中，当仅仅采用单一工作方式而不能达到所希望的性能时，往往采用两种或两种以上工作方式的混合式扩频，如 FH/DS、DS/TH、FH/TH 等。

11.5.2 码分多址(CDMA)通信

多址系统是指多个用户通过一个共同的信道交换消息的通信系统。传统的信号划分方式有频分和时分，相应地可构成频分多址系统和时分多址系统。

一种新的多址方式是码分多址系统，它给每个用户分配一个多址码，要求这些码的自相关特性尖锐，而互相关特性的峰值尽量小，以便准确识别和提取有用信息，同时各个用户间的干扰可减小到最低限度。

码分多址系统有以下特点：

（1）所有用户可以异步地共享整个频带资源，也就是说，不同用户码元发送信号的时间并不要求同步；

（2）系统容量大；

（3）信道数据率非常高。

码分多址扩频通信方式常用的扩频信号有两类：跳频信号和直接序列扩频信号。其对应的多址方式为跳频码分多址和直接码分多址。

1）跳频码分多址(FH-CDMA)

跳频是指将待传送码元的载波分量随着时间顺序受一个伪随机序列控制而随机跳动。在该系统中，每个用户根据各自的伪随机序列，动态改变其已调信号的中心频率。各用户的中心频率可在给定的系统带宽内随机改变。其主要特征是带宽通常要比各用户已调信号的带宽宽得多。FH – CDMA 类似于 FDMA，但使用的频道是动态变化的，且各用户使用的频率序列要求相互正交，在任一时刻都不相同。

跳频的具体实现方框图如图 11 – 8 所示。

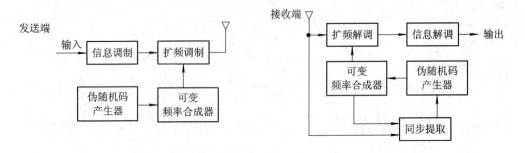

图 11 – 8　跳频发送、接收端实现框图

与传统的通信系统比较，发送端多了扩频调制，接收端多了扩频解调。

2) 直扩码分多址(DS – CDMA)

在直接序列扩频码分多址系统中，所有用户工作在相同的中心频率上，输入数据序列与伪随机序列相乘得到宽带信号。不同的用户(或信道)使用不同的伪随机序列。这些伪随机序列相互正交，从而可像 FDMA 和 TDMA 系统中利用频率和时隙区分不同用户一样，利用伪随机序列来区分不同的用户。

(1) DS – CDMA 系统框图。DS – CDMA 系统实现框图如图 11 – 9 所示。

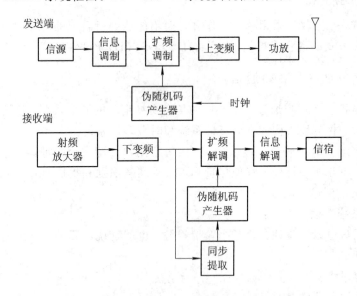

图 11 – 9　DS – CDMA 系统发、收端实现框图

(2) DS – CDMA 构成方式。DS – CDMA 的方式有两个，如图 11 – 10 所示。

在图 11 – 10(a)中，发送端的用户信息数据 d_i 首先与与之对应的地址码 W_i 相乘(或模二加)，进行地址码调制，再与高速伪随机码相乘(或模二加)，同时再进行扩频调制。在接收端，扩频信号经过与发送端伪随机码完全相同的本地产生的 PN 码解扩后，再与相应的地址码 $W_k(=W_i)$ 进行相关检测，得到所需的用户信息 $r_k(=d_i)$。系统中的地址码采用一组正交码，例如，沃尔什码，每个用户分配其中的一个码。沃尔什函数最重要的性质是正

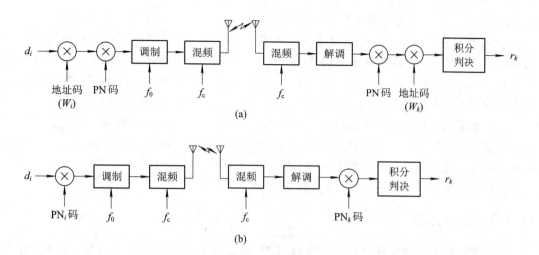

图 11 - 10　DS - CDMA 构成方式

(a) 含地址码的扩频系统原理示意图；(b) 不含地址码的扩频系统原理示意图

交性。正交码最重要的应用之一就是用作 CDMA 通信系统的地址码。例如，码长为 64 的沃尔什码共有 64 个，用于区分同一小区下 64 个移动通信用户的前向信道，由基站发向某用户的信号须经过该前向信道码调制(二次调制)，由沃尔什函数的正交性可知，只有具有相同沃尔什码用户可从接收到的信号中取出有用信息，而其他用户不可以，从而实现了码分多址。

在图 11 - 10(a)中，系统由于采用了完全正交的地址码组，因而各用户之间的相互影响可以完全除掉，提高了系统的性能。但系统的构成复杂。

在图 11 - 10(b)中，发送端的用户信息数据 d_i 直接和与之对应的高速伪随机码 PN_i 码相乘(或模二加)，进行地址调制，同时又进行扩频调制。在接收端，扩频信号经过和发送端伪随机码完全相同的本地伪随机码 PN_k 码解扩，相关检测得到所需的用户信息 $r_k(=d_i)$。在这种系统中，伪随机码不是一个，而是一组正交性良好的伪随机码组，其两两之间的互相关值接近于 0。该组伪随机码既用作用户的地址码，又用于加扩和解扩，增强了系统的抗干扰能力。由于去掉了单独的地址码组，用不同的伪随机码来代替，整个系统相对简单一些。它的缺点是，由于 PN 码不是完全正交的，即码组内任意两个伪随机码的互相关值不为 0，因此各用户之间的相互影响不可能完全除掉，使整个系统的性能受到一定的影响。

(3) DS - CDMA 的特点如下：

① 具有抗干扰和抗多径衰落的能力。数字信息的扩展频谱信号占有带宽 B_W 远远大于基带信号带宽 B_S。B_W 与 B_S 之比称为扩频增益 $G_P(G_P=B_W/B_S)$。它表示扩频系统解扩后信噪比改善程度。G_P 越大，抗干扰能力越强。

② 保密性能强。无论是直扩还是跳频，扩频后其频谱均为近似白噪声，因此具有良好的保密性能。

③ 易于实现大容量多址通信。降低系统干扰，可直接提高系统容量。CDMA 的系统容量为 FDMA 系统容量的 20 倍左右。

④ 良好的隐蔽性能。由于扩频属于宽带系统，因而频带越宽，功率谱密度就越低。

⑤ 可与窄带系统共存。许多码分信道共用一个载波频率，扩频传输的抗干扰能力可使 CDMA 系统在相邻小区重复使用该频率，这不仅可使频率分配和管理简单，而且可以与窄

带 FDMA、TDMA 系统共享频带，相互影响很小。

⑥ 存在自身多址干扰和远近效应。自身多址干扰的存在是因为所有用户都工作在相同的频率上，且各用户的地址不可能完全正交。因此进入接收机的信号除了所希望的有用信号外，还叠加有其他用户的地址码信号（即多址干扰）。我们知道多址干扰直接限制着系统容量的扩大。多址干扰的大小取决于在该频率上工作的用户数及各用户的功率大小。

远近效应的原因也是由于地址码之间的不完全正交性，距基站近的移动台所发射的信号有可能完全淹没距离远的移动台所发送来的信号。CDMA 系统中远近效应与多址干扰的解决办法一般是通过功率控制来减轻其影响的。

码分多址扩频通信系统在移动通信和卫星通信中应用较广。

11.5.3 通信加密

数字通信的一个重要优点是容易做到加密，在这方面 m 序列的应用很多。数字加密的基本原理框图如图 11-11 所示。将信源产生的二进制数字消息和一个周期很长的 m 序列模二相加，这样就将原消息变成不可理解的另一序列。将这种加密序列在信道中传输，被他人窃听也不可理解其内容。在接收端再加上一同样的 m 序列，就能恢复为原发送消息。

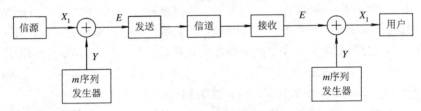

图 11-11 数字加密的基本原理框图

设信源发送的数码为 $X_1 = \{1\,0\,1\,1\,0\,1\,0\,0\,1\,1\cdots\}$，m 序列 $Y = \{1\,1\,0\,0\,0\,0\,1\,0\,1\,1\cdots\}$。数码 X_1 与 m 序列 Y 的各对应位分别进行模二加运算后，获得序列 E，显然 E 不同于 X_1，它已失去了原信息的意义。如果不知道 m 序列 Y，就无法解出携带原信息的数码 X_1，从而起到保密作用。假设信道传输过程中无误码，序列 E 到达接收端后与 m 序列 Y 再进行模二加运算，可恢复原数码 X_1，即

$$E \oplus Y = X_1 \oplus Y \oplus Y = X_1$$

上述工作过程如图 11-12 所示。

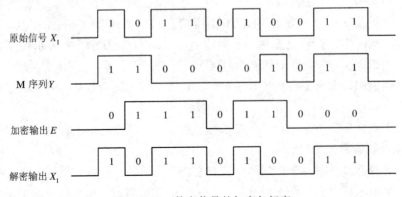

图 11-12 数字信号的加密与解密

要破密是很困难的，因为不同长度的伪随机序列有无穷多个，同一长度的伪随机序列也有许多个。而且，同一位随机序列的起始相位不同，也不能解密。因而序列周期越长，破密就越困难。

在保密通信应用中，M 序列比 m 序列优越得多，因为前者的数目比后者的大得多，为破密所需要的搜索时间也长很多。

11.5.4　误码率的测量

在数字通信中，误码率是一项主要的性能指标。在实际测量数字通信系统的误码率时，一般测量结果与信源送出信号的统计特性有关。通常认为二进制信号中 0 和 1 是以等概率随机出现的，所以测量误码率时最理想的信源应是随机信号产生器。

由于 m 序列是周期性的伪随机序列，因而可作为一种较好的随机信源，它通过终端机和信道后，输出仍为 m 序列。在接收端，本地产生一个同步的 m 序列，与收码序列逐位进行模二加运算，一旦有错，就会出现"1"码，用计数器计数，如图 11 - 13 所示。

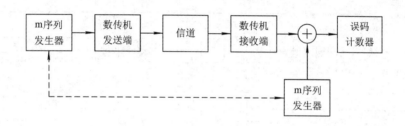

图 11 - 13　误码率测试

11.5.5　数字信息序列的扰码与解扰

信道中的随机噪声有损于通信的质量，因而称之为干扰。但人们有时也希望得到随机噪声。比如，在一个二进制码元序列构成的基带信号中，存在着连续的全"0"、全"1"序列，这种信号因有固定谱线而会干扰其他信道，同时会造成系统失步。我们可以人为的建造某些干扰，破坏原来的码元序列，形成伪随机序列，达到避免干扰的目的。如果我们能够先将信源产生的数字信号变换成具有近似于白噪声统计特性的数字序列，再进行传输；在接收端收到这个序列后，先变换成原始数字信号，再送给用户。这样就可以给数字通信系统的设计和性能估计带来很大方便。

所谓加扰技术，就是不用增加多余度而扰乱信号，改变数字信号统计特性，使其近似于白噪声统计特性的一种技术。具体做法是使数字信号序列中不出现长游程，且使数字信号的最小周期足够长。这种技术的基础是建立在伪随机序列理论之上的。

扰码的主要作用是：

(1) 避免交调的影响。防止发端功率谱中有固定谱线而干扰其他系统。短周期数字信号中含有频率足够高的单音，这种单音能和载波或调制信号发生交调，成为相邻信道内传输信号的干扰。

(2) 有利于定时恢复。为了在准确的时间点上判定信号，在接收端和再生中继器中都需要一个与发端完全同步的定时脉冲。扰码的设置，可以防止二进码组中的全"0"、全"1"

序列干扰定时器工作，有利于数据接收设备中的定时恢复。

（3）有利于自适应均衡器的工作。当传输系统中具有时域均衡器时，扰码器能改善数据信号的随机性，从而改善自适应均衡器所需抽头增益调节信息的提取，这样就能保证均衡器总是处于最佳工作状态。

扰乱方法有两种：一是用一个随机序列与输入数据序列进行逻辑加；二是用伪随机序列来代替完全随机序列进行扰乱与解扰。实际的数据通信系统中都采用第二种方法。

扰码的原理是基于序列的伪随机性，m 序列是最常用的一种伪随机序列。m 序列发生器由 m 级线性反馈移位寄存器组成。移位寄存器的输出是一个周期序列，其周期长短由移位寄存器的级数、线性反馈逻辑和初始状态决定。要用 m 级移位寄存器来产生 m 序列，关键在于选择哪几级移位寄存器作为反馈。

采用加扰技术的通信系统通常在发送端用加扰器来改变原始数字信号的统计特性，而接收端用解扰器恢复出原始数字信号。图 11 - 14 中给出一种由七级移存器组成的自同步加扰器和解扰器的原理方框图。

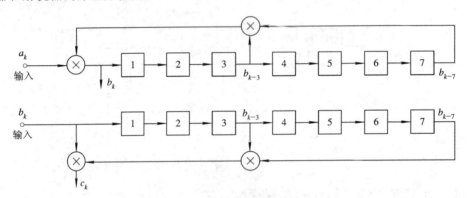

图 11 - 14　自同步加扰器和解扰器原理框图

由图 11 - 14 可以看出，加扰器是一个反馈电路，解扰器是一个前馈电路，它们分别都是由五级移存器和两个模二加法电路组成的。

设加扰器的输入数字序列为 $\{a_k\}$，输出为 $\{b_k\}$；解扰器的输入数字序列为 $\{b_k\}$，输出为 $\{c_k\}$。加扰器的输出为

$$b_k = a_k \oplus b_{k-3} \oplus b_{k-7}$$

而解扰器的输出为

$$c_k = b_k \oplus b_{k-3} \oplus b_{k-7} = a_k$$

可以看出，解扰后的序列与加扰前的序列相同。

这种解扰器是自同步的，如果信道干扰造成错码，则它的影响只持续错码位于移存器内的一段时间，即最多影响连续 7 个输出码元。

如果断开输入端，扰码器就变成一个线性反馈移存器序列产生器，其输出为一周期性序列，一般设计反馈抽头的位置，使其构成为 m 序列产生器。这样可以最有效地将输入序列扰乱，使输出数字码元之间的相关性最小。

加扰器的作用可以看做是使输出码元成为输入序列许多码元的模二加。因此可以把它当作是一种线性序列滤波器；同理，解扰器也可看做是一个线性序列滤波器。

前面所述的通信加密与本节讨论的扰码与解码，实际上都是一种加扰技术，可以用来改变信号的统计特性，以达到通信加密的目的。

【例 11.1】　设输入数据序列为 1010101010 0000000000，即具有短周期和长连"0"特性。试求序列通过图 11－14 所示扰码器后的输出序列。

解　假设图 11－14 所示扰码器的各个移存器的初始状态为 0。

将输入序列 $a_k =$ 1010101010 0000000000 逐一代入扰码器，则扰码器输出的数据序列 $b_k =$ 10111100011101100010。

从 b_k 可知，短周期已不存在，输入的全"0"序列也被扰乱，其中的"0""1"个数基本相等，所以起到了扰乱的作用。同样，将 b_k 序列输入到图 11－18 所示解码器，其输出就可以恢复出原来的 a_k 序列。

11.5.6　噪声产生器

测量通信系统的性能时，常常要使用噪声产生器，由它给出具有所要求的统计特性和频率特性的噪声，并且可以随意控制其强度，以便得到不同信噪比条件下的系统性能。

在实际测量中，往往需要用到带限高斯白噪声。使用噪声二极管这类噪声源构成的噪声发生器，由于受外部因素的影响，其统计特性是时变的。在一段较长的观察时间内，其统计特性可能是服从高斯分布的，但在较短的一段观察时间中，其统计特性一般是不知道的。因此，测量得到的误码率常常很难重复得到。

m 序列的功率谱密度的包络是 $(\sin x/x)^2$ 形的。设 m 序列的码元宽度为 T_1 秒，则大约在 $0 \sim (1/T_1) \times 45\%$ Hz 的频率范围内，可以认为它具有均匀的功率谱密度。将 m 序列进行滤波，就可取得上述功率谱均匀的部分并将其作为输出，所以可以用 m 序列的这一部分频谱作为噪声产生器的噪声输出。虽然这种输出是伪噪声，但其对多次进行的某一测量都有较好的可重复性，且性能稳定，噪声强度可控。

11.5.7　时延测量

时延测量可以用于时间测量和距离测量。在通信系统中有时需要测量信号经过某一传输路径所受到的时间迟延，例如，多径传播时不同路径的时延值以及某一延迟线的时间延迟。另外，无线电测距就是利用测量无线电信号到达某物体的传播时延值而折算出到达此物体的距离的，这种测距的原理实质上也是测量迟延。

由于 m 序列具有优良的周期性自相关特性，因此，利用它作测量信号可以提高可测量的最大时延值和测量精度。图 11－15 为这种测量方法示意图。发送端发送一周期性 m 序列码，经过传输路径到达接收端。接收端的本地 m 序列码发生器产生与发送端相同的周期性 m 序列码，并通过伪码同

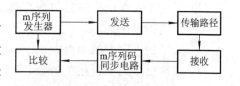

图 11－15　时延测量示意图

步电路使本地 m 序列码与接收到的 m 序列码同步。接收端本地 m 序列码与发送端的 m 序列码的时延差即为传输路径的时延。

一般情况下，这种方法只能在闭环的情况下进行测量，即收、发端在同一地方，其测量精度取决于伪码同步电路的精度及 m 序列码的码元宽度，m 序列码的周期即为可测量

的最大时延值。由于伪码同步电路具有相关积累作用，因此，即使接收到的 m 序列码信号的平均功率很小，只要 m 序列码的周期足够大，在伪码同步电路中仍可得到很高的信噪比，从而保证足够的测量精度。

除 m 序列外，其他具有良好自相关特性的伪随机序列都可用于测量时延。

本 章 小 结

线性反馈移位寄存器产生的最长周期序列简称 m 序列。线性反馈移位寄存器的结构可用特征多项式来描述。产生 m 序列的线性反馈移位寄存器的充要条件是：n 级线性反馈移位寄存器的特征多项式必须是 n 次本原多项式。这样，就可产生周期 $p=(2^n-1)$ 的 m 序列。

m 序列具有重要的伪随机特性，即均衡性、游程特性、移位相加特性、自相关特性和伪噪声特性。因此，m 序列在实际领域内的应用很广泛。

伪随机码的应用领域很广，不限于文中列出的几种，有必要熟练掌握其内容。

思考与练习 11

11-1　m 序列具有哪些特性？

11-2　试构成周期长度为 7 的 m 序列产生器，并说明其均衡性、游程特性、移位相加特性及自相关特性。$(x^7+1=(x+1)(x^3+x^2+1)(x^3+x+1))$

11-3　一个三级线性反馈移位寄存器的特征方程为
$$f(x)=1+x^2+x^3$$
试验证它为本原多项式，并验证其逆多项式亦为本原多项式。

11-4　一个四级线性反馈移位寄存器的特征方程为
$$f(x)=x^4+x^3+x^2+x+1$$
试验证它不是本原多项式（即由它产生的序列不是 m 序列）。

11-5　已知某四级线性反馈移位寄存器电路的递推方程为
$$a_n=a_{n-1}\oplus a_{n-3}\oplus a_{n-4}$$
其初始状态为 $a_{n-4}=1$，其余均为 0，

（1）试画出该线性反馈移位寄存器的电路图；

（2）求出输出序列；

（3）验证输出序列的均衡性；

（4）求输出序列的自相关函数，并讨论其特性。

11-6　已知一个由八级线性反馈移位寄存器产生的 m 序列，试写出每周期内所有可能的游程长度的个数。

11-7　已知移位寄存器的特性多项式为
$$f(x)=x^5+x^3+1$$
若移位寄存器的输出状态为 10000，那么

（1）求末级输出序列；

（2）验证输出序列是否符合 m 序列的性质。

11 - 8　设自同步加扰器的特性多项式为

$$f(x) = x^5 + x^4 + x^3 + x + 1$$

输入信源序列为 11001100…，是一个周期为 4 的序列，加扰器初始状态 $a_{n-5} = 1$，其余为 0，

（1）画出加扰器电路和解扰器电路；

（2）写出加扰后的序列及其周期；

（3）若解扰器电路的初始状态为全 1，求解扰器输出序列；

（4）若接收序列第 3 位出错，解扰器电路初始状态为 $a_{n-5} = 1$，其余为 0，求解扰器输出序列，并求此时有几位差错。

11 - 9　若用一个由九级线性反馈移位寄存器产生的 m 序列进行测距，已知最远目标为 1500 km，求加于移位寄存器的定时脉冲的最短周期为多少？（注：发出的测距脉冲以光速传播。）

11 - 10　已知优先对 m_1 和 m_2 的特征多项式分别为 $f_1(x) = 1 + x + x^3$ 和 $f_2(x) = 1 + x^2 + x^3$，试写出由此优先对产生的所有 Gold 码，并求其中两个的周期互相关函数。

11 - 11　写出长度等于 8 的所有沃尔什序列。

11 - 12　什么是扩展频谱通信？这种通信方式有哪些优点？

11 - 13　什么是码分多址通信？这种多址方式与频分多址、时分多址相比有哪些突出的优点？

参 考 文 献

[1] 王兴亮. 数字通信原理与技术. 3 版. 西安：西安电子科技大学出版社，2009.

[2] 王兴亮. 现代通信系统与技术. 北京：电子工业出版社，2008.

[3] 樊昌信，等. 通信原理. 5 版. 北京：国防工业出版社，2001.

[4] 沈振元，等. 通信系统原理. 西安：西安电子科技大学出版社，1993.

[5] 冯重熙. 现代数字通信技术. 北京：人民邮电出版社，1987.

[6] 郭世满，叶奕和，钱德馨. 数字通信——原理、技术及其应用. 北京：人民邮电出版社，1994.

[7] 姚彦. 数字微波中继通信工程. 北京：人民邮电出版社，1990.

[8] 孙玉. 数字复接技术. 北京：人民邮电出版社，1991.

[9] 吴家安，杜淑玲. 数字通信系统原理. 西安：陕西人民教育出版社，1989.

[10] 肖定中，肖萍萍. 数字通信终端及复接设备. 北京：人民邮电出版社，1991.

[11] 徐靖忠，王钦笙. 数字通信原理. 北京：人民邮电出版社，1993.

[12] 曹志刚. 现代通信原理. 北京：清华大学出版社，1992.

[13] 董兆鑫. 数字通信原理. 北京：人民邮电出版社，1990.

[14] 易波. 现代通信导论. 北京：国防工业出版社，1998.

[15] 郭梯云，等. 数字移动通信. 北京：人民邮电出版社，1996.

[16] 王秉钧，等. 现代通信原理. 天津：天津大学出版社，1992.

[17] 陈仁发，等. 数字通信原理. 北京：科学技术文献出版社，1994.

[18] 张新政. 现代通信系统原理. 北京：电子工业出版社，1995.

[19] 陆存乐，马刈非. 通信原理与技术. 南京：通信工程学院，1991.

[20] 王新梅，肖国镇. 纠错码——原理与方法. 西安：西安电子科技大学出版社，1991.

[21] 冯玉民. 通信系统原理. 北京：清华大学出版社，2003.

[22] 及燕丽，沈其聪. 数字通信技术. 北京：解放军出版社，1999.

[23] 郭梯云，邬国扬，李建东. 移动通信. 西安：西安电子科技大学出版社，2000.

[24] 王承恕. 通信网基础. 北京：人民邮电出版社，1999.

[25] 金惠文，陈建亚，纪红. 现代交换原理. 北京：电子工业出版社，2000.

[26] 韦乐平. 接入网. 北京：人民邮电出版社，1999.

[27] 罗新民，等. 现代通信原理. 北京：高等教育出版社，2003.

[28] 周炯盘，等. 通信原理. 北京：北京邮电大学出版社，2002.

[29] 樊昌信. 通信原理教程. 北京：电子工业出版社，2004.

[30] 沈保锁，侯春萍. 现代通信原理. 北京：国防工业出版社，2002.

[31] [美]Proakis J. 数字通信. 3 版. 北京：电子工业出版社，1998.

[32] [美]Ziemer R E，Tranter W H. 通信原理——系统、调制与噪声. 北京：高等教育出版社，2003.

[33] [美]Theodore S. Rappaport. 无线通信原理与应用. 2 版. 北京：电子工业出版社，2004.